国防特色教材系列·核科学与技术

现代铀矿床开采科学技术

杨仕教　主编
陶干强　戴剑勇　曾　晟　王清良　杨月平　副主编

哈尔滨工程大学出版社
北京航空航天大学出版社　北京理工大学出版社
哈尔滨工业大学出版社　西北工业大学出版社

内容简介

本书共分6章。第1章介绍了全球铀矿资源的战略管理；第2章介绍了当今世界上常用的铀矿床矿量、品位估算方法以及三维地质模型的基本原理和方法；第3章介绍了铀矿山常规采矿技术，包括铀矿地下开拓方法、铀矿地下开采采矿方法、铀矿地下开采主要生产工艺和铀矿露天开采的工艺技术；第4章介绍了铀矿山非传统采矿技术，包括溶浸采铀技术、地表原地浸铀技术、地表堆浸、原地破碎浸出法、微生物浸铀技术、高产高效新技术应用和深部开采技术；第5章介绍了数字矿山及其战略意义、数字铀矿山3S技术、数字铀矿山信息系统构成、数字铀矿山扁平化管理模式构建；第6章介绍了铀矿山环境综合治理。

本书资料丰富、体系新颖、方法精炼、详略得当、图件清晰、文句流畅，适合于采矿工程专业的研究生和研究人员使用，也可以作为本科生和采矿技术人员的参考书。

图书在版编目(CIP)数据

现代铀矿床开采科学技术/杨仕教主编. —哈尔滨：哈尔滨工程大学出版社，2010.3

ISBN 978-7-81133-669-6

Ⅰ.①现… Ⅱ.①杨 Ⅲ.①铀床开采 Ⅳ.①TD868

中国版本图书馆CIP数据核字(2010)第025721号

现代铀矿床开采科学技术

主编 杨仕教

责任编辑 刘凯元

*

哈尔滨工程大学出版社出版发行

哈尔滨市南岗区东大直街124号 发行部电话：0451-82519328 传真：0451-82519699

http://press.hrbeu.edu.cn E-mail:heupress@hrbeu.edu.cn

黑龙江省教育厅印刷厂印刷 各地书店经销

*

开本：787×960 1/16 印张：18.5 字数：335千字

2010年3月第1版 2010年3月第1次印刷 印数：1 000册

ISBN 978-7-81133-669-6 定价：39.00元

前 言

我国自20世纪50年代建设第一批铀矿山和水冶厂以来，迄今已形成了从设计、科研到铀矿冶生产的完整系统，为我国的国防和核电建设作出了重要贡献。近几十年来，我国铀矿开采技术取得了长足的发展。从第一个万吨堆浸的成功，到我国第一座堆浸矿山的建成；从地浸技术试生产的成功，到地浸矿山的建成，我国铀矿冶在创新中求生存，在改革中发展前进，以崭新的姿态站到了历史的新起点。

进入21世纪，能源和环境成为世界经济发展的一个重要问题，作为清洁能源，发展核电受到人们的高度关注，积极推进核电建设，成为我国能源建设的一项重要政策。目前，我国核电厂每年消耗约1 300吨铀，国内产量仅能满足其三分之一的需求。根据我国核电中长期发展规划，到2020年，核电运行装机容量要达到4 000万千瓦，届时每年将消耗10 000吨左右的天然铀。目前，我国铀采冶能力和水平远不能满足核电对天然铀的需求。由于我国铀矿床品位低、规模小、开采难度大，亟需研发铀采冶的新技术和新工艺。

铀采冶技术主要包括溶浸采铀技术（堆浸、原地爆破浸出、原地浸出）、常规采铀技术和微生物浸铀技术。

1. 堆浸

世界主要产铀国，如澳大利亚、法国、俄罗斯、阿根廷、尼日尔、日本等国在堆浸技术方面都开展大量的研究，并有一定的应用规模。堆浸技术也是国内天然铀生产的主体技术，其主要发展特点为：向堆浸方式多样化方向发展，筑堆规模不断扩大，机械化与自动控制程度不断提高。

2. 原地爆破浸出

加拿大、法国、原苏联和东欧国家等国在原地爆破浸出采铀方面开展了研究，并有一定的应用规模。在国内，南华大学（核工业第六研究所）于1969~1971年在衢州铀矿率先进行了300 t级的浅眼就地破碎溶浸采铀试验，金属浸出率82.2%。20世纪90年代，南华大学在西北某铀矿、广东某铀矿和江西某铀矿，相继进行了中深孔和深孔爆破筑堆井下原地爆破浸出采铀技术研究，爆破规模达万吨级，浸出率均超过80%，并采用该技术新建了两座铀矿山。原地爆破浸出采铀的研究方向：矿石块度控制技术的研究、布液技术研究、溶浸范围的控制、就地破碎溶浸采矿法最佳使用条件的研究。

3. 原地浸出

美国、澳大利亚和前苏联等国在原地浸出采铀方面开展了大量研究，并都达到了很高的水平。在国内，南华大学（核工业第六研究所）于20世纪70年代率先在广东、东北和云南进行了原地浸出采铀的试验研究，并采用该技术在云南和新疆新建了多座铀矿山。原地浸出的发展方向：提高自动监控水平，采用新型浸出剂，开展低渗透铀矿床的地浸技术研究。

4. 常规采铀技术

常规采铀技术为目前我国铀矿山所采用的主要生产技术，存在的主要问题是：机械化程度低、劳动强度大、回收率低、三废排放量高。南华大学在无轨采矿、煤型铀矿床开采、浸出液回收技术与设备、预防和控制铀矿山地质灾害等方面均开展了大量试验研究。从国内外常规采铀发展来看，主要发展趋势是高效、安全、无废和智能开采。

5. 微生物浸铀技术

国外在20世纪60年代开始微生物浸铀技术研究，加拿大、美国、英国、前苏联、葡萄牙等国先后开展了微生物浸铀的试验和工艺生产，其中西班牙几乎所有的铀都是通过细菌浸出提取的。在国内，南华大学是开展微生物浸铀研究较早的单位，率先将微生物浸铀应用到原地浸出、原地爆破浸出工艺中。此外，核工业北京化冶研究院、东华理工大学目前均在开展相关的试验研究。目前，该技术存在的主要问题是浸铀菌种单一，且均是从自然选育获得的，因此生长速度缓慢、适应性差。本技术领域的主要发展方向是选育新的浸铀微生物，利用现代分子生物技术和基因工程手段构建对环境适应性强基因工程菌，对浸出过程进行优化调控，研发高效生物反应器。

本书在广泛资料调研的基础上，结合作者多年的科研实践经验，对现代铀矿床开采的最新技术和工艺作了系统的阐述，同时反映了50年来我国铀矿床开采的理论与实践，丰富和发展了现代铀矿床开采科学技术体系。

本书在编写过程中参考了国内外许多学者的论著和科研成果在此表示衷心地感谢！同时由于时间仓促，书中如有不妥之处，敬请广大读者批评指正。

编 者

2009年11月

目　录

第1章　全球铀矿资源战略管理

1.1　国际铀矿资源分布现状

1.1.1　铀矿资源特性

铀(拼音:yóu,英语:Uranium)元素类型为金属,元素原子量为238.0,密度为19.05±0.02 g/cm^3,熔点为1 132 ℃,沸点为3 818 ℃。1789年,由德国化学家克拉普罗特(M. H. Klaproth)从沥青铀矿中分离出,以1781年新发现的一个行星——天王星命名,即Uranium,元素符号定为U。1841年,佩利戈特(E. M. Peligot)指出,克拉普罗特分离出的“铀”,实际上为二氧化铀。他用钾还原四氯化铀,成功地获得了金属铀。铀共有三种结晶变体:斜方晶体、四方晶体、体心立方体。铀是一种带有银白色光泽的金属,比铜稍软,具有很好的延展性,很纯的铀能拉成直径0.35 mm的细丝或展成厚度0.1 mm的薄箔。铀的密度很大,与黄金差不多,每立方厘米约重19 g。铀的化学性质很活泼,易与大多数非金属元素发生反应。铀和许多金属作用,生成金属间化合物。铀在空气中易氧化,生成一层发暗的氧化膜,能与酸作用,与苛性碱无作用,但加入过氧化物就生成水溶性的过铀酸盐。铀在自然界中常以三种同位素^{234}U,^{235}U,^{238}U混合体存在于铀矿中,少量存在于独居石等稀土矿石中。^{238}U的半衰期为45亿年。块状的金属铀暴露在空气中时,表面被氧化层覆盖而失去光泽。粉末状铀于室温下,在空气中,甚至在水中就会自燃。美国用贫化铀制造了一种高效的燃烧穿甲弹——“贫铀弹”,“贫铀弹”利用的就是铀极重而又易燃这两种性质。铀元素在自然界的分布相当广泛,地壳中铀的平均含量约为百万分之二点五,即平均每吨地壳物质中约含2.5 g铀,这比钨、汞、金、银等元素的含量还高。1896年有人发现了铀的放射性衰变。1939年,哈恩(O. Hahn)和斯特拉斯曼(F. Strassmann)发现了铀的核裂变现象。

核燃料资源主要是铀资源,即能从矿石中提取核燃料的矿物。铀是亲石元素,化学性质活泼,分布广泛,可在多种地质条件下形成。世界上已发现20多种铀矿类型,具有工业意义的类型主要有不整合脉型、砂岩型、石英卵石砾岩型、钠长岩型、白岗岩型、脉型等。其中砂岩型、不整合脉型、石英卵石砾岩型及脉型4种占世界总储量的90%,铀矿储量有1/2赋存在早元古代岩层中,有1/3赋存在中、新生代岩层中,有15%赋存在晚元古代和晚古生代岩层中。铀矿有土状、粉末状,也有块状、钟乳状、肾状等等。有些土状的铀矿被称为铀黑,而块状的则称为沥青铀矿,土状的铀矿没有什么光泽,块状的则具有沥青光泽。铀矿石是具有放射性的危险矿物,它们除了可以提取铀用于核工业外,还可以从中提取到镭和其他稀土元素。铀是一种极为稀有的放射性金属元素,铀矿是矿石家族中的"玫瑰花",色彩绚丽,却具放射性(见图1.1)。铀是核裂变的主要物质,是极其重要的战略资源,是保持国家核威慑力量和维系核大国地位的坚强保障。

图 1.1 某铀矿石图

千百年来铀一直被用作给玻璃染色的色素,然而现在纯金属铀是核反应堆和原子弹中使用的核燃料,少量用于电子管制造业中的除氧剂和惰性气体提纯(除氧、氢)。铀通常被人们认为是一种稀有金属,尽管铀在地壳中的含量很高,比汞、铋、银要多得多,但由于提取铀的难度较大,所以要比汞这些元素发现晚得多。最重的天然元素铀已经成为新能源的主角,在居里夫妇发现镭以后,由于镭具有治疗癌症的特殊功效,镭的需要量不断增加,因此许多国家开始从沥青铀矿中提炼镭,而提炼过镭的含铀矿渣就堆在一边,成了"废料"。然而,铀核裂变现象发现后,铀变成了最重要的元素之一,这些"废料"也就成了"宝贝",铀的开采工业大大地发展起来,并迅速地建立起了独立完整的原子能工业体系。铀在各种岩石中的含量很不均匀,例如在花岗岩中的含量就要高些,平均每吨含 3.5 g 铀,依此推算,一立方公里的花岗岩就会含有约一万吨铀。海水中铀的浓度相当低,每吨海水平均只含 3.3 mg 铀,但由于海水总量极大,且从水中提取有其方便之处,所以目前不少国家,特别是那些缺少铀矿资源的国家,正在探索海水提铀的方法。由于铀的化学性质很活泼,所以自然界不存在游离的金属铀,它总是以化合状态存在着。已知的铀矿物有 170 多种,但具有工业开采价值的铀矿只有二三十种,其中最重要的有沥青铀矿(主要成分为八氧化三铀)、品质铀矿(二氧化铀)、铀石和铀黑等。很多的铀矿物都呈黄色、绿色或黄绿色。

铀矿石的品位一般很低(约千分之一),而用作核燃料的最终产品的纯度又要求很高(金属铀的纯度要求在 99.9% 以上,杂质增多,会吸收中子而妨碍链式反应的进行),所以铀的冶炼不像普通金属那样简单。首先要采用"水冶工艺",把矿石加工成含铀 60% ~70% 的化学浓缩物(重铀酸铵),再作进一步的加工精制。铀水冶得到的化学浓缩物(重铀酸铵)呈黄色,俗称黄饼子,但它仍含有大量的杂质,不能直接应用,需要作进一步的纯化。为此先用硝酸将重铀酸铵溶解,得到硝酸铀酰溶液,再用溶剂萃取法纯化(一般用磷酸三丁酯作萃取剂),以达到所要求的纯度标准。纯化后的硝酸铀酰溶液需经加热脱硝,转变成三氧化铀,再还原成二氧化铀。二氧化铀是一种棕黑色粉末,很纯的二氧化铀本身就可以用作反应堆的核燃料。为制取金属铀,需要先将二氧化铀与无水氟化氢反应,得到四氟化铀,最后用金属钙(或镁)还原四氟化铀,即得到最终产品金属铀。如欲制取六氟化铀以便进行铀同位素分离,则可用氟气与四氟化铀反应。至此,能作核燃料使用的金属铀和二氧化铀都生产出来了,只要按要求制成一定尺寸和形状的燃料棒或燃料块(即燃料元件),就可以投入反应堆使用了。

1.1.2　中国铀矿资源的分布情况

几代核地质工作者经过不懈努力,利用数字找矿技术的创新和发展实现了铀矿勘探工作主流程的现代化改造,经过 50 多年的努力探索,掌握了我国铀矿资源的分布情况和不同类型铀矿床的成矿规律,完成了全国铀矿产分布图、全国铀矿成矿规律图和全国铀矿预测图等众多基础性图件的编制工作;圈定出 20 余条铀成矿带,找到了各种类型的铀矿床数百个,使我国探明的铀资源量位居世界前列,成为铀资源最为丰富的国家之一。尤其近几年来,核工业地质局进一步突出找矿主业,依靠科技进步,优化地质部署,主攻我国北方中新生代沉积盆地地浸砂岩型铀矿床,取得了可喜的成果,突破了几个重点地区,找到了几个万吨级以上的铀资源基地。

据近年我国向国际原子能机构陆续提供的一批铀矿田的储量推算,我国铀矿探明储量居世界第 10 位以后,不能适应发展核电的长远需要。矿床规模以中小为主(占总储量的 60% 以上),矿石品位偏低,通常有磷、硫及有色金属、稀有金属矿产与之共生或伴生。矿床类型主要有花岗岩型、火山岩型、砂岩型、碳硅泥岩型铀矿床 4 种;其所拥有的储量分别占全国总储量的 38%,22%,19.5%,16%。含煤地层中铀矿床、碱性岩中铀矿床及其他类型铀矿床在探明储量中所占比例很小,但具有找矿潜力。中国铀矿成矿时代的时间跨度为距今 1900 年至 3 Ma 之间,即古元古代到第三纪之间,以中生代的侏罗纪和白垩纪成矿最为集中。空间分布上我国铀矿床分南、北两个大区,北方铀矿区以火山岩型为主,南方铀矿区则以花岗岩型为主。我国至今已探明大小铀矿 200 多个,矿石以中低品位为主,0.05% ~0.3% 品位的矿石量占总资源量的绝大部分。矿石组分相对简单,主要为单铀型矿石,仅在极少矿床有其他金属元素共生,形成铀钼、铀汞、铀铜等多金属和铀、钍、稀土矿床。矿床规模以中小型为主(占总储量的 60% 以上),在一些矿田内,矿床往往成群出现,有的几个,有的几十个,而其中常有 1 ~2 个主体矿床存在,探明的铀矿体埋深多在 500 m 以内。

全国铀矿资源分布不均衡,已有 23 个省(区)发现铀矿床,但主要集中分布在赣、粤、黔、湘、桂、新、辽、滇、冀、蒙、浙、甘等省(区),尤以赣、湘、粤、桂四省(区)资源为富,占探明工业储量的 74%。我国共探明大小铀矿床(田)200 多个,主要分布在江西、广东、湖南、广西,以及新疆、辽宁、云南、河北、内蒙古、浙江、甘肃等省(区)。矿床以中小型为主,其中主要的铀矿床有:相山铀矿田、郴县铀矿床、下庄铀矿田、产子坪铀矿田、青龙铀矿田、腾冲铀矿床、桃山铀矿床、小丘源铀矿床、黄村铀矿床、连山关铀矿床、蓝田铀矿床、若尔盖铀矿床、茇岭铀矿床、伊犁铀矿床、白杨河铀矿床。已经建成和新建的厂矿有:衡阳铀矿、郴州铀矿、大浦街铀矿、上饶铀矿、抚州铀矿、乐安铀矿、翁源铀矿、衢州铀矿、澜河铀矿、仁化铀矿、本溪铀矿、蓝田铀矿、伊犁铀矿等。中国铀矿成矿时期以中新生代为主,并主要集中在 87 ~45 Ma。成矿的先后顺序是:混合岩型、伟晶岩型、花岗岩型、火山岩型、碳硅泥岩型和砂岩型。据铀矿床矿化类型、成矿时代和大地构造单元中的分布特征,划分了东部铀成矿省,天山、祁连山铀成矿省,滇西铀成矿区。并据矿床成因、赋矿围岩和成矿特征将中国主要铀矿床分为内生铀矿床(岩浆型、热液型)、外生铀矿床(成岩型、后生淋积型)和复成因铀矿床三类。在先进的技术支撑和优秀的勘查队伍保障下,我国铀矿资源潜力前景也相当可观。目前,我国还有十多个铀成矿带及大面积的勘查空白区尚待开展系统的勘查评价,找矿前景十分广阔。目前中国铀矿地质勘查已取得突破,北方地区落实了大型及特大型铀矿基地,开辟了一批有潜力的找矿新区;南方老矿田资源潜力挖掘取得明显效果,其中,伊犁和鄂尔多斯铀矿地质勘查成效显著。在伊犁地区,中核集团发现并提交中国第一个万吨级砂岩铀矿床,伊犁盆地成为中国第一个特大砂岩铀矿田。在鄂尔多斯地区,中核集团提出“古层间氧化带铀成矿观点”,先后探明中国迄今为止最大的铀矿床。目前看来,我国铀资源完全可以满足国内核电发展的需求。

1.1.3 世界铀矿资源的分布情况

铀资源勘查始于 20 世纪 40 年代中期,当时主要用于制造核武器。20 世纪 70 年代因核电发展需要,在世界范围出现找铀高潮。在澳大利亚、加拿大相继发现了不整合脉型铀矿床,储量大、品位富;在美国、澳大利亚、巴西、非洲和欧洲等地也发现了新的铀矿床,如含铀钠长岩型、砂岩型、花岗质角砾岩型(Cu - U - Au - Ag 型)及钙结岩型等。1980 年以后,铀矿勘查和生产走向低潮,这一时期铀矿勘查投入减少,但仍取得一些新的成果,如加拿大西加湖矿床,澳大利亚奥林匹克坝矿床(属世界上规模巨大的 Cu - U - Au - Ag 矿床,铜储量 3 200 万吨,铀 120 万吨,金 1 200 吨),引起世界地质工作者的瞩目。进入 20 世纪 90 年代,铀矿勘查仍未走出低谷,世界铀矿资源的分布是不均匀的,有 80 多个国家和地区发现铀矿床和铀矿化,主要产铀区分布在美国、加拿大、澳大利亚、南非、纳米比亚、尼日尔、加蓬,俄罗斯、乌克兰、乌兹别克斯坦、哈萨克斯坦、德国东部、捷克、法国及巴西。据联合国国际原子能机构于 1990 年 1 月公布的世界铀资源(不含前苏联、东欧及中国)低成本储量为230 万吨(见表 1.1)。按国家统计,以澳大利亚为最多,其次为南非、加拿大、美国、尼日尔、纳米比亚等国。国际原子能机构于 1991 年正式公布,前苏联铀资源可靠储量 69 万吨、潜在资源量 120 万吨,德国和捷克的铀资源也都在几十万吨以上。

表 1.1　铀矿资源分布情况及储量

矿山名称(所在州)	探明和预测储量/t			推测资源量/t	合计/T
	<40 $/kg	< 80 $/kg	小计	< 80 $/kg	
Caldas(MG)		500	500	4 000	4 500
Lagoa real/Caetité(BA)	24 200	69 800	94 000	6 770	100 770
Santa Quitéria(CE)	42 000	41 000	83 000	59 500	142 500
其他地区				61 600	61 600
合计	66 200	111 300	177 500	131 870	309 370

根据巴西原子能工业公司(INB)提供的资料,巴西的铀矿资源丰富,其储量居世界第六位,可满足国内长远需要,其出口远景也十分看好。全球铀矿的总储量约为 4 416 000 吨,居前五位的分别是:哈萨克斯坦(957 000 吨)、澳大利亚(910 000 吨)、南非(369 000 吨)、美国(355 000 吨)、加拿大(332 000 吨)。巴西目前仅对 25% 的国土进行了铀矿资源探测,勘探结果显示,已探明、预测和推测资源量约为 30.9 万吨 U_3O_8,加上含有其他矿产的混合矿床,如位于亚马孙州(AM)的 Pitinga 矿山、pará 州(PR)的 Carajás 矿山均发现有铀矿资源,预计储量为 15 万吨。根据现有的勘探资料,铀矿资源主要分布在巴伊亚州(BA)、塞阿拉州(CE)、巴拉那州(PN)和米纳斯州(MG)。澳大利亚为世界铀资源最丰富的国家,铀产量和铀出口均居世界第 2 位(见表 1.2、图 1.2)。据 WISE(World Information Service on Energy)资料,截至 2005 年 1 月 1 日,世界已知常规铀可靠资源回收成本≤130 美元/千克铀的可回收资源量约 329.67 万吨。其中回收成本≤40 美元/千克铀资源量约 194.74 万吨;回收成本≤80 美元/千克铀资源量约 264.33 万吨。澳大利亚回收成本≤130 美元/千克铀的可回收资源量约 74.7 万吨,居世界首位,其中回收成本≤80 美元/千克铀资源量约 71.4 万吨。按 2007 年铀产量 7 802 吨铀计,现有低成本铀资源量(≤80 美元/千克铀)可供矿山生产约 92 年。澳大利亚重要的矿山为兰杰矿和奥林匹克坝。20 世纪 60 年代末随着世界核电建设,澳大利亚铀勘探不断加强,发现了一大批铀矿床。2007 年澳大利亚铀工业从业人员 1 200 人,其中勘探 500 人。

表 1.2　澳大利亚主要矿山和预计矿山储量与资源概况

矿山	位置	品位 U_3O_8/%	资源量 U_3O_8/t	类　型
兰杰	北部	0.15	49 671	探明 + 预测储量
		0.11	31 809	预测资源
		0.13	18 759	推断资源
奥林匹克坝	南部	0.063	38 400	探明储量
		0.057	193 200	预测储量

表1.2(续)

矿山	位置	品位 U_3O_8/%	资源量 U_3O_8/t	类 型
		0.036	472 000	计算储量
		0.026	907 000	预测资源
		0.03	857 500	推测资源
贝利佛	北部	0.18	21 000	储量
Jabiluka	北部	0.50	59 000	储量
		0.43	21 700	计算和预测的资源
		0.54	54 700	推测资源
Koongarra	北部	0.8	14 540	储量
Mt Fitch	北部	0.046	6 600	资源
Angela	北部	0.1	10 250	资源
Bigrlyi	北部	0.14	5 200	资源
Nolans Bore	北部	0.02	3 977	资源
Napperby	北部	0.036	670	推断资源
Kintyre	西部	0.15~0.4	36 000	储量+资源
Yeelirrie	西部	0.15	52 500	预测资源
Mulga Rock	西部	0.11	46 500	资源
Manyingee	西部	0.09	12 000	资源
Obagooma	西部		10 700	推断资源
Lake Maitland	西部	0.03	7 900	资源
Lake Way	西部	0.054	4 600	资源
Centipede	西部	0.063	4 400	资源
Thatchers Soak	西部	0.03	4 100	资源
Honeymoon	南部	0.42	2 900	预测资源
Billeroo(Gould Dam)	西南部	0.045,0.33	2 500	预测资源
Bevereley Four MIle	南部	–	15 000	推断资源
Prominent Hill	南部	0.012	9 900	推断资源
Mt Gee	南部	0.063	26 900	推断资源
Crocker Well	南部	0.048	8 576	资源
Curnamona	南部	–	–	–
Valhalla	昆士兰	0.080/0.075	16 900/9 000	预测资源/推断资源

表 1.2(续)

矿山	位置	品位 U_3O_8/%	资源量 U_3O_8/t	类　型
Skal	昆士兰	0.119	5 000	资源
Andersons Lode	昆士兰	0.143	6 500	推断资源
Westmoreland	昆士兰	<0.2/－	7 000/15 000	预测资源/推断资源
Ben Lomond	昆士兰	0.27/0.21	3 600/1 250	预测资源/推断资源
Maureen	昆士兰	0.123	2 490	资源

资料来源：Geoscience Australia. April 2006

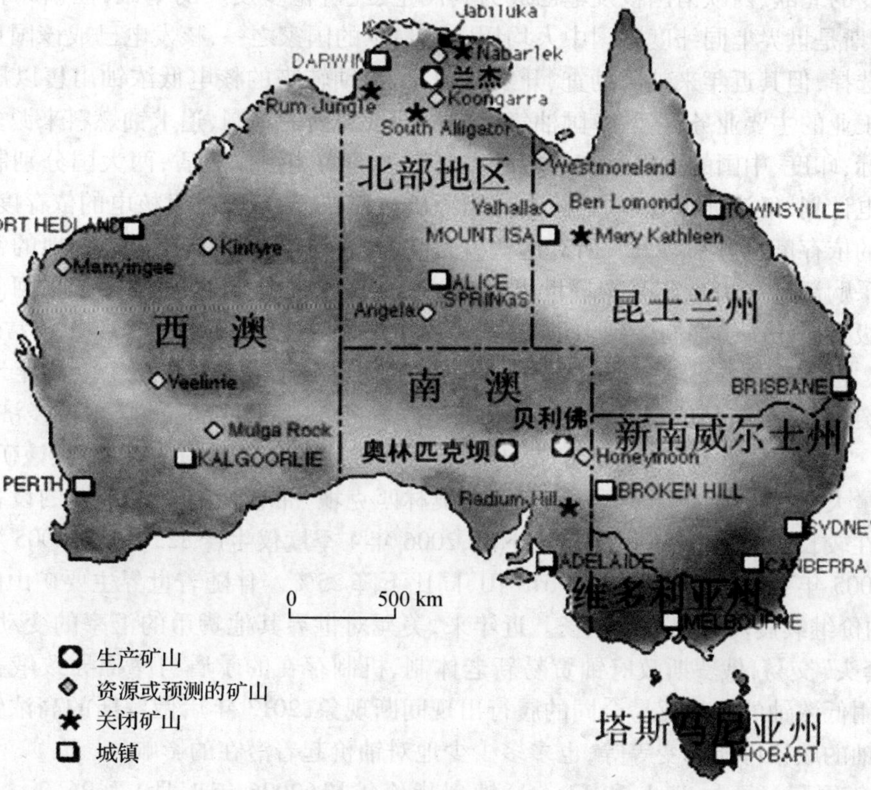

图 1.2　澳大利亚铀矿资源分布图

1.2 铀矿石价格趋势与生产勘探定性分析与预测

1.2.1 铀矿石价格定性分析

世人普遍认同与看好全球核电的现状与未来。包括稳固核发电为基调之一的美国新能源政策正在得到贯彻与落实,反恐工作促使各核电厂加大各自的铀燃料储备;铀矿资源殷实的澳大利亚的"三矿"政策(全澳同时生产的铀矿山有三座:兰杰、奥林匹克坝、贝弗利)未有松动;地处高纬度的北欧、西欧诸国核发电已成为其民生、经济稳步发展的基础,但铀原料主要取自海外;俄罗斯是世界上同纬度各国中人均用电量最少的国家之一,核发电已成该国重塑世界强国的必然选择,但其近年来铀矿勘查、开发缓慢,高浓铀转来的核电低浓铀出售以压库存而获利是俄铀工业的主要业务;东欧各国油气供应受到俄罗斯的牵制,追求铀燃料来源多样化成为他们的目标;印度、中国的大国经济的崛起需要有强劲的能源作后盾,两大国分别制订了各自未来核发电计划;经济强国日本、韩国本土能源矿产稀缺,两国经济对核电的依存度愈来愈高,对海外铀的依存度也愈来愈大。所有这些事态孕育、促进各国加强在世界各地的铀的探、采、冶及商业采购活动。2006 年是全球世界级铀矿山生产的一个多灾之年,加拿大阿萨巴斯卡盆地中世界级大矿——雪茄湖受到山洪袭击,矿山生产竖井进水,矿山生产不能正常运行长达 6 个月之久。世界著名的富、大铀矿山之一的麦克莱恩湖铀矿,2006 年整个上半年地下掘进中地质情况突然变差,高品位富矿"神秘尖灭",选矿厂得到大量低品位铀矿石,经济效益变差,产量萎缩。2006 年,澳大利亚北部的贾比鲁卡意外遭到一场旋风的侵袭,导致该矿 2006 年上半年铀产量大减。世界铀生产第一大户——奥林匹克坝"带伤运行",不定期的设备维修致使矿山生产在较长时间里断续进行,产量下滑,2006 年 4 季度仅生产 822 tU,较 2005 年同期下降 23%;与 2005 年下半年比,只生产 1 615 tU,同比下降 25%。伴随着世界主要矿山的铀产量下降,导致铀价继续震荡并向高位上扬。近年来,美元对世界其他货币的汇率的变动,铀市场上出现的"套头"交易,俄罗斯政府铀贸易新老体制、机制存在的矛盾与摩擦导致俄美高浓铀转换为核电用低浓铀的供货贸易合同的履行出现间断现象,2013 年后俄罗斯的高浓铀转换为核电用低浓铀的政策可能有变等等,也多多少少地对铀价起着潜在的影响。

2006 年国际(Trade Tech 和 U x C)铀现货价年初(2006 年 1 月)为 96.2 \$/kgU,年末(2006 年 12 月)飚升至 187.2 \$/kgU,全年平均达到 121.71 \$/kgU。2006 年的铀现货价格不但是 2000 年以来的最高值(2001 年 11 月和 12 月为 18.46 \$/kgU),而且也创造了铀价史上的最高值(1978 年 6 月和 7 月为 112.48 \$/kgU)。2006 年现货铀交易量为 12 705 tU,期货铀交易量为 77 000 tU;与 2005 年的现货铀交易量 13 860 tU,期货铀交易量 92 400 tU 相比,均有小幅下降,但总体还维持在历史较高水平。澳大利亚、加拿大、哈萨克斯坦的铀产量占全球总产量的90%,是2006年度世界铀生产量三强。虽然2006年上半年澳大利亚和加拿大的铀产量较2005年同期分别下降了27%和33%,但是哈萨克斯坦2006年铀生产稳中有升,达到历史新高,为5 279 tU,较2005年增加25%左右。哈萨克斯坦在20世纪90年代初刚独立时,铀产量仅列世界20位之后,到1999年时还只列世界第16位,在2001年时,其年产铀1 925 tU,2005年时达到4 357 tU,2006年则高达5 279 tU,仅次于澳大利亚、加拿大,跻身世界三强,让世人刮目相看。按照目前的态势,到2010年时,该国的铀产量将达到7 161 tU,在2015年时预计可能达到15 400 tU。

1.2.2 铀矿石勘查分析

铀价上涨,促使世界各地铀的勘查、开发活动逐步升温。2001年时,来自美国新墨西哥州、怀俄明州、犹他州、科罗拉多州欲开发铀矿的申请项目为2 000项左右,而到2005年时就达到18 000多项。西方国家的铀矿勘查、开发公司现在在蒙古国的找铀、开发铀的租赁地多达20~30块,在加拿大阿萨巴斯卡盆地中从事找铀的公司目前也有30多家(也包括个别中资公司),西方国家渗入前苏联卫星国及非洲实施铀的探、采、冶活动加剧。所有事实表明,一股新的铀活动高潮正在世界各地涌动。哈萨克斯坦境内的铀矿勘查活动始于1948年,现拥有6个铀成矿省、50多个铀矿床。1970年地浸采铀试验成功后,找矿工作发生战略转移(由硬岩转向砂岩)。因盛产"层间氧化带型砂岩铀矿"而使楚萨雷苏伊盆地、锡尔达林盆地与加拿大的阿萨巴斯卡盆地同样成名。印度是一个正在形成市场经济的潜在人口-经济大国,未来欲新建核电厂十余座。印度一方面铀资源匮乏,另一方面铀活动依旧执行世界上为数不多的国家所实施的计划经济管制,尽管该国拥有完整的铀工业体系,但是铀矿勘查与开发长期不成功,为此政府目前打算进一步放开铀活动并朝私营化方向发展,到海外(如加拿大)收购、勘查、开发铀矿等措施都是印度铀工业正在采取和实施的重大改革。日本、韩国是两个能源矿产奇缺的经济大国,年核发电量分别占全国总发电量的34%、40%,可以毫不夸张地说,没有核电,两国的经济大国地位就会遭受致命打击。两国国内现无铀矿业活动,为此他们与多个海外铀公司谈判、签合同买铀;与多个国家谈判以合资、合作形式勘查铀矿、开发铀矿,在哈萨克斯坦、加拿大、乌兹别克斯坦、纳米比亚、尼日尔等国境内的多个铀勘查、铀生产项目和计划中占有一定股份。虽然日、韩在几年前就建立了其稳固的铀原料供应保障体系,核电铀原料储备仅次于法国,但是2006年的铀储备降到历史最低。美国2006年前三季度的铀产量已创其近10年新高(达到1 117 tU),大部分产量来自用原地浸出开发的砂岩型铀矿,位于亚利桑那州境内的一些塌陷角砾岩筒铀矿会在2006年后用露采方法开发。铀矿从业雇员也从2003年的300多人到2004年的400多人,再到2005年的600多人,2006年达到了七百多人。铀矿从业人员的年薪也由上年度的31 250美元增至当年度的46 154美元。美国矿山铀生产量、钻探费用和钻探工作量等多项铀工业指标达1999年来最高。

亚洲的铀勘活动主要集中在蒙古、吉尔吉斯斯坦、伊朗和印度、巴基斯坦等国；非洲的铀勘活动则主要在马拉维、坦桑尼亚、赞比亚、尼日尔、马达加斯加、南非、埃及、博茨瓦纳等国；东欧的匈牙利、斯洛维尼亚、捷克和北欧的瑞典、芬兰等国也有少量铀勘活动；一向少有地浸砂岩发现实例报道的南美在2006年也有所发现。铀勘活动最活跃的地方可能还是在加拿大和澳大利亚两国。铀勘活动的目标类型选择按各地的实际地质条件为依据，由市场作导向。例如：美国的铀勘活动主要集中在寻找砂岩型和塌陷角砾岩筒铀矿；加拿大以勘查与不整合有关的铀矿为主、澳大利亚集中精力寻找角砾杂岩型和砂岩型铀矿。蒙古和中国的内蒙古自治区同属亚洲四大高原之一的蒙古高原，前者面积1 565 000 km^2，后者略小，为1 183 000km^2。蒙古立国后不久，前苏联就渗入开始零星地找铀活动，20世纪70年代起就获进展。随着近年来前苏联势力的退出，西方国家的多家铀公司以收购、合资勘查和开发等名义，以较低的价格（与西方国家比）几乎“全盘接收”了早年前苏联－蒙古联合发现的矿床、矿点、异常点带。2006年蒙古境内的铀勘活动集中在乌兰巴托—二连铁路沿线两侧，首都乌兰巴托周边地区以及蒙古—中国东部边界的蒙古东方省的乔巴山周围（中生代的赛德希尔盆地）。前两者以寻找砂岩型铀矿为主，后者在已知的古尔凡布拉格和多尔诺特硬岩矿床所在地——赛德希尔盆地里扩大已知矿床的深部矿化和向周边地区找新矿化。铀勘工作包括赛德希尔盆地里的航空和地面车载γ测量；赛音山达镇周边地区的地面γ测量、土壤铀金属量测量，浅孔γ测量等；乌兰巴托周边地区的地面氡累积性测量、地面γ测量、浅孔γ测量、土壤铀金属量测量、垂直测深、激发极化和磁测等等。西方铀勘工作在严格质量控制和质量管理（室内样品分析测试、γ总量测井等）、规范、有序地使用物化探方法（航空、地面）等方面有不少值得同在蒙古高原上找铀的中国同行借鉴。从衡量地质科技进步的“四新”标志（新的地质成矿理论、新的成矿与找矿模式、新的找矿、勘查方法）来看，西方铀勘人员提出了赛德希尔盆地里的深部铀矿化（受构造控制的、位于基底花岗岩与火山沉积岩基板上强烈黏土化蚀变带中的铀）酷似阿萨巴斯卡盆地中的铀产出特征的研究认识，借鉴、运用与不整合有关铀矿的地质－找矿模式在蒙古高原上进一步探索，这种带研究性的实践有利于东北亚地区探索雪茄湖式的、与不整合有关的矿床的勘查。对此，业内人士会乐观其成，对其结果也将拭目以待，对中国满洲里地区长期未有进展的找矿工作也将有所启迪。

1.2.3 铀矿石及核电生产经营分析

在成熟市场经济国家里，铀矿地勘活动属于经济地质范畴，政府基本不投资，即便有，也只是政策导向性的，具象征意义，铀勘费用主要来自公司。公司的资金则来源于银行的借贷或上市发行股票融资。借贷或发行股票募集资金需遵守一定“游戏规则”，公司的地勘活动费用财务报告须经独立的第三方——注册会计师事务所审计后向社会公示，成熟市场经济国家的铀勘费用也由此获得；在计划经济国家或正在形成市场经济的国家里，铀勘费用属于特殊敏感数字或为公益地质范畴，通常由政府买单，更有极少数国家不惜成本地勘查铀矿。例如，在成熟市场经济国家里找矿前要租赁土地，获取铀矿勘查土地租赁费一项，在西非地区每英亩仅为 2 美元，在东非地区每英亩也只为 4 美元，在美国本土则高达每英亩 226 美元。美国本土 20 世纪 60 年代每英亩铀矿勘查土地租赁费为 1.37 美元，20 世纪 70 年代为 4.80 美元，现在竟高达 226 美元。在计划经济国家或正在形成市场经济的国家里，租赁土地就不是大问题，或无需此项支出。虽然世界各地铀勘费用的发布具有一定"滞后性""不确定性"及"不准确性"，但对世界各国政策制定仍有重要参考价值。有西方国家的业内人士根据历史上的铀价（西方）与历史上的地勘费用间的相互关系推得：目前世界每年的铀矿地勘费约为 100×10^6 \$（2003 年约为 117×10^6 \$，2005 年达到近 200×10^6 \$），在 2010 年时每年的铀矿地勘费会上升到 230×10^6 \$左右，而到 2020 年时有可能会达到 350×10^6 \$。2006 年全球的铀需求达到 65 450 tU，预计在 2020 年时会达到 84 700 tU，到 2030 年时就增加到 110 880 tU。若按地区分析，在 2030 年时，北美与西欧核电需铀量会比现在增加 35% ~40%，东亚、东欧与东南欧的需要量则会在 2006 年的基础上翻一番。世界经济发展、人口增加需要能源作为支撑，一座铀矿的勘查、开发通常需要 10 ~20 年，未来新建和现在运营中的核电厂的铀原料将取自何方？何时可以到货？除了建立国家、核电厂两级铀储备机制与保障供应体系外，从现在起"加强铀矿勘查，尽快探明一批新的矿产地"是当务之急。

哈萨克斯坦的铀工业为 1997 年成立的国家原子能公司（Kazatomprom）掌控，麾下有 17 个地下开发、地浸生产的铀矿山及铀矿床。如今该国有 4 座铀加工厂在运营，处理加工来自 8 个地浸砂岩铀矿床和 1 个地下常规开采的硬岩铀矿的地浸液和铀矿石。现在哈萨克斯坦境内的铀开发活动计划比找铀活动计划多，与哈萨克斯坦合资、合作开发铀矿的国家有加拿大、美国、日本、韩国及中国等国家的多家铀业公司。此外，由于历史上的原因，哈萨克斯坦至今未建立起独立的国家电力网，只有其北部与俄罗斯相连的输电线及与其南部的吉尔吉斯斯坦、乌兹别克斯坦连接的输电线，为此该国欲建核电厂，完善、健全国家电力网。2006 年 7 月 25 日哈萨克斯坦与俄罗斯签署了一份联合投资营建核电厂的协议。该协议价值 10×10^9 \$，双方各出资 50%，包括建造一座核发电厂和一座年生产能力可以达 5 000 ~5 775 tU 的大型现代化铀处理加工厂。该铀工厂设在俄罗斯境内西伯利亚南部的安加尔斯克，它将是世界上第一个国际铀工厂，包括铀的处理、加工、转换及浓缩等全过程。现在，哈萨克斯坦境内大部分地浸铀矿的生产成本在 18.2 ~39.0 \$/kgU 之间。纳米比亚的罗辛铀矿是唯一位于非洲大陆的世界十大铀矿之一，该寒武纪时代的侵入体白岗岩型铀矿是 1966 年航空放射性测量发现的，1974 年起断续投产，2006 年该露采铀矿的产量达到 3 080 tU。历经 32 个年头，矿山步入枯竭期，原打算 2009 年停产，后经全面评估后，正式宣布延长生产并到 2017 年退役。此外，在 2007 年前该国另一个大型表生钙质壳型铀矿——兰格海音利奇（确定、推定储量 19 120 tU、推测储量 21 460 tU）铀矿床会有一家澳大利亚公司投资，用露采方法生产。值得一提的是，该矿床的生产成本仅为在澳大利亚开发本土的霍尼穆恩地浸砂岩铀矿的 87%（前者为 33.8 \$/kgU，后者为

39.0 $/kgU)。尼日尔拥有8座万吨级的砂岩型板状铀矿床,大多用露采方法生产,少数用地下常规方法开采。近10余年来铀产量平稳,2006年铀矿的产量达到3 080 tU。估计在新世纪的第一个十年里,该国每年的铀产量会维持在此水平上,出售铀是尼日尔国家的重要稳定外汇收入。近10年是俄罗斯铀矿勘查、铀矿开发表现最不成功的时期,铀矿勘查未获进展(没有发现新的铀矿床、提不出新的铀成矿理论和找矿模式、没有研发出新的找铀方法及勘查技术),铀矿山产量增长缓慢,履行1993年签署的美国-俄罗斯高浓铀转换协议是要事,截止到2006年3月已有269吨高浓铀转换为7 868吨核电用低浓铀出售到西方。

铀矿生产及和平使用核能情况。目前投入生产的只有位于巴伊亚州的Caetité矿山,预计2006年富铀核燃料的产量约为400吨,足以满足国内需求。随着位于塞阿拉州(CE)的Santa Quitéria矿山将于今后几个月内投入生产,巴西的富铀核燃料年产量预计在今后三年内将提高到1 200吨,成为继加拿大(12 000吨)、澳大利亚(6 000吨)、哈萨克斯坦(4 000吨)和俄罗斯(3 000~4 000吨)之后的第五大生产国。届时,在取得国际原子能委员会许可的前提下,向贫铀国家出口核燃料将成为可能。巴西目前只有两个核电站,Angra Ⅰ号和Angra Ⅱ号,水力发电占巴西可供电量的70%,而核能发电仅占2.2%。根据2015年巴西的电力需求将增长50%的预测,政府计划增加核能发电的比例,恢复已经停建了20年的Angra Ⅲ号核电站的建设工作。

表1.3 世界上核电站数量和发电能力表

国家	正在运行的核电站数量	运行核电站装机容量/MW	在建核电站数量	在建核电站装机容量/MW
美国	104	97 411		
法国	59	63 073		
日本	53	43 491	3	3 190
英国	35	12 968		
俄罗斯	29	19 843	3	2 825
德国	19	21 122		
韩国	16	12 990	4	3 820
加拿大	14	9 998		
印度	14	2 503		
乌克兰	13	11 207	4	3 800
瑞典	11	9 432		
西班牙	9	7 512		
比利时	7	5 712		
中国台湾省	6	4 884	2	2 560

表 1.3(续)

国家	正在运行的核电站数量	运行核电站装机容量/MW	在建核电站数量	在建核电站装机容量/MW
保加利亚	6	3 538		
斯洛伐克	6	2 408	2	776
瑞士	5	3 192		
捷克	5	2 569	1	912
芬兰	4	2 656		
匈牙利	4	1 755		
中国	3	2 167	8	6 420
立陶宛	2	2 370		
巴西	2	1 855		
南非	2	1 800		
墨西哥	2	1 360		
阿根廷	2	935	1	692
巴基斯坦	2	425		
斯洛文尼亚	1	676		
罗马尼亚	1	650	1	650
荷兰	1	449		
伊朗			2	2 111
总计	438	351 327	31	27 756

澳大利亚从20世纪30年代初就在南澳大利亚的 Radium Hill 和 Mount Painter 开始铀生产,主要用于医用,大规模生产从1950年才开始,目前有些矿山已关闭,澳大利亚已关闭矿山见表1.4。2007年澳大利亚铀产量为10 145吨 U_3O_8(折合7 802吨铀),比2006年增长5.9%,居世界第二位(见图1.3)。目前生产矿山为奥林匹克坝、兰杰和贝利佛,另一可地浸矿山哈尼姆(Honeymoon)仍在建,预计2008年可望投入开发。兰杰矿为澳大利亚最大的铀生产矿,位于澳大利亚北部达尔文东230千米的 Jabiru 镇,周围为 Kakadu 国家公园。该矿发现于1969年,1980年投产,为露天常规矿,1981年产量达3 300吨 U_3O_8,1997年投资5 300万美元的提高磨矿能力设备投产,年矿石处理能力增加到200万吨,可年生产5 000吨 U_3O_8。从1996年兰杰矿产量就超过4 000吨 U_3O_8,2007年该矿铀产量为5 412吨 U_3O_8。澳大利亚能源资源公司(ERA)拥有兰杰矿,2000年里奥廷托公司拥有 ERA 68%的权益。奥林匹克坝位于澳大利亚南部阿德莱德北部560千米的 Roxby Downs 镇,该矿为澳大利亚西部矿业公司(BHP Billiton 全资子公司)1975年在勘探铜矿时发现的,为铜伴生矿,1979年就开始开发建设,1988

年投产，为地下常规矿。奥林匹克坝主要生产铜，占其总收入的 75%，铀矿为铜的副产品，占其总收入的 20%，此外回收的金和银占其总收入的 5%。2007 年该矿铀产量为 3 985 吨 U_3O_8。贝佛利位于澳大利亚南部阿德莱德北部 520 千米，1969 年由 OTP Group（Oilmin NL、Transoil NL 和 Petromin NL）发现，2000 年投产，为澳大利亚投产的第一个地浸矿山，2007 年贝佛利铀产量为 748 吨 U_3O_8，预计 2009 年产量可达 1 500 吨 U_3O_8。目前该矿由 Heathgate 公司拥有。

表 1.4　澳大利亚已关闭矿山概况

矿山	生产期间/年	矿石量/吨	品位 U_3O_8/%	产量 U_3O_8/吨
Radium Hill	1954 ~ 1962	970 000	0.11 ~ 0.15	850
Rum Jungle	1954 ~ 1971	863 000	0.27 ~ 0.43	3 530
Mary Kathleen	1958 ~ 1963	2 900 000	0.15	4 080
	1975 ~ 1982	6 300 000	0.10	4 802
Moline	1959 ~ 1964	128 000	0.35 ~ 0.68	520
Rockhole	1959 ~ 1962	13 500	1.12	138
Nabarlek	1979 ~ 1988	600 000	2.0	10 858

铀的主要消费领域是作为核电站的反应堆燃料。澳大利亚没有核电站，生产的铀主要用于出口。2006 年澳大利亚铀出口量为 8 986 吨铀（表 1.5），主要出口到美国和日本，出口量分别为 3 698 吨铀和 2 474 吨铀，合计占澳大利亚总出口量的 68.7%，其次为法国、英国和朝鲜。据澳大利亚铀中心资料，2007 年澳大利亚铀出口量为 8 677 吨铀，价值 8.81 亿美元。

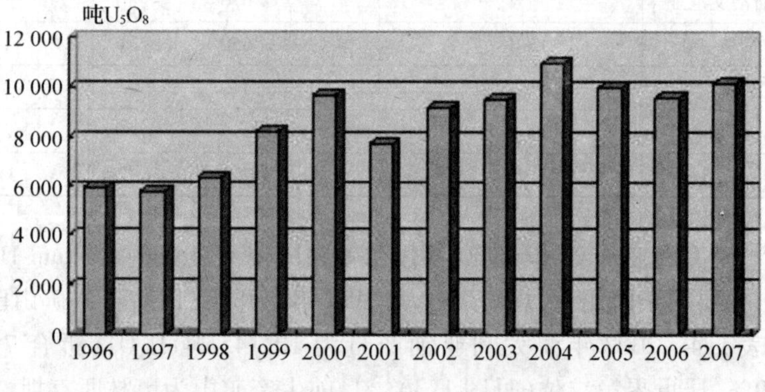

图 1.3　澳大利亚铀产量变化

表 1.5　澳大利亚铀出口量/吨

国家或地区	2002 年	2003 年	2004 年	2005 年	2006 年
美国	3 439	3 027	2 980	3 185	3 698
日本	1 542	1 982	1 944	1 927	2 474
朝鲜	636	789	789	802	593

表 1.5(续)

国家或地区	2002 年	2003 年	2004 年	2005 年	2006 年
法国	422	748	796	959	770
英国	412	738	325	662	618
瑞典	140	440	340	560	213
德国	135	135	212	212	135
加拿大	105		115	77	115
比利时	75	75		254	203
芬兰	50	95	95	95	95
西班牙	–	–	170	–	–
中国台湾	–	–	–	–	73
合计	6 955	8 028	7 765	8 733	8 986

资料来源：Http://www. wise – Uranium. org/ umkt. html

1.3　我国铀矿资源战略定性分析

矿产资源与其他自然资源最大的区别是稀缺性与不可再生性,以及在人类日常生活与经济发展中起到的举足轻重的作用,关乎国家的政治独立与经济安全。因此,各国对矿产资源与能源战略十分重视,纷纷建立庞大的矿产资源与能源的战略储备,甚至不惜发动战争去争夺。二战后的几次大的局部战争可以说都与强国为了获得在一些富石油地区强大政治与军事影响,保障国内石油供应具有十分密切的关系。可是矿产资源与能源储量在整体上是有限的,根据 2004 年 BP 世界能源统计年鉴的最新数据显示,世界石油总储量为 1.15 万亿桶,仅供生产 41 年;全球天然气储量为 176 万亿立方米,仅供开采 63 年,战争并不能解决根本性的问题,那么,矿产资源与能源的经济发展以及如何实现可持续发展保障国家政治独立与经济安全、人民生活稳步提高就成为摆在各个国家面前的课题。

矿产资源经济学的研究方法经常涉及到定量与定性、宏观与微观、长期与短期、单项与综合、绝对与相对等分析方法。以前所进行的矿产资源经济研究,是站在部门利益的基础上,面向行业、全国乃至世界,为各级部门决策提供资源形势分析和参谋咨询服务,基本上是属于应用研究。但从学科建设和长远发展的角度来看,仅有应用研究是不够的,还必须有一定力量的基础研究来支持。矿产资源经济学有助于认识和解决矿产资源稀缺的问题。实现矿山资源的可持续利用,重要的是要改变对矿产资源供求关系的认识。在矿产资源经济学中,矿产资源及矿产品价格、矿产品生产成本、原位性矿产资源租金等矿产资源稀缺指标,以及有效缓解矿产资源稀缺的经济途径,深刻认识、准确测度和有效解决矿产资源的稀缺问题,特别需要矿产资源经济学的指导。矿产资源经济学还有助于优化矿产资源配置,认识和解决矿产资源边际分配问题。因此,结合铀矿资源实际,应用矿产资源经济学原理可有效地制订铀矿资源战略发展规划。

1.3.1 矿产资源市场态势及矿业企业经营现状

1. 外国集团控制优质矿产资源,实行矿业企业的跨国经营

西方国家政府实施全球资源战略,控制了全球大部分优质资源。国家依托其经济实力、军事实力和科技优势,在政治、经济和技术上开展全方位资源外交,支持其全球资源战略;西方发达国家及部分新兴工业化国家政府在走出去开发国外资源这个问题上所采取的战略是一致的,都立足于全球配置资源,综合运用政治、经济、外交、军事、财政、税收、金融、法律等手段,保障其对全球矿产的控制程度和影响力。只是由于各国的国情、矿情、经济发展水平不同,政府在支持力度、方式、手段上有所差异。从对金属生产的控制程度看,西方国家三分之二左右的产量,大都由前 3 ~ 5 家大公司控制。西方大国在实施全球矿产战略时,特别重视地缘政治上的考虑。如美国,一是加强对加拿大和墨西哥的资源控制(以北美自由贸易协议为标志),视这两国为其后院;二是重建拉美矿产供应基地;三是促使南非"回到自由世界怀抱";四是渗透中亚、俄罗斯及其他经济转轨国家。再如加拿大,在地缘上着重考虑拉丁美洲和加勒比地区、非洲、亚太地区、欧洲和前苏联国家。澳大利亚矿业跨国经营的重点在亚太地区,其次是非洲地区,再次是拉美地区。英国及其他一些欧洲国家控制的重点是非洲。日本在国外勘查石油的公司(项目),主要分布在亚太地区(占总数的 65%),但固体矿产项目则主要在拉美。可以这样认为,全球矿产资源大部已被西方大国控制,但仍有余地。世纪之交发展中国家私有化浪潮为我国企业"走出去"开发利用国外矿产提供了历史性机遇。长期以来,以美国为代表的西方发达国家,一直努力实施全球资源战略,鼓励本国公司到海外勘探开发矿产。其实质是以国家支持为后盾,以跨国公司为主体,开拓地缘区位优势,优化资源配置,以获取质优价廉的矿产资源,保证本国资源需求。

西方大国实施全球资源战略的主体是跨国矿业公司。其基本做法是以跨国公司为载体,实现矿业资本和技术的跨国流动,矿产的跨国勘探、开发,矿产品的跨国生产和销售,通过矿业公司的跨国兼并和跨国上市,以及大型项目的多国多方联合投资,增强其经济实力,促进信息和技术与管理经验共享,最终实现对全球重要矿产的控制。矿业跨国经营获取国外资源的途径,主要有以下五种。

(1)矿业权市场运作

矿业权市场是矿产勘查开发领域最高级的市场组织形式。矿业权市场运作,是跨国矿业公司勘查、开发和利用国外资源的主要途径,一般有获取风险勘查权与购置采矿权两种形式。

(2)矿业资本市场运作

随着经济全球化进程的加快,全球资本的流动远远超过了产品的流动。以矿业权为纽带的矿业资本市场运作,成为跨国矿业公司取得对资源国矿产控制权的一种重要手段;购买矿业权和购并矿业公司,成为国际上矿业增长和扩张的优先途径。主要包括两种类型:购并目标公司和购买目标公司的股份或交叉持股,购买目标公司以转让矿地产中的股权。在具体操作上,采取财团方式,或进行跨国联合/兼并。

(3)矿产品市场运作

这是利用国外资源的最传统方式,即通过贸易进口的方式取得资源国的资源。主要也有两种方式:签订长期、稳定供货合同与现货贸易。

(4)以协作求发展

包括加强与国际性金融机构、资源国当地公司、第三方公司的合作。

(5)提供融资

即为资源国大型铀矿业项目提供融资,以换取铀矿业项目中的部分权益,或取得与资源国的长期供货合同等。作为一种战略物质,铀矿产品在许多国家受到严格的出口管制,其他获取国外铀矿资源的途径可能在一些国家也会有限制。此外,西方大国对全球矿产资源的控制,是通过跨国矿业公司实现的。全球最大的 25 家跨国矿业公司中,美国、加拿大各 6 家,英国和澳大利亚各 3 家。1999 年,132 家跨国矿业公司的固体矿产勘查支出,占全球商业性勘查总费用的 80% 左右。

2. 中国勘查开发利用国外矿产资源起步维艰

早在 20 世纪 70 年代末、80 年代初,我国就开始大规模利用国外资源。但是,由于国家总体经济实力不强,财力有限,在其后相当长一个时期内,我国利用国外资源的方式主要是依靠贸易进口。20 世纪 80 年代中后期,国内有关部门和一些国有大公司开始酝酿到国外开展矿产风险勘探和开发,并多次组团赴有关国家进行考察,探讨合资合作问题。此外,还组织力量开展有关信息和投资环境的调查。经过 10 多年的摸索和实践,走出去到国外勘探开发矿产的工作取得了一定成效。目前看来,石油天然气、有色金属、铁矿的队伍走出去较早,步伐较大,取得了较大成绩,其他行业走出去较晚,总体上进展较缓慢,发展也不平衡,尚处于起步阶段。核工业部门自 1995 年以来,先后与越南、哈萨克斯坦就开发其境内的铀矿问题进行过大量工作,特别是对哈萨克斯坦砂岩型铀矿项目进行了详细论证,拟与哈方合作建设一到两座年产天然铀 400 ~ 600 吨的地浸式矿山。目前看来,矿山分成所得还要更大些,并应获得相当数量的优先购买权。在铀走出去方面近年取得的重要进展还有:2006 年 11 月,中国核工业集团下属子公司取得了尼日尔北部铀矿两个矿区的勘探和开采权。此外,中国核工业集团还取得了哈萨克斯坦国家原子能公司相关企业的部分权益。2007 年 2 月,我国资源外交取得突破性进展,从澳大利亚进口铀矿的协定开始生效,待澳大利亚方面的法律完善之后,中国将从 2010 年开始每年从澳大利亚进口铀矿 2 万吨。中钢集团作为一家大型贸易公司,2007 年 2 月与澳大利亚一家资源开发公司合作,签订了合作开发澳大利亚南部铀矿的协议。由于多方面的原因,这项工作还存在一些困难和问题,一是缺乏统一的管理机构。由于当时国家对矿产资源实行的是多头、分散管理体制,到国外风险勘探和投资开发矿产的项目也基本上由各部门分别审批和管理,结果出现了联系渠道多头、审批环节繁琐、程序复杂、时间过长等问题,贻误了不少时机;二是国家缺乏必要的扶持政策;三是资金筹集渠道不畅,使用分散,难以发挥整体效益;四是国内矿业企业在经营和管理方面缺乏经验和人才,尚不能适应市场经济的要求。

1.3.2 铀矿企业经营战略策略定性分析

1. 资源"走出去"开放战略步骤

随着国家政治经济体制改革的逐步深入,我国成立国土资源部,代表国务院行使对土地资源、矿产资源、海洋资源等自然资源进行规划、管理、保护和合理利用的重要职能。面对日趋严峻的资源供需形势,我国国土资源部开展了对"走出去"参与全球矿产资源勘查与开发等重大问题进行调研,并在此基础上,逐步形成矿产资源"走出去"的开放战略。

(1)指导思想

根据中央关于资源开发要"走出去,扩大开放"指示和"利用两种资源,面向两个市场"的战略方针,从国家当前和长远利益出发,依靠科技进步,统筹规划、积极引导、重点扶持,实现我国利用国外资源在全球范围内的优化配置,提高利用国外矿产的安全性和经济合理性,推动和平资源外交,提高国际地位,在实践中学习外国先进管理经验,建立矿山现代企业制度,促进我国矿业结构调整。

(2)战略目标

建立一批我国资源短缺的国外矿业生产供应基地和资源储备基地,在国家需要时能保证这些资源安全地供应国内,为国家长期、稳定、经济合理地利用国外资源提供保障;形成一批具有相当规模和实力的跨国矿业企业,培养一批既懂专业又熟悉国际经营的管理人才队伍,使跨国勘查开发矿产的国际竞争能力达到发展中国家的先进水平;支持有条件的发展中国家建立自己的民族工业,推动和平外交、资源外交,促进与发展中国家的外交与经贸合作,提高我国国际地位;建立较为完善的,既符合国情又符合国际惯例的参与全球矿产勘查开发政策、管理与服务保障体系;促进矿业结构调整和现代矿山企业制度的建立,使国外资源勘查开发成为我国矿业经济发展新的增长点。

(3)战略部署和战略重点

在具体战略选择上,既要突出重点,又要多元化发展。面对复杂多变的世界,要根据我国国情和对资源的需要,发挥比较优势和后发优势,突出重点。同时,要作多手准备,在投资市场、投资领域、投资主体等方面要实行多元化。

①在利用方式上,贸易与勘查、开发并举。利用国外资源通常有三种途径,一是单纯的贸易进口(市场购买),二是买断矿山股权,三是从风险勘探做起,找到矿后再自主进行开发。目前,我国98%的进口矿产品是采取贸易进口的方式,已成为国际市场许多战略物质的大买主。

由于进口量大,往往对国际市场产生较大的影响,常引起价格剧烈波动,极易造成哄抬物价的效果,这对进口国极为不利。而对于铀矿这样的战略资源,你即使有钱,人家也不一定肯卖。尤其是,如果在一大批核电站建成后,一旦发生供应中断等突发事件,将对国家经济安全和国防安全构成严重威胁。所谓买断矿山股权,就是按一定的价格,买下已有矿山的股份,或者在新建矿山时按一定比例进行投资,矿山建成投产后,获得一定比例的股份,从而获得矿山产品分配权。目前,我国已有部分企业通过这种途径在国外投资建矿,获得销售控制权。买断矿山的风险性较小,在目前国内普遍缺乏国际矿业运作经验和管理人才的情况下,仍不失为一种可行的选择。但由于耗资巨大,成本过高,在经济上不太合算。再说,人家也不愿意把整个铀矿山卖给你,因此,对于天然铀这种战略物质,一是买矿,尽量通过政府间的长期合同买到我们所需要的东西;二是在友好国家尽一切可能参股铀矿山,获得一定比例的产品分配权和优先购买权;三是采用投资风险勘探的做法,从购买矿产地股权开始,选择做有远景的找矿勘探项目。这种多元化的方式有助于保证长期稳定地利用国外铀矿资源。总而言之,要采取贸易与开发并举的方针,通过多种方式利用国外铀矿资源。目前主要是要充分发挥贸易的主导作用,并进行适当的实物资源储备。同时要采取积极有效措施,争取取得在国外的铀矿勘查开发零的突破,最终要通过风险勘查开发,在国外建立铀矿产品生产供应基地和资源储备基地。

②在矿种选择上,以我国资源短缺的战略矿产和大宗支柱性矿产为重点,坚持补缺、补紧、补劣的原则。作为一种最重要的战略矿产,国家应当将到国外购买铀矿、购买铀矿山股份、进行铀矿资源勘探开发列为重点扶持和鼓励的对象。

③在地区选择上,以资源是否丰富为前提,重点是发展中国家,特别是周边国家,兼顾发达国家。要充分利用我国的政治优势和地缘优势,实现我国铀矿资源供给在全球范围内的优化配置。对丁与我国外交、经贸双边关系良好,社会政局比较稳定,铀矿资源丰富,并且已有一定工作基础的国家,条件成熟,可先期开展工作。这类国家比较多,如我国周边国家中南方的泰国、老挝、越南、柬埔寨、缅甸、印度尼西亚和澳大利亚,北方的俄罗斯、哈萨克斯坦、乌兹别克斯坦、蒙古;中东的伊朗、土耳其、约旦、阿尔及利亚;非洲的南非、纳米比亚、津巴布韦、刚果(金)、尼日尔、马拉维、索马里、加蓬;拉丁美洲的智利、秘鲁、巴西、墨西哥等;北美的加拿大。根据以上分析,我国铀矿资源“走出去”重点是要稳步推进五大战略,即:周边战略、南部非洲战略、拉丁美洲战略、澳大利亚战略、中非战略。

④在运作机制上,要以国家需求为导向,兼顾经济效益,以国有大企业集团为投资主体,实行多元化发展,要做到政企分开。企业是投资主体,政府通过政策支持和宏观管理,增强企业的国际竞争能力,鼓励企业“走出去”,开发利用国外铀矿资源。在实际运作上,要与国际惯例接轨,坚持以国家需求为导向,兼顾经济效益。重点支持已拥有相当经济实力,有能力参与国际矿业市场竞争的国有大企业“走出去”。在运作方式上,可采取长期合同购买、合资开发、或与其他外国矿业公司或国际财团合资经营的方式;在筹、融资战略上,要以国内筹、融资为主。国家要全力支持和扶持国有大企业走出去,并争取搞到大项目,如果不这么做,不足以解决我

国十分短缺的铀矿资源的长期、稳定、安全、经济的供应问题。要争取早日形成1/3由国内生产,1/3由市场购买,1/3由国外矿山分成提供的核电供矿模式。

2. 开发与利用国外铀矿资源战略措施

"走出去"进行海外铀矿资源勘探和开发的根本目的在于开辟铀矿资源的海外稳定供矿渠道,逐步建立海外天然铀生产基地和储备基地,以保障21世纪我国经济社会可持续发展。国家有责任根据境外矿业开发的特点,认真规划、精心组织和实施,要努力形成一个以国有大企业集团为主体,以国家需求为导向,兼顾经济效益,按国际投资惯例运作的良性投资机制。政府要先行,为企业铺路搭桥,提供服务。通过规划、扶持和管理,提高对外矿业投资的整体水平。为推动这一战略的顺利实施,建议国家采取如下的一系列政策措施。

(1)在国家外交战略中进一步突出资源外交的地位。根据中央"走出去"开放战略的总要求和总部署,国家在外交战略中应把"走出去"参与全球矿产资源,特别是铀矿资源开发作为重要目标任务加以考虑,在与其他国家的多边或双边经济合作中,只要有条件,应优先考虑矿业领域内的合作。因此,建议国家有关部门明确要求我驻外机构及时提供驻在国资源及投资政策、法规等信息,帮助政府有关部门和企业建立联系渠道,疏通关系,解决疑难问题,保护中国企业的合法权益。要以扩大贸易,甚至签订自由贸易协定为条件,取得资源国在天然铀长期购货合同,铀矿资源勘查开发上的互惠待遇。

(2)安排财政专项资金,实施全球矿产资源及投资环境评价计划。借鉴国际经验,安排财政专项,通过在重点国家和地区开展前期地质评价工作,实施包括铀矿在内的全球矿产资源评价计划,摸清主要目标国的铀矿资源潜力,研究矿业投资环境,为政府制定相关战略和政策提供决策依据,为企业"走出去"勘查开发国外铀矿资源降低投资风险,提供信息服务。

(3)建立与国际接轨的有效的矿业投资、融资机制,制定相应的财政、金融和税收优惠政策。针对矿业开发的特点,根据国际惯例制定《海外矿产勘查开发管理条例》,为企业"走出去"参与国外资源勘查开发进行投资和融资提供法律保障。尽快出台减免份额矿产品进口环节增值税和进口关税的税收优惠政策。

(4)建立国外矿产资源地质调查和风险勘查专项基金。借鉴国外一些国家成功的做法,设立国家海外矿产资源地质调查和风险勘查专项资金,铀矿的境外勘探项目应当优先考虑。在国家海外矿产资源地质调查和风险勘查专项资金尚未出台之前,建议赋予国家地质调查局动用地质勘探费进行包括铀矿在内的海外矿产资源地质调查的职能。

1.3.3　铀矿山项目投资期权博弈分析

1. 铀矿山项目投资战略的期权博弈分析

铀矿山项目投资战略分析方法的核心在于矿山项目价值函数的确定,这是投资战略分析与制订的基础。传统投资分析方法和标准的实物期权方法所确定的项目投资价值函数是不全面的，传统资本预算方法没有考虑包含在项目中的实物期权价值，而标准实物期权方法考虑了这种价值，但是没有考虑竞争对项目价值的影响，因此，项目价值函数的全面分析必须是在传统NPV方法基础上，在价值函数的基础上，在竞争的环境下确定最佳的投资时机，并由此形成最优投资战略。期权博弈矿山项目投资战略分析的基本思路是在不确定和竞争条件下，全面考虑影响矿山项目价值的各种因素确定出期权博弈矿山项目投资战略分析的价值函数，并在竞争条件下确定出矿山项目投资的最佳时机，最终形成最优投资战略。在实际投资战略制订中，矿山项目的管理者可能会面对两种基本决策问题：

(1)第一种基本决策是与自然进行博弈的战略决策问题。这是将自然作为唯一竞争对手的投资决策问题。由于自然是管理者所不能控制的，所以自然的未知状态实际上就是投资决策所面临的不确定因素。管理者主要面对三方面问题：①投资的柔性（Flexibility），即推迟、放弃、扩展或紧缩一项投资的能力。②或有性(Contingency)，这是一种当未来的投资依据目前投资的成功而定的形势。由于可能的以此为基础的未来的投资获利机会的存在，一项NPV为负值的项目仍有投资的可能。③波动性(Volatility)，在标准的NPV中，越高的波动性就意味着越高的折现率和越低的净现值。期权理论指出，具有很大不确定性的投资具有更高的期权价值。在实物期权分析中，由于不对称收益的存在，使得越高的波动性就有越高的实物期权价值。这种与自然博弈的决策问题，应用标准的实物期权方法就可以解决。

(2)第二种基本决策问题是面对竞争的战略博弈决策问题。其中管理者的投资决策是根据其对竞争者的反应会影响投资机会的价值的清醒认识做的，这种问题出现在寡占市场上。根据期权理论，在不存在类似红利影响的情况下，企业将一直等到到期日再作出决策是最优的。但是，事实上，管理者常常会发现在早期进行投资、执行期权并牺牲进一步等待的期权价值在一些情况下是可行的。如当可以看作为红利发放的较早的中间现金流超过了等待的价值：早期的投资能够产生改善未来的类似投资的决策信息；企业为了能够在竞争者进入之前抢先投资，从而避免由于竞争引起的更大损失；当早期的战略投资能够带来独享的竞争优势，如较低的成本结构优势等；当早期的投资能够为后续投资提供机会时。在完全竞争的情况下，只有企业具有特殊的竞争优势，才会存在经济租金。假如企业拥有的竞争优势是暂时的，而不是长期的，企业所获得的经济租金期望将随着时间变化和其他竞争者进入而逐步减少，因此，在这种情况下，推迟项目投资将腐蚀项目投资价值。由于标准实物期权是建立在期权的独占性、产品市场的完全竞争性假设的基础上，没有考虑竞争的影响，所以不能适应这种情况下的决策问题。在大多数情况下，实物期权可以被多家企业持有，因此称为共享期权。竞争者进入可能造成期权价值的腐蚀(Trigeorgis 1995,1996)，在这种情况下，唯一能够回避预期竞争腐蚀的有效办法就是尽早地作出投资承诺，以便在竞争者进入前抢先投资。由于竞争的存在，还必须考虑竞争给项目价值，尤其是实物期权价值的影响。因为竞争环境下投资机会是共享的，竞争者的投资会对项目中所包含的实物期权价值带来影响。不同的投资外部性可能会带来不同的影响，这种影响在具有战略替代性的市场上（负的外部性）是负面的，会减少实物期权的价值；而在具有战略互补性的市场上(正的外部性)是正向的,会增加实物期权的价值。

2. 铀矿山项目的期权博弈战略操作步骤

期权博弈分析的基本思路应该是围绕矿山项目的价值函数最大化及最佳投资时机的确定展开的。根据国内有关研究结论,一般化的期权博弈方法工作流程包括项目估价及投资决策假设和变量设置、项目投资不确定因素的数学描述、实物期权估价、市场结构分析、博弈分析方法和模型选择及科学决策等五个方面。在此基础上提出矿山项目的期权博弈投资战略分析的大体步骤如下。

第一步,明确铀矿山项目投资的基本问题。主要包括矿山项目的投资成本、未来收益的预测;影响未来现金流的不确定因素的识别及其所服从随机过程的确定;矿产品市场结构和竞争因素的识别;竞争对手的数量、强弱及其对矿山项目价值的影响;矿山项目中所包含的投资机会及其灵活性分析等。

第二步,铀矿山项目参数基本假设和变量的设置,随机因素的数学描述。由于实际投资矿山项目所处环境的复杂性,必须要对一些问题作出适当的简化和假设,如对矿产品市场结构、竞争对手、投资支出、生产成本的分布等的假设。

第三步,确定铀矿山项目投资参与人的价值函数及最优投资临界值。对于寡头垄断市场来说,每个铀矿山企业都有三种可能的潜在角色,即先投资成为领先者、后投资成为跟随者或两个企业同时在某个时刻投资而成为共同投资者。因此需要确定三个潜在角色的价值函数。对于"领先者-跟随者"结局来说,铀矿山项目的价值函数的确定顺序是逆向的,即首先确定跟随者的价值函数,然后确定领先者的价值函数。跟随者价值函数的确定是在假定领先者已经在某个时刻投资的前提下进行的,而领先者价值函数的确定必须考虑在未来某个时刻跟随者也会投资。同时投资者的价值函数是在假定每个铀矿山企业群同时投资的前提下确定的。在铀矿山项目价值函数确定之后,利用最优停止理论和方法确定每个潜在角色的最优投资临界值。

第四步,铀矿山项目投资的均衡分析和均衡结局的确定。根据前面确定的铀矿山项目投资临界值及每个参与人在不同结局中的收益,通过应用动态时机博弈理论和方法确定均衡结局在双寡头垄断情况下,可能会出现序列投资和同时投资两种结局。

第五步,根据上面的分析提出铀矿山项目投资决策战略的建议,即应用实物期权博弈分析方法获得铀矿山投资项目的战略实施方案与步骤,优化资源配置,规避投资风险。

第2章 铀矿床地质模型与储量计算

根据地质勘查工作获得矿床资料，通过计算以确定有用矿产的数量，是估算矿床经济价值、确定矿山生产规模和服务年限的基本依据。矿产储量多以有用组分或金属量来表示，如若干吨铁、若干吨铜等。本章主要介绍探矿数据的统计学分析、铀矿床的矿量、品位估算方法，以及三维地质模型的基本原理和方法。

2.1 探矿数据的统计学分析

铀矿探矿数据指探测铀矿的各种地球物理、地球化学勘查方法的原始观测结果和记录。它分为已知数据和待处理数据，已知数据是在被研究对象为已知的情况下所获得的数据；待处理数据指为得出被研究对象的某种数学解所需要的数据。本节介绍如何对这些数据进行数学处理。

2.1.1 探矿数据及其预处理

1. 钻孔取样

钻孔取样勘探铀矿时主要是采用岩心钻探，因此岩心采取率应不少于70%。岩心样品可以分段采集，如果岩石在岩性上有所不同的话，也可以隔一定距离采集；如果矿层结构均匀，而且厚度很大的话，将岩心沿纵向劈成两半，一半作为样品。钻孔取样的方法通常是用测井对铀矿进行定量放射性测量分析，岩心样品能为评价矿石质量提供补充材料。

在对岩心进行取样之前应当对岩心作放射性测量，以区分出放射性较高的地段和拟定采取样品的间距。划分取样间距或样段时，必须注意到岩心可能有的选择性磨损和这些间距的岩心采取率。铀矿物性脆，如果是包裹在坚硬的岩石中，势必使它们遭到较大的磨损，在冲洗钻孔时，氧化带的松散矿物也比较容易冲掉。所有这些在采取样品时都必须估计到。

2. 样品组合处理

在矿量和品位计算前，一般需要对取样数据进行预处理，包括样品组合处理和“极值”样品的处理。将几个相邻样品组合成为一个组合样品，并对这个组合样品的品位进行计算的方法称为样品组合处理。当矿岩界限分明，且在矿石段内垂直方向上品位变化不大时，常常将矿石段内（即上下矿岩界限之间）的样品组合成一个组合样品，这种组合称为矿段组合。组合样品的品位是组合段内各样品品位的加权平均值，即

$$\bar{\theta} = \sum_{i=1}^{n} l_i\theta_i / \sum_{i=1}^{n} l_i \tag{2.1}$$

式中,$\bar{\theta}$ 为组合样品的品位;l_i 为第 i 个样品的长度;θ_i 为第 i 个样品的品位;n 为矿石段内样品个数。式中用的是长度加权,是最常用的方法。如果不同样品的密度相差较大,可以采用质量加权法。

[**例 2.1**] 某铀矿采得 5 个相邻的样品,品位分别为 900×10^{-6},500×10^{-6},700×10^{-6},600×10^{-6},800×10^{-6},样品长度分别为 0.5 m,4 m,0.5 m,1.5 m,2 m。试将其组合成一个组合样品,并求出其组合样品值。

解:首先求出组合样品的总长度 $\sum_{i=1}^{5} l_i = 0.5 + 4 + 0.5 + 1.5 + 2 = 8.5$ m,然后求出 $\sum_{i=1}^{5} l_i\theta_i = 5\,300\times10^{-6}$。

因此,组合样品的品位 $\bar{\theta} = 623.5\times10^{-6}$。

3. 极值样品处理

极值样品是指那些品位值比绝大多数样品的品位(或样品平均品位)高出许多的样品,它们在贵重金属矿床较为常见。例如,在一座铀矿床取样 1 000 个,经化验这些样品的平均品位为 $1\,000\times10^{-6}$,其中有十个样品的品位在 $15\,000\times10^{-6}$ 以上,这十个样品就可以被看成是极值样品。关于极值样品,没有统一的和现成的标准,需要根据具体情况具体分析。虽然极值样品数量少,但对铀的储量影响大。因此,人们常常在实践中采用以下处理方法。

(1)限值处理

就是将极值样品的品位降至某一上限值。比如在上述例子中,将所有高于 $15\,000\times10^{-6}$ 的样品的品位降至 $15\,000\times10^{-6}$。

(2)删除处理

将极值样品从样本空间中删去,不参与分析计算。

使用上述两种处理方法时,应当非常谨慎小心。不加分析地将极值样品进行删除或限值处理,很可能将本来能够获取正常利润的矿床人为地变为没有开采价值,从而导致错误的投资决策。

4. 地浸矿山储量计算中极值样品处理方法

地浸生产中,每个块段(采区)的钻孔数量较多,钻孔间距较小(一般为 20 ~ 40 m),极值品位出现的机会多,但影响面积小;而地质勘探钻孔间距较大(一般为 200 m × 50 m ~ 200 × 100 m),每个块段内钻孔数量较少,极值品位出现的机会少,但影响面积大。因此地浸矿山在储量计算中对极值品位的确定和处理方法应有别于地质勘探部门的确定和处理方法。

(1)极值品位的确定方法

若某钻孔的品位高出周围钻孔品位许多倍,根据实践经验,就以该钻孔为中心,向上、下、左、右四个方向分别延伸两个钻孔，以这九个钻孔构成一个块段；若该钻孔出现在采区边缘，向外延伸的钻孔数不够或没有延伸钻孔，根据经验以实有钻孔构成一个块段。块段确定后，用加权平均法分别计算出包括特高品位钻孔在内的平均品位(w_1)和不包括极值品位钻孔的平均品位(w_2)，若 w_2 下降的幅度大于20%，则该孔确定为极值品位，要对其进行极值品位处理后方可参加储量计算。即

$$K = \frac{w_1 - w_2}{w_1} \times 100\% \tag{2.2}$$

若 K 值大于20%，该钻孔为极值品位钻孔。

(2) 极值品位的处理方法

用上面方法确定了某个钻孔的品位为极值品位后，就要对其进行极值品位处理，处理方法为

$$w_3 = 2w_2$$

即该孔的允许品位为不包括极值品位钻孔在内的其他钻孔平均品位的两倍。以 w_3 代替极值品位值，参加储量计算。下面举例说明。

［**例2.2**］　某铀矿床有001号钻孔，其矿体厚度为1.05 m，平均品位为1.520%，现怀疑其为极值品位钻孔，下面来验证一下。其周围钻孔分布见图2.1，各孔见矿情况如表2.1所示。

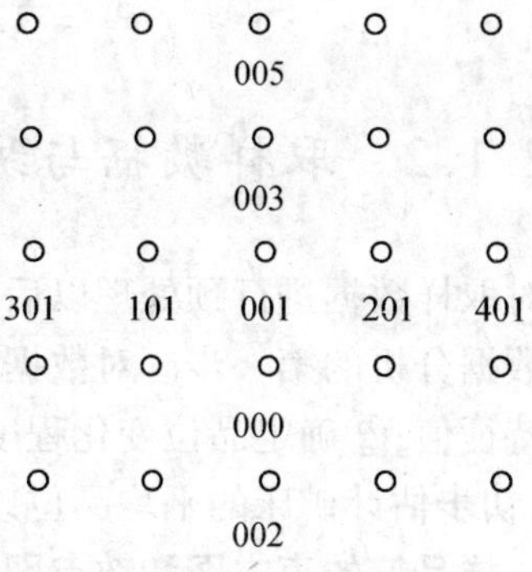

图2.1　001号钻孔及其周围钻孔分布图

表2.1　001号钻孔及其上下左右8个钻孔概况

孔号	矿体厚度/m	平均品位/%	米百分数/m·%
002	2.95	0.055	0.162 3
000	2.65	0.074	0.196 1
001	1.05	1.520	1.596 0
003	5.40	0.310	1.674 0
005	4.95	0.337	1.668 0
301	4.10	0.018	0.073 8
101	2.80	0.089	0.249 2
201	2.62	0.111	0.290 8
401	2.97	0.162	0.481 1
合计	29.49		6.391 5

由表2.1计算得 $w_1 = 0.216\,7\%$，去掉001孔后合计矿体厚度为28.44 m，米百分数为

4.795 5 m·%，平均品位 $w_2=0.168\ 6\%$。

$$K=\frac{0.216\ 7-0.168\ 6}{0.216\ 7}\times 100\%=22.2\%$$

K 值大于 20%，确定其为极值品位，需对其进行极值品位处理。

$$w_3=2w_2=2\times 0.168\ 6=0.337\%$$

即 001 号钻孔参加储量计算的参数为矿体厚度 1.05 m，品位为 0.337%。

P_1 和 P_2 分别表示极值品位处理前后铀的储量，现对极值品位处理前后铀储量进行对比。已知密度为 1.80 t/m^3，单工程影响面积为 625 m^2，有

$$P_1=1.80\times 1.05\times 1.52\times 625=17.96\ \text{t}$$

$$P_2=1.80\times 1.05\times 0.337\times 628=3.98\ \text{t}$$

2.1.2 取样数据与统计学分析

对取样数据进行预处理以后，作统计学分析可以提供矿床的有用信息，因此统计学分析是取样数据分析的第一步。对数据进行统计学分析的主要目的是：①确定品位的统计分布规律及其特征值；②确定品位变化程度；③确定样品是否属于不同的样本空间；④根据样品的分布特征，初步估计矿床的平均品位以及对于给定边界品位的矿量和矿石平均品位。

1.样品值的直方图和散点图

在矿床统计分析中，第一步是编制样品值的频率分布直方图和显示两种变量关系的散点图。

(1)直方图

编制直方图，首先将参与计算的全部样品值按品位递增次序进行分类，然后再将它们归入按等品位区间划分的各个分组区间中，并统计出各个区间的样品个数及样品累计长度。分组区间数一般在 15~25 个区间，按照以下的公式计算落在每个样品区间的样品频率

$$f_i=N_i/\sum_{i=1}^{n}N_i \quad 或 \quad f_i=L_i/\sum_{i=1}^{n}L_i \tag{2.3}$$

式中，f_i 为第 i 区间样品的频率，%；N_i 为第 i 品位区间样品个数，个；L_i 为第 i 品位区间样品长度，m；n 为划分的品位区间。

完成以上的计算，直接可以绘制样品值频率的分布直方图。需要特别注意的是直方图的形状往往受到品位区间间隔大小的影响，品位区间的改变会引起直方图形状的变化，因此，在实际绘制过程中应通过实验对比来选择合适品位间隔。直方图对分析矿石品位分布和矿化特征有很大作用，根据其形状可以初步确定样品值的概率分布型式，可以检测出样品值中可能出现的差错。

(2)散点图

散点图是用来显示样品值分布的另外一种常用的图形表达式，它在了解矿床地质特征，特

别是直观显示不同变量间的相关关系时非常有用。不但可以表明两个变量之间相互关系程度的强弱,也可以用来检测出样品值中可能存在的异常值以及可能存在的不同矿化母体样本的混淆现象。但是散点图只能在每个样品值具有至少两个属性以上的变量值时才能采用。

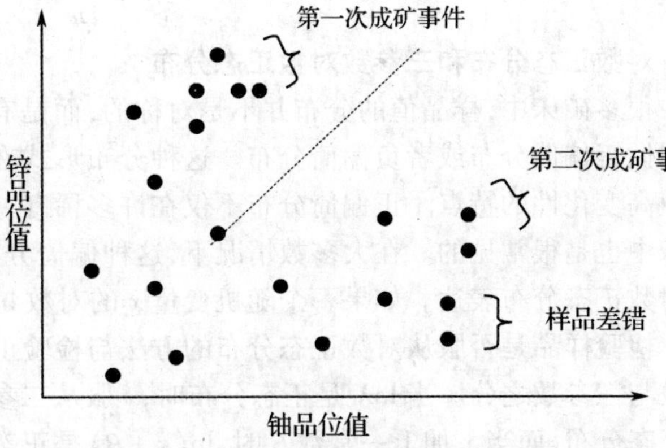

图 2.2　散点图

2. 样品值的正态分布

不同类型的矿床,其取样品位服从不同的统计学分布规律,但大多数矿床的品位服从正态分布或对数正态分布。下面对这两种分布的特征值及置信区间计算作简要介绍。

正态分布在直角坐标系内,呈一对称的钟形,它具有两个参数 μ 和 σ^2 的连续型随机变量的分布。第一个参数 μ 是遵从正态分布的随机变量的均值,第二个参数 σ^2 是此随机变量的方差,所以正态分布记作 $N(\mu,\sigma^2)$。当 $\mu=0,\sigma^2=1$ 时,称为标准正态分布,记为 $N(0,1)$。μ 维随机向量具有类似的概率规律时,称此随机向量遵从多维正态分布。多元正态分布有很好的性质,例如,多元正态分布的边缘分布仍为正态分布,它经任何线性变换得到的随机向量仍为多维正态分布,特别是它的线性组合为一元正态分布。

实际上矿床样品值的正态分布假设不是都成立的,只对某些具有相对高品位的矿床,或者当所考察的变量具有很低的变化性时正态分布假设才成立。检验样品值是否服从正态分布的一个简单方法是将样品的累加发生频率(即小于某一品位的样品数占样品总数的百分比)与品位绘在正态概率纸上。如果数据点基本落在一条直线上,那么就可以将样品的分布看成是正态分布。

正态分布的特征值有均值 μ 和 σ^2 方差,μ 和 σ^2 的真值是未知的。当获得 n 个样品,每个样品的值为 $x_i(i=1,2,\cdots,n)$ 时,μ 和 σ^2 的估计值 $\hat{\mu}$ 和 $\hat{\sigma}^2$ 可分别用下式计算。

$$\hat{\mu}=\bar{x}=\frac{1}{n}\sum_{i=1}^{n}x_i \tag{2.4}$$

$$\hat{\sigma}^2=s^2=\frac{1}{n-1}\sum_{i=1}^{n}(x_i-\bar{x})^2 \tag{2.5}$$

或

$$s^2=\frac{1}{n-1}(\sum x_i^2-n\bar{x}^2) \tag{2.6}$$

s^2 的平方根 S 是样本空间均方差 σ 的估计值。从统计学理论可知,一个正态样本空间的均值 μ 的估计量 $\hat{\mu}$ 也服从正态分布,其均值为 μ,方差为

$$S_{\hat{\mu}}^2 = \frac{s^2}{n} \tag{2.7}$$

3. 对数正态分布和三参数对数正态分布

在很多矿床中，样品值的分布并不是对称的，而是有一个高值端或者低值端，这样的分布状态叫做正偏倚分布或者负偏倚分布。这种分布形式在一些低品位矿床中非常普遍，它具有样品值高变化性的特点。正偏倚分布不仅在许多稀有、贵金属矿床中常见，而且在许多有色金属矿床中也是很常见的。在大多数情况下，这种偏倚分布都可以用一种对数正态分布或者三参数对数正态分布表达。如果一个随机变量 x 的对数 $\ln X$ 服从正态分布时，x 就服从对数正态分布。检验样品是否服从对数正态分布的方法与检验正态分布的方法相似。对数正态分布有二参数与三参数之分。当 $\ln X$ 是正态分布时，x 服从二参数对数正态分布。在某些情况下，$\ln X$ 不是正态分布，而当 x 加上一常数 β 时，$\ln(x+\beta)$ 是正态分布，这时说 x 服从三参数对数正态分布。

三参数对数正态分布有三个特征值：即加数 β，$(x+\beta)$ 的对数均值和 $(x+\beta)$ 的对数方差。当有 n 个样品时，就可以对这三个参数进行估值。

一个三参数对数正态分布变量 x 的概率分布是由附加数 β，$(x+\beta)$ 的对数方差以及它的对数均值来定义的。当 $\beta=0$ 时，就变成普通的对数正态分布。如果样品数目足够大，β 可用下式估计

$$\beta = \frac{m^2 - f_1 f_2}{f_1 f_2 - 2m} \tag{2.8}$$

式中，m 为对应于50%累加概率的取样值，m 也被称为几何均值或中值。f_1 和 f_2 分别为对应于累加概率 p 和 $1-p$ 的取样值。理论上讲，p 可以取任意值，但 p 取5%与20%之间时得到的结果最佳。

在 β 已知后，令 y_i 为 $(x_i+\beta)$ 的自然对数，即

$$y_i = \ln(x_i + \beta) \tag{2.9}$$

那么 $(x_i+\beta)$ 的对数均值用下式估计

$$\bar{y} = \frac{1}{n}\sum_{i=1}^{n} y_i \tag{2.10}$$

$(x_i+\beta)$ 的几何均值 m 的估计值为

$$\hat{m} = e^{\bar{y}} \tag{2.11}$$

对数方差 σ_e^2 的估计值为

$$S_e^2 = \frac{1}{n}\sum_{i=1}^{n}(y_i - \bar{y}) \quad 或 \quad S_e^2 = \frac{1}{n}\sum_{i=1}^{n} y_i^2 - \bar{y}^2 \tag{2.12}$$

三参数对数正态分布的均值 μ，几何均值 m 与对数方差 σ_e^2 之间存在以下关系

$$\mu = m e^{\sigma_e^2/2} - \beta \tag{2.13}$$

当利用上面的公式从样品值计算出对数正态分布的特征值的估计值 β、$\hat{m}$ 和 S_e^2 以后，就可以获得均值 μ 的估计值 $\hat{\mu}$

$$\hat{\mu} = \hat{m}\gamma - \beta \tag{2.14}$$

式中，γ 是根据 n 和 S_e^2 确定的系数，例如当 $n = 10$，$S_e^2 = 1.4$ 时，γ 为 1.936。当 $n > 1\ 000$ 时，γ 可用下式计算

$$\gamma_\infty = e^{S_e^2/2} \tag{2.15}$$

置信度为 $1 - 2p$ 的均值置信区间计算公式为式(2.16)和式(2.17)。区间上限为

$$\mu_{1-p} = (\hat{\mu} + \beta)\Psi_{-p} - \beta \tag{2.16}$$

区间下限为

$$\mu_p = (\hat{\mu} + \beta)\Psi_p - \beta \tag{2.17}$$

式中，Ψ_p 是根据 n 和 S_e^2 确定的系数，可在有关概率统计书中找到。

当 n 很大(>1 000)时，Ψ_p 可用下式计算

$$\Psi_p = e^{(\sigma_t^2/2 + t_p\delta_p)} \tag{2.18}$$

式中，$\sigma_t^2 = \frac{s_e^2}{n}\left(1 + \frac{s_e^2}{2}\right)$；$t_p$ 是从 t 分布表中查得的数值。

2.2　品位和储量计算

铀矿床的经济评价涉及很多方面，一般通过综合成本指标来进行评价，其成本包含地质找矿勘探、开采和选冶、市场价格等多个方面的费用，成本指标直接影响到铀矿床所采用的工业指标。铀矿床的工业指标是评价矿床工业价值、圈定矿体、计算资源储量的标准和依据。铀矿预查、普查阶段可用我国同类型矿床类比的工业指标或一般工业指标圈算储量(见表2.2)。矿床详查、勘探阶段应结合预可行性研究或可行性研究，通过对矿体进行多方案反复试圈、比较后确定工业指标，圈定矿体和估算储量。

表 2.2　铀矿一般工业要求

边界品位/w_B	300×10^{-6}
最低工业品位/w_B	500×10^{-6}
最小可采厚度	0.7 m
夹石剔除厚度	0.7 m

铀矿储量估算的一般原则和方法是：

(1)应在充分综合研究矿床的地质特征、控矿因素的基础上，按相应勘查阶段所要求的工业指标估算铀矿储量。按矿体(块段)、储量类别、品级、矿石类型(当矿石选冶性能差异大、有

可能分采时,应考虑分矿石类型估算)分别估算各矿体(块段)及全矿床(或中段、采区)的矿石量、平均品位和金属量。参与储量估算的工程质量、数量和参数、系数应符合相关规范、规程和规定的要求。

(2)具有工业利用价值的共生矿产,一般分别圈定、估算矿体储量。伴生矿产一般无需单独圈定矿体,而采用矿体(块段)的矿石量和在此矿石量范围内计算出的平均品位,估算矿体和矿床中伴生矿产的金属量。矿产储量估算的单位:铀及共(伴)生有色金属、稀贵金属的矿石量为千吨、金属量为吨(铀金属量保留小数点后一位),品位均以 10^{-6} 进行统计。

(3)应根据矿体地质特征、矿体形态、赋存状态和勘查工程分布情况等合理选择估算方法,提倡采用成熟的并经审定的新估算方法和计算机技术,对估算方法及其结果的正确性应进行检验。可选择部分有代表性的矿体或块段,采用其他方法验算,其相对误差如超过 ±10%,应研究原因,或重新划分矿体、块段,或选用别的估算方法。所有用于储量估算的计算机软件应经有关主管部门审查认定。

(4)在单工程(探槽、探井、穿脉、钻孔等)中和在取样线(沿脉)上用一般工业指标圈定矿体时,矿体边缘样品的品位应达到边界品位;当边缘有几个连续达到边界品位的样品时,则只能圈入一个边界品位的样品(样品长度不超过 1 m)。

(5)圈定工业矿体(块段)时,在矿体两端只允许各圈入一个达到边界品位和边界米百分值的边缘工程或边缘取样线,且圈入后矿体(块段)的平均品位和米百分值应达到最低工业品位和最低工业米百分值标准。在矿体内部,出现低于边界品位和边界米百分值的工程或取样线时应单独圈出。估算铀矿储量时,应扣除截至野外施工结束时采空区的储量。

固体矿产储量计算方法的基本原则就是把形态复杂的矿体抽象化为与原矿体体积大致相同、易于计算的简单几何形体,从而确定其体积和储量。常用的储量计算方法有:算术平均法、块段地质法、开采块段法、垂直断面法、水平断面法、距离 N 次方反比法以及克里金法等。

2.2.1 铀矿石品位及矿床规模

极富矿石,铀含量 >1%;富矿石,铀含量 0.5% ~1%;普通矿石,铀含量 0.1% ~0.5%;贫矿石,铀含量 0.05% ~0.1%;极贫矿石(五级矿石),铀含量 <0.05%。

铀矿床规模没有统一的分级标准,西方国家多采用以下分级,以 U_3O_8 计算储量,超大型矿床,大于 10×10^4 tU_3O_8;大型矿床,$(1\sim10)\times10^4$ tU_3O_8;中型矿床,$1\times10^3\sim1\times10^4$ tU_3O_8;小型矿床,500 ~1 000 tU_3O_8。

而我国及前苏联都是以铀金属量进行分级的,具体为:超大型矿床,大于 1×10^4 t;大型矿床,3 000 ~10 000 t;中型矿床,1 000 ~3 000 t;小型矿床,100 ~1 000 t。

2.2.2　矿石平均品位的计算

边界品位,是指在圈定矿体时,对单个样品有用组分含量的最低要求。作为区分矿石与废石的分界标准,它一般介于尾矿品位与最低工业品位之间。

最低工业品位,是指对工业可采矿体、块段或单个工程中有用组分平均含量的最低要求,亦即矿物原料回收价值与所付出费用平衡、利润率为零的有用组分平均含量。它是划分矿石品级,区分工业矿体(地段)与非工业矿体(地段)的分界标准之一,它直接关系到工业矿体边界特征和储量的多少,它常高于边界品位。

矿石平均品位的计算程序,一般是先计算单个工程(线)的平均品位,再计算由若干工程控制的面平均品位,最后计算矿块(或矿体)的体平均品位和全矿区(矿床)的总平均品位。计算方法分为算术平均法和加权平均法两种。一般当某些样品品位所代表的试样长度、重量、矿体厚度、控制长度或矿石体重、断面面积等不相等,且有相关关系时,常采用以相应参数(一个)或几个参数(≥2 个)乘积为权的加权平均法求其平均品位;否则,一般均采用算术平均法。当有特高品位存在时,应先处理特高品位,再求平均品位。

1. 剖面和块段平均品位计算

剖面平均品位如果取样间距不等,且品位与厚度具正相关时,需用厚度和样品控制长度加权平均。

$$C_{剖} = \sum C_i M_i L_i / \sum M_i L_i \tag{2.19}$$

式中,C_i 为块段 i 品位;M_i 为第 i 个样品厚度;L_i 为第 i 个样品的控制长度。

如果取样间距相等,则可以不以控制长度加权,品位与厚度不具相关性,则可不以厚度加权。块段平均品位计算公式为

$$C_{块} = (C_1 S_1 + C_2 S_2)/(S_1 + S_2) \tag{2.20}$$

式中,C_1 为块段 1 品位;C_2 为块段 2 品位;S_1 为块段 1 样品厚度;S_2 为块段 2 样品厚度。

2. 特高品位

所谓特高品位是指高出一般样品品位很多倍的高品位。高出的倍数与品位变化系数有关。

特高品位的确定:样品品位究竟高到什么程度才算特高品位?目前尚无统一的标准和确定方法。一般情况下,人们根据矿床类型与矿石品位变化特点,如有色金属矿床,将品位值高于矿体(床)平均品位 6 ~8 倍者为特高品位。当矿体品位变化系数大时,取上限值;反之,取下限值。

2.2.3 算术平均法及地质块段法储量计算

1. 算术平均法

本法的实质是将整个矿体抽象化为一个厚度和质量与其相当的板状体，即把勘探地段内全部勘探工程查明的矿体厚度、品位、矿石体重等数值，用算术平均法加以平均，分别求出其平均厚度、平均品位和平均体重，然后按圈定的矿体算出整个矿体体积和矿产储量。基本计算公式为

$$V = S \times M \tag{2.21}$$

$$Q = V \times D \tag{2.22}$$

$$P = V \times D \times C \tag{2.23}$$

式中，V 为矿体体积；S 为矿体面积；M 为矿体平均厚度；Q 为矿石储量；D 为矿石平均体重；P 为矿石中有用组分储量；C 为矿石中有用组分的平均品位。

算术平均法应用于矿体厚度变化小，品位稳定，勘探工程分布均匀，开采条件简单的矿床，勘探程度较低时常用此方法。

2. 地质块段法

根据矿石类型、品级、勘探程度、开采条件等把矿体分成不同的块段，将它们看作是以块段内所有工程厚度为平均厚度的理想的板状体，计算每个块段的矿石储量和有用组分储量。最后将各块段储量相加，即为整个矿体的总储量。

根据块段内全部工程数据，用算术平均法计算出块段的平均厚度（m_i）、平均品位（C_i）和平均体重（d_i）。块段体积（V_i）、矿石储量（Q_i）及组分储量（P_i）用下列公式计算

$$V_i = S_i \times m_i \tag{2.24}$$

$$Q_i = V_i \times d_i \tag{2.25}$$

$$P_i = Q_i \times C_i \tag{2.26}$$

式中，S_i 为某块段的面积。

特点：地质块段法适用于任何产状、形态的矿体，它具有不需另作复杂图纸、计算方法简单的优点，并能根据需要划分块段，所以被广泛使用。当勘探工程分布不规则，或用断面法不能正确反映剖面间矿体的体积变化时，或厚度、品位变化不大的层状或脉状矿体，一般均可用地质块段法计算资源量和储量。但当工程控制不足，数量少，即对矿体产状、形态、内部构造、矿石质量等控制严重不足时，由于地质块段的划分根据较少，其计算结果也和其他方法一样，所产生的误差较大。

2.2.4 开采块段法储量计算

当矿体被坑道切割成许多紧密相连的开采块段时可采用开采块段法计算储量。储量计算

图件:矿体垂直投影图,有时也用沿矿体倾斜面的投影图。储量计算分如下三种情况:①矿体块段被坑道四面圈定;②矿体块段被坑道三面圈定;③矿体块段被坑道两面圈定。

1. 当矿体块段被坑道四面圈定时

如图 2.3 所示,当开采块段的上下为沿脉,左右为天井所揭露时,块段呈矩形。在投影面上块段面积即 $H \times L$。块段的平均厚度(m)、平均品位(C)和平均体重(d)可根据其变化特点,用算术平均法或加权平均法求得。块段体积是投影面积与其相垂直的厚度的平均值之积。如在垂直投影面求得投影面积,而厚度是真厚度,则应根据式(2.27)加以换算。矿石储量和有用组分储量分别采用式(2.22)和式(2.23)计算。

$$S = S'/\cos\alpha \tag{2.27}$$

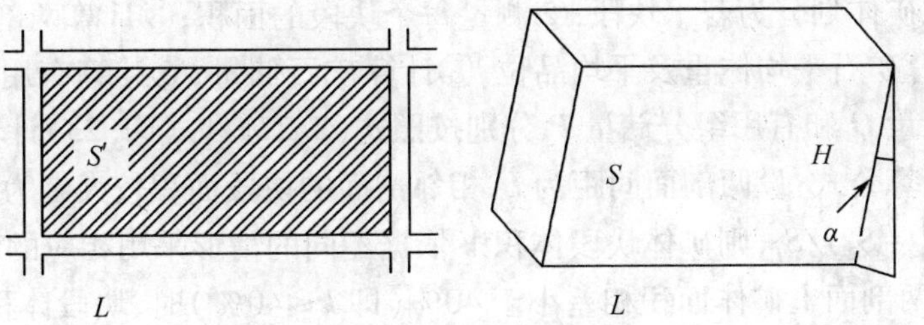

图 2.3　坑道投影图与立体图

2. 当矿体块段被坑道三面或两面圈定时

如图 2.4 所示,矿体块段被坑道三面或两面圈定时,首先计算被揭露各边的平均厚度和平均品位,然后求两边或三边的品位算术平均值为块段的平均品位,其余与四面圈定的计算相同。如三面圈定时,块段的平均品位(C)和平均厚度(m)可分别采用式(2.28)和式(2.29)计算。

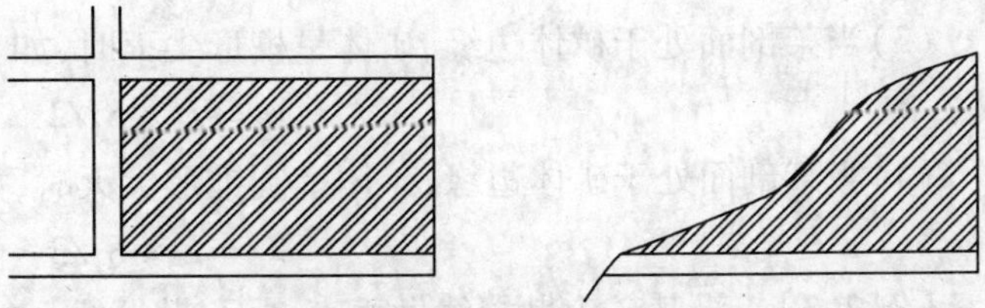

图 2.4　坑道三面或两面圈定

$$C = (C_1 + C_2 + C_3)/3 \tag{2.28}$$

$$m = (m_1 + m_2 + m_3)/3 \tag{2.29}$$

开采块段法常适用于以坑道工程系统控制的地下开采矿体,尤其是开采脉状、薄层状矿体的生产矿山使用最广。由于其制图容易、计算简单,能按矿体的控制程度和采矿生产准备程度分别圈定矿体,符合矿山生产设计及储量管理的要求,所以生产矿山常采用。

由于开采块段法对工程(主要为坑道)的控制要求严格,故常与地质块段法结合使用,一般在开拓水平以上采用开采块段法或断面法,其下部(深部)用地质块段法计算资源储量。

2.2.5 垂直断面法储量计算

断面法在地质勘探和矿山地质工作中应用极为广泛,它具有如下优点:①断面图保持了矿体的真实形状并能反映地质构造的特点;②用勘探线剖面图作储量计算的断面图工作量不大、手续简单;③可根据储量级别及矿石的工业类型、工业品级任意划分块段,方法灵活。但是,当工程未形成一定的剖面系统时,或矿体太薄,地质构造变化太复杂时,编制可靠的断面图较困难,品位的"外延"也会造成一定误差。垂直断面法计算储量的图件是勘探线地质剖面图,一般应用于勘探工程按勘探线或勘探网及水平勘探系统布置的矿山。垂直断面法计算步骤为:①在剖面图上把矿体划分为若干块段;②测量每个块段的面积;③计算两剖面间或剖面外推部分的体积;④计算矿石平均体重及平均品位;⑤计算矿石储量;⑥计算有用组分储量和矿产储量汇总。块段储量 Q 和有用组分储量 P 分别按照式(2.22)和式(2.23)计算。

块段体积计算公式:设两剖面间距为 L,相邻剖面的块段面积较大者为 S_1,较小者为 S_2,面积相对差 $k=(S_1-S_2)/S_1$,则矿体块段体积 V 依据不同的情形采用相应的计算方法。

(1)当相邻两剖面上矿体面积相差小于40%(即 $k\leqslant 40\%$)时,块段体积计算公式为

$$V = L(S_1 + S_2)/2$$

(2)当相邻两剖面上矿体面积相差大于40%时,块段体积计算公式为

$$V = L(S_1 + S_2 + \sqrt{S_1 S_2})/3$$

(3)当某剖面处于矿体边缘,矿体呈楔形尖灭时,如 $S_2=0$,则用计算楔形体体积公式

$$V = L \times S_1/2$$

(4)当某剖面处于矿体边缘,矿体呈圆锥形尖灭时,如 $S_2=0$,则用计算锥体体积公式

$$V = L \times S_1/3$$

[**例2.3**] 沿某矿山勘探线做垂直剖面,勘探线上的钻孔和取样品位如图2.5所示,边界品位为25%,试根据给定的边界品位进行矿体圈定。

矿体圈定的过程就是将相邻钻孔上高于边界品位的样品点相连的过程。当一条矿体被一个钻孔穿越,而在相邻的钻孔消失时,一般将矿体延伸到两钻孔的中点,或是根据矿体的自然尖灭趋势在两钻孔之间实行自然尖灭。在矿体圈定过程中,要充分考虑矿床的地质构造(如断层和岩性)和成矿规律。图2.6是当边界品位等于25%时根据图2.5中的取样品位圈定的矿体示意图。

2.2.6 水平断面法储量计算

常用的水平断面法有多边形法和三角形法。

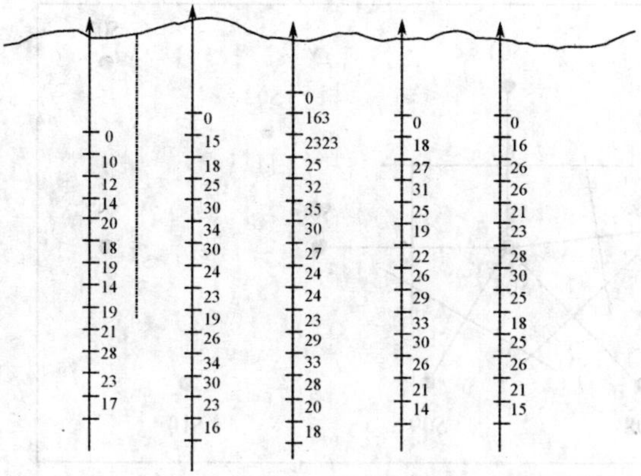

图 2.5　标有取样品位的剖面图

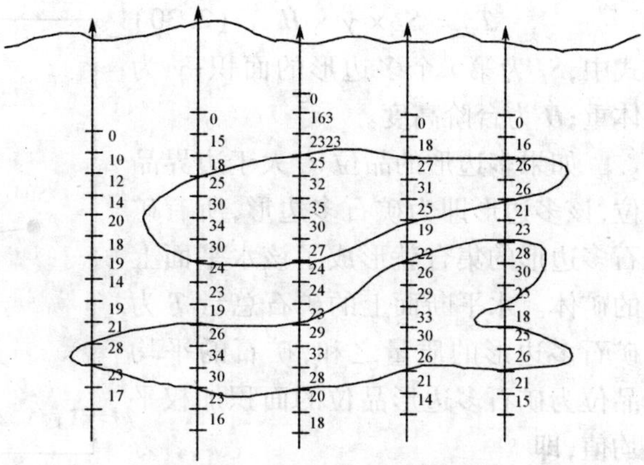

图 2.6　矿体圈定示意图

1. 多边形法

在多边形法中，水平断面上的每一钻孔取样（即进行台阶样品组合后的组合样品），位于一个多边形的中心。多边形的形成由以下步骤完成：

第一步，把穿越水平面的钻孔根据钻孔坐标，绘于水平面上，并将本平面的组合样品品位标注在图上（如图 2.7 所示）。

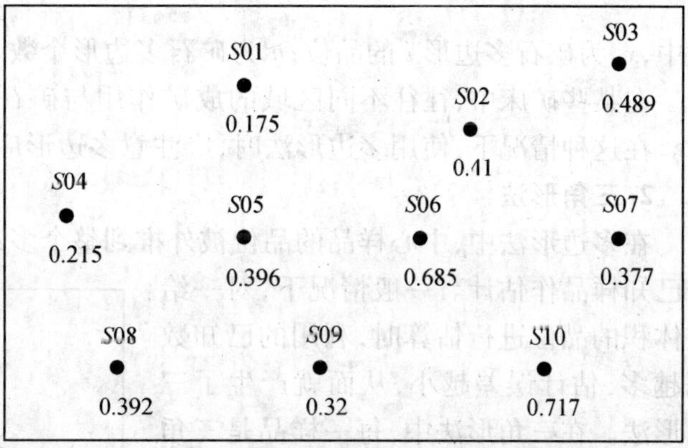

图 2.7　台阶面上钻孔取样分布示意图

第二步，根据经验和地质统计学分析，确定影响半径 R，R 的确定方法将在地质统计学部分介绍。

第三步，以每一样品为中心，确定其相邻样品，一般情况下相邻样品是落在半径为 $2R$ 的圈内的样品。以 $S05$ 样品为例，其相邻样品如图 2.8 所示；

第四步，用直线将中心样品和相邻样品连接起来（如图 2.8 所示）；

第五步，在中心样品与每一相邻样品的连线中点作垂直于连线的直线（称为二分线），这些二分线相交围成的多边形即为所求的多边形。当两条二分线近于平行时，在二者相交之前，将与另外一条二分线相交，这时，取二者中离中心样品最近者作为多边形的边。以 $S05$ 样品为中心的多边形如图 2.8 所示。

以每一样品为中心形成多边形后，在每一多边形内，品位被看作是常数且多边形的品位等于其中心样品的品位。第 i 个多边形的质量 T_i 由下式计算。

$$T_i = S_i \times \gamma \times H \quad (2.30)$$

式中,S_i 为第 i 个多边形的面积;γ 为体重;H 为台阶高度。

如果多边形的品位 x_i 大于边界品位,该多边形即为矿石多边形,所有矿石多边形的集合就形成了该水平面上的矿体。水平断面上的矿石总量 T 为矿石多边形的质量之和,矿石的平均品位为矿石多边形品位的面积加权平均值,即

$$T = \sum_{i=1}^{n} T_i \quad (2.31)$$

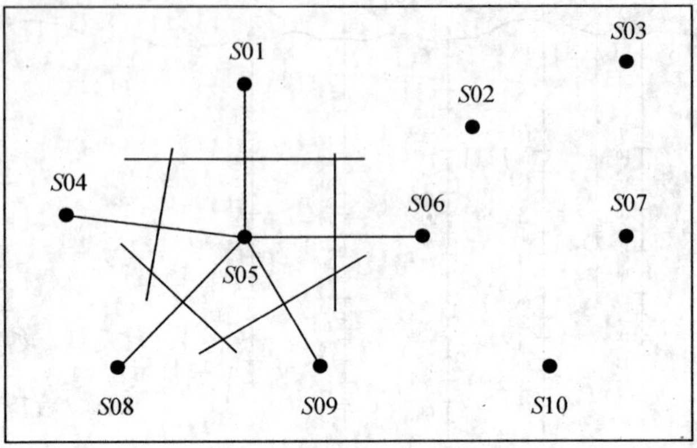

图 2.8 多边形的形成过程

$$\bar{x} = \sum_{i=1}^{n} x_i \cdot S_i / \sum_{i=1}^{n} S_i \quad (2.32)$$

式中,x_i 为矿石多边形 i 的品位;n 为矿石多边形个数。

在某些矿床中,往往不同区域的成矿作用与矿石种类不同,或是地质构造使矿体发生错动。在这种情况下,使用多边形法时,应注意多边形应不跨越区域界限和构造线。

2. 三角形法

在多边形法中,中心样品的品位被外推到整个多边形,即一个多边形的平均品位只用了一个已知样品作估计。一般情况下,对一给定体积的品位进行估算时,利用的已知数据越多,估计误差越小,从而就产生了三角形法。在三角形法中,每一样品是三角形的一个顶点,将样品相连形成三角形,很显然,在一定条件下顶点连法不同,所得到的三角形也不同。一般性的连接原则是使每个三角形的边尽可能短,面积尽可能小。每一三角形的品位 x_i 是位于其顶点上的三个样品品位的平均值,即

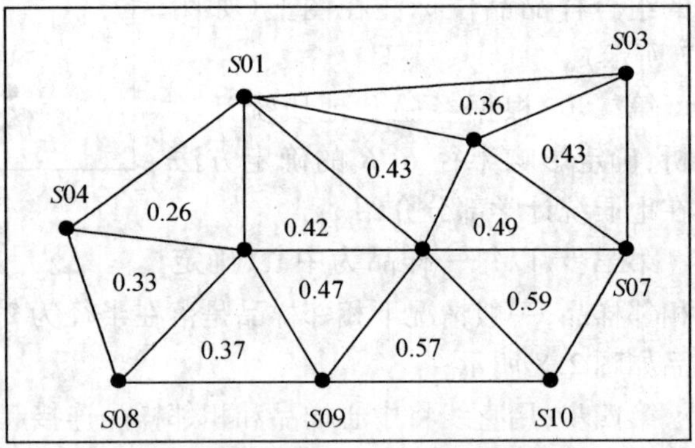

图 2.9 三角形法估算与矿体圈定

$$x_i = \frac{x_{i1} + x_{i2} + x_{i3}}{3}$$

品位高于边界品位的三角形是矿石三角形,水平面上所有矿石三角形的集合形成该水平面上的矿体。一个水平面上的总矿量为矿石三角形的质量之和,矿石的平均品位为矿石三角形品位的质量或面积加权平均值。

三角形法的优点在于它利用三个样品的品位来估计一个三角形的平均品位。从理论上讲,利用三角形法求得的品位、矿量与多边形法相比误差小。在应用三角形法时,要注意三角形不超越区域界限和地质构造线。

某矿山台阶面上钻孔取样分布如图 2.7 所示。因此,将图 2.7 中的样品相连形成的三角形,如图 2.9 所示。显然在一定条件下,顶点连法不同,所得到的三角形也不同。一般性的连接原则是使每个三角形边长尽可能的相近。

2.2.7　距离 N 次方反比法

距离 N 次方反比法是建立在“相邻两点间品位呈渐变关系”上的一种插值法,此法与传统的储量计算方法有很大不同。它把矿体中各部位的平均品位看成是空间位置的函数。

首先,把矿体划分出许多个选别开采单元作为品位值和储量计算的待估块段。根据探矿工程所提供的资料求得试验半变异函数,进一步求解矿体各个方向的变程和基台值,从而确定样品的影响距离 h。实际上,变程即为样品的影响距离,国内通常采用合理勘探网间距离 R 的 1.5 倍作为 h 值。

待估块段品位与样品影响距离有如下的函数关系,据此计算出各个选别开采单元的平均品位。

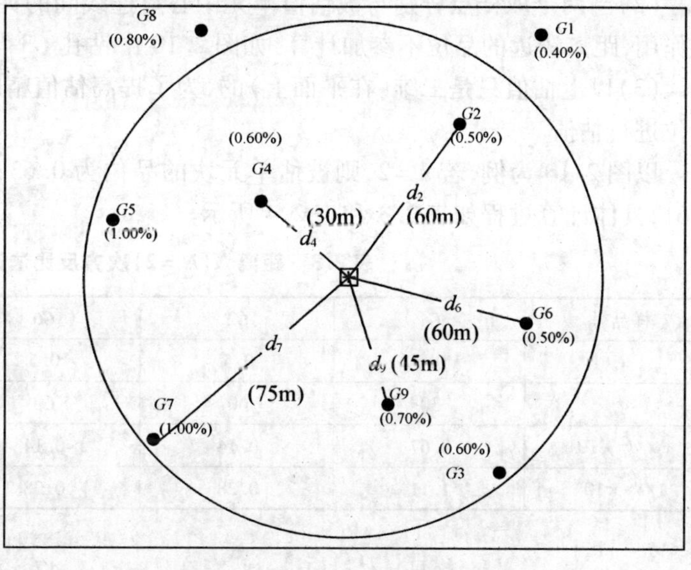

图 2.10　距离 N 次方反比法示意

$$\bar{C}_A = \frac{\sum_{i=1}^{n} \frac{C_i}{d_i^N}}{\sum_{i=1}^{n} \frac{1}{d_i^N}} \tag{2.33}$$

式中,$\bar{C}_A$ 为待估块段 A 的平均品位;C_i 为 A 单元周围样品影响距离内各取样点阶段的平均品位;d_i 为各取样点到待估块段的中心距离;N 为根据矿体品位变化特征所取的距离幂次方。

距离 N 次方反比法计算步骤为:①将矿体先划分为许多选别开采单元,以形成矿体几何模型;②计算各选别开采单元的体积。因为各个单元都是形态简单的等体体积,所以容易计算。③对每单元的平均品位进行估值。待估值A单元的平均品位，可利用其样品周围影响距离R(图2.10中圆半径)内探矿工程中样品段的平均品位资料，用公式(2.33)进行估值。④用各单元平均品位，根据品位－体重回归方程求各单元体重，如体重变化不大时，也可以用平均体重计算矿石储量。⑤用公式(2.22)和公式(2.23)计算各单元的矿石储量及有用组分储量。⑥将各单元平均品位大于或等于边际品位的矿石储量及有用组分储量相加，即得到总储量。

运用距离N次方反比法时还应注意：

(1)式中N值可以根据矿体品位变化特征选取。它对计算精度有一定的影响，如果品位呈线性变化，可选择$N=1$，此时计算方法称为距离倒数加权法；多数情况下选择$N=2$，此时计算方法称为距离平方反比法。如果在不同方向上矿体品位变化性质不同，也可按不同方向选取不同的N值；

(2)当两个取样点分别与被估值单元中心点连线间的夹角小于15°时，考虑到取样点的屏蔽作用，距离较远的品位不参加计算，如图2.10中钻孔$G3$与$G5$不应参加计算；

(3)以上估值只是二维(在平面上)的，为了提高估值精度，也可利用三维空间各取样点的品位进行估值。

以图2.10为例，若$n=2$，则被估单元块的品位为0.63；若$n=4$，则被估单元块的品位为0.61，具体计算过程如表2.3和表2.4所示。

表2.3　距离$N(N=2)$次方反比法计算表

样品号	$G4$	$G2$	$G6$	$G9$	$G7$
x_i	0.6	0.5	0.5	0.7	1.0
d_i	30	60	60	45	75
$x_i/d_i^2\times10^3$	0.67	0.14	0.14	0.35	0.18
$1/d_i^2\times10^3$	1.11	0.28	0.28	0.49	0.18

$$\bar{C}_A=\sum_{i=1}^{5}\frac{x_i}{d_i^2}\bigg/\sum_{i=1}^{5}\frac{1}{d_i^2}=\frac{1.47}{2.34}=0.63$$

表2.4　距离$N(N=4)$次方反比法计算表

样品号	$G4$	$G2$	$G6$	$G9$	$G7$
x_i	0.6	0.5	0.5	0.7	1.0
d_i	30	60	60	45	75
$x_i/d_i^2\times10^6$	0.74	0.04	0.04	0.17	0.03
$1/d_i^2\times10^6$	1.23	0.08	0.08	0.24	0.03

$$C_A = \sum_{i=1}^{5} \frac{x_i}{d_i^4} \Big/ \sum_{i=1}^{5} \frac{1}{d_i^4} = \frac{1.02}{1.66} = 0.61$$

在铁、镁等品位变化较小的矿床中，N一般取2；在贵重金属（如铀）矿床中，N的取值一般大于2，有时高达4或5。如果有区域异性存在，不同区域中品位的变化不同，则需要在不同区域取不同的N值。同时，一个区域的样品一般不参与另一区域的单元块品位的估值运算。

这种方法的理论基础是每个样品的品位对评估单元平均品位的影响随着样品与被估单元距离的加大而减弱的。这是它与各种传统储量计算方法相比较更合理之处，但它目前尚难以进行双品位指标制下储量的计算。

2.3 三维地质模型

三维可视化可以动态地、形象地、多视角地、多层次地描绘地球科学中的客观现象。现有的地理信息系统都主要表达二维的地表地物的图形和属性信息，要扩展到真三维包含地下地质结构的地质信息系统还有差距。一个大型地质工程项目从可行性研究阶段、初步设计阶段到详细设计阶段，乃至到工程施工与运行阶段，往往积累了大量的地质资料，用三维模型图形图像来表达和解释如此庞大的资料，要比光靠数据库和图表图纸等传统手段有效得多。建立工程地质体的三维模型，处理岩层界面与结构面组合关系，逼真地反映地下主要地质结构全貌，将为工程地质工作者分析研究工程地质现象和发现掌握岩土体结构规律，提供一种崭新的研究手段和研究方法。

1. 模拟方法的现状

提出的模拟方法主要有面模型、体模型和混合模型等。面模型主要是通过对地质界面的模拟，然后组合成体的办法，如表面构模法、边界表示构模法、线框构模法、多层DEM构模法、断面构模法。面模型可以较方便地实现地层可视化和模型更新，但其不是真三维的，也不描述三维拓扑关系；体模型主要是直接构造体的办法。如结构实体几何（CSG）构模法、八叉树（Octree）构模法、四面体格网（TEN）构模法、块段（Block）构模法、实体（Solid）构模法，体模型模拟是真三维的，但也很难描述三维拓扑关系，模型更新也比较困难；混合模型是由两个或多个构模方法相结合来进行构模。如TIN-CSG混合构模法、TIN-Octree混合构模法、WireFrame-Block混合构模，体模型综合面模型和体模型的优点，相互取长补短。

2. 模拟软件的现状

国内外的地学信息工作者围绕三维地学模拟系统开发了一系列的三维地质可视化软件。从20世纪80年代开始，国外许多国家开展了三维地学可视化系统的研究与开发。1988年法国Nancy大学的J. L. Mallet教授推出了GOCAD（地质对象计算机辅助设计），其目的是满足地质、地球物理和油藏工程的三维模拟与辅助设计需要。在20世纪90年代初期，开发了一系列基于UNIX操作系统和用于工作站环境（如LYNX，Vulcan /MapTek，Datamine，Mincom，Medysystem，Surpac，M - K Ea2gles 等）；20 世纪 90 年代中期以来，随着微机性能的提高，一些 3DGMS 软件开始移植到 Windows 操作系统和微机环境（如 Micromine，Mincom，Geoquest，Site-View，Geovisual，MineMap，PC - Mine，Vulcan，GeoCAD 等）；20 世纪 90 年代后期，随着网络技术的发展和 NT 操作系统的热潮，相继推出了一些基于 NT 环境和支持网络共享的系统（如 Vulcun）。

近年来，微机性能得到大幅度地提高，基于工作站的 3DGMS 逐渐丧失当年的优势，基于 Windows 操作系统和微机环境的 3DGMS 开始成为主流。美国、加拿大、英国等一些国家相继推出多种代表性的地学可视化建模软件。国内这方面的研究起步相对较晚，但也开发一系列的三维建模软件。其中具有代表性的是 1996 年中国科学院地球物理研究所与胜利石油管理局在国家自然科学基金重点项目"复杂地质体"中，开始追踪研究 GOCAD。长春科技大学在阿波罗公司 TITANGIS 上开发了 GeoTransGIS 三维 GIS，主要用于建立中国乃至全球岩石圈结构模型的三维信息。石油大学开发的 RDMS、南京大学与胜利油田合作开发的 SLGRAPH 都是用于三维石油勘探数据可视化。中国地质大学坤迪科技公司开发的三维可视化地学信息系统（GeoView）可实现真三维地学信息管理、处理、计算分析与评价决策支持。还有其他一些三维建模的软件，可以说取得了一定的成果。国内外部分三维建模软件统计如表 2.5 和表 2.6 所示。

3. 存在的问题

到目前为止，在地质体三维可视化模拟方面已经进行了大量的研究，但其在理论、方法、技术和软件等方面都尚有不足之处，仍需在实践中不断地探索。地质软件还不能依据少数几个控制点建立起一个复杂地质体的模型，地质体的动态数据模型也不成熟，所建立的模型在实时更新、拓扑描述和拓扑维护等方面未能很好的解决。对于海量地质数据、深度数据的可视化处理还不成熟，为地质学家提供解释三维地质环境及分析有关地学问题的技术有限。建模质量过多地依赖于地质建模专家的水平，不仅影响了软件的使用效率，也限制了建模自动化程度的提高。而且三维可视化模型中的解释和显示之间存在不确定性，一般用户往往偏定单一解，这样有时极佳的可视化往往掩盖了数据本身的作用和意义，甚至制造出危险的假象，这就背离了作为解决问题的工具的作用。

表 2.5 三维建模国外软件

行业领域	软件名称
地质方面	EarthVision，3Dmove，Geosec，BASIN，Gemcom，GeoVisual，SiteView，FastTracker
矿山方面	LYNX，Vulcan /MapTek，DataMine，MinCom，Medysystem，MicroMine，PC - Mine，Surpac，MineSOFT
油藏方面	Earth Vision，SGM，Jason
地质方面	Geoview，TitainT3M，GE IS，3DGVS，GeoMO3D
矿山方面	GeoMO3D
油藏方面	GeoTools，RDMS，SLGRAPH，TrapDEM，RICH，PetrolModeling

2.4　地质统计学

地质统计学是 20 世纪 60 年代初期出现的一个新兴应用数学分支。其基本思想是由南非的克立格(Danie Krige)在金矿的品位估算实践中提出来的,后来由法国的马特龙(Georges Matheron)经过数学加工,形成一套完整的理论体系。克里金法是以矿石品位和矿床资源量/储量的精确估算为主要目的,以区域化变量理论为基础,以变异函数作为主要工具,以电算为手段,对既具有随机性,又具有空间结构性(相关性)的变量(如品位、厚度等)进行统计学研究。

按照实际需要,地质统计学分整体估计和局部估计两类。整体估计以矿体(区)为对象,局部估计以开采块体为对象。在过去的 30 多年中,地质统计学不仅在理论上得到发展与完善,而且在实践中得到日益广泛的应用。如今,地质统计学在国际上除被用于矿床的品位估算外,也被用于其他领域中研究与位置有关的参数变化规律和参数估计。

克里金法计算储量步骤为:①计算实验半变异函数。②给实验半变异曲线配置相应的理论模型,这些模型将直接参与克里金法的资源/储量计算及其他的估算。理论模型有两大类:有基台模型和无基台模型。前者可细分为:球状模型、指数模型和高斯模型。③计算待估域的品位真实值和估值并估算克里金方差。④计算待估域体积,并根据其品位及体重,计算矿石储量和金属储量。

2.4.1　区域化变量、协变异函数与半变异函数

1. 区域化变量

地质统计分析的对象是区域化变量。所谓区域化变量,就是在一定的空间(区域)内,随着它所处位置(空间)坐标的不同而具有不同数值的变量。换句话说,此种变量在某种意义上是坐标的函数。比如,一个矿体就算是一个区域,而矿体的品位、厚度、体重、有害杂质或某种矿物含量等也属于区域化变量。区域化变量在空间上的变化往往具有双重性,既有确定性的一面,又具有随机性的一面。区域化变量是一种在空间上具有数据的实函数。它具有两个性质:结构性和随机性。从矿业角度看,区域化的概念与某些定性特征有关。

(1)局部性　区域化变量只限于区域化几何域,且以几何支撑定义的;

(2)连续性　通过两个相邻样品之间的变异函数来描述;

(3)异向性　在各个不同的方向上,往往其变化性的大小及变化性质不同;

(4)可迁性　在区域化几何域内具有明显的空间相关性,超出此范围相关变弱或消失。

与向量 $\boldsymbol{h}$ 相隔的两点 $x, x+h$ 处的两个区域化变量 $z(x), z(x+h)$ 之间的变异可用它的增量 $[z(x)-z(x+h)]$ 平方的数学期望:$2\gamma(x,h)=E\{[z(x)-z(x+h)]^2\}$ 来表示,$2\gamma(x,h)$ 称

为变异函数。要估计该函数,必须要有 $z(x)$,$z(x+h)$ 这一对区域化变量的若干现实,但同一点只能取一次样,即只有一个现实,因此提出内蕴假设的概念。内蕴假设是指随机函数 $z(x)$ 的增量 $[z(x)-z(x+h)]$ 只依赖于分隔它们的向量 $\boldsymbol{h}$,而不依赖于具体位置 x。

当一个变量分布在空间时,称之为“区域化变量”。区域化变量的这一定义纯粹是描述性的,并不包含任何概率意义。从数学观点来看,所谓区域化变量就是一种数值空间函数 $f(x)$,它在空间的每一点 x 都取一个确定的位。但此函数值在空间的变化极不规则,以致不能用任何直接的数学方法研究它。

区域化变量值依赖于空间位置 x,它具有两个性质:①随机性,即具有局部的、随机的和不规则的特性;②结构性,即具有统计平均规律性的一面。为了更好地研究区域化变量,需要寻找一个理想的数学工具充分考虑到上述两种性质,即随机性和结构性。随机函数所提供的概率解释就是一种理想的研究方法。

2. 协变异函数

如果以空间一点为中心获取一样品,样品的特征值 $X(z)$ 是该点的空间位置 z 的函数,那么变量 X 即为一区域化变量。显然,矿床的品位是一个区域化变量,而控制这一区域化变量的变化规律的是地质构造和矿化作用。区域化变量的概念是整个地质统计学理论体系的核心,用于描述区域化变量变化规律的基本函数是协变异函数和半变异函数。对区域化变量进行克里金估值,就要研究它们的变异函数。常见的变异函数有:半变异函数、对数半变异函数、偏相关半变异函数、相关半变异函数、指示半变异函数、正交半变异函数、协变异函数、协同变异函数。实践中主要采用半变异函数进行计算。

设有两个随机变量 X_1 与 X_2,如果 X_1 与 X_2 之间存在某种相关性,那么从传统统计学可知,这种相关关系由 X_1 与 X_2 的协方差 $\sigma(x_1,x_2)$ 表示

$$\sigma(X_1,X_2)=E[(X_1-E(X_1))(X_2-E(X_2))] \tag{2.34}$$

若用 $\sigma_{x_1}^2$ 和 $\sigma_{x_2}^2$ 分别表示 X_1 与 X_2 的方差,则

$$\sigma_{X_1}^2=E[(X_1-E(X_1))^2] \tag{2.35}$$

$$\sigma_{X_2}^2=E[(X_2-E(X_2))^2] \tag{2.36}$$

X_1 与 X_2 之间的相关系数为

$$\rho_{X_1,X_2}=\frac{\sigma(X_1,X_2)}{\sigma_{X_1}\cdot\sigma_{X_2}} \tag{2.37}$$

当 X_1 与 X_2 互相独立时,即二者之间不存在任何相关性时,协方差与相关系数均为零。当 X_1 与 X_2“完全相关”时,相关系数为 1.0 或 -1.0。

如果 X_1 与 X_2 不是一般的随机变量,而是区域化变量 X 在矿体 Ω 中的取值,即

X_1 代表 $X(z)$:区域化变量 X 在矿体 Ω 中 z 点的取值;

X_2 代表 $X(z+h)$:区域化变量 X 在矿体 Ω 中距 z 点 h 处的取值。

那么,由式(2.34)可计算 $X(z)$ 与 $X(z+h)$ 在矿体 Ω 中的协方差

$$\sigma(X(z),X(z+h)) = \sigma(h) = E[(X(z) - E[X(z)])(X(z+h) - E[X(z+h)])]$$

$\sigma(h)$称为区域化变量 X 在 Ω 中的协变异函数。

让 σ_1^2 和 σ_2^2 分别表示 $X(z)$ 与 $X(z+h)$ 在矿体 Ω 中的方差,则

$$\sigma_1^2 = E[(X(z) - E[X(z)])^2] \tag{2.38}$$

$$\sigma_2^2 = E[(X(z+h) - E[X(z+h)])^2] \tag{2.39}$$

称为区域化变量 X 在 Ω 中的相关函数。

3. 平稳假设与内蕴假设

由于区域化变量的取值是唯一的,而测度其时空变异性的变异函数方法需要区域化变量的若干现实,为了克服这个困难,提出了平稳假设及内蕴假设。

(1)平稳假设

当区域化变量满足下列两个条件时,称该区域化变量满足二阶平稳。

在整个研究邻域内,区域化变量 $Z(x)$ 的期望存在且等于常数

$$E[Z(x)] = m(\text{常数}) \tag{2.40}$$

在整个研究邻域内,区域化变量的协方差函数存在平稳

$$Cov[Z(x),Z(x+h)] = E[Z(x)Z(x+h)] - m^2 \tag{2.41}$$

当 $h=0$ 时,称其具有有限先验方差。

(2)内蕴假设

在实际工作中,有时协方差函数不存在,如某些地学信息既有无限的离散性,即无协方差及先验方差,但有变异函数,这时我们可以放宽条件,如只有考虑品位的增量而不考虑品位本身,这就是内蕴假设的基本思想。内蕴假设也应满足两个条件:

在研究邻域内,随机函数 $Z(x)$ 的增量 $Z(x)-Z(x+h)$ 的数学期望为 0,即

$$E[Z(x) - Z(x+h)] = 0 \tag{2.42}$$

对于所有矢量的增量 $Z(x)-Z(x+h)$ 的方差函数存在且平稳,即

$$Var[Z(x) - Z(x+h)] = E[Z(x) - Z(x+h)] = 2\gamma(x,h) = 2\gamma(h) \tag{2.43}$$

即 $Z(x)$ 的变异函数 $\gamma(h)$ 存在且平稳。

4. 半变异函数

半变异函数是一个关于数据点的半变异值(或变异性)与数据点间距离的函数,对半变异函数的图形描述可得到一个数据点与其相邻数据点的空间相关关系图。半变异函数也称半方差函数,它是描述区域化变量随机性和结构性特有的基本手段。用于描述区域化变量变化规律的另一个更具实用性的函数是半变异函数。半变异函数的定义为

$$\gamma(h) = \frac{1}{2}E[(X(z) - X(z+h))^2] \tag{2.44}$$

如果满足二阶稳定性条件,半变异函数和协变异函数之间存在以下关系

$$\gamma(h) = \sigma^2 - \sigma(h) \tag{2.45}$$

当 $h=0$ 时，点 z 和 $z+h$ 变为一点，区域化变量 X 的取值 $X(z)$ 与 $X(z+h)$ 应变为同一取值。从以上各式可以看出 $\sigma(0)=\sigma^2,\gamma(0)=0$。实际上，在同一位置获得两个完全相同的样品是几乎不可能的。如果从紧挨着的两点（$h=0$）取两个样品，由于取样过程中的误差和微观矿化作用的变化，两个样品不会完全相同；即使是把同一个样品化验两次，由于化验过程中的误差，化验结果也难以完全相同。因此，半变异函数在原点附近实际上不等于零，这种现象称为块金效应。块金效应的大小用块金值 N 表示

$$N = \underset{h\to o}{\mathrm{limit}}\gamma(h) = \sigma^2 - \underset{h\to o}{\mathrm{limit}}\sigma(h) \tag{2.46}$$

应用半变异函数进行参数估计时，需满足内蕴假设。像二阶平稳假设一样，对一个随机变量有以下两个假定：

①随机变量的数学期望存在，并且不依赖于测定点；

②对所有间隔，增量有一个有限的方差，这个方差不依赖于测定点，只与位差有关。

以上两个假设是地域化变异理论最基本的假设。二阶平稳假设实际包括了内蕴假设，但内蕴假设并没有暗示二阶平稳假设的成立，故内蕴假设可以看作是对一个随机变量增量的二阶平稳假设的限定。

区域化变量 X 的增量的数学期望与位置无关，即对于区域 Ω 内的任意位置 Z_0，有

$$E[X(z_0) - X(z_0 + h)] = m(h) \tag{2.47}$$

半变异函数与位置无关，即对于区域 Ω 内的任意位置 Z_0，有

$$\frac{1}{2}E[(X(z_0) - X(z_0 + h))^2] = \gamma(h) \tag{2.48}$$

内蕴假设的内涵：区域化变量的增量，在给定区域 Ω 内的所有位置上具有相同的概率分布。内蕴假设要求的条件要比二阶稳定性条件宽松得多，当满足后者时，前者自然得到满足。

2.4.2 实验半变异函数的计算

在满足内蕴假设条件下，半变异函数的估计值，可用相距为矢量距离 $\boldsymbol{h}$ 的空间上两样品观测值的差值平方算数平均值的二分之一来计算；与普通随机变量的概率分布特征值一样，半变异函数对任一给定矿床 Ω 是未知的，需要通过取样值对之进行估计。设从矿床 Ω 中获得一组样品，相距 h 的样品对数为 $n(h)$，那么半变异函数 $\gamma(h)$ 可以用下式估计

$$\gamma(h) = \frac{1}{2n(h)}\sum_{i=1}^{n(h)}[x(z_i) - x(z_i + h)]^2 \tag{2.49}$$

式中，$X(z_i)$ 是在 z_i 处的样品值，$X(z_i+h)$ 是在与 z_i 相距 h 处的样品值。由上式计算的半变异函数称为实验半变异函数。

在二维或三维空间，半变异函数是具有方向性的，即在不同的方向上，半变异函数可能不一样。在具体计算时还有一些实际问题需要考虑。

(1)首先正确选择半变异函数的计算方向和单位滞后距离 h。一般在水平方向上应选择具有最佳矿化连续的方向和与之正交方向作为计算半变异函数的基准方向,同时还应计算与最佳矿化连续性方向呈 45°斜交的两个方向上的半变异函数。在大多数情况下,最佳矿化连续性多与矿体走向平行,所以,一般需要计算与矿体走向平行、正交和 45°斜交等 4 个方向的半变异函数。此外,还需要计算垂直方向上的半变异函数。单位滞后距离 h 的选择,一般在平面上可取沿着计算方向上的钻孔最小间距 h,在垂直方向上则以钻孔中的组合样段的样长为 h。

(2)在计算任何方向的半变异函数时,还要计算它所需用的样品数据对的数目 n,数据的算数平均数和实验离散方差。

(3)对于来自不同段、硐矿带、不同方向或者不同钻孔的半变异函数,当确认它们之间并无明显差异时,就可以把它组合成一个统一的平均实验半变异函数。

(4)半变异函数的计算与分析只有在平稳性条件得到满足的情况下,才会给出有实际意义的结果。

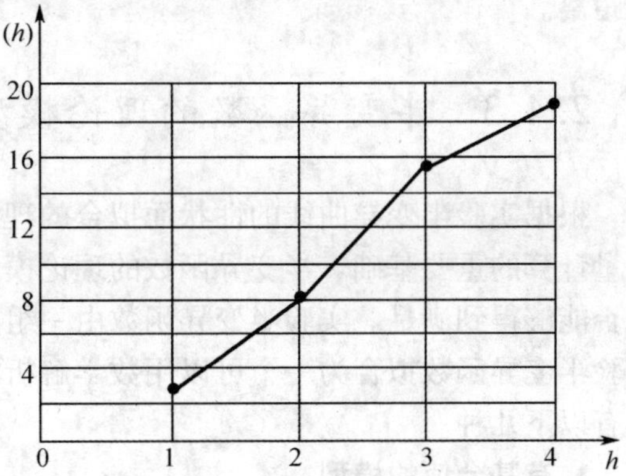

图 2.11　实验半变异函数

若将平面上所有方向上相距为 h 的样品对应于计算 $\gamma(h)$,得到的实验半变异函数称为该平面上的平均实验半变异函数。

在实践中,样品在平面上的分布可能很不规则,不可能所有样品都位于规则的网格点上,样品间的距离也不会是一个基数的整数倍,而且往往需要计算任意方向的实验半变异函数。因此,恰好落在某一给定方向的方向线上和间距恰好等于某一给定 h 的样品对很少(或几乎不存在)。如图 2.12 所示,在计算实验半变异函数时,需要确定一个最大方向角偏差和距离偏差,如果一对样品 $X(z_i)$ 和 $X(z_j)$ 所在的位置所组成的向量 $Z_i \to Z_j$ 的方向落于 $\alpha - \Delta\alpha$ 和 $\alpha + \Delta\alpha$ 之间,那么就可以认为 $X(z_i)$ 和 $X(z_j)$ 是在方向上的一个样品对;如果样品 $X(z_i)$ 和 $X(z_j)$ 之间的距离落于 $h - \Delta h$ 和 $h + \Delta h$ 之间,就可认为这两个样品是相距 h 的一个样品对。$2\Delta h$ 称为窗口。在实际计算中,往往以 $2\Delta h$ 作为 h 的增量,以 Δh 作为最小 h 值(即偏移量)。例如,当 $2\Delta = 10$ 米时,h 取 5 米,

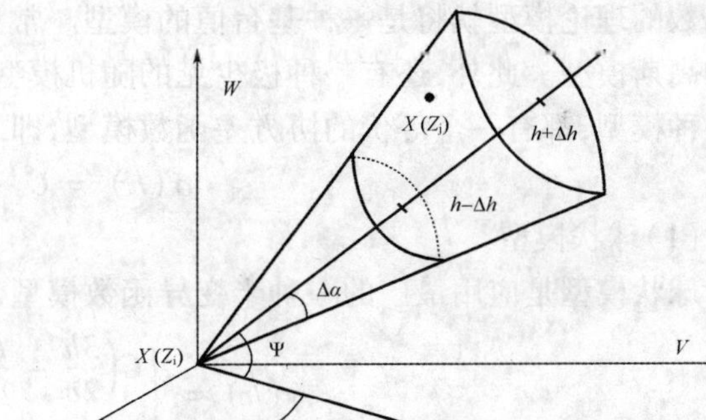

图 2.12　三维半变异函数的实用计算方法

15 米,25 米……

在三维空间,扇形变为锥体,空间的某一方向由方位角 φ 与倾角 Ψ 表示。另外,在三维空间,一个样品不是一个二维点,而是具有一定长度的三维体,所以在计算半变异函数前,需要将样品进行组合处理,形成等长度的组合样品。在实验半变异函数的实际计算中,首先要对所有样品对进行矢量运算,找出落于方向与间距最大偏差范围内的样品对,然后对这些样品对应用公式进行计算,获得半变异函数 $\gamma(h)$ 曲线上的一个点。这里,距离 h 是所有这些样品对的平均距离。

2.4.3 半变异函数的理论模型

根据实验半变异曲线的性状而拟合的理论数学模型是研究矿化变异特征和实施克里金法储量计算的重要基础。半变异函数的理论模型可以根据其所处矿化环境的二阶平稳性条件下是否能够得到满足。实验半变异函数由一组离散点组成,在实际应用时很不方便,因此常常将实验半变异函数拟合为一个可以用数学解析式表达的数学模型。常见的半变异函数的数学模型有以下几种。

1. 有基台值的模型

若有二阶平稳性条件存在,则平稳随机函数 $Z(x)$ 将具有先验方差 σ^2,且为有限的。此时,当 $Z(x)$ 与 $Z(x+h)$ 之间距离 h 增大到二者互不相关时,其半变异函数 $\gamma(h)$ 的值将达到一个大致与 σ^2 相等的极限值,此极限值就是半变异函数的基台值 C。因此,在这种情况下,半变异函数的理论模型就将是一种基台值的模型。常见的基台值的理论模型有球状模型、指数模型和高斯模型。此外,还有一种极少见的随机模型,即纯块金效应模型。对应于这些模型中的每一种模型,都有一个等价的协方差函数模型,即

$$\sigma(h) = C - \gamma(h) \tag{2.50}$$

(1)球状模型

球状模型是应用最广的一种半变异函数模型,其数学表达式为

$$\gamma(h) = \begin{cases} C\left(\dfrac{3h}{2a} - \dfrac{h^3}{2a^3}\right),\text{当 } h \leqslant a \\ \gamma(h) = C,\text{当 } h > a \end{cases} \tag{2.51}$$

式中,C 称为槛值或台基值,一般情况下可以认为 $C=\sigma^2$(σ^2 为样品的方差),称为变程。

球状模型如图 2.13(a)所示。从图中可以看出,$\gamma(h)$ 随 h 的增加而增加,当 h 达到变程时,$\gamma(h)$ 达到槛值 C,之后 $\gamma(h)$ 便保持常值 C。这种特征的物理意义是:当样品之间的距离小于变程时,样品是相互关联的,关联程度随间距的增加而减小,或者说,变异程度随间距的增加而增大;当间距达到一定值时,样品之间的关联性消失,变为完全随机,这时 $\gamma(h)$ 即为样品的方差。因此,变程实际上代表样品的影响范围。

(2)纯块金效应模型

当区域化变量 X 的取值是完全随机的,即样品之间的协方差对于所有 h 都等于0 时,半变异函数是一常量

$$\gamma(h) = C \quad 当 h > 0 \tag{2.52}$$

$$\gamma(h) = 0 \quad 当 h = 0 \tag{2.53}$$

这一模型称为随机模型,其图示为一水平直线,如图 2.13(b)所示。随机模型表明样品之间互不相关,随机模型有时也被称为纯块金效应模型。

(3)指数模型

指数模型也可以用两个特征参数 C 和 a 来表示,C 是指数曲线的渐进线,它的值等于基台值,a 是原点处曲线的切线延长达到 C 值时的距离。指数模型的数学表达式为

$$\gamma(h) = C(1 - e^{-h/a}) \tag{2.54}$$

指数模型的特征与球状模型相似,如图 2.13(c)所示,变异速率较小。式(2.54)中的是原点处的切线达到 C 时的 h 值。

(4)高斯模型

同理高斯模型同样可用 C 和 a 特征化参数来表示,这种模型曲线在原点附近呈抛物线型,而在原点处的切线呈水平状。如图 2.13(d)所示,高斯模型在原点的切线为水平线,表明 $\gamma(h)$ 在短距离内变异很小。高斯模型的数学表达式为

$$\gamma(h) = C(1 - e^{-h^2/a^2}) \tag{2.55}$$

2. 无基台值的模型

如果二阶平稳性条件不能满足,只有内蕴建设得到满足,则随机函数 $Z(x)$ 的方差就不能限定为先验方差,而是它所计算的块段面积或体积尺寸的递增函数,协方差函数 $\sigma(h)$ 也是所考察区域面积或体积尺寸的递增函数。其半变异函数 $\gamma(h)$ 可先验地限定,但无论距离 h 有多大,它永远也达不到某一个基台值,而是距离 h 的连续递增函数。在这种情况下,半变异函数的模型就将是一种无基台值的模型。常见的无基台值的理论模型有线性模型、对数模型和抛物线模型。

(1)线性模型

这是一种最简单的无基台值的模型,线性模型的数学表达式为一线性方程,如图 2.13(e)所示,线性模型没有槛值,$\gamma(h)$ 随 h 无限增加。线性模型的数学表达式为

$$\gamma(h) = (p^2/2)h \tag{2.56}$$

式中,p^2 为一常量,且

$$p^2 = E[(X(z_{i+1}) - X(z_i))^2] \tag{2.57}$$

(2)对数模型

对数模型是许多金矿山常用的一种模型,对数模型的表达式为

$$\gamma(h) = 3a\ln h \tag{2.58}$$

式中,a 为常量,叫作绝对离差。当 h 取对数坐标时,对数模型为一条直线,如图 2.13(f)所示。对数模型没有槛值。当 $h<1$ 时,$\gamma(h)$ 为负数,由半变异函数的定义可知 $\gamma(h)$ 不可能为负数。所以对数模型不能用于描述 $h<1$ 时的区域化变量特性。

由于取样、化验误差和矿化作用在短距离内(小于最小取样间距)的变化,在绝大多数情况下半变异函数在原点不等于零,即存在块金效应。因此,在实践中应用最广的模型是具有块金效应的球状模型,其数学表达式为

$$\gamma(h) = N + C\left(\frac{3h}{2a} - \frac{h^3}{2a^3}\right) \quad h \leqslant a \tag{2.59}$$

$$\gamma(h) = N + C \quad h > a \tag{2.60}$$

式中,N 为块金效应;$N+C$ 为槛值。

在某些情况下,区域化变量的结构特性较复杂,难以用单一结构的数学模型描述。这时,往往采用几个结构的数学组合来描述该结构。带有块金效应的球状模型式(2.59)实质上就是由两个结构组成的:一个是纯块金效应结构(或随机结构),另一个是球形结构。由多个半变异函数组成的结构称为嵌套结构。

(3)抛物线型

如果区域变化量 $Z(x)$ 具有某种抛物线性漂移特征,其半变异函数模型就是抛物线型,其表达式为

$$\gamma(h) = 1/2h^2a^2 \tag{2.61}$$

式中 a^2 是一个常数,它反映了区域化变量中的线性漂移成分,即

$$Z(x+h) = Z(x+ah)$$

2.4.4 半变异函数的拟合

实践中半变异函数是根据有限数目的地质取样建立的,而通过取样只能得到由一些离散点组成的实验半变异函数。因此,需要对实验半变异函数进行加工获得实验半变异函数的数学模型。将实验半变异函数加工成数学模型的过程称为半变异函数的拟合。这里只讲球模型的拟合。

通过计算获得不同滞后距的实验半变异函数值后,就可以在直角坐标图上以距离 h 为横坐标,以半变异函数为纵坐标得出一个如下的关系图。

图 2.14 是从一组样品得到的实验半变异函数。虽然数据点的分布不很规则,但仍可看出 $Y(h)$ 随 h 首先增加,然后趋于稳定的特点。因此,其数学模型应为具有块金效应的球状模型。如果能确定块金效应 N,槛值 $N+C$ 和变程 a,拟合也就完成。

在进行模型拟合时应注意以下几个问题:

(1)为了满足协方差函数正定性要求,在选择理论模型时,应采用已经证明具有正定性的

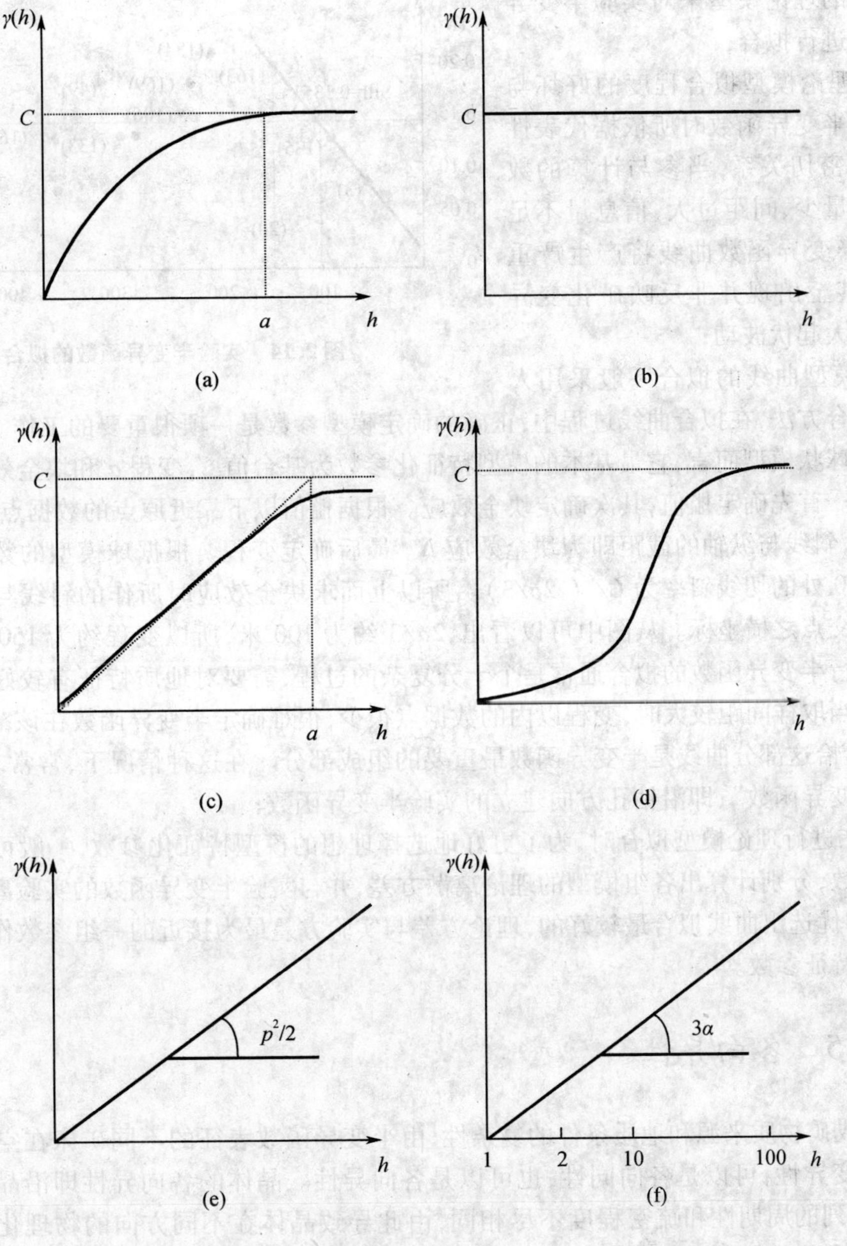

图 2.13　模型图

(a)球状模型示意图;(b)随机模型;(c)指数模型;(d)高斯模型;(e)线性模型;(f)对数模型

各类成熟的理论模型来对实验半变异函数曲线进行拟合；

(2)理论模型拟合程度的好坏与计算实验半变异函数时所依据代表性和信息有密切关系，当参与计算的数据对的数量少、间距过大、信息量不足时，实验半变异函数曲线将产生严重的畸变，甚至出现并非反映矿化变异特征的较大起伏波动；

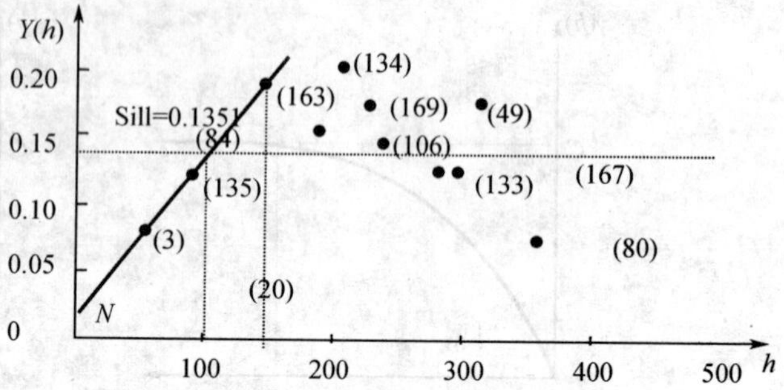

图 2.14　实验半变异函数的拟合

(3)模型曲线的拟合一般采用人工直观拟合方法，在拟合曲线过程中，正确的确定模型参数是一项很重要的工作。就目前应用最广泛的球状模型而言，它最基本的模型特征化参数为基台值 C，变程 a 和块金效应 N 均是人工直观的。首先确定槛值，其次确定块金效应。根据槛值以下靠近原点的数据点变化趋势，作一条斜线，斜线与纵轴的截距即为块金效应 N。最后确定变程。根据球模型的数学表达式可知，在 $h=0$ 处的切线斜率为 $C/(2a/3)$。所以上面求块金效应时所作的斜线与等于槛值的水平线的交点之横坐标。从图中可以看出，$2a/3$ 约为 100 米，所以变程约为 150 米。利用实际数据进行半变异函数的拟合通常是个十分复杂的过程，需要对地质特征有较好的了解和拟合经验。当取样间距较大时，变程以内的数据点很少，很难确定半变异函数在该范围内的变化趋势，而恰恰这部分曲线是半变异函数最重要的组成部分。在这种情况下，常常求助于“沿钻孔实验半变异函数”，即沿钻孔方向建立的实验半变异函数；

(4)在进行理论模型拟合时，为了更好地选择理想的模型特征化参数，一般可以拟定几组不同的参数，分别计算出各组模型的理论离散方差，并与实验半变异函数的实验离散方差进行比较，从中优选出曲线拟合最较好的，理论方差与实验方差最为接近的一组参数作为理论模型的最优化特征参数。

2.4.5　各向异性

由于成矿物质来源和地质条件的复杂性，由半变异函数表征的不同矿床在空间各个方向上的矿化变异性，可以是各向同性，也可以是各向异性。晶体的各向异性即沿晶格的不同方向，原子排列的周期性和疏密程度不尽相同，由此导致晶体在不同方向的物理化学特性也不同，这就是晶体的各向异性。晶体的各向异性具体表现在晶体不同方向上的弹性模量、硬度、热膨胀系数、导热性、电阻率、电位移矢量、电极化强度、磁化率和折射率等都是不同的。各向异性作为晶体的一个重要特性具有相当重要的研究价值。常用密勒指数来标志晶体的不同取向。当区域化变量在不同方向呈现不同特征时，半变异函数在不同方向也具有不同的特性，称这种现象为各向异性。常见的各向异性有两种。

1. 几何各向异性

各个方向上具有相同基值、不同变程的各向异性。几何各向异性的特点是半变异函数的槛值不变，变程随方向变化。如果求出任一平面内所有方向上的半变异函数，半变异函数在平面上的等值线是一组椭圆(如图 2.15 所示)。椭圆的短轴和长轴称为主方向，对应于槛值的等值线上的每一点 r 到原点的距离是在 $o \to r$ 方向上半变异函数的变程。所以，对应于槛值的等值线椭圆称为各向异性椭圆，它是影响范围的一种表达。若平面为水平面，各向异性椭圆的长轴方向一般与矿体的走向重合(或非常接近)。因此即使矿体的产状是未知的，通过各向异性分析也可以确定矿体的走向。在三维空间，各向异性椭圆变为椭球体。

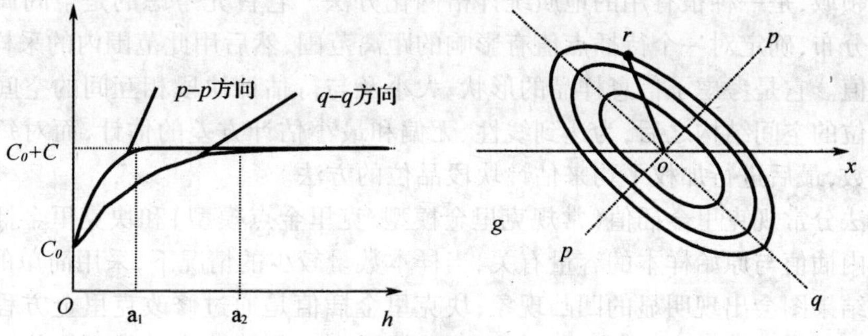

图 2.15　几何各向异性示意图

2. 带状各向异性

不同方向具有不同基值，变程相同或者不同而又不能利用坐标线性转换实现各向同性转换的各向异性。区域各向异性的特点是半变异函数的槛值与变程均随方向变化。

2.4.6　半变异函数平均值的计算

应用地质统计学方法进行参数估值时，需要计算半变异函数在两个几何体之间或在一个几何体内的平均值。设在区域 Ω 中有两个几何体 V 和 W，如果在 V 中任取一点 z，在 W 中任取一点 z'，z 与 z'之间的距离为 h，那么半变异函数在两点上的值为 $\gamma(h)$，记为 $\gamma(z,z')$。半变异函数在 V 和 W 之间的平均值就是当 z 取 V 中所有点、z'取 W 中所有点时，$\gamma(z,z')$的平均值，即

$$\bar{\gamma}(V,W) = \frac{1}{VW}\int_{zinV}\int_{zinW}\gamma(z,z')\,\mathrm{d}z\mathrm{d}z' \tag{2.62}$$

当然，如果样品的体积较大，需要把样品也划分为子体时，半变异函数在样品与几何体之间，样品与样品之间的平均值和半变异函数在两个几何体之间的平均值是一回事。因此，式(2.62)是计算半变异函数平均值的一般公式。值得注意的是，当把样品也划分为离散点进行计算时，意味着半变异函数不是由具有一定体积的样品数值得来的，而是从无限小的点值得到

的。这样的半变异函数称为点半变异函数。但在实践中点半变异函数是未知的,半变异函数是通过具有一定体积的样品数据建立的,因此,在实际计算中一般把样品看作是"不可再分"的。

2.4.7 克里金插值法

克里金技术在建立储集层数学地质模型、绘制等值线图方面已有长足发展,近年来在国内已推广应用。该法在数学上可对所研究的对象提供一种最佳线性无偏估计(某点处的确定值),但它实际上仍是一种光滑的内插方法。在密井网区、井点资料较多时,其内插结果可信度较高。克里金插值法又称空间自协方差最佳插值法。克里金法广泛地应用于地下水模拟、土壤制图等领域,是一种很有用的地质统计格网化方法。它首先考虑的是空间属性在空间位置上的变异分布,确定对一个待插点值有影响的距离范围,然后用此范围内的采样点来估计待插点的属性值。它是考虑了信息样品的形状、大小及与待估计块段相互间的空间位置等几何特征以及品位的空间结构之后,为达到线性、无偏和最小估计方差的估计,而对每一个样品赋予一定的系数,最后进行加权平均来估计块段品位的方法。

克里金法分常规克里金插值(常规克里金模型/克里金点模型)和块克里金插值。常规克里金插值其内插值与原始样本的容量有关,当样本数量较少的情况下,采用简单的常规克里金模型内插的结果图会出现明显的凹凸现象;块克里金插值是通过修改克里金方程以估计子块 B 内的平均值来克服克里金点模型的缺点,对估算给定面积实验小区的平均值或对给定格网大小的规则格网进行插值比较适用。块克里金插值估算的方差结果常小于常规克里金插值,所以,生成的平滑插值表面不会发生常规克里金模型的凹凸现象。按照空间场是否存在漂移可将克里金插值分为普通克里金和泛克里金,其中普通克里金(简称 OK 法)常称作局部最优线性无偏估计。所谓线性是指估计值是样本值的线性组合,即加权线性平均;无偏是指理论上估计值的平均值等于实际样本值的平均值,即估计的平均误差为0;最优是指估计的误差方差最小。克里金法试图表示隐含在数据中的趋势,例如,高点是沿一个脊连接,而不是被牛眼形等值线所孤立。克里金法中包含了几个因子:变化图模型、漂移类型和矿块效应。由于地质统计学法的基本思想是由丹尼·克里金提出的,所以应用地质统计学进行参数估值的方法被命名为克里金法。克里金估值是在一定条件下具有无偏性和最佳性的线性估值。所谓无偏性就是参数估值 $\hat{\mu}_v$ 与真值 μ_v 之间的偏差的数学期望为零,即

$$E(\hat{\mu}_v - \mu_v) = 0 \tag{2.63}$$

所谓最佳性是指估计值与真值之间偏差的平方的数学期望达到最小,即

$$E[(\hat{\mu}_v - \mu_v)^2] = \min \tag{2.64}$$

$[(\hat{\mu}_v - \mu_v)^2]$ 也称为估计方差,用 σ_E^2 表示;用克里金法进行估值的估值方差称为克里金方差或克里金误差,用 σ_K^2 表示。

所谓线性估值是指未知量 μ_v 的估计 $\hat{\mu}_v$ 是若干个已知取样值 x_i 的线性组合,即

$$\hat{\mu}_v = \sum_{i=1}^{n} b_i x_i \tag{2.65}$$

式中，b_i 为常数。

设从区域 Ω 中取样 n 个，样品 ω_i 的值为 $x_i(i=1,2,\cdots,n)$；Ω 中的一个单元体 V 的未知真值为 μ_v。那么，用这 n 个样品对 μ_v 的克里金估值即为式(2.65)。

根据无偏性要求 $E(\hat{\mu}_v-\mu_v)=0$，有

$$E\left[\sum_{i=1}^{n} b_i x_i - \mu_v\right] = \sum_{i=1}^{n} b_i E[x_i] - E[\mu_v] = 0$$

如果在区域 Ω 内，区域化变量满足内蕴假设且"无漂移"，$E[x_i]=E[\mu_v]=\mu$（μ 为参数在 Ω 的平均值），上式变为

$$\sum_{i=1}^{n} b_{i}\mu - \mu = 0$$

消去 μ 得

$$\sum_{i=1}^{n} b_i = 1 \quad 或 \quad \sum_{i=1}^{n} b_i - 1 = 0 \tag{2.66}$$

因此，估值具有无偏性的充要条件是取样值的权值之和为 1。

将几何体 V 看作是由 m 个相同的子体组成，每个子体的值为 v_k，那么 μ_v 等于子体值的平均值，即 $\mu_v=\frac{1}{m}\sum_{k=1}^{m}v_k$。这样克里金方差为

$$\sigma_K^2 = E[(\hat{\mu}_v-\mu_v)^2] = E\left[\left(\sum_{i=1}^{n} b_i x_i - \frac{1}{m}\sum_{k=1}^{m} v_k\right)^2\right] \tag{2.67}$$

令 x_j，表示另一个样品 ϖ_j 的值（当 $j=i$ 时，$x_j=x_i$）；v_l 表示 V 中的另一个子体的值（当 $l=k$ 时，$v_l=v_k$）。那么当 $\sum_{i=1}^{n}b_i=1$ 时上式可以改写为

$$\sigma_K^2 = E\left[-\sum_{i=1}^{n}\sum_{j=1}^{n}\frac{1}{2}b_i b_j (x_i-x_j)^2 - \frac{1}{m^2}\sum_{k=1}^{m}\sum_{l=1}^{m}\frac{1}{2}(v_k-v_l)^2 + \sum_{i=1}^{n} b_i\left(\frac{1}{m}\sum_{k=1}^{m}(x_i-v_k)^2\right)\right]$$

$$= -\sum_{i=1}^{n}\sum_{j=1}^{n}\frac{1}{2}b_i b_j E[(x_i-x_j)^2] - \frac{1}{m^2}\sum_{k=1}^{m}\sum_{l=1}^{m}\frac{1}{2}E[(v_k-v_l)^2] + 2\sum_{i=1}^{n} b_i\left(\frac{1}{m}\sum_{k=1}^{m}\frac{1}{2}E[(x_i-v_k)^2]\right)$$

可知 $\frac{1}{2}E[(x_i-x_j)^2]=\bar{\gamma}(\varpi_i,\varpi_j)$，即半变异函数在样品 ϖ_i 和 ϖ_j 间的平均值；从公式可知

$$\frac{1}{m^2}\sum_{k=1}^{m}\sum_{l=1}^{m}\frac{1}{2}E[(v_k-v_l)^2] = \bar{\gamma}(V,V) \tag{2.68}$$

即半变异函数在几何体 V 内的平均值；可知

$$\frac{1}{m}\sum_{k=1}^{m}\frac{1}{2}E[(x_i - v_k)^2] = \bar{\gamma}(\varpi_i, V) \tag{2.69}$$

即半变异函数在样品 ϖ_i 和 V 之间的平均值。可得

$$\sigma_K^2 = -\sum_{i=1}^{n}\sum_{j=1}^{n} b_i b_j \bar{\gamma}(V,V) + 2\sum_{i=1}^{n} b_i \bar{\gamma}(\varpi_i, V) \tag{2.70}$$

这样，最佳估值就是在式(2.69)的条件下求 σ_k^2 达到最小值时的权值 $b_i(i=1,2,\cdots,n)$。应用拉格朗日乘子法，得拉格朗日函数

$$L(b_1,b_2,\cdots,b_n,\lambda) = \sigma_k^2 - 2\lambda(\sum_{i=1}^{n} b_i - 1) \tag{2.71}$$

式中，2λ 为拉格朗日乘子。在式(2.69)的条件下求 σ_k^2 达到最小的条件是拉格朗日函数对 $b_i(i=1,2,\cdots,n)$ 和 λ 的一阶偏微分为零，即

$$\frac{\partial L}{\partial b_i} = 0, 对\ i = 1,2,\cdots,n$$

$$\frac{\partial L}{\partial \lambda} = 0 \tag{2.72}$$

$$\begin{cases} \sum_{j=1}^{n} b_j \bar{\gamma}(\varpi_i, \varpi_j) + \lambda = \bar{\gamma}(\varpi_i, V) \quad i = 1,2,\cdots,n \\ \sum_{j=1}^{n} b_i = 1 \end{cases} \tag{2.73}$$

可得

$$\begin{aligned} &b_1\bar{\gamma}(\varpi_1,\varpi_1) + b_2\bar{\gamma}(\varpi_1,\varpi_2) + \cdots + b_n\bar{\gamma}(\varpi_1,\varpi_n) + \lambda = \bar{\gamma}(\varpi_1,V) \\ &b_1\bar{\gamma}(\varpi_2,\varpi_1) + b_2\bar{\gamma}(\varpi_2,\varpi_2) + \cdots + b_n\bar{\gamma}(\varpi_2,\varpi_n) + \lambda = \bar{\gamma}(\varpi_2,V) \\ &b_1\bar{\gamma}(\varpi_n,\varpi_1) + b_2\bar{\gamma}(\varpi_n,\varpi_2) + \cdots + b_n\bar{\gamma}(\varpi_n,\varpi_n) + \lambda = \bar{\gamma}(\varpi_n,V) \\ &b_1 + b_2 + \cdots + b_n + \lambda = 1 \end{aligned} \tag{2.74}$$

上式是由 $n+1$ 个方程组成的线性方程组，称为克里金方程组。解这个方程组就可求出 $n+1$ 个未知数 $(b_1,b_2,\cdots,b_n,\lambda)$。将求得的 $b_1,b_2,\cdots,b_n$ 代入即得 μ_v 的无偏、最佳估值 $\hat{\mu}_v$。也可用矩阵形式表示，令

$$A = \begin{bmatrix} \bar{\gamma}(\varpi_1,\varpi_1)\bar{\gamma}(\varpi_1,\varpi_2)\cdots\bar{\gamma}(\varpi_1,\varpi_n) & 1 \\ \bar{\gamma}(\varpi_2,\varpi_1)\bar{\gamma}(\varpi_2,\varpi_2)\cdots\bar{\gamma}(\varpi_2,\varpi_n) & 1 \\ \vdots \quad \vdots \quad \vdots & \vdots\ \bar{\gamma}(\varpi_n,\varpi_1)\bar{\gamma}(\varpi_n,\varpi_2)\cdots\bar{\gamma}(\varpi_n,\varpi_n) \end{bmatrix}$$

$$B=\begin{bmatrix} b_1 \\ b_2 \\ \vdots \\ b_n \\ \lambda \end{bmatrix} \quad C=\begin{bmatrix} \bar{\gamma}(\varpi_1,V) \\ \bar{\gamma}(\varpi_2,V) \\ \vdots \\ \bar{\gamma}(\varpi_n,V) \\ 1 \end{bmatrix}$$

上式可改写为

$$AB=C$$

上式的解为

$$B=A^{-1}C$$

如果区域化变量在 Ω 中满足二阶稳定性假设，$\gamma(h)=\sigma^2-\sigma(h)$。因此，克里金方程组也可用协变异函数表示，这时

$$A=\begin{bmatrix} \bar{\sigma}(\varpi_1,\varpi_1) & \bar{\sigma}(\varpi_1,\varpi_2) & \cdots & \bar{\sigma}(\varpi_1,\varpi_n) & 1 \\ \bar{\sigma}(\varpi_2,\varpi_1) & \bar{\sigma}(\varpi_2,\varpi_2) & \cdots & \bar{\sigma}(\varpi_2,\varpi_n) & 1 \\ \vdots & \vdots & & \vdots & \vdots \\ \bar{\sigma}(\varpi_n,\varpi_1) & \bar{\sigma}(\varpi_n,\varpi_2) & \cdots & \bar{\sigma}(\varpi_n,\varpi_n) & 1 \end{bmatrix}$$

$$B=\begin{bmatrix} b_1 \\ b_2 \\ \vdots \\ b_n \\ -\lambda \end{bmatrix} \quad C=\begin{bmatrix} \bar{\sigma}(\varpi_1,V) \\ \bar{\sigma}(\varpi_2,V) \\ \vdots \\ \bar{\sigma}(\varpi_n,V) \\ 1 \end{bmatrix}$$

式中，$\bar{\sigma}(\varpi_i,\varpi_j)$ 为协变异函数在两样品间的平均值；$\bar{\sigma}(\varpi_i,V)$ 为协变异函数在样品 ω_i 和几何体 V 之间的平均值。$\bar{\sigma}(\varpi_i,\varpi_j)$ 和 $\bar{\sigma}(\varpi_i,V)$ 的计算公式与 $\bar{\gamma}(\varpi_i,\varpi_j)$ 和 $\bar{\gamma}(\varpi_i,V)$ 的计算公式在形式上相同。

2.4.8　克里金插值法储量计算实例

[例 2.4]　用变量 Z 在 x_1 和 x_2 的数据以及克里金法来计算该变量在 x_0 的值，x_1 和 x_2 间距离 20 cm，分两种情况：①x_0 位于 x_1 的位置；②x_0 位于 x_1 和 x_2 的中点上。已知 $\sigma^2=7.6$，变量的变异函数为球形模型，参数为块金值等于 3.12，变差距离为 400 cm，基台值为 7.6，即以下公式

$$\gamma(h)=3.12+4.48\left[1.5\left(\frac{h}{400}\right)-0.5\left(\frac{h}{400}\right)^3\right],h<400$$

$$\gamma(h)=7.6,h\geqslant 400$$

因此

$$C(0) = 7.6$$

$$C(h) = 4.48[1 - 1.5(h/400) + 0.5(h/400)^3], 0 < h < 400$$

$$C(h) = 0, h \geqslant 400$$

解:用两个已知点,克里金公式的矩阵形式为

$$\begin{vmatrix} C_{11} & C_{12} \\ C_{21} & C_{22} \end{vmatrix} \begin{vmatrix} \lambda_1 \\ \lambda_2 \end{vmatrix} = \begin{vmatrix} C_{10} \\ C_{20} \end{vmatrix}$$

情况①:式中的方差和协方差的值计算如下

$$C_{11} = C_{22} = C(0) = \sigma^2 = 7.6$$

$$C_{10} = C(0) = 7.6$$

$$C_{20} = C(x_1 - x_2) = C(20) = 4.144\,3$$

$$C_{12} = C_{21} = C(x_1 - x_2) = C(20) = 4.144\,3$$

可得
$$\begin{cases} 7.6\lambda_1 + 4.144\,3\lambda_2 = 7.6 \\ 4.144\,3\lambda_1 + 7.6\lambda_2 = 4.144\,3 \end{cases}$$

解得 $\lambda_1 = 1$ 和 $\lambda_2 = 0$。所以估计值为 $Z_0^* = m + (Z_1 - m) = Z_1$。

估计误差 $\sigma^2 = 7.6 - (7.6 \times 1 + 0 \times 4.144\,3) = 0$。

情况②:

$$C_{11} = C_{22} = C(0) = \sigma^2 = 7.6$$

$$C_{10} = C_{20} = C(x_1 - x_0) = C(x_2 - x_0) = 4.312$$

$$C_{12} = C_{21} = C(x_1 - x_2) = C(20) = 4.144\,3$$

可得
$$\begin{cases} 7.6\lambda_1 + 4.144\,3\lambda_2 = 4.312 \\ 4.144\,3\lambda_1 + 7.6\lambda_2 = 431\,2 \end{cases}$$

解得 $\lambda_1 = \lambda_2 = 0.367\,2$,因此估计值为

$$Z_0^* = m + 0.367\,2(Z_1 - m) + 0.367\,2(Z_2 - m) = 0.265\,6\,m + 0.367\,2(Z_1 + Z_2)$$

估计误差为 $\sigma^2 = 4.433$

[例2.5] 如图2.16所示,用克里金法和已知值 Z_1,Z_2 来计算 Z 在(0,0)点的值,变异函数是一指数模型:$\gamma(h) = 0.22 + 0.9[1 - \exp(-\frac{h}{100})]$。

解:克里金法矩阵形式如下

$$\begin{vmatrix} \gamma_{11} & \gamma_{12} & 1 \\ \gamma_{21} & \gamma_{22} & 1 \\ 1 & 1 & 0 \end{vmatrix} \begin{vmatrix} \lambda_1 \\ \lambda_2 \\ \mu \end{vmatrix} = \begin{vmatrix} \gamma_{10} \\ \gamma_{20} \\ 1 \end{vmatrix}$$

计算矩阵中的变异函数值如下

$$\gamma_{11} = \gamma_{22} = \gamma(0) = 0.22, \gamma_{12} = \gamma_{21} = \gamma(67) = 0.66$$

$\gamma_{10} = \gamma(42.4) = 0.531, \gamma_{20} = \gamma(30) = 0.453$

即

$$\begin{vmatrix} 0.22 & 0.66 & 1 \\ 0.66 & 0.22 & 1 \\ 1 & 1 & 0 \end{vmatrix} \begin{vmatrix} \lambda_1 \\ \lambda_2 \\ \mu \end{vmatrix} = \begin{vmatrix} 0.531 \\ 0.453 \\ 1 \end{vmatrix}$$

解得 $\lambda_1 = 0.411\,7, \lambda_2 = 0.588\,3, \mu = 0.052\,15$

故估计值为 $Z_0^* = \lambda_1 Z_1 + \lambda_2 Z_2 = 0.411\,7 Z_1 + 0.588\,3 Z_2$

估计方差为 $\sigma^2 = \mu + \sum \lambda_i \gamma_{i0} = 0.537\,4$

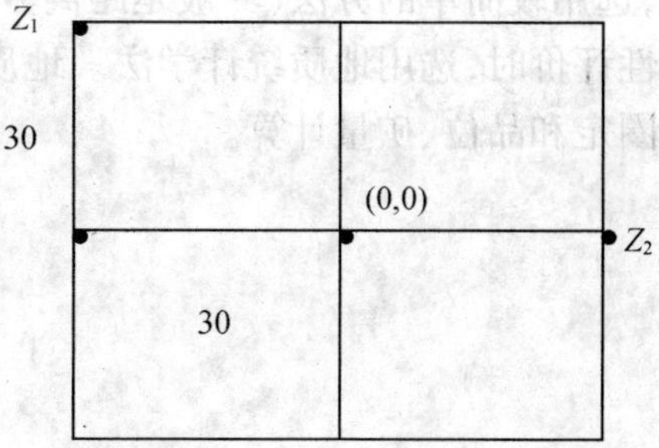

图 2.16　例题[2.5]示意图

2.4.9　影响范围

当对块状模型中每一单元块的品位进行估值时，无论用什么方法，均需要确定由哪些样品参与估值运算。一般地讲，对被估单元块有影响的样品（即落入影响范围内的样品）都应参与估值运算。

地质统计学把品位看作是区域化变量，用半变异函数描述品位在矿床中的相互关联特征。因此地质统计学为帮助确定合理影响范围提供了理论依据。如前所述，在大多数情况下品位的半变异函数的数学模型为球模型。球模型的特点是：半变异函数 $\gamma(h)$ 随距离 h 的增加而增加，当 h 增加到变程 a 时 $\gamma(h)$ 达到槛值。由于槛值为样品的方差，这表明当 $h \geqslant a$ 时样品值变为完全随机的，样品之间失去了相互影响。因此，半变异函数的变程 a 可以被看作是影响半径的一种表述。然而当存在各向异性时，不同方向上的半变异函数具有不同的变程，影响范围是一椭球体，即各向异性椭球体。因此，确定合理影响范围首先要建立各个方向的半变异函数，进行各向异性分析。

影响范围在品位、矿量计算中起着相当重要的作用，在某些情况下，所选取的影响范围不同，矿量计算结果会有很大的差别。然而，确定合理影响范围是一件不容易的事，需要对矿床的成矿特征有深入的了解，同时也需要丰富的实践经验。地质统计学可以帮助确定合理的影响范围，但并不意味着各向异性椭球体（在各向同性情况下为球体）就是最合理的影响范围，最后决策应是综合考虑各种因素（包括经验）的结果。

地质统计学被大部分人认为是一种较好的品位估值方法，尤其适用于品位变化大，矿岩界线由品位控制的矿床，如侵染型的贵金属矿床。必须指出，无论方法在数学上如何复杂，在理论上如何先进，方法本身不能增加已知信息量，而品位与矿量估算的准确程度主要取决于已知信息量的大小。另外，不同的估值方法有不同的适用条件。对于一给定矿床，方法 A 最为合适；而对于另一矿床，也许方法 B 最为合适。各种方法在不同矿床的实际应用经验是选择估值方法的重要依据。在实践中，国际上通常的做法是：在对矿床进行初步评价或是数据量不足时，选用较简单的方法（一般是距离 N 次方反比法）。当有了足够的数据，对矿床进行正式可行性评价时，选用地质统计学法。地质统计学法也常被用于开采过程中局部范围内的矿岩重新圈定和品位、矿量计算。

第3章　铀矿山常规采矿技术

3.1　铀矿地下开拓方法

3.1.1　铀矿地下矿床开拓概述

为开发地下铀矿床，首先要掘进一系列井巷，使地面与矿床之间形成完整的提升、运输、通风、排水、行人、供电、供水、供压风等生产系统。这些井巷工程的建立称为铀矿床开拓。铀矿山主要开拓巷道和辅助开拓巷道在平面和空间上构成的开采铀矿床系统，称为铀矿床开拓系统。铀矿床开拓工程在平面和空间上的布置叫作开拓系统图。为形成铀矿床开拓系统而掘进一系列井巷工程称为铀矿床开拓井巷。按其在矿床开采中所起的作用不同分为主要开拓井巷和辅助开拓井巷。凡是主要用作运输矿石的井巷，无论其地表有无出口，均为主要开拓井巷。采矿时仅起辅助作用的井巷称为辅助开拓井巷。

3.1.2　铀矿地下矿床开拓方法分类

用一种主要开拓井巷开拓矿床，叫单一开拓法。如果矿床上部和下部用不同的主要开拓井巷或两种主要开拓井巷组合起来开拓一个或几个矿体，就称为联合开拓法。开拓方法及其典型方案见表3.1。

表3.1　开拓方法分类

<table>
<tr><th colspan="2">开拓方法分类</th><th>典型的开拓方法</th></tr>
<tr><td rowspan="4">单一开拓法</td><td>平硐开拓法</td><td>①垂直矿体走向平硐开拓法
②沿矿体走向平硐开拓法</td></tr>
<tr><td>斜井开拓法</td><td>①脉内斜井开拓法
②下盘斜井开拓法
③侧翼斜井开拓法</td></tr>
<tr><td>竖井开拓法</td><td>①下盘竖井开拓法
②上盘竖井开拓法
③侧翼竖井开拓法</td></tr>
<tr><td>斜坡道开拓法</td><td>①螺旋式斜坡道开拓法
②折返式斜坡道开拓法</td></tr>
</table>

表 3.1(续)

开拓方法分类		典型的开拓方法
联合开拓法	平硐与竖(斜)井联合开拓法	①平硐与盲(明)竖井联合开拓法 ②平硐与盲(明)斜井联合开拓法
	明井与盲井联合开拓法	①明竖井与盲竖(斜)井联合开拓法 ②明斜井与盲竖(斜)井联合开拓法
	平硐或竖(斜)井与斜坡道联合开拓法	①平硐与斜坡道联合开拓法 ②斜井与斜坡道联合开拓法 ③竖井与斜坡道联合开拓法

3.1.3 铀矿地下矿床开拓方法

1. 平硐开拓法

平硐开拓法就是以平硐为主要开拓巷道来开拓整个矿床的方案。它适合于开采赋存在当地侵蚀基准面以上的矿体。平硐开拓法能充分利用矿石的自重溜放,便于通风、排水、多阶段出矿,施工简单易行、建设速度快、投资省、成本低、管理方便等特点。因此,若有条件时,应优先采用平硐开拓法。

(1)垂直矿体走向平硐开拓法

当矿脉与山坡的倾斜方向相同时,采用上盘平硐开拓法;当矿脉与地表山坡的倾斜方向相反时,采用下盘平硐开拓法。图 3.1 为我国某铀矿山开拓系统示意图,16 号坑以上为平硐开拓,以下为盲斜井开拓,16 号坑为出矿主平硐。主平硐以上的矿石,经溜井放到主平硐再由电机车运至地表矿仓。

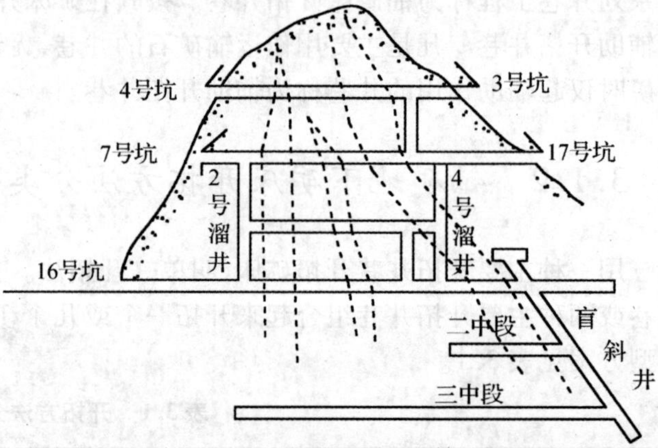

图 3.1 我国某铀矿山垂直矿体走向平硐开拓法示意图

(2)沿矿体走向平硐开拓法

平硐沿矿体走向布置,一般设在脉内。但铀矿床平硐不宜布置在脉内,因为脉内平硐增加矿体暴露面积,增加氡析出量,增加通风费用。

图 3.2 为我国某铀矿开拓系统图,203 m 为主要出矿平硐,以上的矿石通过溜井下放到该

平硐运出。

2. 斜井开拓法

斜井开拓法就是以斜井为主要开拓巷道来开拓矿床的方法。它适用于开采缓倾斜或倾斜矿体(倾角 15°~45°),矿体赋存在当地侵蚀基准面以下,埋藏又不深的中小型矿山。按斜井和矿体的相对位置,有以下三种开拓方案。

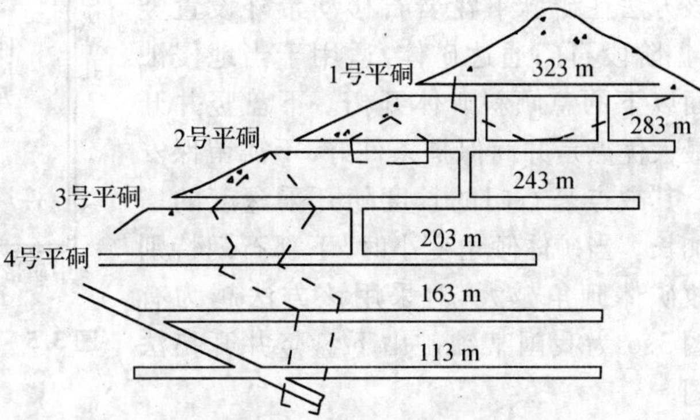

图 3.2　我国某铀矿山沿矿体走向平硐开拓法示意图

(1)脉内斜井开拓法

当矿体沿倾斜起伏不大,产状比较规整,无褶皱和断层时,才可能采用脉内斜井开拓(图 3.3)。铀矿床不宜用脉内斜井开拓法。

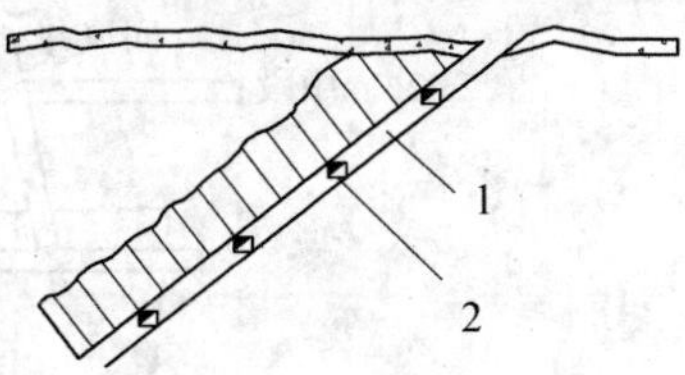

图 3.3　脉内斜井开拓法

1—斜井;2—沿脉巷道

(2)下盘斜井开拓法

这种方案将斜井布置在矿体下盘,用石门连通矿体沿脉巷道。图 3.4 为我国某铀矿山下盘双斜井开拓方案图,斜井倾角 21°~23°,基本与矿体倾角一致。两井相距 25 m,1 号斜井为盲主井,主要用来提升矿岩;2 号斜井为明斜井,作为副井,主要用来行人、通风以及运送材料和设备。

下盘斜井开拓法与脉内斜井开拓法相比,虽然要开掘一些石门,但不需留保安矿柱,斜井维护条件比较好,且对矿床地质条件的适应性要灵活,我国中小型铀矿山应用下盘斜井开拓法较多。

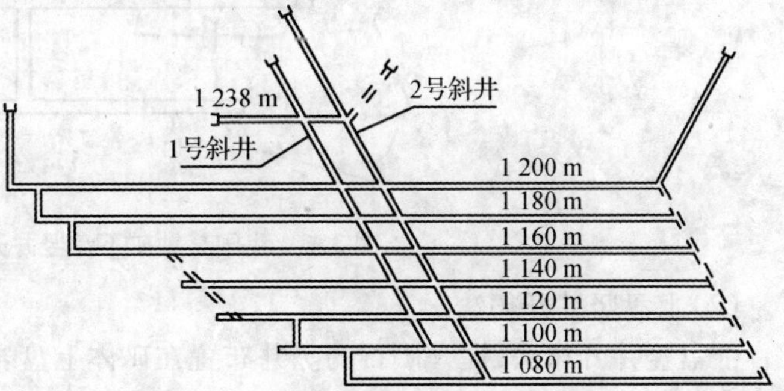

图 3.4　我国某铀矿山下盘双斜井开拓方法

(3)侧翼斜井开拓法

由于地表条件的限制,在矿床的下盘不宜设置斜井,或因矿石运输方向的要求,在矿体一翼设斜井比较方便时,可采用本方案。图 3.5 为我国某铀矿山侧翼斜井开拓方法示意图。

3. 竖井开拓法

当矿体赋存在当地侵蚀基准面以下,矿体倾角 ≥45°,或 <15°而埋藏又较深时,常采用竖井开拓法,一般竖井的提升能力比斜井大,且易于维护,故金属矿山广泛采用竖井开拓方法。

(1)下盘竖井开拓法

该方法在矿脉下盘岩石移动带外设置竖井,再掘阶段石门通达矿体,适用于当地侵蚀基准面以下的急倾斜矿体开拓。下盘竖井开拓法最大优点是井筒保护条件好,不需留保安矿柱。其缺点是石门的长度随开采深度的增加而加长。当矿体倾角变小时,下部石门特别长。故矿体倾角越大,对采用该方法越为有利。图3.6为我国某铀矿山下盘竖井开拓法示意图。

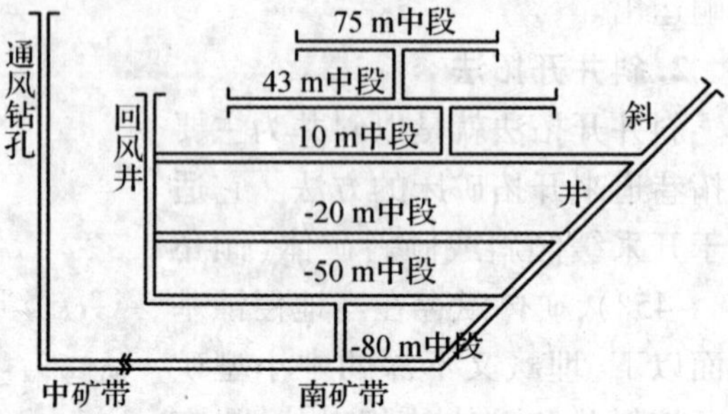

图3.5 我国某铀矿山侧翼下盘斜井开拓示意图

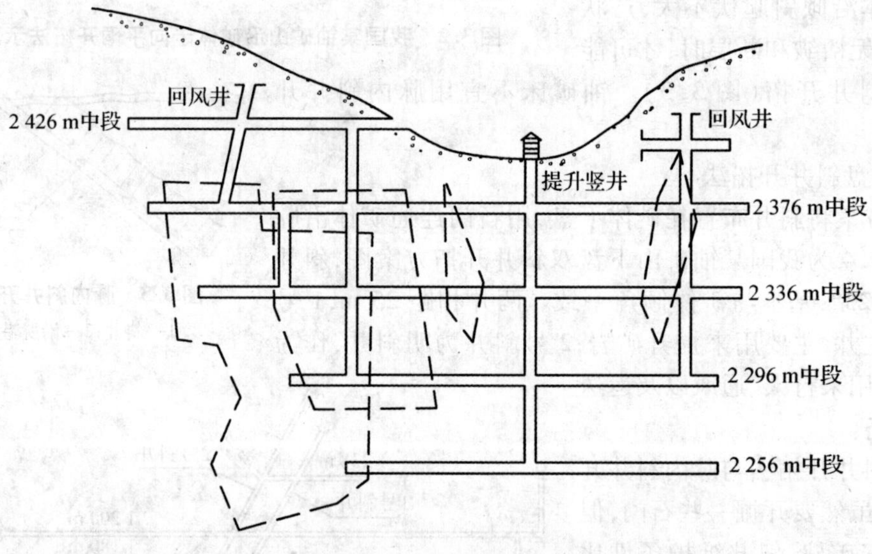

图3.6 我国某铀矿下盘竖井开拓系统

(2)上盘竖井开拓法

上盘竖井开拓法,提升矿石的竖井布置在矿体上盘岩石移动带以外,通过阶段石门到达矿体(图3.7)。与下盘竖井开拓法比较,主要缺点是上部阶段要掘进很长的石门,基建时间长,初期投资大,一般只有在下盘地质条件差,或下盘矿区地面地形复杂,难以在下盘掘进竖井时;或者为了矿区内部和外部运输联系方便时,才可能考虑采用上盘竖井开拓法。

(3)侧翼竖井开拓法

井筒布置在矿体侧翼,掘进阶段运输巷道到达矿体。侧翼竖井开拓法巷道掘进和井下运输只能是单向的,掘进及运输线路较长,掘进速度受到一定限制。图3.8为我国某铀矿山开拓系统示意图,井筒布置在矿体侧翼下盘,井口标高205 m,井筒断面为圆形,净直径5.0 m,井深

311 m，用于提升矿岩、材料、人员上下及进风。

4. 斜坡道开拓法

斜坡道可以作主要开拓巷道单独使用，也可以作为辅助开拓巷道配合其他主要开拓巷道使用。

(1)螺旋式斜坡道开拓法

图 3.9 为日本神岗栃原矿井 5 号矿体的螺旋式斜坡道开拓方法图。在矿体的侧翼掘进螺旋式斜坡道，无轨设备可以从地面进入采矿阶段和开出地面。采下的矿石用铲运机等无轨设备从矿块经螺旋式斜坡道直接运往地表，人员设备、材料直接从斜坡道出入地表。

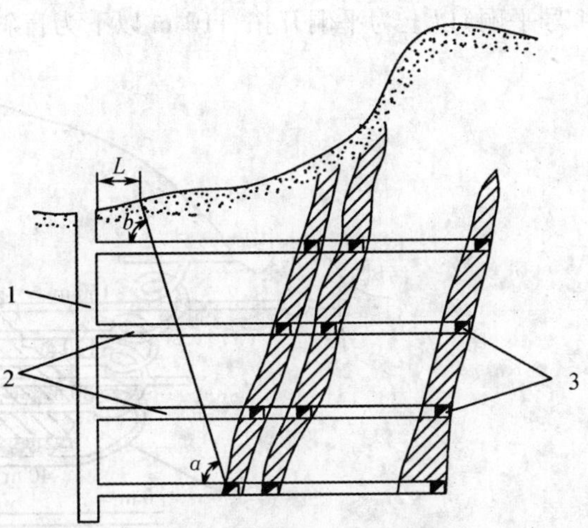

图 3.7　上盘竖井开拓法

α—上盘岩石移动角；b—表土层移动角；L—竖井至岩石移动界限的安全距离
1—上盘竖井；2—石门；3—沿脉巷道；

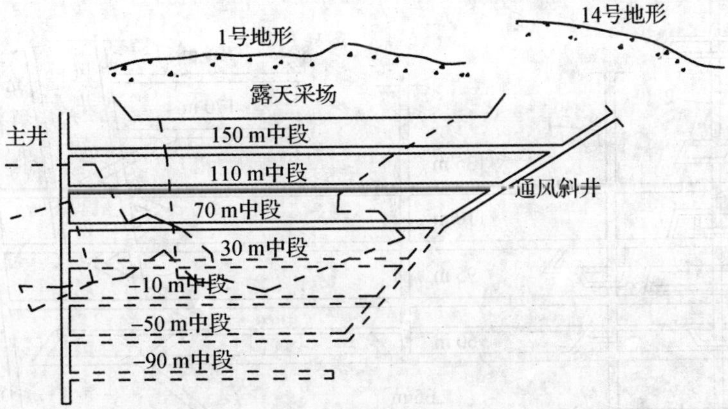

图 3.8　我国某铀矿下盘侧翼竖井开拓法示意图

(2)折返式斜坡道开拓法

图 3.10 为我国某铀矿山斜坡道作为辅助开拓巷道的下盘竖井开拓法。2 号竖井做主要开拓巷道，用于提升矿石，1 号竖井用来提升废石、下放人员和材料以及通风之用，斜坡道作为无轨设备出入地表的通道。

5. 联合开拓法

(1)平硐与盲斜(竖)井联合开拓法

图 3.11 为我国某铀矿山开拓方法图。该矿山采用平硐、盲斜井联合开拓，即 110 m 中段

(4 号平硐)以上为平硐开拓,110 m 以下为盲斜井开拓。

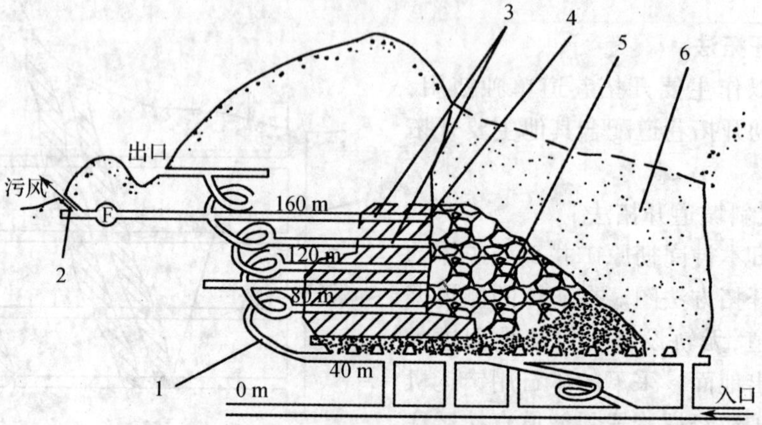

图 3.9 螺旋式斜坡道开拓法

1—螺旋式斜坡道;2—排风井;3—阶段运输巷道;
4—矿体;5—矿石;6—废石

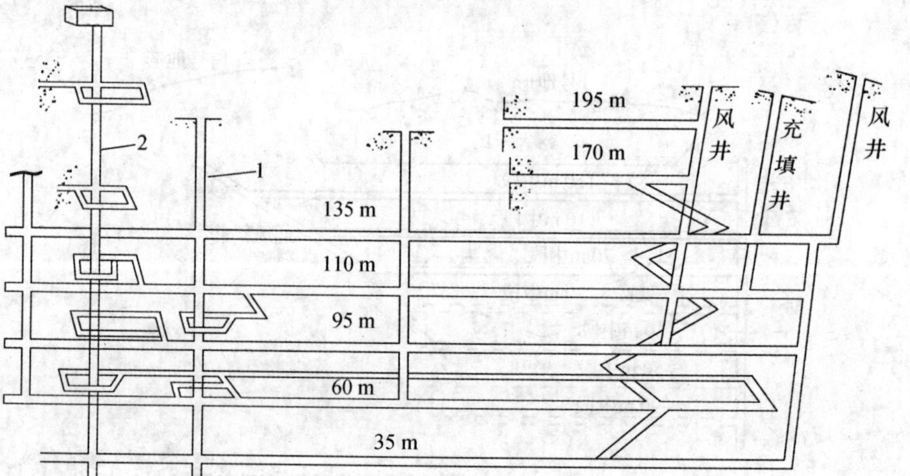

图 3.10 某铀矿山下盘竖井辅助斜坡道开拓法

1—副井;2—主井;3—辅助斜坡道

(2)平硐与斜井开拓

图 3.12 为我国某铀矿山平硐 - 下盘斜井开拓示意图。斜井全长 346 m,倾角 23°,负责 207 m,160 m,105 m 三个中段开拓。244 m 中段以上用平硐开拓,采矿工业场地设在 244 m 中段硐口。

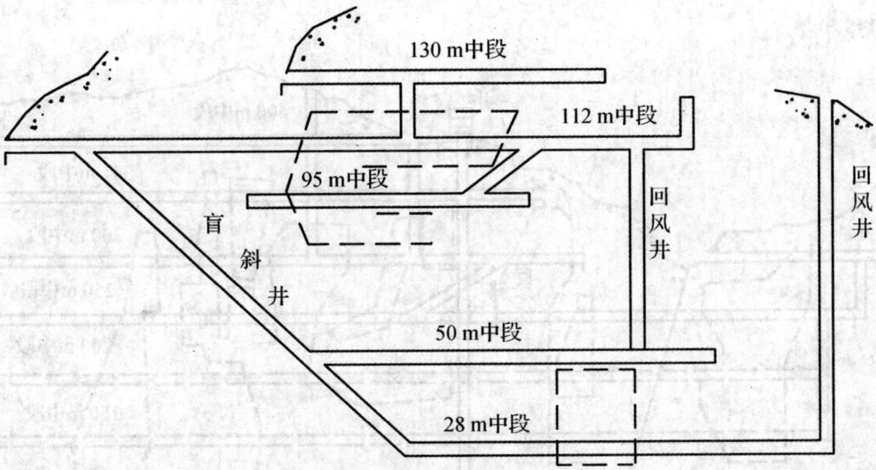

图 3.11 我国某铀矿山平硐与盲竖井联合开拓法示意图

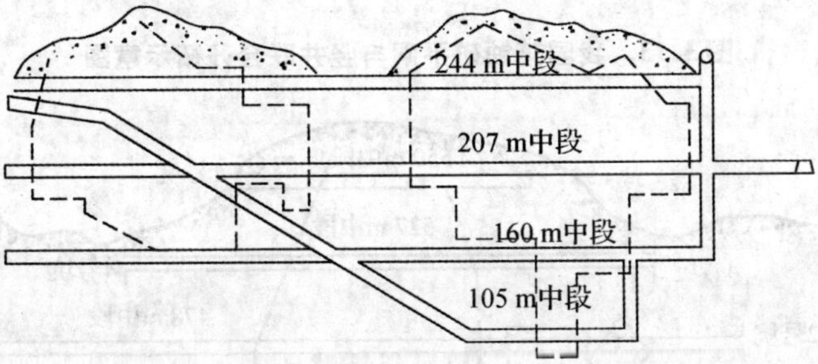

图 3.12 我国某铀矿平硐－下盘斜井开拓方法示意图

(3)平硐与竖井联合开拓

图 3.13 为我国某铀矿山平硐与竖井联合开拓系统示意图。300 m 中段为主要出矿平硐,300 m 及以上各中段为平硐开拓,300 m中段以下为竖井开拓。

(4)平硐－竖井－盲斜井联合开拓

图 3.14 为我国某铀矿开拓系统示意图。上部为平硐与竖井联合开拓,深部为平硐与盲斜井联合开拓。

(5)地面斜坡道与平硐联合开拓

图 3.15 为我国某铀矿山地面斜坡道与平硐开拓示意图。地面斜坡道布置在矿井一翼,倾角 24°,全长308 m,地表工业场地设在 300 m 标高,中段高度 31～50 m 不等,有 461 m,421 m,371 m,341 m 和 300 m 五个中段。斜坡道与 421 m,371 m,341 m 三个中段相连接,300 m 中段直接连通工业场地。

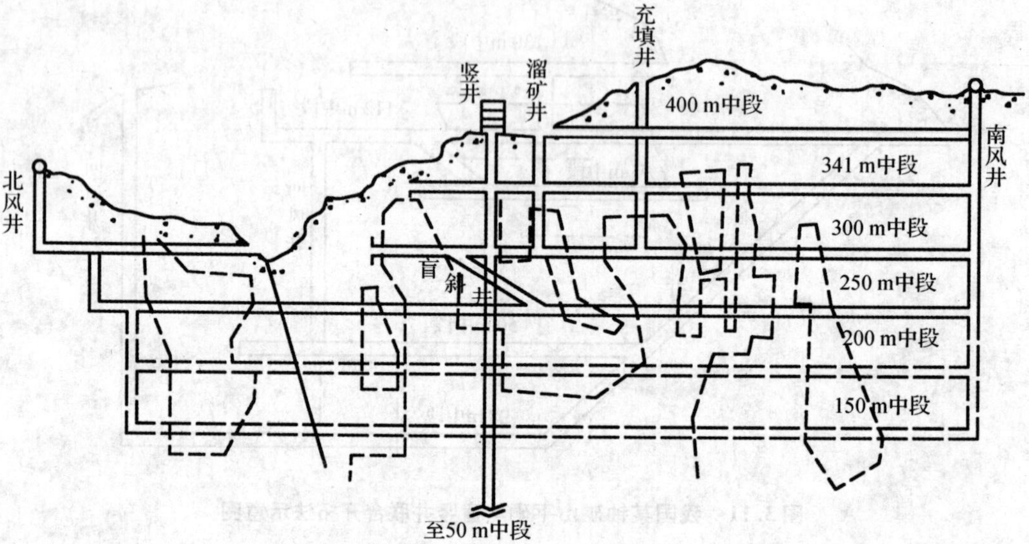

图 3.13　我国某铀矿平硐与竖井联合开拓示意图

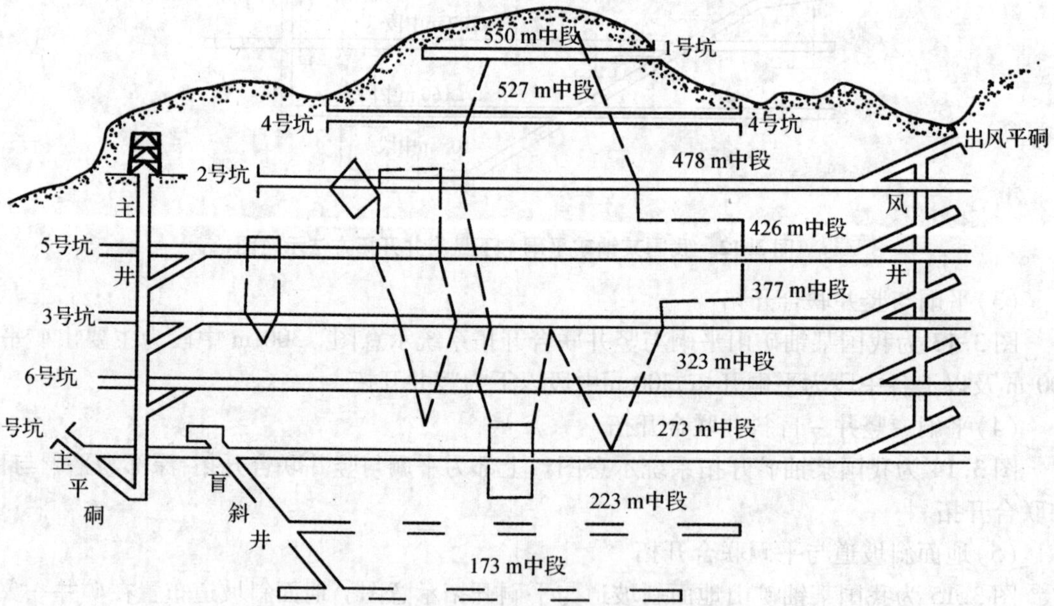

图 3.14　我国某铀矿山平硐－竖井－盲斜井开拓系统示意图

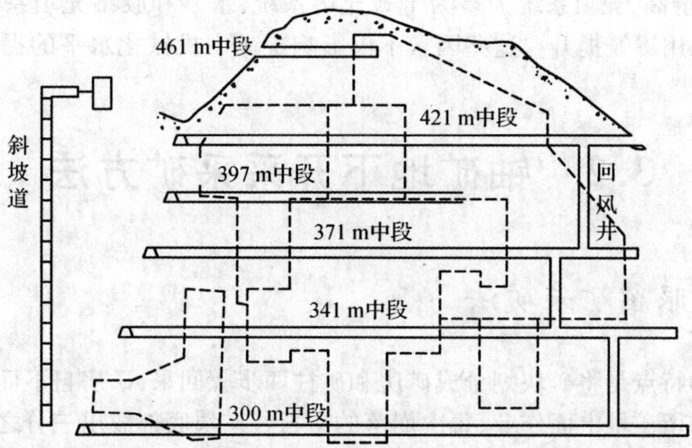

图3.15 我国某铀矿山地面斜坡道–平硐开拓系统示意图

3.1.4 我国铀矿山开拓系统特点

1. 我国铀矿山开拓方法介绍

统计我国大多数铀矿山,联合开拓法占绝大多数,其中又以平硐与其他井巷的联合开拓为主。各类主要开拓井巷中,又以斜井开拓的矿山最多,其次是用竖井开拓。

2. 我国铀矿山开拓方法的分析与简评

我国铀矿山几十年的生产实践,逐步形成了有自己特色的开拓系统,它基本适合我国铀矿山情况:

(1)斜井开拓比例大。主要原因是铀矿山规模一般不大,年产量小;而斜井开拓基建费用低,施工技术容易,成井速度快;另外,铀矿山赋存条件,如水文地质简单,岩性较稳固等特点也较适合于斜井开拓;

(2)联合开拓,尤其是平硐联合开拓比例大。因为目前开采的铀矿床浅成者居多,一般延深都小于200~400 m,而且不少矿床或其部分矿体赋存于当地侵蚀基准面以上;

(3)主要采用下盘开拓。其目的是为了减少氡及其子体析出量和少留保安矿柱;

(4)铀矿山的矿石提升井一般不宜作入风井。少数矿山提升井作为入风井,新鲜风流要受到放射性污染;

(5)阶段高度较小。铀矿山开采倾斜至急倾斜矿体,阶段高度为30~50 m,开采缓倾斜矿床一般为15~20 m。主要是铀矿体埋藏条件复杂,且大部分为中小矿体,规模小,勘探类型高,而采用的采矿方法又多为分层充填法和留矿法等原因;

(6)竖井的应用有增加的趋势,在个别大型矿山推广应用斜坡道作为辅助开拓巷道;

(7)采掘比普遍高,充填系统大多为干式充填系统,水砂和胶结充填系统不完整;竖井提升的矿山大部分采用罐笼提升。这些因素不仅影响了矿山机械化水平的提高,也限制了矿山生产能力的发展。

3.2　铀矿地下开采采矿方法

3.2.1　浅眼留矿采矿法

留矿采矿法的特点是将矿块划分成矿房和矿柱两步骤回采,矿房自下而上分层回采,工人直接在暴露面下的留矿堆上面作业,每次崩落的矿石经矿块底部放出三分之一左右,其余的矿石暂时储存在矿房中作为继续上采的工作平台,待矿房采完后再放出,并及时回采矿柱和处理采空区。由于矿房中储存有大量矿石,因此矿石和围岩不能具有自燃性、氧化性和结块性;对高硫矿床和有放射性矿床等应慎重采用。

1. 结构参数

如图 3.16 所示,留矿法开采的矿块分为矿房和矿柱,矿柱又分为顶柱、底柱和间柱。

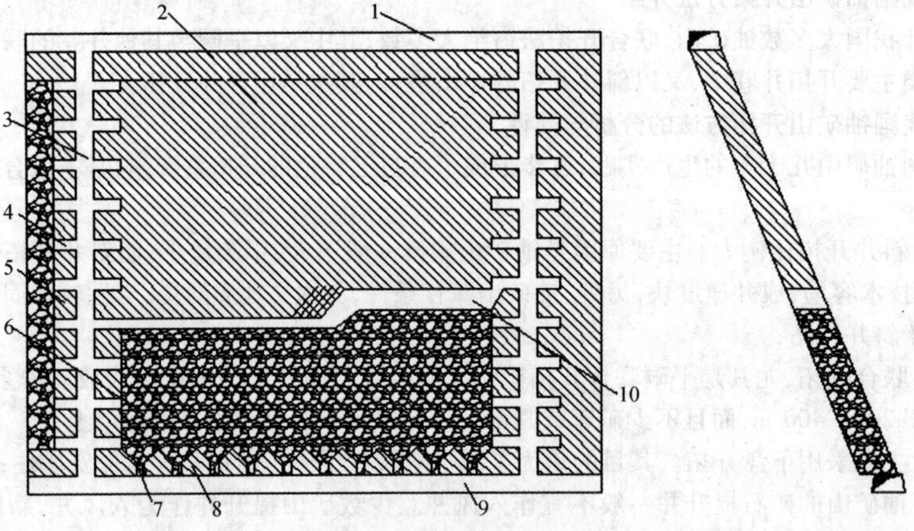

图 3.16　浅眼留矿采矿法

1—回风巷道;2—未采矿石;3—天井;4—联络道;5—间柱;6—存留矿石;
7—漏斗;8—底柱;9—阶段运输巷道;10—回采空间

2. 采准和切割

运输巷道一般沿矿脉靠下盘掘进，矿块人行通风天井通常设置在间柱内，联络道用来联络矿房和天井，拉底平巷位于底柱之上。漏斗颈自阶段运输平巷向上开掘，每隔 5 ~ 7 m 布置一条。

切割包括拉底和辟漏，它的作用是为回采工作开辟自由面，为爆破创造有利条件，同时形成受矿漏斗。

3. 回采工作

铀矿山留矿法的回采工作包括：凿岩、爆破、通风、局部放矿、撬顶平场、放射性物探、大量放矿等。下面主要介绍通风和放射性物探。

(1)矿块通风工作

在矿块工作面，由于凿岩爆破作业所产生的粉尘，使空气中含有大量的二氧化硅粒子，以及二氧化碳等有害气体，因此，必须加强矿块通风。对于铀矿山因为留矿法的矿房内暂存的矿石较多，矿石的暴露面积也较大，堆放的时间也较长，在单位时间内析出的氡气、氡子体比目前铀矿山应用的其他采矿方法都多，从而使工人的健康受到极大危害。如果通风工作跟不上，氡气及氡子体浓度将超过国家规定的标准若干倍，对井下作业人员造成炮烟、粉尘、放射性等多重危害，矿块作业也将被迫停止。对某铀矿用充填法和留矿法回采的矿块氡气测定表明，留矿法矿块氡气平均浓度大大高于充填法采场氡气平均浓度。

在铀矿山中，留矿法采场氡及其子体的析出主要受以下因素的影响：

①留矿法矿块在矿房面积变化不大的情况下，其空气中氡气及氡子体浓度是随矿房内矿石量的增加和矿堆高度的增加而增加的；

②留矿法矿房的氡气及氡了体来自矿房顶板原岩暴露面与矿石堆，而且主要是来自矿石堆。矿石堆中氡气及氡子体的析出主要遵循氡气及氡子体在松散介质中的渗流与扩散理论，其中渗流起主导作用。在渗流作用下，矿房内回风天井入口处的氡气与氡子体的浓度是最高的。

分析氡气及其子体析出的原因，结合矿山生产实践，证明留矿法采场采用上向风流通风时，矿房空气中氡及其氡离子体的浓度大大超过国家规定的限值。只有采用下行风流通风方案才能将氡及其子体浓度降到国家规定的限值以内。

实现下行风流通风有两种方案：

①矿井主导风流下行通风方案。即将矿井主导风流经过风路与风量调节变为下向风流，从矿块上口进入矿房，然后从矿房下口排走。若矿块有两个天井时，主导风流从一个矿块天井上口进入，经过矿房工作面，从另一个天井上口排走；

②下行主导风流与局部强排联合通风方案。即主导风流经过矿块一个天井上口进入，经矿房工作面后，在矿块另一个天井中装两台局扇将污风强制抽走。其中一台局扇装在排风天井上口，另一台装在排风天井中靠近矿房爆堆的中部。第二台风机也可安装在回风井上口，但

在局扇上装铁皮风筒通过回风天井延伸到靠近矿房爆堆中部,将污风抽出。

图 3.17 为铀矿山留矿法下行式通风方法示意图。

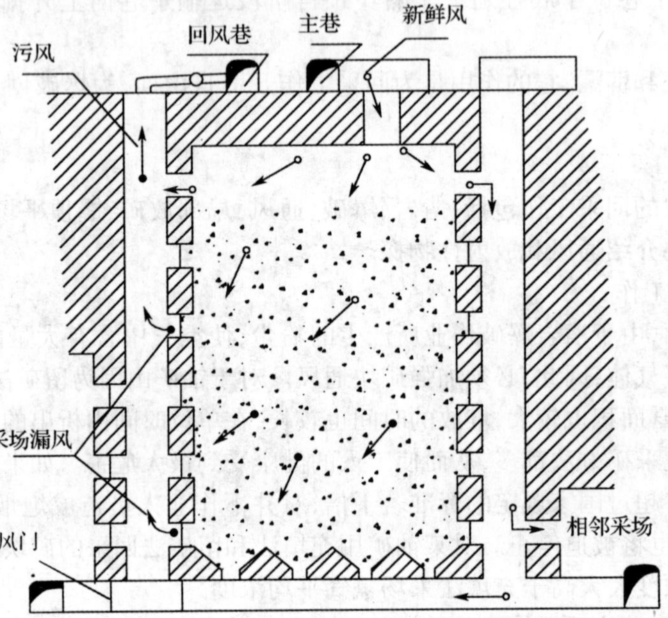

图 3.17 留矿法采场下行式通风示意图

下行风流通风时,必须加强通风管理,矿块上部必须具有入风系统,上部入风天井尽量布置在矿块一侧,以免矿块通风留有死角。同时矿块入风天井要有足够的断面,并清除支柱,保证风流畅通。

(2)放射性物探

矿房局部放矿和平场以后,应立即对矿块进行围壁探矿与切采找边。围壁探矿包括对围壁进行直接的 γ 辐射取样与编录,以及对围壁炮孔进行 γ 辐射取样与编录。围壁炮孔在矿块围壁腰线位置上施工,孔距 3 ~5 m,孔深 2 ~4 m,孔径 32 ~42 mm,根据炮孔测量的结果绘出 γ 曲线图,确定矿体边界,计算金属品位。

根据在围壁上所划出矿体边界线进行切采作业,通过切采找到矿体最终边界,叫切采找边。由于受底部结构的限制,矿体变化太大时将会造成放矿困难,增加矿石损失率。在铀矿开采中,采用留矿法的矿块往往都比较规整,切采找边工作量均不太大,切采找边时间一般只占矿块循环时间的 5% ~10% 。

3.2.2　中深孔留矿采矿法

某铀矿山矿体赋存于斑状中粗粒黑云母花岗岩中，矿脉密集，矿体走向长100～150 m，沿倾向延深约100 m，水平厚度1～6 m，倾角45°左右，矿化不均匀，中间较富。矿体与围岩接触界线明显。主矿体上盘有一条紧贴矿体平行的大断层，是成矿后的复合构造，对主矿体本身破坏不大，但对安全开采不利。由于断层作用，矿体裂隙比较发育，顶板容易塌落。

采区结构尺寸和采准切割工作见图3.18。在采场两端的穿脉中上掘两条高为14 m的顺路天井，从顺路天井口向另一条顺路天井上口开掘一条50 m长电耙道，并在电耙道两侧每隔6 m交错布置漏斗。凿岩天井布置在矿体下盘，两个凿岩天井相距25 m，规格为2.0 m×2.5 m，兼作上下人员通道和通风用。

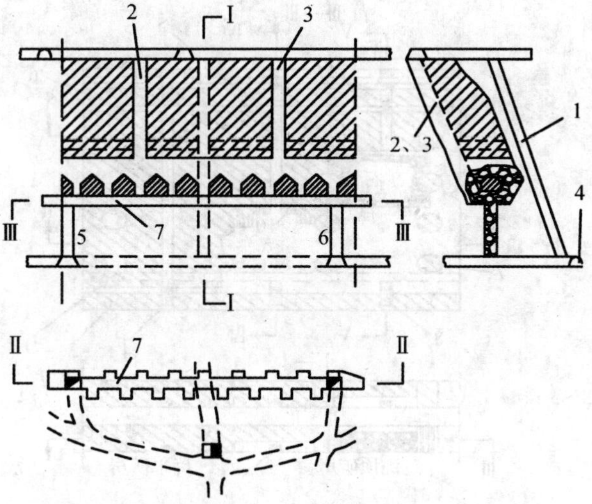

图3.18　我国某铀矿山中深孔留矿采矿法

1—上盘脉外天井；2、3—凿岩天井；4—阶段平巷；5、6—行人、通风、出矿顺路井；7—电耙道

采用01－38型凿岩机凿岩，钻头直径50～60 mm，水平扇形孔布置炮孔，炮孔间距1.8～2.0 m，最小抵抗线1.8～2.0 m，炮孔倾角为5°。

打完炮孔后进行物探测孔和测量验收，根据采场空间体积可采用一层或数层一次爆破。出矿时，矿石经漏斗溜入电耙道，再用电耙耙入两端顺路天井溜矿格装车，首次破碎在电耙道内进行。新鲜风流从凿岩天井和上盘脉外采准天井进入采场，下行风流通风。

3.2.3　房柱采矿法和全面采矿法

1. 房柱采矿法的基本方案

(1)结构

一般情况下沿矿体走向划分为若干个盘区回采，盘区与盘区之间用连续的隔离矿柱分开，每个盘区划分5～7个矿块，盘区宽度主要根据盘区空场顶板安全跨度和盘区生产能力确定。

(2)采准切割

如图3.19所示，自底板运输巷道向每个矿房的中心线位置掘进放矿溜井，然后在矿房底柱中掘进电耙硐室。沿矿房中心线并紧贴底板掘进上山，作为行人、通风和运搬设备、材料通道，并作为回采时的自由面。在矿房下部边界处掘进切割平巷，既作为起始回采时的自由面，又可作为去相邻矿房的通道。

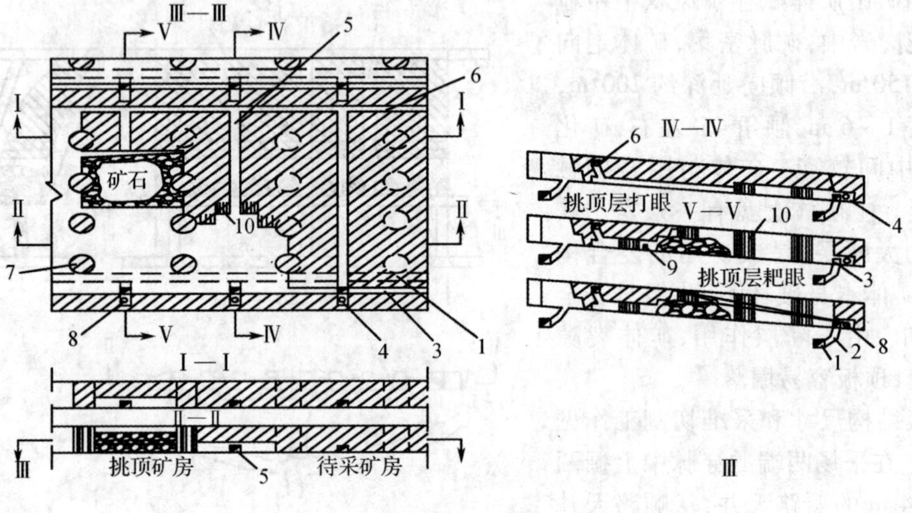

图 3.19 房柱采矿法

1—运输巷道；2—放矿溜井；3—切割平巷；4—电耙硐室；5—上山；
6—联络平巷；7—矿柱；8—绞车；9—凿岩机；10—炮孔

(3)回采工作

根据矿体厚度不同，房柱采矿法有几种不同的方案，当矿体厚度小于 2.5～3 m 时，用矿体全厚一次回采的浅孔房柱方案；当矿体厚度大于 2.5～3 m 时，则用分层回采的浅孔房柱方案；当矿体厚度大于 8～10 m 时，应采用深孔落矿的房柱方案。

2. 人工矿柱房柱法

用房柱法开采铀和贵重金属矿石时，一般用混凝土矿柱代替自然矿柱以提高矿石回采率，或者改连续矿柱为间断矿柱，以减少矿柱矿量的损失。图 3.20 为人工矿柱房柱采矿法。

3. 国营 712 矿留不规则矿柱进路采矿法实例

(1)生探与采准

某矿床属陆相沉积砂岩型铀矿床，生产探矿的方法是选择以坑探为主，接杆钻及探矿炮眼为辅的方法。生产探矿网度为：开采阶段垂高 15～25 m，上山间距为 20 m，沿脉间距为 30 m，如图3.21所示，矿块的探矿方法是在 10202 运输大巷掘进 10206 穿脉，揭露矿层后，沿矿层走向掘 19336 东西下部沿脉。从下部沿脉掘 19412，19414，19416 上山，与上部阶段大巷贯通，上山间距 20 m，以下部沿脉为准，按沿倾斜 30 m 的间距布置 19332 和 19330 沿脉，分别与三条上山相贯通，以控制矿体。为了缩短①、③小采场落矿的搬运距离，从 10202 大巷上掘 520，522，

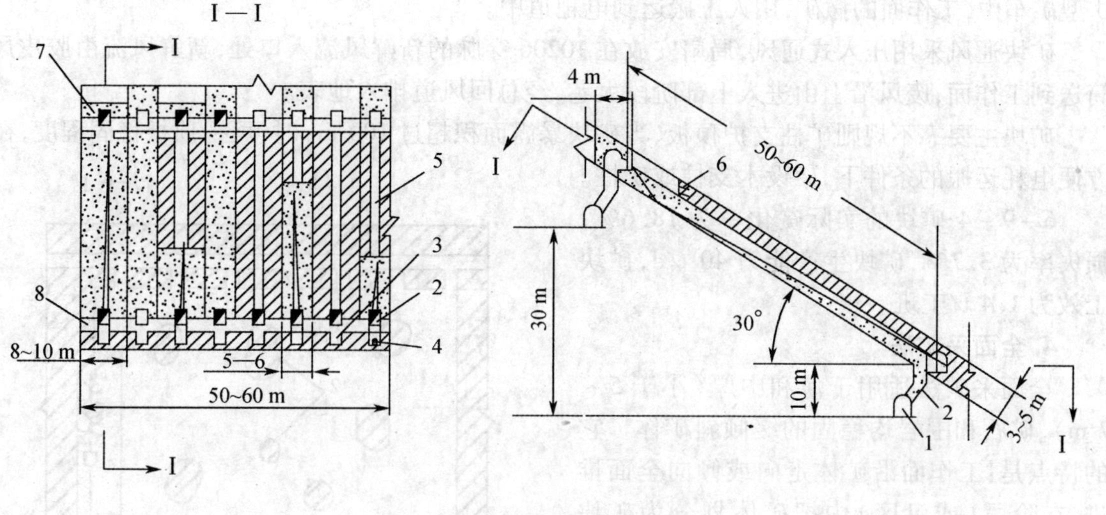

图 3.20　人工矿柱房柱采矿法

1—阶段平巷;2—放矿漏斗;3—电耙硐室;4—电耙绞车;5—上山;6—顶层回采炮眼;7—顶柱;8—沿脉巷道

524 溜矿井,分别与 19412,19414,19416 上山相贯通。这样,6 - 9 - 4 矿块就被分割成 4 个小采场。

(2)回采工作

矿块的回采顺序是由上到下,由里向外后退式回采,即①,②,③,④,⑤,⑥顺序进行回采。每个小矿块的回采,首先在矿块中掘进切割进路,如小矿块②中的两条切割上山和小矿块③中的切割平巷,然后在切割进路中采矿,回采时遵照先上帮(或左帮),后下帮(或右帮)的顺序进行。进路宽度为 3 ~ 4 m,其高度视矿层厚度而定,最低采高不得低于 1.25 m。如果矿层厚度小于 0.7 m 时,根据预测矿层厚度,可选用一次整层回采,或者矿石与废石分采分运。

凿岩选用 7655 钻机打眼,炮眼呈梅花形排列,排距 0.6 ~ 0.8 m,深度为 1.2 ~ 1.8 m。

落矿后,搬运使用 11 kW 的电耙,将矿石从工作面耙到 19336 沿脉口的 1.1 m^3 的

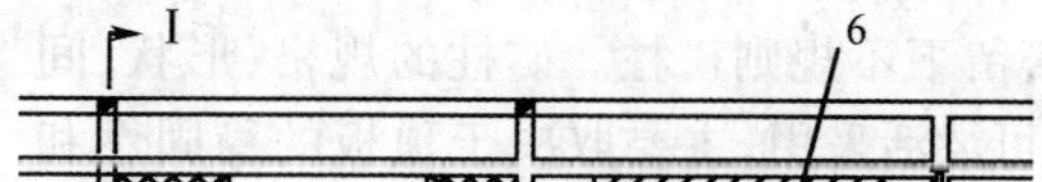

图 3.21　国营 712 矿留不规则矿柱进路采矿法

1—10202 运输大巷;2—19366 沿脉探矿巷道;3—19414 探矿上山;4—切割上山;5—524 溜矿井;6—切割平巷;7—10206 穿脉;8—矿柱

U 型矿车中,工作面的撒矿,用人工搬运到电耙道中。

矿块通风采用压入式通风,局扇安放在 10206 穿脉的新鲜风流入口处,新鲜风流由胶皮风筒送到工作面,废风沿上山进入上部阶段大巷,经总回风道排入地表。

矿块主要靠不规则矿柱支护顶板,当矿块暴露面积超过 100 m^2 时,可视顶板稳固程度,在方便电耗运搬的条件下,架设木支柱或矿柱。

6-9-4 矿块的实际贫化率为 18.6%,损失率为 3.7%,矿块生产能力 40 t/d,矿块工效为 1.4 t/工班。

4. 全面采矿法

全面采矿法适用于薄和中厚(小于 5~7 m)、矿石和围岩均稳固的缓倾斜矿体。它的特点是:工作面沿矿体走向或倾向全面推进,在阶段(或盘区)中把矿体划分为矿块(采区),在矿块中留规则的或不规则的矿柱进行回采;或不划分矿块,在阶段连续回采时,留下不规则矿柱。矿柱的规格、形状、间距可灵活采用,主要取决于顶板的稳固性和矿石的价值,一般在矿块回采时,将贫矿或夹石留下不采作为矿柱,当开采薄的贵重金属矿体时,常用混凝土预制块垛或废石垛、木垛等代替矿柱(图 3.23)。

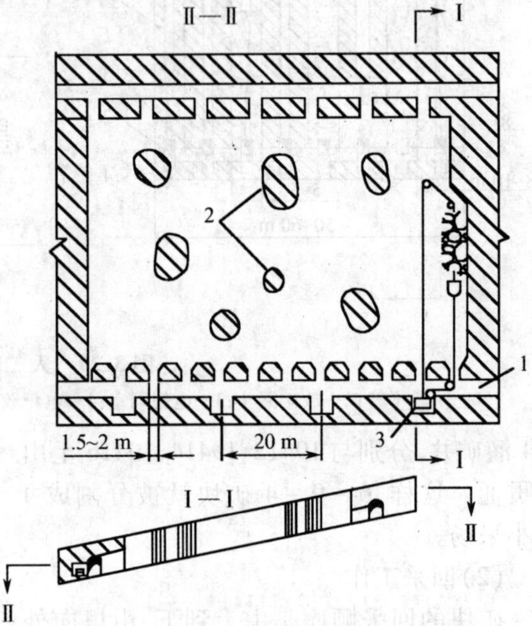

图 3.23 全面采矿法

1—运输巷道;2—支撑矿柱;3—电耙绞车

3.2.4 上向水平分层干式充填采矿法

1. 充填采矿法分类

充填采矿法分为上向水平分层充填法、倾斜分层充填采矿法、下向胶结充填采矿法、单层充填采矿法、进路充填采矿法、削壁式充填采矿法、方框支架充填采矿法。

2. 结构参数

上向水平分层充填采矿法一般将矿块划分为矿房和矿柱,第一步回采矿房,第二步回采矿柱。回采矿房时,自下向上水平分层进行,随工作面向上推进,逐步充填采空区,并留出继续上采的工作空间。充填体维护两帮围岩,并作为上采的工作平台。崩落的矿石落在充填体的表面上,用机械方法将矿石运至溜井中。矿房回采到最上面分层时,进行接顶充填。矿柱则在采完若干矿房或全阶段采完后,再进行回采。回采矿房的充填方法,可用干式充填、水力充填或胶结充填。我国铀矿山使用最多的是上向水平分层干式充填采矿法,下面对这种方法进行介绍。

根据矿体的厚度及矿体的矿化情况，可采用沿矿体走向布置矿块、垂直矿体走向布置矿块和点柱式布置等三种方案。

(1)沿矿体走向布置矿块上向水平分层干式充填采矿法(图3.24)

矿房沿矿体走向布置，矿块长度50～70 m，最长可达120 m，主要用于厚度小于10～15 m矿体的开采。这种方案在铀矿山占整个上向水平分层干式充填采矿法86%以上。

(2)沿垂直矿体走向布置矿块上向水平分层干式充填采矿法

沿矿体走向划分矿房矿柱，矿房长轴垂直矿体走向布置。主要用于厚度大于10～15 m矿体的开采，矿房长度即为矿体厚度。若矿体厚度大于50 m时，则在垂直矿体走向布置两个以上矿房，在两矿房之间留沿走向纵向间柱。矿房宽度一般为10～12 m，在沿矿房走向所布置的房间矿柱，厚度一般为6～8 m。由于无轨设备的应用，这种方案可发展为盘区开采方案。

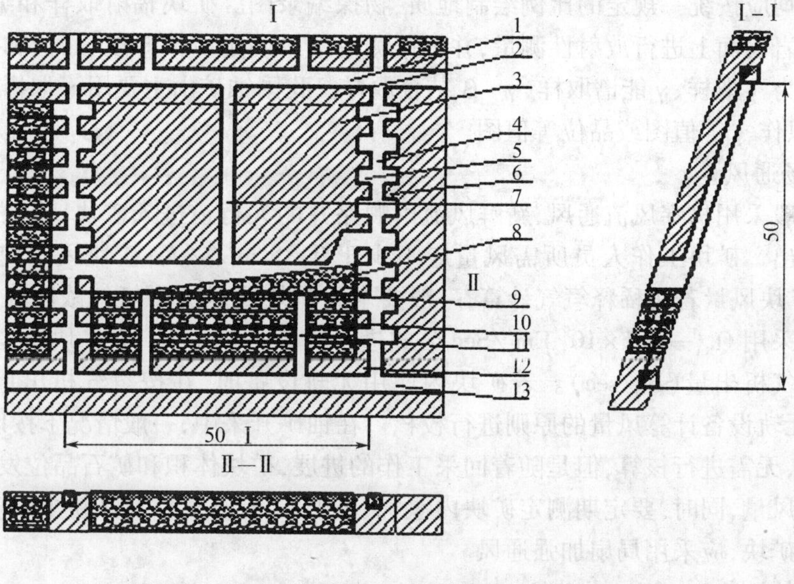

图3.24　上向水平分层干式充填采矿法示意图

1—上中段回风巷道；2—顶柱；3—未采矿石；4—先行天井；5—天井联络道；6—间柱；
7—充填井；8—采下矿石；9—砂浆垫板 10—充填料；11—溜矿井；12—底柱；13—下中段运输巷道

(3)点柱式布置矿块上向水平分层干式充填采矿法

矿房可以沿矿体走向布置也可以垂直矿体走向布置。矿房之间留4～6 m宽的间距，矿房之内留有规则或不规则点柱，点柱可以是圆形或方形直径5～8 m。间柱和点柱均为永久性矿柱。

3. 采准切割

采准工程主要有沿脉平巷、天井、充填井、溜矿井和天井联络道等。有留自然底柱的切割拉底方案和人工假底的切割拉底方案。

4. 回采工艺

干式充填采矿法回采工艺在铀矿开采中共包括十个工序,即:①矿块地测物工序;②落矿工序;③矿块通风工序;④顶板管理工序;⑤出矿工序;⑥矿块矿量的测算工序;⑦采场支护工序;⑧充填工序;⑨垫板铺设与混凝土隔离墙的构筑工序;⑩围壁探矿与切采找边工序。与其他金属矿床相比,铀矿回采工艺最大的特点是整个回采过程中必须与放射性物探工作和放射性防护工作密切配合。例如回采之前必须进行物探编录,打眼之后必须进行炮孔的物探测量,出矿与装矿时必须在物探的指导、监督下进行作业,出矿以后必须进行围壁编录及围壁炮孔的物探测量。

(1)矿块地测物工序

包括地质、测量、物探三项工作,它们之间必须密切配合,及时进行编录、取样与测量。每一回采分层均应按统一规定的比例绘制地质、物探编录图。矿块辐射取样和编录的任务是在采掘暴露矿岩表面上进行放射性测量,并根据测量结果确定矿体厚度、品位和圈定矿体边界。辐射取样分为γ取样、γ能谱取样、γ-β结合取样。我国铀矿山主要用γ取样,而编录属于半定量测量,只作γ等值图或品位等值图。

(2)采场通风

矿块一般采用贯穿风流通风,新鲜风流由顺路井的人行道进入矿块,清洗工作面后,污风由充填井排出。矿块工作人员所需风量应不少于0.85 m^3/s/人;矿块风速应保持在0.25~0.3 m/s。矿块风量若按稀释氡气计算,一般要求将矿块回风流中氡气浓度降到3.7×10^3 Bq为标准。可采用Q_{Rn}—3.7×10^2 Em^3/Sec公式进行计算。其中Q_{Rn}为矿块所需风量m^3/sec,E为矿块内氡气析出量(Bq/sec)。若矿块内使用无轨设备时,在按氡气析出量计算出风量之后,再按以无轨设备计算风量的原则进行校核。在铀矿开采中,一般情况下按以稀释氡气的原则计算风量,无需进行核算,但是随着回采工作的进展,矿块体积和矿石品位发生变化时,应及时调整矿块风量,同时,要定期测定矿块内氡气、氡子体、有害气体及其粉尘浓度。对于主导风流达不到的矿块,应采用局扇加强通风。

(3)矿块充填

采场出矿与顺路井架设完毕后,立即进行充填工作。充填料必须是惰性材料,并且含硫量与含放射性量不能太高(铀含量不能大于0.01%),以免污染井下空气。充填料中黄泥与黏性物质成分也不能大于15%。充填料的块度应小于300~350 mm。充填料主要是露天采石场的采石和井下掘进的废石,通过充填井倒运到矿块之后,采用电耙或者铲运机进行运搬和平场。每分层充填后,充填料距矿块顶板应保持1.8~2.0 m,最后一分层的充填应尽量充满、接顶。充填料沉降之后,还应该再充填一次。

为了减少矿石损失,尤其是减少粉矿损失和有利于矿块设备的运行,在充填料表面铺设厚度为100~150 mm的水泥砂浆垫板,水泥与砂的质量比一般为1:5左右。垫板铺设24~36小时后,垫板强度可以达到 2.5 MPa 左右,可以进入矿块作业。垫板铺设 72 小时以后才能落矿。垫板铺设的方法有三种,即喷浆机法、管道自流输送浇注法和混凝土搅拌机法。在铀矿开采中基本上采用管道自流输送浇注法。

水泥砂浆垫板铺设之后应立即浇灌混凝土隔离墙。混凝土隔离墙的厚度不得小于 0.5 m,隔离墙高出采场水泥砂浆垫板 0.2 ~ 0.5 m,以确保下分层连接时不会错动;必须用水冲洗矿壁和原隔离墙的基础面,以确保新上升隔离墙有足够的黏结强度;隔离墙必须保持平直,不得有弯曲错位;严格控制采幅,在采场边界不得超采,以避免超采后隔离墙一面悬空,使隔离墙受侧压力大,以致受到破坏。混凝土隔离墙的强度一般为 15.0 ~ 18.0 MPa。

(4)围壁探矿与切采找边

矿块水泥砂浆垫板及混凝土隔离墙施工完毕后,立即进行围壁探矿与切采找边。围壁探矿包括对围壁进行直接的 γ 辐射取样与编录,以及对围壁炮孔进行 γ 辐射取样与编录。

围壁炮孔在矿块围壁腰线位置上施工,孔距 3 ~ 5 m,孔深 2 ~ 5 m,孔径 32 ~ 42 mm,炮孔内测量间距,在矿化地段 10 ~ 20 cm,最大 40 cm,无矿段 0.5 ~ 1.0 m。测量结果绘出 γ 曲线图,确定矿体边界,计算品位。为了保证测孔质量,测孔前必须冲洗孔内矿浆。

找边工作往往占矿块循环时间 20% 左右,对于群脉状铀矿床和缓倾斜铀矿床找边时间更长,有的占矿块循环时间 50% ,或者更多,是一道十分重要的工序。通过切采找边有的矿块面积可以扩大 2 ~ 3 倍。为了加快切采找边工作,应采取如下措施:①要加强生产探矿工作,对矿体形态基本探清,尽量避免在回采过程中采准布置与矿块面积有较大的变化;②将围壁炮孔尽量加深,争取一次爆破;③若围壁发现较大的盲矿体,可由矿块先掘巷道达到盲矿体边界,再沿巷道两侧推进,这样可缩短找边周期;④掌握好切采顶板的高度,使其尽量与矿块顶板高度保持一致,以便于同时上采和避免增加顶板管理工作量;⑤切采找边每次崩下的矿石均要及时清理运走,以提高 γ 取样和编录的精确度。

上述回采工艺是一个分层回采的循环过程,通常称为一采一充工艺。若矿体产状比较规整,分支复合较少,矿岩较稳固时,可采用多采一充工艺。

5. 干式充填法在我国铀矿山的应用状况及发展方向

干式充填法在我国铀矿山广为应用,主要原因是:

(1)生产工艺灵活,适应性强。我国铀矿床勘探类型高,经过生探也难以达到回采矿量所要求的级别,就是提交的高级别的储量往往也是不准确的,因此要求所采用的采矿方法回采工艺必须十分灵活,既能边采边探,又能边探边采 ,而干式充填采矿法从凿岩爆破、矿石搬运、充填支护、切采找边等均不受矿体形态影响,不仅在回采过程中进一步摸清矿体产状,而且对于回采中新探出的矿体又能在同一条件下及时回采,使用非常灵活,对铀矿回采工艺的适应性是其他采矿方法不可比拟的。

(2)回采率高,损失率低。充填采矿法损失率一般为 4% ~10% ,贫化率 7% ~15% 。由于我国铀矿资源属稀有矿种,又是国防工业重要的原料,在回采过程中要求尽量减少损失和贫化。

(3)防护条件较好。加强通风、降低氡浓度、减少放射性物质对人体危害是铀矿开采中防护工作的重要任务之一。只要充填料符合要求,一般来说干式充填采矿法氡析出率可以降低到允许浓度以下。据不完全统计,在我国铀矿开采中,分层崩落法的单位氡析出率为11.1~29.6 Bq/L;而干式充填采矿法单位氡析出率为4.70~8.07 Bq/L。

(4)生产安全可靠。干式充填采矿法能及时支撑采空区,减少地压,较好地保护井上下设施不受破坏,尤其采用了水泥砂浆垫板之后,作业条件比留矿法、分层崩落法等都好。此外我国铀矿山采用干式充填法已经有较长的历史,其工艺技术相当熟悉,因此生产比较安全可靠。

(5)对生产能力要求不高。铀矿山规模普遍较小,也是长期应用生产能力不高的干式充填法的客观原因。通过改变采充工艺,矿块生产能力有了一定的提高,从而改变了干式充填法生产能力很低的情况。

(6)尾砂、堆碴充填尚无条件全面推广。尾砂、堆碴含酸量高,尤其堆碴中的含酸难以在短时间内进行中和处理,充填到井下后,可能会出现不断的返酸现象,造成井下环境污染和设备腐蚀。

我国铀矿山充填法的发展方向:

(1)用人工混凝土隔离墙代替间柱(人工矿柱)。可以实现连续开采工艺,施工速度较快,使用灵活,能最有效地减少矿柱回采中的损失和贫化。与人工矿柱比较,可显著降低水泥消耗和开采直接成本;

(2)用钢筋混凝土人工假底假巷取代自然底柱。减少了底柱矿石损失,降低矿石贫化率,简化了开采工艺,并有利于提高施工机械化水平;

(3)推广无轨开采技术在干式充填采矿法中的应用。除了切采找边与充填两个工序外,矿块出矿也是占用矿块循环时间较多的工序,采用无轨设备以后,矿块生产能力大大提高;

(4)促进铀矿山新型充填工艺科技攻关。干式充填采矿法具有劳动强度大、效率低、粉尘浓度大等缺点,最终将被充填能力大、充填机械化、自动化水平高的其他新型充填采矿法取代。

6. 国营711矿上向水平分层干式充填法

为热液沉积变质矿床。矿体赋存于硅质带内,硅质带长4 km,宽20~300 m,倾向东南,倾角75°~80°,硅质带主要由黑色、灰色石英岩和微石英岩组成。矿体形状复杂,多呈透镜状、巢状,与围岩接触不明显。矿体沿走向长度最长为200 m,矿体垂直走向厚度最大为60 m,最小为1 m,走向、倾角与硅质带一致。矿体含矿不均匀,品位变化大,矿石致密坚硬,f=17~19。围岩由稳固到不稳固,上盘为硅化碳质页岩,下盘为石英岩,裂隙发育。矿床上部采用平硐开拓,深部采用竖井开拓,中段高度50 m。

用上向水平分层干式充填采矿法开采。垂直矿体走向布置,矿房长度即矿体厚度,矿房宽度15~20 m,矿柱宽度2~6 m。先采矿柱,用混凝土浇灌采空区形成人工矿柱,再采矿房,矿块布置如图3.25(a)所示。该图3.25(b)为采用上盘、下盘、脉内三巷采准型式,图3.26为国营 711 矿 130 m 阶段采准布置图。

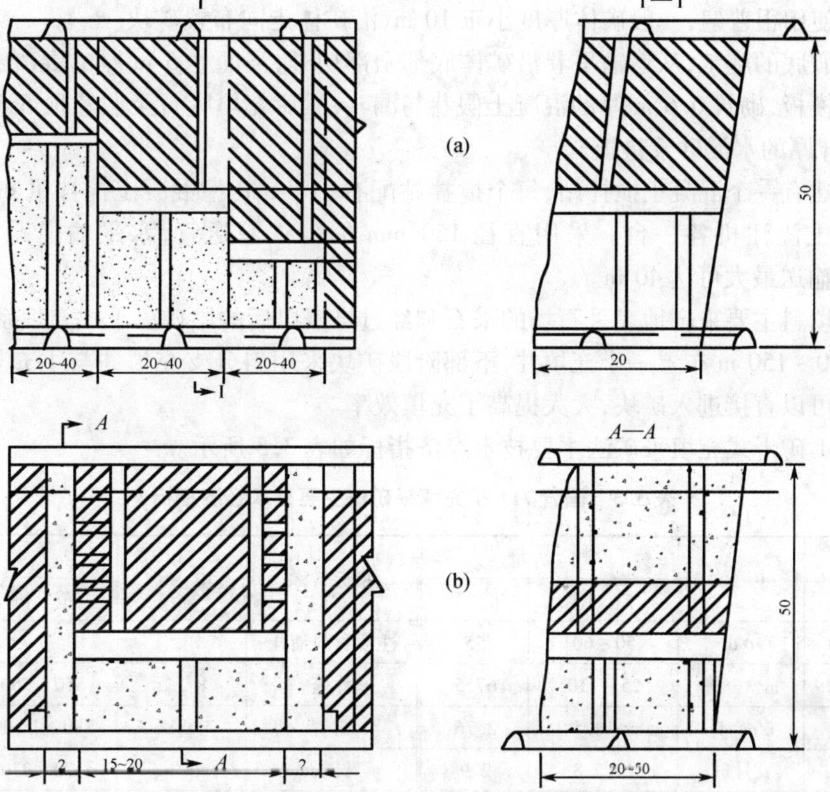

图 3.25　上向水平分层、干式充填法矿块布置

人工矿柱一般为 2 m 厚，先用留矿法回采，出矿后一次胶结充填。用粗骨粒充填时，将废石用矿车运至搅拌站加入适量水泥砂浆后，运往采场充填。砂浆配比为水∶水泥∶砂 = 0.9∶1.0∶1.3（质量比）。用细骨粒（直径 = 20 ~ 40 mm）填充时，混凝土在搅拌站制备，通过管道用压气运往矿块充填。水灰比为 0.7 ~ 0.8，混凝土配比为水泥∶砂∶碎石 = 1∶3.5∶6（质量比）。

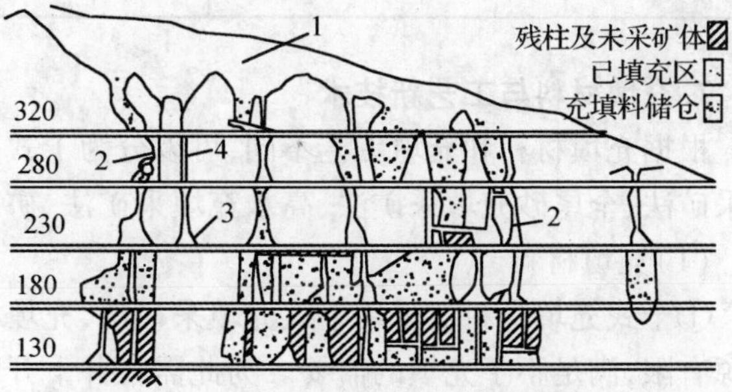

图 3.26　国营 711 矿 130 m 阶段采准布置

1—采石场；2—充填井；3—混凝土搅拌站；4—河砂溜井

混凝土隔离墙的厚度为 0.5 ~

0.8 m,相邻矿房回采工作面错开为4~8 m,混凝土隔离墙在超前的矿房进行施工。比采用人工矿柱法方案采矿强度提高79%,工效提高73%,直接成本降低10%。混凝土隔离墙方案在国营711矿使用很普遍,一般矿体厚度小于10 m,沿矿体走向布置矿块。

混凝土假底的施工,从运输平巷沿矿体底部全部切开,浇灌0.5 m厚的混凝土底隔离层,按设计架设模板,砌筑0.6 m厚的混凝土假巷与漏斗,然后充填废石至假巷顶部1 m以上,再浇灌150 mm厚的水泥砂浆垫板。

在地表建有一个混凝土搅拌站,每个搅拌站配有J1-800型混凝土搅拌机和ZH05(500/150)型混凝土浇注机各一台。采用直径150 mm的铸铁输送管,水平输送距离最大可达250 m,垂直输送最大可达40 m。

干式充填料主要来自地表采石场的采石和经过堆浸以后的尾矿。干式充填系统为沿矿体走向每隔100~150 m布置一个充填井,下部阶段矿块采用斜分支充填井与主充填井相通,大部分充填料可以直接进入矿块,大大提高了充填效率。

国营711矿干式充填采矿法主要技术经济指标如表3.3所示。

表3.3 国营711矿充填采矿法主要技术经济指标

指标名称	单位	数量		指标名称	单位	数量	
		范围	平均			范围	平均
采场生产能力	t/d	50~60	55	主要材料消耗			
充填生产能力	m^3/台班	25~110	67.5	炸药	K^2/kt	550~750	650
采矿强度	t/m^2 月	3~4.5	3.76	雷管	个/kg	880~1 100	890
采矿工效	t/月班	2~3.8	2.9	钎头	个/kg	170~230	200
充填工效	m^3/工班	3~15	7	钎钢	kg/kt	130~170	150
贫化率	%	15~23	19	木材	m^3/kt	1.5~3.1	2.3
损失率	%	2~8	5	水泥	t/kt	6.3~15	10.7

7. 充填材料与工艺新技术

根据充填材料和充填工艺不同,可以分为干式充填采矿法、水力充填采矿法、尾砂胶结充填采矿法、全尾砂充填采矿法、高水充填采矿法、矿山废石胶结充填、赤泥胶结充填等。

(1)充填材料

①干式充填材料。采用干式充填采矿法,充填材料一般可利用井下巷道掘进时的废石,但来源有限,满足不了充填的需要。为此需在井下开辟专用采场开采废石,或在地面设置露天采石场满足充填的需要量。充填材料应是惰性材料,不含挥发有害气体,含硫不应超过5%~8%,以防产生高温和二氧化硫,恶化井下大气或酿成井下火灾。

干式充填材料的块度根据充填设备而定:使用重力充填时,最大块度的直径一般不超过

200 ~ 300 mm；使用抛掷机充填时，最大块度直径小于 70 ~ 80 mm；使用风力输送时，最大粒径要小于管径的三分之一，一般不大于 50 mm。

②水砂充填材料。常见的水砂充填材料有：尾砂、河砂、山砂、破碎砂及水淬炉炉渣等。在我国采用尾砂充填的矿山占有较大的比重。

水砂充填材料除对化学性质稳定及颗粒本身要有一定强度要求外，对渗透性能有较严格的要求，以期及时脱水便于进行回采作业。我国水工规范规定，渗透系数以 10 ℃为标准，我国生产矿山的实际渗透系数变化较大，k_{10}一般为 4 ~ 19 cm/h。全尾砂中细泥含量过多，很难使渗透系数达到 5 ~ 7 cm/h，为此需采用水力旋流脱泥。尾砂充填矿山脱泥界线可为 0.02 mm，一般充填用沉砂中 0.02 mm 以下的细粒级含量约占 10% ~ 15%。尾砂的渗透性能除与粒级组成（主要是细泥含量）有关外，还与尾砂矿物的物化性质有关。新设计尾砂充填的矿山，需作渗透试验，按 k_{10} > 5 ~ 7 cm/h 确定 -0.02 mm 的含量。

山砂、河砂、破碎砂及水淬炉渣类充填材料的粒径较尾砂要大得多。在输送时最大粒径要小于管径的三分之一，且接近管径三分之一的颗粒不宜超过 15%。水砂充填的充填体的沉降率是随孔隙率的减少而降低的。为了降低孔隙率，改善充填体的力学性质，可在粗砂中加入一定数量的细砂。

③胶结充填材料。胶结充填体根据采矿工艺的要求需要达到一定的强度，胶凝材料有水泥和火山灰类材料。水泥是胶结充填中主要胶结材料，常用 325 ~ 425 号水泥。火山灰类材料包括粉煤灰、高炉炉渣、反射炉渣等。矿渣需经磨碎，一般要求其粒度为 -0.074 mm 的不低于 40% ~ 50%。这类物质视其火山灰活性程度来确定能否部分代替水泥，作为胶凝物质，即取决于二氧化硅及氧化钙的含量。使用火山灰类物质前需经过实验室实验来确定其效果及加入量。

胶结充填材料主要有尾砂胶结充填料、细砂胶结充填料和充填用混凝土。尾砂胶结充填在国内外均得到了广泛应用，影响尾砂充填体强度的主要因素有：水泥含量及其浓度。在我国实际生产矿山中，用灰量较高，灰砂比多为 1∶8 ~ 1∶10。在国外可见水泥含量低的尾砂胶结充填，灰砂比达 1∶20 ~ 1∶30。为提高顶底柱的回收率，在矿块底部经常采用 1∶4 ~ 1∶6的灰砂比。胶结充填的浓度对充填体积强度影响较大，浓度较低时，产生严重水泥离析，使充填体强度大为下降。充填浓度超过 68% ~ 70% 时，水泥离析基本消失。在胶结充填中应力争浓度达到或超过 68% ~ 70%，以解决水泥离析，提高充填体强度。在受条件限制（如必须泵送，而目前国内胶泵额定输送浓度最高为 65%）浓度低于 65% 时，可以加入絮凝剂，如每 100 g 水泥砂浆中投放 0.04% 聚丙乙烯酰胺 1 mg，即可达到降低水泥离析的效果。

细砂胶结充填料中细砂指山砂、河砂及棒磨砂等。我国许多矿山，如金川、凡口、铜绿山等矿均应用过细砂胶结充填，其中金川的经验及资料最为丰富。充填用混凝土的强度及输出性能主要受水泥量及水灰比的影响，小水灰比流动性能差，需要矿车、电耙等方式运送，但在相同水泥含量条件下，可以达到较大强度。管路自流输送及泵送混凝土当水泥含量一定时，为使流动性最好,相应有最佳水灰比,使其塌落度满足于输送的要求。加大水灰比,由于粗骨料的存在,反而会使流动性能变坏。由于矿山充填往往需要输送较长的距离,在确定水泥含量及水灰比时,应与输送方式及充填体强度综合考虑加以解决。

(2)充填料输送方法

充填料的输送方法有水力输送、风力输送和机械输送。

水力输送:在地面设置充填制备站,经过充填管路利用倍线自重输送或用泵浆水砂充填或胶结充填材料送往井下采场进行充填。

风力输送:一般是在井下设置充填站,制备胶结充填或干式充填材料,再通过管路,用压气输入采场进行充填。

机械充填:干式充填料经常是通过充填井下井,再转运到采场,通过电耙或抛掷机进行充填。充填用混凝土或通过地表搅拌,经垂直管路下井或在井下设制备站制备,然后送到采场,再用电耙或抛掷机充填。

目前国内外均是以水力充填为主。无论是风力充填还是机械充填,均有辅助的输送充填料下井问题,环节多,工艺较复杂。但风力充填机和抛掷机充填有充填密度大、接顶好的优点,在某些采矿方法,如上向及下向进路充填法中,可充分显示出其优越性。除充填采矿法外,空场采矿法的采空区亦常用水力充填或干式自重充填等工艺进行嗣后充填。用水力充填采空区时,对脱水速度要求不严,允许在一定时间内将水脱出,对充填体含水量要求亦不严格,但必须设置脱水设施,防止充填体长期处于饱和或准饱和状态。

国内的尾砂充填均用沉砂,经常出现沉砂量不足,溢流尾砂不能筑坝,需采石筑坝,费用较高,细粒级溢流尾砂对环境污染。采用全尾砂充填可以避免和改善上述问题。红透山铜矿曾利用全尾砂充填采空区,取得良好的效果。全尾砂充填的难度在于细粒级尾砂的沉降与脱水,理想条件是在地面制成高浓度的均质流输送井下,而不在井下脱水。目前主要是用于采空区的嗣后充填。

前苏联和澳大利亚等国自20世纪70年代以来开始应用块石胶结充填工艺,在采用空场法回采矿房后,用块石充填,再向块石中压注水泥砂浆形成了块石混凝土;或将碎石倒入采空区的同时,用管路输送水泥砂浆,形成块石混凝土,再进行矿柱回采。

(3)胶结充填采矿新技术

①全尾砂胶结充填技术

全尾砂胶结充填技术有全尾砂和高浓度两大特点。在浆体管道的输送过程中,充填料浆"高浓度"是指大于临界流态浓度而小于极限可输送浓度。随着料浆浓度的提高,充填料浆的流态特性将逐渐发生变化:当料浆浓度达到临界流态浓度时,料浆的水力坡度随流速的增大而从 $n>1$ 的指数函数关系逐步变为 $n=1$ 或 $n<1$ 的指数函数关系。究其实质,是因为料浆浓度较低时,传统的水力充填是非均质的两相流动,固体颗粒与流体之间将发生相对运动,或沿管壁滑动、滚动、作不连续的跳跃,或呈悬浮状态,增大了管道的输送阻力。而全尾砂高浓度充填

料浆呈满管低速流动，为似均质的结构流体。并且，在管道横截面上沿径向由外向里形成三个层次：水膜层、薄浆层和膏状充填料浆芯柱，水膜和薄浆层在管道周壁形成了阻力很小的润滑层，确保芯柱处于"柱塞流"状态，使料浆管道输送阻力明显降低。随着充填料浆浓度的提高，料浆的黏性系数必然增加，当高浓度的充填料浓度超过某一限值（极限可输送浓度）时，料浆的黏性系数将急剧增加，致使管道输送阻力大幅度增加。因此，全尾砂高浓度充填料浆输送时应低于该浓度极限值。根据我国试验测定，该极限浓度值略高于临界流态浓度3%～5%。

良好的充填料能够最大限度地占据空间，并具有较小的孔隙率和沉缩率，以便最大限度地发挥充填体的承载作用，这样就要求充填料中必须具有一定的细粒级组成。从充填料粒级级配来看，充填材料按0.25 mm划分为粗粒级和细粒级，小于0.25 mm的细粒级与水混合后形成浆体粘附在粗粒级表面，并填充其空隙。尤其 -25 μm的微细粒级，在高浓度浆体的输送过程中却发挥着更加重要的作用：一方面微细粒级在浆体管道的输送过程中，极易趋向于管道周壁，形成润滑层，并阻止粗颗粒下沉或堆积，从而确保高浓度浆体形成"柱塞流"，极大地降低管道输送阻力，减小管道磨损；另一方面微细粒级使高浓度充填料浆具有触变性能，即静止时浆体的内聚力和黏性加大，运动时则减小，这样确保高浓度料浆具有良好的保水性能，使充填料浆尤其粗颗粒不至于在输送过程中，特别是停泵时造成大量水泌出，产出沉淀、离析而导致堵管，因而微细粒级促使高浓度充填料浆具有良好的稳定性。因此，从理论上讲，传统的分级尾砂充填由于去掉 -25 μm或 -37 μm的微细粒级部分，同时削弱了高浓度输送润滑层的形成，恶化了高浓度输送的必要条件；而全尾砂高浓度胶结充填是切实可行的。

不同粒级组成的充填料具有不同的高浓度值，进而得到不同的高浓度充填料浆的输送性能（流动性、可塑性、稳定性）和流变特性。目前我国多采用可泵性作为衡量全尾砂高浓度充填料浆输送性能的一个综合指标，并借用混凝土输送经验中坍落度和泌水率两个概念来表示。而全尾砂高浓度充填料浆是否具有良好的可泵性和流变特性决定着全尾砂高浓度胶结充填能否顺利进行。

全尾砂充填提高了尾砂的利用率及充填材料的选择范围，另一方面高浓度充填降低了充填料浆的水灰比，从而大大改善了充填特性：充填强度提高，充填料沉缩率降低。这些对于充分发挥充填体承载作用，满足待定生产技术条件下的采矿要求以及提高矿石的回收率等都具有非常重要的作用，促进了全尾砂高浓度胶结充填技术的迅猛发展。

全尾砂胶结充填技术的研究和应用，经过十几年不断地探索，在充填料浆的制备、充填系统、输送工艺及设备和理论研究诸方面都取得了较大的发展。然而，由于全尾砂高浓度胶结充填系统中，尾矿浓缩脱水及充填料浆的搅拌工艺都采用了先进的专用设备，其关键设备仍依赖进口，加之自动检测控制仪表等，一次性投资费用较大，大大限制了全尾砂高浓度充填技术的发展和在中小型矿山或地方矿山的推广应用。为了全面发展全尾砂高浓度胶结充填，必须大力研制和改进全尾砂高浓度胶结充填系统中专用设备，实行专用设备国产化。全尾砂高浓度（膏体）浆体管道输送有其固有的特点，必须进一步研究减阻措施，降低矿山能源消耗。根据浆体的滑移特性，目前广泛开展了在充填料浆中加入一定量减阻剂或在长距离管线中每隔一定距离设置减阻环定量加入清水或减阻剂的研究，促进输送管道环形管壁处低黏度层的形成，上述方向的研究必将有利于充填料特别是粗颗粒骨料的顺利输送，减少管道磨损，无疑对全尾砂高浓度（膏体）胶结充填获得实际应用具有重要的指导意义。

全尾砂胶结充填作为一项新技术，在理论和试验研究方面仍需进一步地探索，朝着改善充填体的质量、降低采矿成本、减少环境污染和生态破坏等方向努力，进一步扩大全尾砂胶结充填技术的应用范围，以便提高企业的经济效益和社会效益。

②高水固结尾砂充填技术

高水固结充填采矿新工艺的实质是在金属矿山尾砂胶结充填工艺中，不使用水泥而使用“高水速凝固化材料”（以下简称高水材料）作胶凝材料，使用矿山选厂全尾砂作充填骨料，按一定配比加水混合后，形成高水固结充填料浆。根据工艺设备条件和现场技术要求，充填料浆浓度可在30%～70%之间变化。高水固结充填料浆充入采场后不用脱水便可凝结为固态充填体。

从20世纪70年代末、80年代初开始，国内外矿业界人士在全尾砂作充填骨料方面的研究，主要集中在提高充填料浆的浓度上，因而在全尾砂高浓度胶结充填工艺和全尾砂膏体泵压胶结充填工艺上，取得了令世人瞩目，颇有价值的技术成果。但是，上述工艺技术在充填料浆的制备和输送方面尚未取得令人满意的结果，又加之其技术设备昂贵、工艺流程复杂，运营维修不便，故大量推广应用尚存在一定的困难。高水固结充填新工艺，在改革金属矿山胶结充填工艺及使用胶凝材料方面另辟新径。由于高水材料的应用，该工艺可以达到输送中低浓度料浆充填而井下不用脱水之目的。

高水固结充填采矿工艺的主要特点是：可将高比例水凝结为固态结晶体，从而使高水固结尾砂充填料浆在一般浓度条件下不脱水而变成固体；利用新的固结材料的特性，可使全尾砂、分级尾砂，其他充填集料（如江砂，海砂等）产生固结；高水固结充填料浆在30%～70%的浓度范围内输送，甲、乙高水固结充填料浆在采空区混合后快速凝结。充填体早期强度高，采场不用脱水，从而可大幅度地缩短回采作业周期，提高采矿生产率，改善井下作业环境；高水材料具有良好的悬浮性能，加入高水材料后，所形成的充填料浆中的尾砂沉降减缓，使充填料浆的悬浮性和流动性得到了改善，因而充填料浆便可以利用国产普通泥浆泵实现长距离输送，并有利于克服管道水力输送中易堵管、磨损快、投资大、能耗高等技术难题；高水固结充填料浆具有良好的流变特性，其充填体具有再生强度特性，因而充填料浆流动性好，利于采场充填接顶，利于采场地压管理，利于矿产资源的充分回收；高水固结充填采矿工艺在充分地利用原有的采准布置、回采方式、回采工艺及采掘设备的基础上，配以高水固结充填材料、高水固结充填工艺及简单易行的充填料浆制备系统，因而可以广泛地用于各种采矿方法及采空区处理。

③全砂土似膏体胶结充填新工艺技术

膏体胶结充填的特点是充填体强度高、井下不需脱水，但制备及输送十分困难、设备投资大;而水力充填虽然制备及输送方便,但存在充填体强度低、井下需脱水及井下环境污染等问题。全砂土似膏体胶结充填既具有水力充填料浆那样的流动性好、输送方便,又具有膏体充填体强度高、井下不脱水、保护环境等优点。以全砂土固结材料做胶凝材料,矿山尾砂或河砂等作惰性材料,惰性材料中配以 15% ~ 30% 的细粒级砂(− 37 μm),制成质量浓度为 72% ~ 78%,外观近似膏体一样的浆体。

3.2.5　分层崩落法

分层崩落法的特点是按分层自上而下回采矿块,每一分层的回采是在人工假顶的保护下进行的,分层回采完毕后,上面覆盖的崩落岩石下移充填采空区(图 3.27)。

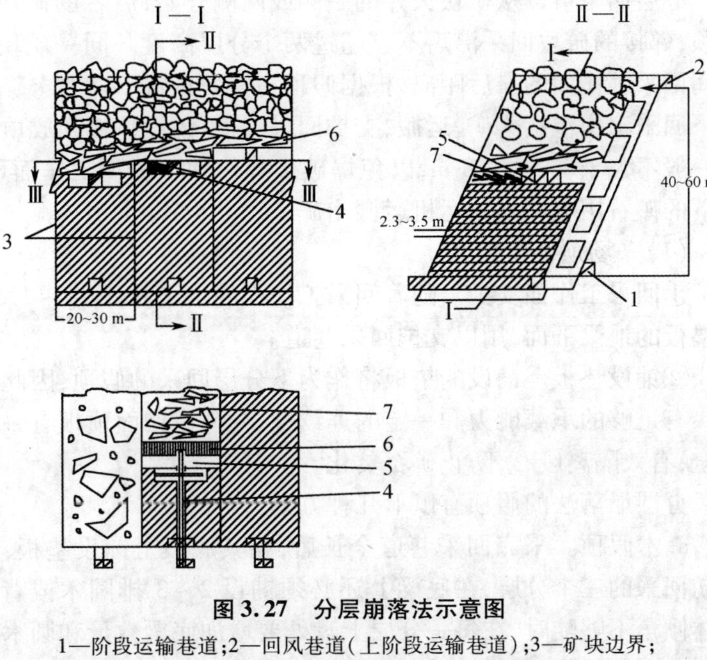

图 3.27　分层崩落法示意图

1—阶段运输巷道;2—回风巷道(上阶段运输巷道);3—矿块边界;4—分层运输巷道;5—回采巷道;6—垫板;7—假顶

分层崩落的适用条件是:①矿石松软破碎,矿体顶部覆盖岩石或上盘围岩稳固性差,易自然崩落;②缓倾斜矿体厚度不小于 5 ~ 6 m,急倾斜的矿体厚度不小于 2 m,一般矿体厚度以 5 ~ 6 m 以上为宜;③矿石品位高、价值大;④地表允许崩落。

1. 矿块结构参数

矿块尺寸一般取决于矿体产状、矿岩条件、矿石运搬方法、分层回采顺序以及所要求的开采强度等。

当矿体厚度小于 20 ~ 25 m 时,一般沿矿体走向布置矿块;当矿体厚度大于 20 ~ 25 m 时,则矿块垂直矿体走向布置。阶段高度根据矿体倾角大小和脉内或脉外采准而定。倾斜矿体一般取 20 ~ 25 m;急倾斜矿体脉内采准布置时取 30 ~ 40 m,而脉外采准布置时可增加到 50 ~ 60 m。矿块长度一般不大于 20 ~ 60 m,矿块宽度一般不大于 30 m。

分层高度是影响该采矿方法经济效益的重要参数,它主要根据地压大小和矿块支护方法确定。当地压很大时可取 2 ~ 2.5 m;一般条件下可取 3 ~ 3.2 m;当条件较好时,且采用较宽(3 ~ 3.5 m)的回采巷道,分层高度可采用 3.5 m。进路宽度一般为 1.8 ~ 2.7 m,当使用无轨自行设备时，取决于设备运行所需的宽度。

2. 采准切割

采准巷道布置与矿体厚度、矿体矿石运搬方法等有关。采准布置有脉内、脉外和联合三种形式。矿体厚度2～3 m时，一般采用单一脉内采准。用分层巷道一次回采矿体全厚。矿体厚度较大时，用脉内外联合采准。用分层横巷切割分层，自分层横巷开掘回采巷道，采出矿石。

矿块天井分为三格（放矿格、行人格、通风下料格），如果矿岩稳固性较差时，也可以掘进2～3条天井代替三格。

3. 回采工作

分层回采可以从矿块天井的一侧或两侧开始，后者的矿块生产能力较大。为了避免破坏假顶，邻接的矿块回采滞后不宜超过两个分层高度。同一矿块中，几个分层可以同时回采，分层间回采工作面的滞后距离，根据假顶与覆岩正常下降要求确定，一般不小于10 m。

回采工作包括落矿、运搬、支护回采巷道、铺设垫板和放顶等。一般采用浅眼落矿，炮眼深度一般不大于1.5～1.8 m，以免爆破破坏假顶。凿顶工作面可以在回采巷道的正面或侧面。崩下的矿石用电耙或装运机运搬出矿。

（1）采场顶板管理

①回采工作面支护。随着回采工作面的推进，每隔1～1.5 m架设立柱或木棚，支在上分层垫板的地梁下面，用以支护回采巷道。

②铺设垫板。铺设的垫板将作为下分层回采的假顶，因此必须满足以下要求。

有足够的承载能力和一定的连续性，允许工作面顶板有一定的暴露面积，以保证回采工作安全；有效隔离废石，防止矿石贫化。

分层崩落法的假顶有以下几种方案：

a. 木假顶。采完回采巷道全长后，在其底板上铺设垫板，包括首先铺设4～5 m的底梁。最初回采的三个分层，在底梁上还必须铺设2～3排圆木或背板，将圆木或背板钉在底梁上。矿体倾角不够陡时，在每一分层上盘处要增加底梁数量和圆木厚度，用来补充假顶。

b. 金属网假顶。在地梁上铺设一层金属网，金属网可用12或14号铁丝编织，也可以用废旧钢丝绳截断，回火解丝后编织。网片规格一般按进路宽度和长度确定。网孔一般是4 cm×4 cm。网片用铁丝扎结成整体。这种假顶整体性好，有柔性，放顶时缓慢陷落，有利于回收坑木。

c. 钢筋混凝土假顶。这种假顶要整体浇注，根据强度要求，有单层或双层钢筋，混凝土层厚20～30 cm，配直径10～14 mm的钢筋，以免露筋。相邻进路在铺设时，钢筋要留一定的搭接长度，以便连成整体。这种假顶整体性好，承载能力大，允许的暴露面积大，有利于提高循环进尺，且防火、防腐蚀。

d. 整体柔性掩护假顶。首先在矿块第一分层用支柱法拉开造顶空间，然后在安装空间底板上铺设假顶。云锡马拉格锡矿9－5矿体开采，采用圆木排钢丝绳整体式柔性假顶。随着造顶工作的推进,边铺软顶边放下上面的覆盖物,并保证软顶上部的缓冲安全覆盖物厚度不小于4 m。造一次假顶可使用7～10个分层,与普通金属网假顶方式相比,工作面工效提高三分之一,坑木节省50%,矿块出矿能力提高50%～60%。

③放顶。放顶是崩落法中顶极管理的重要环节。目前有爆破放顶和回柱放顶两种方案。放顶前,所有已采完的进路底板或放顶区底板都必须铺上假底。

爆破放顶时,在放顶区内的所有棚腿中用电钻钻孔,装入半个炸药卷,按顺序分区或一次分段微差爆破,炸毁木棚,降落顶板。

回柱放顶是用回柱绞车由远至近逐根拆除假顶下的柱子,使假顶依次缓慢地均匀陷落。使用金属支柱时,先用木柱子替换,然后回柱放顶。当覆盖岩石比较稳固,不易自然冒落时,为保证安全生产,在采完第一分层以后,必须强制崩落5～7 m高的覆盖岩石,以形成8～10 m厚的岩石垫层。

(2)通风

分层崩落由于大量留在假顶上方的木材腐烂,使空气变坏。另外,分层巷道又是独头巷道,当通风量不足时,工作面温度升高很快。因此,在回采巷道中,应进行局部通风,用压入式局扇和风筒向工作面送入新鲜空气。

由于采空区积聚了大量木材,要有消防火灾措施。在铀矿山,还要有降低氡及其子体浓度的措施。

4. 某铀矿山应用实例

该矿是一个中型的沉积矿床,原生沉积、后生淋滤富集。矿床褶皱、断裂发育。主要含矿岩石为泥板岩,矿岩均不稳固,$f=2～6$,矿体中厚以上,采用分层崩落进行开采。

该矿在典型分层崩落法基础上创造了预留风沟多溜井分层崩落法。为了解决采空区氡及其子体析出污染工作面空气,在矿块铺底前,在回采进路底板上埋设木制通风预留沟,将脉内采准天井与脉外回风井沟通,直接利用矿井负压,使新鲜风流自然进入工作面,炮烟、污风从预留沟排往回风井,同时控制了氡的渗流方向,使其不流向工作面。从而顺利地解决了采场运搬和工作面降氡问题。增加了安全出口,提高了经济效益(表3.4)。

表3.4　小矿车与风动绞车出矿对比

项　目	单位	小矿车出矿	风动小绞车耙矿
采场月平均生产能力	t/月	600～800	1 000～1 200
采场平均直接工效	t/工班	1.6～1.8	2.2～2.5
班最大产量	t	26	50
坑木消耗	m^3/开拓	23～25	20～22

5. 分层崩落法评价

分层崩落法的优点是:布置方式及回采工艺灵活,对形态复杂的矿体适应性强;作业简单,易于掌握;矿石损失率和贫化率都很低;矿石可以分采。

分层崩落法的缺点是:工作面较难实现机械作业,劳动强度大,生产效率低,矿块生产能力小,一般为1 500 ~3 000 t/月;木材消耗量大,常达0.03 ~0.05 m^3/t;工作面通风条件差。

铀矿山用下向分层胶结充填法代替分层崩落法开采破碎矿体是今后的发展趋势。

3.2.6 壁式崩落采矿法

这种方法适用于开采矿石和围岩不稳固的水平或缓倾斜的薄和中厚层状矿体。

采用平巷和切割上山将矿体划分为采区,然后自切割上山即壁式工作面沿走向推进进行回采。出矿后用支柱临时支护工作空间。工作面推进到一定距离后,撤除支护,将顶板岩石崩落(放顶),以减少工作面的地压,保证回采工作的正常进行。

壁式工作面长度在40 m以上的叫长壁式崩落采矿法,20 ~30 m或以下的叫短壁式崩落采矿法。用巷道掘进式顺序回采短壁的叫进路式崩落采矿法。

1. 长壁式崩落采矿法

工作面的长度等于整个矿块斜长,我国西北某铀矿床采用这种方法开采。该矿体分布在煤层顶部和砂岩接触部位。下盘是煤,节理、裂隙发育,f=2 ~4,自燃性强,含瓦斯。煤是铀矿体的母岩,但矿化常转入上盘砂岩及黏土中。矿体形态复杂,多呈透镜状,平均厚度1 m左右,走向和倾向延深一般为10 ~90 m,个别达300 m,含矿系数0.63,品位变化系数50% ~130%。采矿方法选择要有利于防火、灭火和地压管理,有利于减少贫化损失,为此,选择长壁式崩落采矿法(图3.28)和短壁式崩落采矿法(图3.29)开采。

长壁式崩落采矿法阶段高度取决于工作面长度,受顶板稳固性和运搬设备有效运距限制,工作面长度一般取40 ~60 m。增大矿块长度可减少采准工作量,但为了实现强采强运,防止火灾事故,矿块面积控制在1 800 m^2以内,上山间距一般取40 ~50 m。阶段运输巷道布置在矿体底板岩石中,以便于防火。为留顶柱,间距宽5 ~6 m,底柱3 ~4 m。回采工作面布置有直线式和阶梯式两种,直线式工作面上下悬顶距相同,有利于工作面顶板管理,但只有一条运矿线,生产能力低,为此,多采用二阶梯或三阶梯式工作面形式。

回采工作包括物探圈定矿体、凿岩、爆破、矿块通风、运搬、顶板管理(支护和放顶)。有计划的撤除支柱崩落顶板的工作称为放顶,每次放顶的宽度称为放顶距。放顶后所保留的能维持正常开采工作所需的最小宽度称为控顶距,一般为2 ~3排的支距距离。顶板暴露的宽度称为悬顶距,放顶时的悬顶距称为最大悬顶距,等于放顶距和控顶距之和,最小的悬顶距等于控顶距。

放顶距及控顶距根据岩石稳固性、支柱类型及工作组织条件等确定。放顶前距工作面2 ~4 m架设一排密集切顶支柱。放顶距可以从一排到五排的支柱间距。顶板稳定时,最大悬顶距为10 ~12 m,放顶距为8 ~10 m;顶板中等稳定时,最大悬顶距为8 ~10 m,放顶距为

6～8 m；顶板不稳定时，最大悬顶距为6～8 m，放顶距为4～6 m。

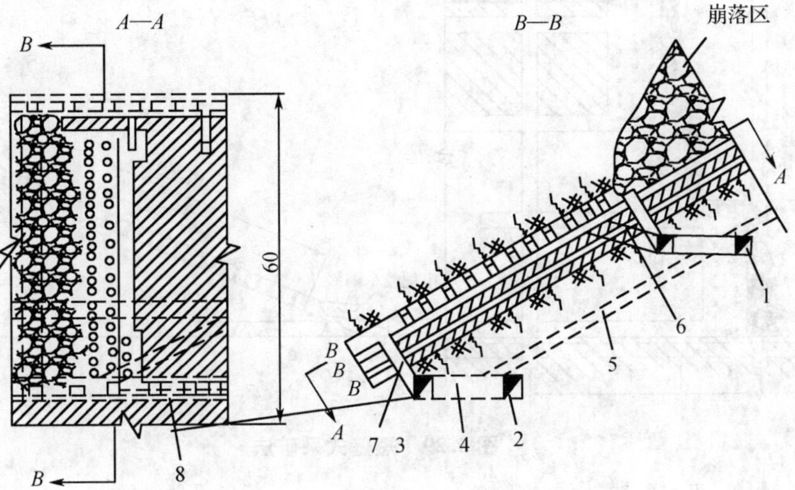

图3.28　长壁式采矿法

1—上部阶段运输巷道；2—本阶段运输巷道；3—装车平巷；4—联络平巷；5—回风上山；6—安全出口；7—溜井；8—电耙道；Ⅰ，Ⅱ，Ⅲ—1，2，3层矿体

2. 短壁式崩落采矿法

适用于矿体厚度1～3 m，倾角30°以下，顶板岩石不稳固，底板起伏变化大，矿石稳固程度不限，地表允许陷落的矿体开采。

切割上山间距40 m，阶段垂直高度15～20 m，斜长40～60 m（图3.29）。采用穿脉、沿脉和上山采准。自上山沿倾斜长度每隔18～20 m距离掘进一条分段平巷与相邻采区上山连通，作为出矿和下分段回风之用。

自切割上山起，短壁式工作面沿走向推进，炮眼布置为梅花形。随工作面推进用木柱支护，排距1.5 m，间柱1.0 m，采2～3分条放一次顶。一般悬顶距为6 m，控顶距为3 m，悬顶距为控顶距和放顶距之和。放顶前在切顶线架设密集支柱，用密集支柱或木垛维护分段平巷，方能放顶。回采工作面与上部阶段的沿脉平巷采通，不留顶柱，以便联络回风。

3.2.7　下向分层胶结充填采矿法

下向胶结充填采矿法是一种自上而下分层回采、分层充填，以巷道进路方式在分层的人工假顶保护下进行作业的回采方法（图3.30）。采场布置一般不受矿体形态变化的限制，当矿体厚度小于20 m时采用沿走向布置，采场长度根据选用的出矿设备而定，一般50～100 m。

进路布置可分为单侧进路和双侧进路；回采顺序则可分为单、双号进路间隔二次回采和划

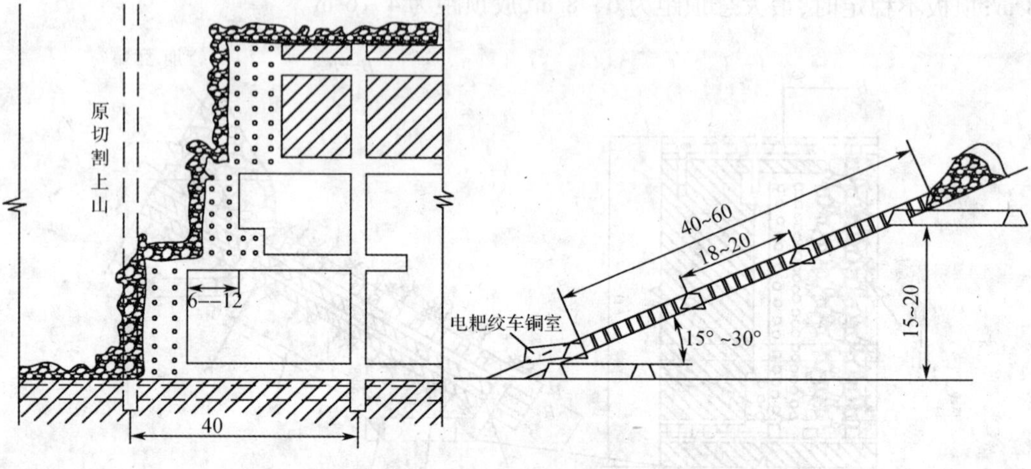

图 3.29 短壁式采矿法

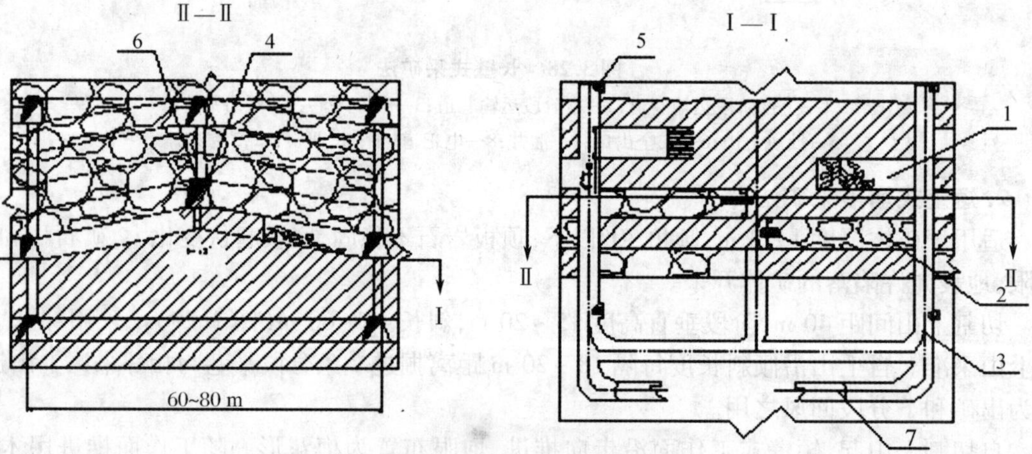

图 3.30 下向分层充填法

1—回采巷道;2—进行充填的巷道;3—分层运输巷道;4—分层充填巷道;5—矿石溜井;6—充填管路

分小采区连续回采。

下向胶结充填采矿法通常采用天井作为采场通道，脉内采准，垂直走向布置矿块，矿块长50 m，以穿脉运输道为中心左右各25 m，在矿块中部靠底盘放矿溜井与运输阶段的运输平巷贯通，构成穿脉装矿系统。矿块两端靠底盘设通风、行人和泄水天井。分层联络道由溜矿井沿矿体底盘向两边掘进，分层道距矿体边界2 m处开凿电耙硐室，安装电耙，溜井随分层下移，其上部则预留一回风井，每两条进路通过一条预留的充填小井连通矿块上部的充填电耙道。

下向胶结充填采矿法进路可分几个阶段进行充填，第一阶段按1∶4灰砂比连续充填达到进路下部设计的高度(1.8 ~2 m),结束后至少要停一个班再进行第二阶段充填。可沿进路长度分2~3段进行充填,中间筑隔板,从进路最里面充,当分段接顶时,在适当位置锯断充填管。随着充填高度的增加,同时在隔墙开口处钉上木板。

人工假顶的抗压强度设计一般取4~5 MPa,常见的人工假顶结构有碎石混泥土结构、尾砂水泥胶结充填、混泥土充填。

下向胶结充填采矿法矿石损失率5%~8%,贫化率为5%~8%,采场生产能力50 t/d。主要优点是对矿体赋存条件的适应性好,贫化率和损失率小。主要缺点是生产能力低、生产环节多、人工假顶要求强度高,生产成本高。适合于其他充填法难以开采、矿岩均不稳固、品位较富的金属矿床。

3.2.8　削壁式充填采矿法

该方法实质为上向水平分层充填采矿法,当矿脉厚度很薄时,采矿石工人无法工作,必须分别回采矿石和围岩,使其采空区达到允许工作的最小厚度,采下的矿石运出采场,而崩落的围岩充填采空区作为继续上采的工作平台。自下向上水平分层回采时,可根据具体条件决定先采矿石或先采围岩(图3.31)。该方法与混采留矿法相比,显著的优点是贫化率小;由于采用人工假底,不留底部结构,可使高价残矿得到充分回收;地压活动容易控制。该方法缺点是工艺复杂,劳动强度大,生产效率低。

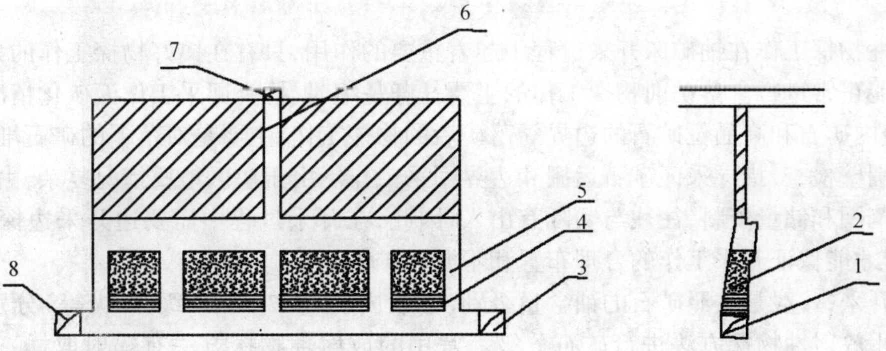

图3.31　削壁充填法回采矿块结构

1—沿脉平坑;2—放矿天井;3—穿脉;4—人工假底;5—顺路天井;6—中央先进天井;7—水平联道;8—穿脉

3.3　铀矿地下开采主要生产工艺

一般金属矿山常规采矿方法的主要生产工艺有落矿、矿石运搬与地压管理。铀矿山不同于一般金属矿山，在回采过程中，自始至终要靠放射性物探鉴别矿石与废石及矿石品位，圈定矿体和围岩边界，指导落矿、矿石运搬及地压管理。所以，放射性物探是一种利用铀矿石的放射性，寻找并确定铀矿石的工作，是贯穿回采全过程的一项重要生产工艺(地球物理探矿方法之一)。

落矿又称为崩矿，是将矿石从矿体上分离下来，并破碎成一定的块度；运搬是将矿石从落矿地点运到溜井或直接装入运输设备；地压管理是为了采矿而抵抗或利用地压所采取的相应措施。

由于采矿方法、采矿设备及矿石的性质不同，各类采矿方法的主要生产工艺并非完全相同。但是，采矿方法的主要生产工艺之间是相互联系、相互影响的。例如，降低落矿费用可能导致二次破碎工作量的增加和矿石运搬生产率下降，因此，必须综合考虑各主要生产工艺后，方能作出最佳决定。

回采工艺是矿床开采的重要问题，三项工艺费用约占回采费用的75% ~90%，占全矿总费用的40% ~50%；矿石的损失与贫化亦与回采工艺直接相关。因此，必须正确选择这些工艺方法，并从设备和工艺技术上提高它们的水平。

3.3.1 放射性物探

铀矿山的落矿、运搬与地区管理工业和其他金属矿山基本相同，下面主要介绍放射性物探工艺。

放射性物探工作在铀矿床开采过程中起着重要的作用，只有在搞好物探工作的条件下，开采工作方能正常进行。落矿前物探工作的主要任务是编录、检查回采工作面矿化情况，准确圈定废石、表内矿石和高品位矿石的边界。落矿后的物探工作，主要是对落下的矿石堆进行放射性检查和围壁检查，指导采区矿石运搬和边界回采工作。由于矿区地质情况复杂，由勘探队提交的矿体范围和储量资料，往往与实际有出入，因此，在开采过程中需要边开采边探测矿体的边界，这样才能保证开采工作的合理布置和不漏掉矿体。

铀矿开采，一般是按照矿石的铀含量级别(如表内矿、表外矿、I级，II级等)分别开采，因而要求使用放射性物探方法进行矿石分级。常用的放射性物探方法有辐射取样、γ测井等。在开采过程中，常在掌子面上用γ测量方法圈定矿体范围，用辐射取样、炮孔γ取样结果合理地区分矿石和非矿石。

矿石检测时，常采用放射性测量方法测定矿石的金属铀的含量。这种仪器可以放在地下坑道内或坑口处，根据表内和表外矿石之间的放射性差别，通过测定放射性强度直接给出铀含量来分选矿石。分选后的矿石和岩石，分别按不同运输线送到相应的仓库中，这样就可减少矿石的贫化。

在水冶厂和精选厂，应用专门的γ分析仪器测定安装在专门容器(火车铁皮箱或汽车)里的铀矿石的金属量和评价矿石质量。

当矿石为铀钍混合矿石时,采用 γ 总量测量方法不能测定铀和钍的含量,这种情况下要采用 γ 能谱测量测定铀含量,以便根据铀含量品级分别储存和冶炼。

1. 矿块地测物工序

矿块地测物工序包括地质、测量、物探三项工作。它们之间必须密切配合,及时进行编录、取样与测量。每一回采分层均应按统一规定的比例绘制地质、物探编录图。

矿块辐射取样和编录的任务是在采掘暴露矿岩表面上进行放射性测量,并根据测量结果确定矿体厚度、品位和圈定矿体边界。辐射取样分为 γ 取样、γ 能谱取样、γ－β 结合取样。我国铀矿山主要用 γ 取样,而编录属于半定量测量,只作 γ 等值图或品位等值图。γ 取样与编录采用两种方法,即带铅屏与不带铅屏二次测量差值法、自动消除干扰一次测量定向法。矿体厚度确定采用 1/2 最大强度法和给定强度法(见图 3.32 两个强度法示意图和图 3.33 给定强度确定矿体边界示意图)。

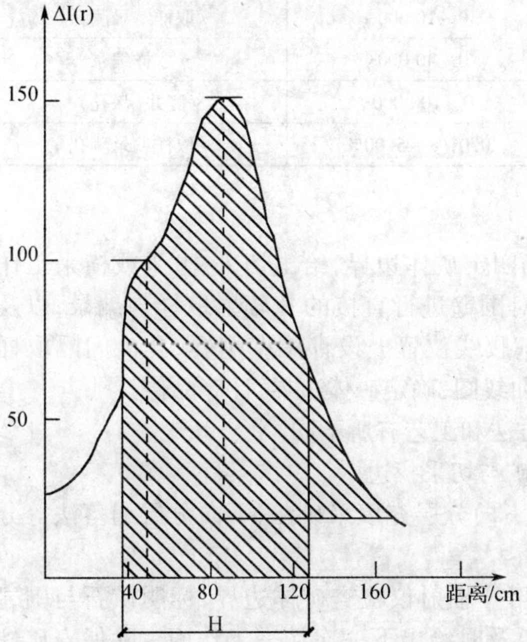

图 3.32　1/2 强度法解释矿体厚度示意图

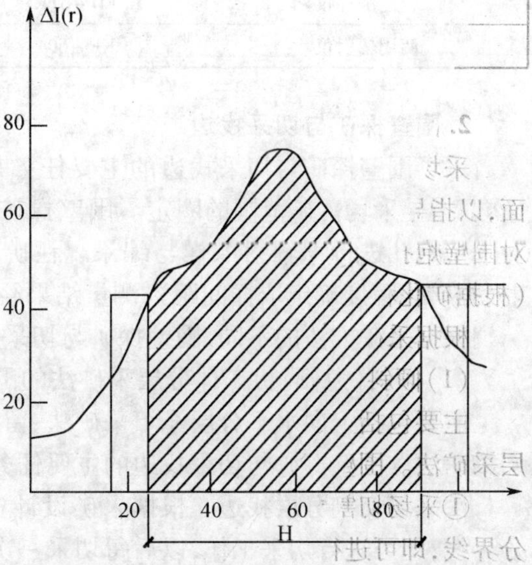

图 3.33　给定强度法确定矿体边界示意图

给定强度 VI 可按 3.1 式计算

$$VI = U_0 A K_P (1 - S_e) 100 \tag{3.1}$$

式中,U_0 为铀矿石边界品位,%;A 为换算系数,γ/(0.01%u);K_p 为铀镭平衡系数;S_e 为射气系数。

求出异常曲线的包围面积 S_1 和矿体厚度 H 后，可按 3.2 式计算铀品位 u。

$$u = \frac{S}{HAK_P(1 - S_e)} \tag{3.2}$$

测线间距，在矿化地段 25 ~ 100 cm；无矿段 100 ~ 200 cm，测点间距一般为 20 cm，特殊情况加密到 10 cm。

编录跟班取样是对矿块顶板按一定的网度进行 γ 取样，圈定矿体边界，标出凿岩爆破的范围。对爆堆的 γ 测量主要是划定高品位矿石、低品位矿石及废石的界线，以便分采分运。γ 测孔可代替岩芯取样，圈定矿体范围、确定矿体品位与厚度，对围壁炮孔进行 γ 测量之后，能及时正确指导切采找边工作。

常用 γ 取样编录仪表见表 3.5。

表 3.5　γ 取样编录常用仪表

仪器名称	型号	测程	用途
闪烁矿山辐射仪	FD－122G	0 ~ 10 000γ	γ 取样编录测孔
γ 定向辐射仪	FD－42	0 ~ 40 000γ	γ 取样编录
轻便测井仪	FD－61K	0 ~ 100 000γ	γ 测井（深孔）
两用辐射仪	KF－604	0.01% ~ 5.00%	γ 取样编录测孔

2. 围壁探矿与切采找边

采场围壁探矿与切采找边的主要任务是现场圈定矿体边界，给出切采、上采或横采工作面，以指导采场落矿范围的圈定。围壁探矿包括对围壁进行直接的 γ 辐射取样与编录，以及对围壁炮孔进行 γ 辐射取样与编录。在矿块围壁腰线位置上设计围壁炮孔，孔内间隔取样（根据矿化程度确定取样间距），测量结果绘出 γ 曲线图，确定矿体边界，计算品位。

根据采矿方法的不同，围壁探矿与切采找边方法和工艺有所不同。

（1）倾斜（急倾斜）矿体分层采矿法的围壁探矿与切采找边

主要包括上向水平分层充填采矿法、留矿法、下向分层充填采矿法、下向分层崩落法等分层采矿法。围壁探矿与切采找边的主要任务是：

①采场切割分层找边。根据采矿设计资料，用 γ 辐射仪检查矿体边界，标明矿石与围岩分界线，即可进行切采工作，以后每切采一次，都要及时给出下一次切采工作面。除保安矿柱和矿房间柱外，均应切采到无矿边界为止。放炮后，用水冲洗工作面，进行 γ 编录或取样，以及炮孔 γ 测量，并进一步圈定矿体边界。

②采场围壁检查。已切采到无矿边界的围壁，每隔 3 ~ 4 m 布置探矿孔，如发现孔内有矿，还要继续切采，对个别孔内矿化不清楚，或孔的最深处发现有矿时，应加密、加深探矿孔。这样有可能寻找采场附近盲矿体，减少开采损失。

③采场落矿检查。

(2)横向推进采矿法的围壁探矿与切采找边

水平或缓倾斜的层状或似层状矿体,一般采用横向推进的采矿法开采,一次或分层采完。因为采空区顶板和底板都是废石,所以不需要对顶底板进行物探编录。但应按一定网度布置探矿孔,探清采场上下岩层的矿化情况,为下一步采场设计提供资料。采场的矿量计算、开采损失率、贫化率计算都是以物探跟班的记录作依据。

(3)露天采矿中的物探跟班工作

在采区按采矿设计资料,在平台上进行辐射取样,或在边坡上进行辐射取样。根据取样、测量结果,圈定矿体边界,划分剥采区域。对回采穿爆孔,要进行γ测定,了解矿化情况。根据测孔资料,对矿化不连续要进行分爆分采。爆破后,对矿石堆进行检查,指导分装分运。

找边工作往往占矿块循环时间20%左右,对于群脉状铀矿床和缓倾斜铀矿床找边时间更长,有的达到占矿块循环时间50%,或者更多,是一道十分重要的工序。通过切采找边有的矿块面积可以扩大2~3倍。为了加快切采找边工作,应采取如下措施:①要加强生产探矿工作,对矿体形态基本探清,尽量避免在回采过程中采准布置与矿块面积有较大的变化;②将围壁炮孔尽量加深,争取一次爆破;③若围壁发现较大的盲矿体,可由矿块先掘巷道达到盲矿体边界,再沿巷道两侧推进,这样可缩短找边周期;④掌握好切采顶板的高度,使其尽量与矿块顶板高度保持一致,以便于同时上采和避免增加顶板管理工作量;⑤切采找边每次崩下的矿石均要及时清理运走,以提高γ取样和编录的精确度。

3.4　铀矿露天开采

3.4.1　铀矿露天开采概述

1. 露天开采优缺点

露天开采,就是用相应的采装运输设施,将覆盖在矿体之上的表面土岩剥离,然后在敞露的空间里进行采矿作业。与地下开采相比露天开采的主要优点是:①开采强度高、生产规模大;②劳动生产率高,开采成本低;③矿石的损失贫化少;④矿山基建时间短,单位矿石的基建投资较低;⑤露天矿作业比较安全。主要缺点是:①露天作业受气候条件的影响较大;②露天开采过程中,采、装、运、排土作业粉尘较大;③采矿场和废石场往往要占用数量较大的农田,挤占耕地;④生产退役后治理工作量较大。

铀矿山露天开采特点是:铀矿山露天开采时,安全防护条件好,能最大限度地减小氡及氡子体对人体的危害。露天开采对于埋藏条件比较复杂的铀矿山,能提高生产勘探效果。此外,露天开采机械化程度高,增产潜力大,基建时间短,生产成本低。

2. 露天开采基本概念

(1) 剥采比:每采出一单位矿石所需剥离的岩石量叫采剥比。

(2)山坡露天矿、凹陷露天矿:位于露天开采境界封闭圈以上的为山坡露天矿,封闭圈以下的为凹陷露天矿。

(3)露天矿场:露天开采所形成的采坑、台阶和露天沟道的总和,称为露天矿场(图3.34)。露天矿场由露天矿场边帮、工作平盘、工作帮坡面和工作帮坡角、最终帮坡面和最终帮坡角组成。

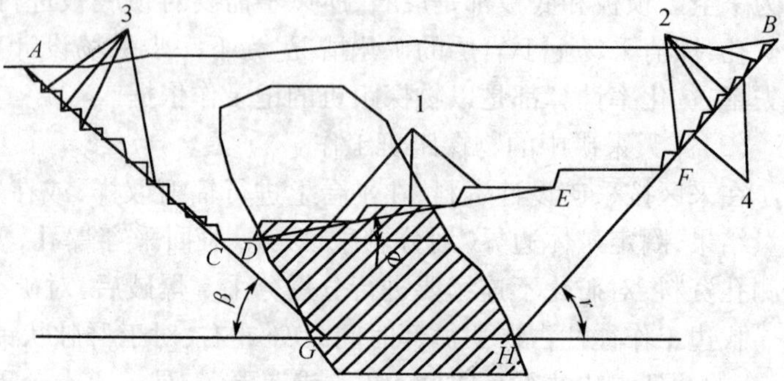

图 3.34 露天矿场构成要素

1—工作平台;2—顶板清扫平台;3—底帮;4—顶板安全平台;
ϕ—工作帮坡角最终帮坡面和最终帮坡角;β、γ—最终帮坡角

(4)非工作帮(最终边帮):由结束采剥工作的台阶和出入沟组成的露天矿场四周表面称为露天矿场非工作帮。位于矿体下盘一侧的边坡叫做底帮边坡;位于矿体两端部的边坡叫做端帮边坡。

(5)最终帮坡面和最终帮坡角:通过非工作帮最上一个台阶的坡顶线和最下一个台阶的坡底线所作的假想斜面叫做露天矿场最终帮坡面。最终帮坡面与水平面的夹角叫做最终帮坡角。

(6)工作帮坡面和工作帮坡角:通过工作帮最上一个台阶的坡顶线和最下一个台阶的坡底线所作的假想斜面叫做露天矿场最终帮坡面。工作帮坡面与水平面的夹角叫做最终帮坡角。

(7)工作平盘:工作帮上各台阶的水平部分是剥离和采矿的工作场地。

(8)最终境界:最终帮坡面与地表和露天矿场最终底平面圈定的区域边界称为露天矿场的最终境界。

(9)台阶:台阶是露天矿边坡的基本组成部分,其结构要素见图 3.35。台阶上部水平面称为台阶上部平盘,台阶下部水平面称为台阶下部平盘;上、下平盘之间已采掘暴露部分的倾斜面称为台阶坡面;台阶坡面与下部平盘的夹角称为台阶坡面角;上、下平盘之间的垂直距离称

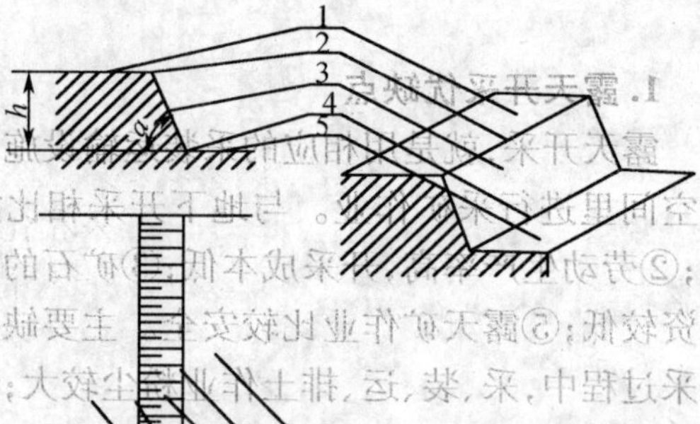

图 3.35 台阶构成要素

1—台阶上部平台;2—台阶坡顶线;3—台阶坡面;
4—台阶坡底线;5—台阶下部平台;
h—台阶高度;a—台阶坡面角

为台阶高度;上部平盘与台阶坡面的交线称为台阶坡顶线;下部平盘与台阶坡面的交线称为台阶坡底线;台阶的命名一般以平盘的标高来表示,如 100 m 水平。

(10)工作平台与安全平台:正在被开采的台阶称作工作台阶。工作台阶上正在被爆破、采掘的部分称为爆破带,其宽度为爆破带宽度,台阶的采掘方向是挖掘机沿采掘带前进的方向,台阶的推进方向是台阶向外扩展的方向。在开采过程中,工作台阶不能一直推进到上个台阶的坡底线位置,而是应留有一定的宽度。留下的这部分称为安全平台。安全平台的作用是收集从上部台阶滑落的碎石和阻止大岩石块滚落。安全平台的宽度一般为 2/3 ~ 1 个台阶高度。工作平盘的宽度等于采区宽度与安全平台宽度之和。

(11) 掘沟:掘沟是新台阶开采的开始。掘沟工作一般分为两阶段进行:首先挖掘出入沟,以建立起上、下两个台阶水平的运输联系;然后掘开段沟,为新台阶的开采推进提供初始作业空间。出入沟是联络地表与工作水平之间的倾斜运输通道,开段沟是在每个水平上为开辟剥采工作线而掘进的水平沟道。

(12)开段沟:开段沟是在每个水平上为开辟剥采工作线而掘进的水平沟道。开段沟的性质相当于地下开采时的采准切割,是为采矿(剥岩)作业的顺利进行所做的最后一道准备工作。

3. 铀矿露天开采特点

铀矿露天开采时,安全防护条件好,能最大限度地减少氡及氡子体对人体的危害。露天开采对于埋藏条件比较复杂的铀矿床,能提高生产探矿效果。此外,露天开采机械化程度高,增产潜力大,基建时间短,生产成本低。这些露天开采的特点非常适合铀矿开采的需要。

我国露天开采的铀矿山中,85% 属山坡露天矿,15% 属深凹露天矿。规模比较小,一般为 $(3 \sim 8) \times 10^4$ t/a,开采深度一般在 100 ~ 150 m 以内,台阶高度为 5 ~ 10 m,边坡角度为 40° ~ 50°。在计算露天矿开采境界时,一般以境界剥采比小于或等于经济合理剥采比确定境界,再以平均剥采比进行校核。从长期实践看,露天铀矿的实际境界剥采比一般为 4 ~ 7 m^3/t,实际经济剥采比一般为 5 ~ 8 m^3/t,实际平均剥采比一般为 2 ~ 3 m^3/t。随着矿石价格的提高,剥采比也可以相应增加。

4. 铀矿露天开采生产环节

露天矿生产环节有主要生产环节和辅助生产环节。其中,主要生产环节包括穿孔爆破、采装工作、运输工作、排土和卸矿工作、铀矿山物探工作。辅助生产环节包括设备维修、动力供应、疏干及排水、生产地质勘探及工作面平整,线路修筑、移设和维护、滑坡清理及防治。

3.4.2 露天铀矿床开拓

1. 概述

露天矿床开拓是建立地面与露天矿场内各工作水平以及各工作水平之间的矿岩运输通

道,以保证露天矿场的生产运输,及时准备出新水平。概括说来,露天矿床开拓所涉及的对象是运输设备与运输通道(俗称运输坑线),研究的内容是针对所选定的运输设备及运输形式,确定整个矿床开采过程中运输坑线的布置形式(即坑线形式、坑线的位置、坑线的数量,平面形式及其固定性等特征),以建立起开发矿床所必需的运输线路,确保矿山工程的合理性。

露天矿床开拓与运输方式有密切关系,按运输方式,露天矿床开拓方法分为:公路运输开拓、铁路运输开拓、胶带运输开拓、平硐运输开拓和提升机提升开拓。我国露天铀矿山、化工、建材等非金属矿山多数是中小型矿山,主要采用公路运输开拓和平硐运输开拓方式。有色金属的露天矿山绝大多数也采用公路开拓,黑色金属露天矿山中,大约60%的产量是用铁路运输开拓,30%多的产量是用公路运输开拓。

影响开拓方式的主要因素有:

(1)矿体赋存的地质地形条件对开拓方式的影响

按矿体赋存条件可能有一种或几种不同的开拓方式和方案。赋存较浅、平面尺寸较大的矿体,可采用公路运输开拓或铁路运输开拓。对于赋存较深的矿体、开采深度较大的露天矿,可采用公路-带式输送机运输开拓或斜坡箕斗提升开拓。当矿体赋存较深、平面尺寸较大时,除能用公路-带式输送机联合运输开拓和斜坡箕斗提升开拓外,还可用铁路-公路联合运输开拓。矿体赋存条件复杂、分散、平面尺寸和高差不大的山坡露天矿或开采深度不大的凹陷露天矿,采用公路运输开拓更为适宜。矿体赋存在地形高差很大、坡陡的山峰,采用平硐溜井开拓被认为是技术上可行、经济上合理的开拓方式。

(2)露天矿生产能力对开拓方式的影响

露天矿生产能力的大小,影响着采掘运输设备的选型,而运输设备类型的不同,开拓方式亦各异。如生产能力大的带式输送机运输与生产能力小的斜坡箕斗提升,其开拓方式是不同的。若在露天矿场最终边帮布置沟道,前者倾角一般不大于18°,斜交最终边帮倾向布置沟道;斜坡箕斗提升是沿着最终边帮倾向布置沟道,且在集运水平设转载栈桥。

(3)基建工程量和基建期限对开拓方式和方案的要求

为减少基建工程量、缩短建设期限和减少基建投资,可靠近矿体布置移动坑线开拓,矿体倾角小时采用底帮固定坑线开拓,以及采用横向布置开段沟进行开拓。

(4)矿石损失与贫化对开拓方式和方案的要求

矿石损失与贫化直接影响着矿产资源的利用程度和生产的经济效益。在选择开拓方式和方案时,要考虑有利于降低矿石损失与贫化,这对开采矿石价值高的矿体更为重要。开采有岩石夹层的矿体,采用汽车运输开拓和采场内采用汽车运输的部分联合开拓方案,有利于进行分采,以减少矿石损失与贫化。采用工作线由顶帮向底帮推进的固定坑线开拓和靠近矿体上盘的移动坑线开拓,均可减少矿岩接触带处的矿石损失与贫化。

(5)地下开拓方式的利用

依矿体赋存条件,上部用露天开采,深部用地下开采。当先进行地下开采,后转露天开采时,若地下开拓系统能满足露天矿矿石生产能力要求,且经济合理,可利用地下开拓系统运输露天矿采出的矿石。

2. 公路运输开拓

根据矿床埋藏条件和露天矿空间参数等因素,汽车运输开拓坑线(即出入沟)的布置形式分为直进式、折返式、螺旋式及联合式、地下斜坡道开拓等。

(1)折返式坑线

①坑线布置在采场境界外端部(图3.36)。适用于长度不大的山坡地形露天矿,特点是开拓干线从下往上一次形成。

②单侧布置坑线(图3.37)。适用于长度不大的凹陷露天矿,在非工作帮和端帮上布置固定坑线。为了减少基建工程量,缩短基建时间,可将坑线布置在矿体上、下盘接触线处,形成移动坑线。

③双侧布置坑线(图3.38)。适用于长度较大、生产规模较大的凹陷露天矿。双坑线布置可缩短运距,提高运输能力,可用固定坑线或移动坑线开拓。

(2)螺旋坑线(图3.39)。适用于长宽相差不大,同时开采的台阶数少的凹陷露天矿。坑线沿四周边帮布置。

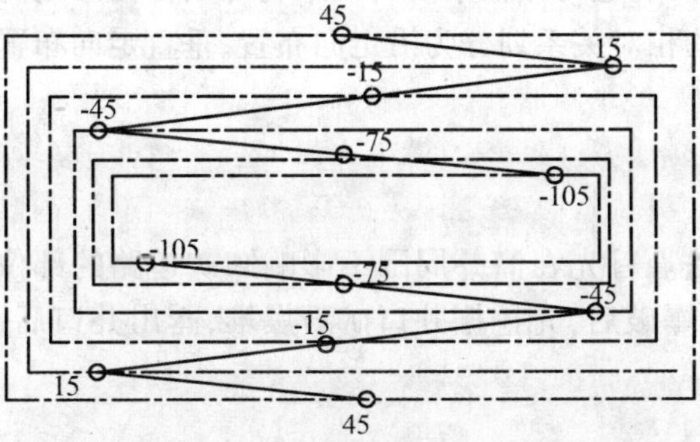

图3.38 双侧布置坑线折返式坑线布置形式

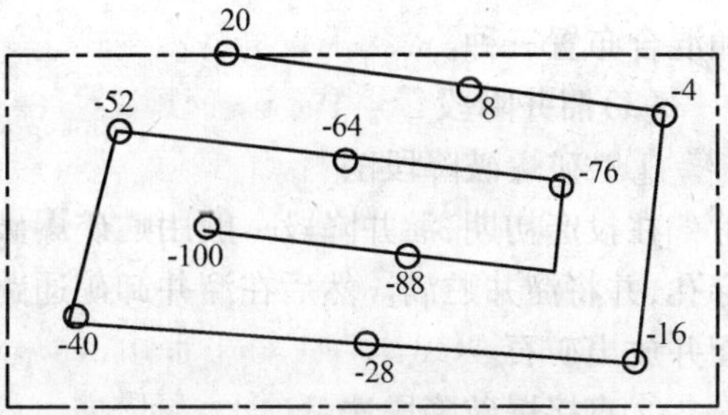

图3.39 螺旋坑线布置形式

(3)回返坑线与螺旋坑线联合布置(图3.40)。采场上部用回返坑线开拓,随着开采深度下降采场平面尺寸减小,当汽车不能回返运行时,改用螺旋坑线开拓。

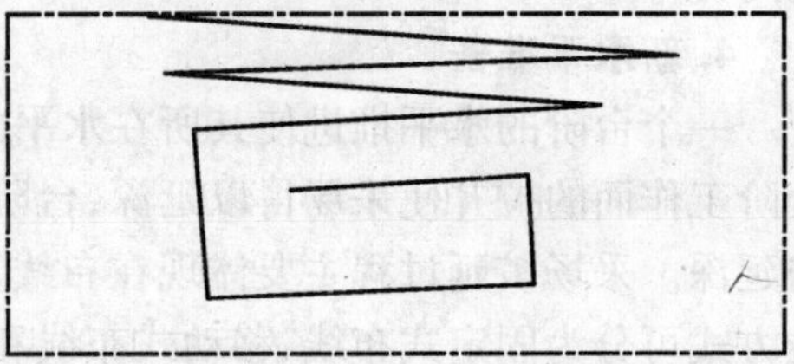

图3.40 回返坑线与螺旋坑线联合布置形式

(4)直进式坑线开拓和地下斜坡道开拓。直进式坑线开拓是用于长度很大的单侧山坡地形和开采深度不大、走向很长的凹陷露天矿,地下斜坡道开拓是在露天采场境界外设置地下斜坡道,并在相应标高处设有出入口通往各开采水平，汽车自采场经出入口、斜坡道至地表。地下斜坡道开拓坑线布置形式有螺旋式斜坡道和回返式斜坡道。螺旋式斜坡道是在露天采场境界外绕四周边帮呈螺旋式向下延深。回返式斜坡道设在露天边帮的一侧。

3. 平硐溜井开拓

(1)溜井位置

溜井位置应根据矿床埋藏特点，以采场和平硐的运输功最小，平硐长度小，平硐口距选矿厂的距离最短为原则；溜井布置在稳固的岩层中，避开大的断层破碎带，使溜井系统位于工程地质条件好的地层。平硐顶板至采场的最终底部应保持最小安全距离，一般不小于20 m。

溜井的位置分采场内溜井和采场外溜井。采场内溜井的优点是：运输距离小，可减少汽车数量、基建投资、运输经营费用以及生产人员。其缺点是平硐较长；溜井需随着开采水平的下降而降段，使管理工作复杂。采场外溜井没有降段问题，对采场生产没有影响。其缺点是：采场至溜井的运输距离长，所需汽车数量多，投资、运输经营费用以及生产人员均有所增加。故当采场运距长时多采用铁路运输。采用大型电动轮汽车运输时，由于合理运距大，此时也可采用采场外溜井开拓。

(2)溜井系统的布置形式

分集中布置、分散布置和混合布置三种基本形式；也可按在采场内或采场外划分为采场内溜井及采场外溜井；还可按溜井位置与矿体走向的相对关系划分为沿走向布置、垂直走向布置和混合布置三种。

(3)溜井降段

①贮矿爆破降段法

在投产初期，溜井降段一般用贮矿爆破降段法。首先在溜井周围不影响卸矿道路的部位穿孔，并将溜井贮满。然后在溜井卸矿通路补孔，爆破后，先挖掘井口矿石爆堆，露出井口后，溜井放出矿石。

②直接爆破降段法

核心问题是控制直接落井的矿岩块度，以防止大块堵塞溜井。措施是：“钻密孔，多装药”。

4. 新水平准备

一个台阶的水平推进使其所在水平的采场不断扩大，并为其下面台阶的开采创造条件；新台阶工作面的拉开使采场得以延深，台阶的水平推进和新水平的拉开构成了露天采场的扩展与延深。采场扩延过程主要体现在布线方式上。根据出入沟与工作帮和非工作帮的关系，布线方式可分为固定式布线、移动式布线和临时出入沟三种方式。

(1)固定式布线

采场扩延过程中，新水平的掘沟位置都选在最终边帮上，出入沟固定在最终边帮上不再改变位置。这种布线方式称为固定式布线。固定式布线又分为螺旋布线、折返布线和联合布线三种方式。

(2)移动式布线

由于矿体一般位于采场中部(缓倾斜矿体除外),固定布线时的掘沟位置离矿体远,开采工作线需较长时间才能到达矿体。为尽快采出矿石,可将掘沟位置选在采场中间(一般为上盘或下盘矿岩接触带),在台阶推进过程中,出入沟始终保留在工作帮上,随工作帮的推进而移动,直至到达最终边帮位置才固定下来。这种方式称为移动式布线。采用移动式布线时台阶向两侧或呈扇形推进。

(3)临时出入沟

无论是固定式布线还是移动式布线,新水平准备的掘沟位置都受到一定的限制,这在固定螺旋式布线时尤为明显。这种限制会使新水平准备延缓,影响开采强度。在实践中,可充分利用汽车运输灵活机动的特点,以掘进临时出入沟的方式,尽早进行新水平准备。临时出入沟一般布置在既有足够的空间又急需开采的区段。临时出入沟到达新水平标高后,以短段沟或无段沟扇形扩展。临时出入沟一般不随工作线的推进而移动。当固定出入沟掘进到新水平并与工作面贯通后,汽车改用固定出入沟,临时出入沟随工作线的推进而被采掉。

3.4.3　铀矿露天开采工艺

露天开采的主要生产工艺是穿孔爆破、采装、运输、剥离下来废石的排土以及放射性物探工作。以上各工序环节相互衔接、相互影响、相互制约,共同构成了露天开采的最基本生产周期。

1. 穿孔工作

穿孔作业是矿床露天开采的第一道生产工序,其作业内容是采用某种穿孔设备在计划开采的台阶区域内穿凿炮孔,为其后的爆破工作提供装药空间。穿孔工作的质量,在一定程度上取决于穿孔方法与穿孔设备,并直接影响随后的爆破及采装工作。在整个露天开采过程中,穿孔作业的成本约占矿石开采总生产成本的10% ~15%。

露天矿使用的穿孔方法,按钻进或能量利用方式,分为机械穿孔和热力穿孔。其中,机械穿孔适用于各种硬度的矿岩,是当前最普遍的方法;热力穿孔因成本太高和尚存在一些技术问题,只是在十分坚硬的铁燧石中有其应用。此外,频爆凿岩、激光凿岩、超声波凿岩、化学凿岩及高压水射流凿岩等仍处在试验研制阶段,尚未在实际生产中广泛使用。

露天矿深孔穿孔设备主要是牙轮钻机和潜孔钻,表3.6中列出了用于露天矿生产主要钻机的穿孔原理、可穿孔直径、生产能力及适用条件。

表 3.6　露天矿山各类钻机及其相应特性一览表

钻机种类	钻孔直径/mm			用途	钻孔方法
	一般	最大	最小		
潜孔钻	150~250	508~762	65~80	主要用于中小型矿山中硬以上的岩石	冲击式机械破碎
牙轮钻机	250~310	380~445	90~100	大中型矿山中硬至坚硬的岩石	滚压式机械破碎
手持式凿岩机	38~42		23~25	浅孔凿岩和二次破碎等辅助作业	冲击式机械破碎
凿岩台车	56~76	100~140	38~42	小型矿山的主要穿孔作业或大型矿山辅助作业	冲击式机械破碎
旋转式钻机	45~160			软至中硬矿岩	切削式机械破碎
火钻	200~250	380~580	100~150	含石英高的极硬岩石	热力破碎

2. 爆破工作

(1)爆破方法

爆破工作是露天开采中的又一重要工序，与地下开采相比，露天开采爆破的主要特点是：台阶工作线长，工作面较宽，开采机械化程度高，开采强度大，爆破条件好。在进行爆破工作时，应尽量利用这些有利因素，以提高露采的爆破质量。爆破工作质量、爆破效果的好坏直接影响着后续采装作业的生产效率与采装作业成本。在露天开采的总生产费用中，爆破作业费用大约占15%~20%。

露天矿常用的爆破方法有：①浅眼爆破法，用于小型露天矿山或山头及平台的局部采掘，以及大块的二次破碎；②深孔爆破法，它是露天矿最常用的爆破法；③硐室爆破法，用于矿山基建时期或某些特殊情况下的爆破。

(2)控制爆破

随着采场水平方向的不断推进与垂直方向上的不断延伸，每一台阶水平最后都要推进到设计的最终边帮位置。当生产台阶向最终边帮过渡时，通常采用预裂爆破、缓冲爆破与光面爆破等控制爆破手段来避免或减少台阶靠帮或并段爆破对最终边帮稳定性的危害。

①预裂爆破

预裂爆破的实质是使炸药的爆炸气体产物作用在孔壁上的压力不超过孔壁岩石的动载抗压强度，依靠相邻预裂炮孔内的压力同时作用，使预裂炮孔沿线上的岩石产生应力叠加和集中而导致断裂。预裂孔的特点是：在靠帮或并段台阶欲形成固定边帮台阶坡顶线的位置处钻凿倾斜炮孔，该炮孔的倾角即为最终边帮台阶的倾角。为了保证边帮平台的平整，不设置超钻，其炮孔直径也比正常生产爆破的炮孔直径要少些，以减少预裂孔的装药量，在国内露天矿生产中多采用ϕ100~200 mm的潜孔钻机或60~80 mm的凿岩台车穿凿预裂炮孔。预裂炮孔在正常生产炮孔起爆之前先行一次性起爆，其孔内采用分段式装药，并且所装置的药柱直径应小于炮孔直径，以便在炮孔壁与装药柱之间形成一环形孔隙，该环形孔隙的作用主要是降低爆轰波的初始压力、保护孔壁,防止其周围的岩石过度粉碎。预裂孔先行爆破后,在最终边帮与靠帮或并段台阶正常生产爆破区之间沿预裂孔中心连线形成一条较平整的预裂缝,该预裂缝用以减弱其后生产爆破所产生的爆轰波对最终边帮的冲击与破坏作用。

预裂爆破的爆破质量要求:首先预裂缝要有足够的宽度,一般不小于1~2 cm,以能够反射其后生产爆破所产生的地震波;其次,预裂面要比较平整,一般其不平整度应在±15~20 cm之间;再次,预裂炮孔附近的岩体不应出现严重的爆破裂隙,最佳爆破效果应是在预裂孔壁上留下半个钻孔壁。

②缓冲爆破

位于预裂孔和主生产炮孔之间的一排炮孔称为缓冲孔。缓冲孔的特点是孔网参数(即孔间距与排间距)略小于生产炮孔,且孔底不设置超钻或减少超钻量,同时控制缓冲炮孔中的装药量使其低于生产炮孔,为了使孔内装药量不过分集中,孔中应采用填塞物介质或空气间隔的分段装药结构。当进行靠帮或并段台阶向固定边帮台阶过渡时,使缓冲爆破与预裂爆破同时进行,或略迟于预裂爆破将会使爆破震动强度大大降低。

③光面爆破

光面控制爆破是在予爆破区域的边缘线或边界线上(如靠帮或并段台阶的靠帮及并段位置线)、或出入沟的两侧边界线上穿凿一排较密集的炮孔,控制该排炮孔的抵抗线与孔装药量,以使其爆破后沿炮孔中心连线形成破裂带,而获得较平整的破裂面。

为了达到光面爆破的效果,光面孔的孔间距应小于其抵抗线,通常取为0.8倍的抵抗线,装药不耦合系数应与预裂爆破相同或略小些,线装药密度应与预裂爆破相同或略大些,选择适宜的装药量以控制炸药爆轰对孔壁的压力,达到不破坏炮孔周围的岩石。一般光面炮孔是在主炮孔爆破后或清碴后再 次起爆。

(3)提高爆破质量的措施

①多排孔微差爆破。多排孔爆破能扩大爆破规模,改善矿岩破碎效果。但多排孔(一般为4~6排或更多)同一瞬间起爆,爆破质量并不很理想;非得采用微差爆破,即以若干毫秒间差,分组依次起爆,才能取得岩石破碎均匀,大块率低,爆堆集中,而且后冲作用小的良好效果。其主要原因就是在于微差爆破能充分利用爆破后岩块所具有的动能,而使之转化为相互间碰撞的机械功,从而产生补充破碎作用。实践表明,只要合理地确定炮孔的布置方式、起爆顺序和毫秒间隔时间,微差爆破的优越性就能充分发挥。

②多排孔微差挤压爆破。它是在工作平台上残留有爆堆情况下的多排孔微差爆破。由于碴堆的存在,为挤压创造了条件。一方面能延长爆破的有效作用时间,改善炸药能的利用和破碎效果;另一方面能控制爆堆宽度,避免矿岩飞散。

多排孔微差挤压爆破与多排孔微差爆破的不同点,仅在于第一排和最后一排钻孔参数宜取小一些,装药量要加大一些(加大20%~30%),微差间隔时间要增大30%~60%(常用50~100 ms)。

多排孔微差挤压爆破的明显优缺点是:矿岩破碎效果好,爆堆更集中,对用铁路运输的露天矿,爆破前可不拆道;但工作平台要求更宽,爆堆也更高,炸药消耗量也更大。

③高台阶爆破。它是将2~3个台阶合并成一个台阶作一次爆破,然后再按原有的台阶高度逐层装运,上部台阶的装运是在已爆岩碴上进行。爆破时,上一个台阶留有碴堆,连同下一台阶采用多排微差挤压爆破。采用高台阶爆破,每次爆破钻孔排数不宜少于四排,以8~10排为最好;考虑钻孔下部夹制严重,宜采用掏槽爆破;同时由于钻孔较长,宜采用分段装药,同一孔内各段装药之间的起爆,也可按微差延迟。高台阶爆破的优点是:a.成倍的增大一次爆破量,有利于穿爆、采装和运输工作的平行作业;b.炮孔装药的有效长度相对增加,爆炸能集中,可改善矿岩破碎质量;c.减少后冲作用和超钻对未爆岩体的破坏范围;d.减少超钻、开孔的数量,提高穿孔效率。但高台阶爆破要求穿孔深度大,一般钻机作业困难;且台阶下部夹制严重,质量不易保证。

④合理改变装药结构。垂直深孔采用集中装药,爆破作用集中在台阶的下部,而台阶上部则由塌落引起破坏,往往出现大块。改用间隔装药或混合装药结构,可使台阶的中部和上部也在不同程度上受到炸药爆炸的直接作用,有利于减少大块产生。

⑤采用预裂爆破隔离边坡。露天矿在临近边坡处采用预裂爆破可以取得良好的效果。它是沿边坡线钻凿一排孔径和孔距较小的平行钻孔,孔内装入少量炸药,并使药包与孔壁间保留一空气间隔。在采掘带未爆破之前先行起爆,从而获得一条有一定宽度(不小于1~2 cm)并贯穿各钻孔的裂缝,使采掘带和最终边坡隔离开来。随后采掘爆破的地震波遇到裂缝即产生强烈反射,使地震波强度大为减弱,从而起到保护边坡的作用。预裂壁面要求比较平整,预裂钻孔附近的岩体不应出现严重的爆破裂隙,最好是在预裂壁面上能完整地留下半个钻孔壁。

3. 采装工作

用装载机械将矿岩从其实体或爆堆中挖掘出来,并装入运输容器或直接倒卸至一定地点的工作,称为采装工作。它是露天开采工艺的中心环节。采装工作的好坏,直接影响到矿床的开采强度、露天矿的生产能力及其最终经济效果。众所周知,对采装工作起决定影响的是,正确选用采装设备和良好的工作方法。这是提高采装工作效率,搞好露天矿生产的前提。当前金属露天矿所采用的采装设备主要是单斗挖掘机。故本节主要介绍正向挖掘单斗挖掘机的应用,其次介绍前端式装载机在小型露天矿的应用。

(1)采装设备

露天矿使用的单斗挖掘机种类繁多,按铲斗与悬臂连接方式可分刚性连接的机械铲和挠性连接的索斗铲。前者又分为正铲、反铲和刨铲;后者也分为索斗铲和抓斗铲。按使用的动力设备可分电铲和油铲;按行走机构型式可分履带式、迈步式和轮胎式。但露天矿用得最广泛的是履带式正向机械铲。

①机械铲(挖掘机)

可用于采矿、剥离、排土、掘沟和倒装等。挖掘机以铲斗容积表示。国外露天矿采装用的挖掘机最大铲斗容积已高达 19 m^3，我国生产的铲斗容积也已达 10 ~ 12 m^3；但我国露天矿广泛用的仍为 4 ~ 1.6 m^3。

挖掘机的设备选型要根据矿山规模、矿岩采剥总量、开采工艺、矿岩物理力学性质及设备供应情况等因素决定。一般特大型露天矿选用斗容不小于 8 ~ 10 m^3 挖掘机；大型露天矿用 4 ~ 10 m^3 斗容；中型露天矿用 2 ~ 4 m^3；小型露天矿用 1 ~ 2 m^3。采用汽车运输时，挖掘机铲斗容积应与汽车载重合理配套，一般一车装 4 ~ 6 斗。挖掘机的主要工作参数（图 3.41）包括如下：

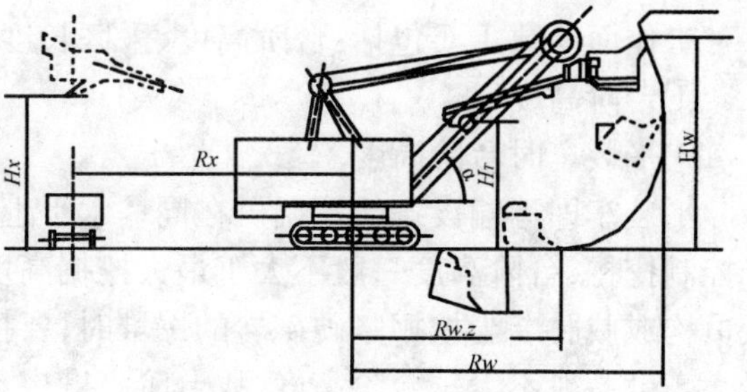

图 3.41　单斗挖掘机工作参数

挖掘半径（R_W）：指挖掘时由挖掘机回转中心至铲斗齿尖的水平距离。根据工作状态不同，又分最大挖掘半径和站立水平挖掘半径。最大挖掘半径（$R_W \cdot \max$）是铲杆最大水平伸出时的挖掘半径；而站立水平挖掘半径（$R_W \cdot z$）是铲斗平放在站立水平面的挖掘半径。

挖掘高度（H_W）：指挖掘时铲斗齿尖距站立水平的垂直距离。最大挖掘高度（$H_W \cdot \max$）是铲杆最大伸出并提到最高位置时的垂直距离。

卸载半径（R_X）：指卸载时由挖掘机回转中心至铲斗中心的水平距离。最大卸载半径（$R_X \cdot \max$）是铲杆最大水平伸出时的卸载半径。

卸载高度（H_X）：铲斗斗门打开后，斗门的下缘距站立水平的垂直距离。最大卸载高度（$H_X \cdot \max$）是铲杆最大伸出并提到最高位置，当斗门打开后，斗门下缘距站立水平的垂直距离。

下挖深度（$H_{X.W}$）：铲斗下挖时由站立水平至铲斗齿尖的垂直距离。

挖掘机的工作参数是依动臂倾角 α 而定的。动臂倾角允许有一定的改变，当动臂调陡后，挖掘和卸载高度可以加大；而挖掘和卸载半径则相应减小。

②液压铲

液压铲是指以液压传动的挖掘机，其最大斗容也已达 8 m^3。这种铲的特点是结构简单，轻便灵活，工作平稳，自动化程度高；但缺点是液压部件精度要求高，发生故障不易从外部发觉，且在严寒地区作业困难。尽管如此，随着制造工艺和液压技术的不断发展，这种铲在露天矿的应用很有前途。

③轮胎式前装机

轮胎式前装机是以柴油发动机驱动和液压操纵的一机多能的装运设备，其主要特点除能向运输容器装载外，还可以进行自铲自运，以及清理工作面等多种作业。轮胎式前装机与挖掘机相比具有以下优点：自重小，为同斗容挖掘机的 1/6 ~ 1/7；制造成本是同斗容挖掘机的

1/3～1/4;行走速度快机动灵活;可在20°左右的坡度上行走和进行采装工作;可随时更换工作机构,适应露天矿多种辅助作业;设备折旧年限也较短。

(2)挖掘机作业时的工作面参数

工作面参数主要包括:台阶高度、采区长度、采掘带宽度和工作面平盘宽度。

①台阶高度

• 平装车时台阶高度

平装车即运输设备与挖掘机在同一水平上工作。当挖掘不需预先爆破的岩土时,为了便于控制挖掘,台阶高度一般不大于最大挖掘高度,否则,上部残留的岩土易突然塌落,对设备、人员构成威胁。当挖掘坚硬矿岩的爆堆时,要控制爆破后的爆堆不大于最大挖掘高度,爆堆的最大高度一般不大于台阶高度,故台阶高度也不应大于最大挖掘高度。

台阶高度过低,除铲斗挖不满降低挖掘机效率外,会因台阶数目增加增大线路等铺设和维修工作量。故松软岩土的台阶高度和坚硬矿岩的爆堆高度都不应低于挖掘机推压轴高度的2/3。

• 上装车时台阶高度

当运输设备移至台阶上部平盘装车时,为使矿岩装入运输设备,应按挖掘机的最大卸载高度和最大卸载半径来确定台阶高度。即取式(3.3)和式(3.4)中的较小值。

$$h \leqslant H_{x\cdot\max} - h_c - e_x \tag{3.3}$$

$$h \leqslant (R_{x\cdot\max} - R_{w\cdot z} - C)\,\mathrm{tg}\alpha \tag{3.4}$$

式中,h 为上装车时的台阶高度,m;$H_{x\cdot\max}$ 为最大卸载高度,m;h_c 为台阶上部平盘至车辆上缘高度,m;e_x 为铲斗卸载时铲斗下缘至车辆上缘间隙,一般 $e_x \geqslant 0.5 \sim 1.0m$;$R_{x\cdot\max}$ 为最大卸载半径,m;$R_{w\cdot z}$ 为站立水平挖掘半径,m;α 为台阶坡面角,度;C 为线路中心至台阶坡顶线的间距,m。

②采区长度 L_c

采区长度又称挖掘机工作线长度,是指工作台阶上划归一台挖掘机采装的工作长度(图3.42)。采区长度的大小应根据需要和可能来确定。采区长度短,一个台阶上配置的挖掘机数多,虽可加快工作线推进,但增加了调车难度。一般按穿爆与采装相结合,至少保证挖掘机有5～10 d的采装爆破量,并考虑不同运输方式对采区长度的不同要求。设计部门根据我国露天矿的生产实际提出如表3.7所列的采区长度参考值。

表3.7 采区长度参考值

挖掘机铲斗容积/m^3	采区长度/m	
	铁路运输	汽车运输
0.2～2	>200	>150
4～6	>450	>300

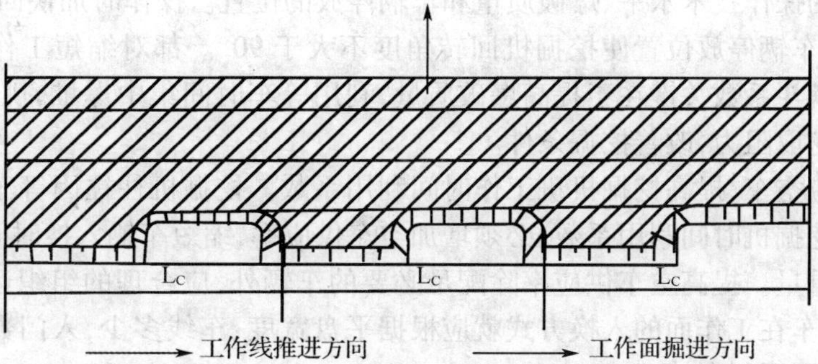

图3.42　单斗挖掘机工作参数

③采掘带宽度

采掘带的宽度实际是挖掘机一次挖掘的宽度。为保证挖掘机能满斗采装，采掘带应保持使挖掘机能向里侧回转90°(不大于90°)，向外侧回转30°。其变化范围按式(3.5)计算。

$$b_c = (1 - 1.5)R_{w \cdot z} \tag{3.5}$$

铁路运输平盘的合理的采掘带宽度按(3.6)式确定。

$$b_c \leqslant R_{w \cdot z} + fR_{x \cdot \max} - c \tag{3.6}$$

式中，$R_{w \cdot z}$为挖掘机站立水平挖掘半径，m；$R_{x \cdot \max}$挖掘机最大卸载半径，m；f铲杆规格利用系数，$f=0.8 \sim 0.9$；外侧台阶坡底线或爆堆坡底线至轨道中线的距离，一般取3 m。

(4)工作面平盘宽度$B_{\min}$

工作平盘宽度大小，取决于爆堆宽度、运输设备规格、设备和动力管线的配置方式以及所需回采矿量。汽车运输时最小工作平盘宽度(图3.43)，可按式(3.7)计算。

$$B_{\min} = b + c + d + e + f + g \tag{3.7}$$

式中，$B_{\min}$为最小工作平盘宽度，m；b为爆堆宽度，m；c为爆堆坡底线至汽车边缘的距离，m；d为车辆运行宽度，m；e为线路外侧至动力电杆的距离，m；d为动力电杆至台阶稳定边界线的距离，m；g为安全宽度，m。

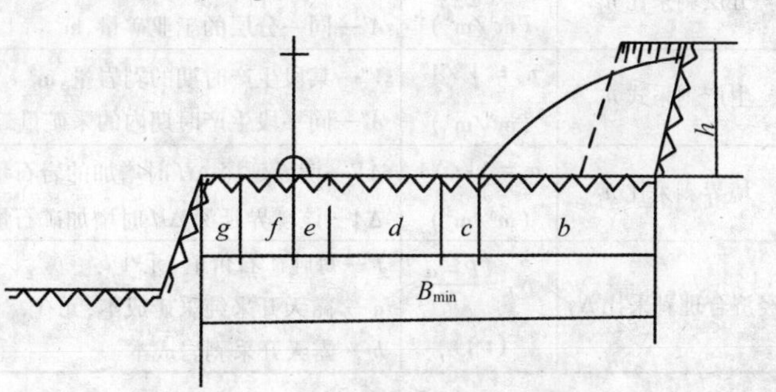

图3.43　汽车运输最小工作平盘宽度

(3)挖掘机提高生产能力的途径

为了充分发挥挖掘机的效益，对选型后的挖掘机宜从以下几方面寻求提高生产能力的途径。

①缩短挖掘机工作循环时间，提高满斗系数。挖掘机工作循环时间是由挖掘、重斗转向卸载点、铲斗对位和卸载以及空斗转回工作面至挖掘点这四个工序组成。工作循环时间长短，主

要取决于司机的操作技术水平、爆破质量和车辆停放的位置。操作时加快回转速度,合并几项工序同时操作,车辆停放位置使挖掘机回转角度不大于90°。都对缩短工作循环时间具有很大意义。提高满斗系数关键在于提高爆破质量,利用等车时间集中爆堆,挑出不合格大块,也可以减少铲斗挖取阻力,改善挖掘条件。

②及时供应空车,提高挖掘机班工作时间利用系数。挖掘机往往因等车延误大量非工作时间。为提高挖掘机时间利用系数,必须增加空车供应率,缩短车辆入换时间,减少欠车时间,并加大车辆载重量。提高空车供应率除配足必要的车辆外,应合理的组织运输工作。如以汽车运输为例,汽车在工作面的入换方式就应根据平盘宽度、车线多少,入门数目来取用同向行车,折返倒车或回返行车。

③加强设备维修管理,提高设备完好率。设备维修应贯彻以预防为主,认真执行挖掘机的检查维修制度。

3.4.4 铀矿露天开采境界

1. 剥采比

(1)露天矿常用的剥采比

露天矿设计常用的剥采比及其计算方法见表3.8。

表3.8 露天矿设计常用的剥采比

名称	计算公式	符号的含义	定义
平均剥采比 n_c	$n_c=V/A$ (m^3/m^3)	V—露天矿全部岩石量,m^3 A—露天矿全部工业矿量,m^3	是指露天开采境界内总的岩石量与总的矿石量之比
分层剥采比 n_f	$Nf=V'/A'$ (m^3/m^3)	V'—某一分层的岩石量,m^3 A'—同一分层的工业矿量,m^3	是指露天开采境界内某一水平分层的岩石量与矿石量之比
生产剥采式 n_s	$n_s=V''/A''$ (m^3/m^3)	V''—某段生产时期的剥岩量,m^3 A''—同一段生产时期内的采矿量	露天矿某一生产时期内所剥离的岩石量与所采的矿石量之比
境界剥采比 n_j	$n_j=\Delta V/\Delta A$ (m^3/m^3)	ΔV—境界延深 ΔH 时增加的岩石量,m^3 ΔA—该境界延深 ΔH 时增加矿石量,m^3	是指露天开采境界增加单位深度后所引起岩石增中量与矿石增加量之比
经济合理剥采比 N_J	$N_J=\dfrac{P-a}{b}$ (t/t)	P—每吨矿石价值,元/t a— 露天开采纯采矿成本,元/t b— 露天开采剥岩成本	是指经济上允许的最大剥岩量与可采矿量之比

(2)经济合理剥采比的确定方法

经济合理剥采比的算法有以下几种方法。

①产品成本比较法

a. 矿成本比较法,按式式(3.8)计算。

$$N_j = \frac{c - a}{b} \tag{3.8}$$

式中，N_j 为经济合理剥采比，t/t；c 为地下开采每吨矿石成本，元；a 为露天开采每吨矿石采矿费用，元；b 为露天开采每吨剥离费用，元。

b. 精矿成本比较法，按式(3.9)计算。

$$N_j = \frac{c - d - a_l}{bT_l} \tag{3.9}$$

其中

$$c_d = (c + f_d)T_d$$

$$T_d = \frac{\beta_l}{[a(1 - \rho_d) + \rho_d a_d]\varepsilon_d}$$

$$a_1 = (a + f_1)t_l$$

$$T_l = \frac{\beta_l}{[a(1 - \rho_l) + \rho_l a_l]\varepsilon_l}$$

式中，c_d 为地下开采一吨精矿的成本，元；a_l 为露天开采一吨精矿的成本，元；T_l 和 T_d 为分别为露天开采和地下开采一吨精矿需要的原矿量，t/t；f_l 和 f_d 分别为天露开采和地下开采一吨原矿的选矿加工费用，元；β_l 和 β_d 分别为露天开采和地下开采的精品位，%；a_l 和 a_d 分别为露天开采和地下开采混入的废石品位，%；a 为地质品位，%；ρ_l 和 ρ_d 分别为露天开采和地下开采的废石混入率，%；ε_1 和 ε_d 分别为露天开采和地下采出矿石的选矿回收率，%。

(2)盈利比较法

a. 按原矿产品计算，按式(3.10)计算。

$$N_j' = \frac{n_l'(B_l - a) - n_d'(B_d - c)}{b} \tag{3.10}$$

其中

$$n_l' = \frac{n_l}{1 - \rho_l}; \quad n_d' = \frac{n_d}{1 - \rho_d}$$

式中，B_l 和 B_d 分别为露天开采和地下开采每吨原矿的销售价格，元；n_l' 和 n_d' 分别为露天开采和地下开采的视在回采率，%；n_l 和 n_d 分别为露天开采和地下开采的实际回采率，%。

b. 按精矿产品计算，按式(3.11)计算。

$$N_l = \frac{A_l - A_d}{b} \tag{3.11}$$

其中

$$A_l = \frac{a_l'\varepsilon_1}{\beta_l}P_1 - n_l'(a + f_l)$$

$$A_d = \frac{a'_d \varepsilon_d}{\beta_d} P_d - n'_d (c + f_d)$$

式中，A_l，A_d 分别为露天开采和地下开采每吨工业储量加工成精矿获得的盈利，元；a'_l，a'_d 分别为露天开采和地下开采的采出矿石品位，%；β_l，β_d 分别为露天开采和地下开采的每吨精矿价格，元。其他符号同上。

2. 确定露天开采境界的原则和基本方法

露天开采境界的确定，实质上是对剥采比大小的控制，使之不超过经济合理剥采比。

(1)境界剥采比不大于经济合理剥采比

该原则要求邻近露天开采境界的那层矿岩露天开采成本不超过地下开采成本，使整个矿床开采的总经济效果(成本或盈利)最佳。国内外普遍运用这一原则来圈定露天矿境界。该原则的主要缺陷只是概略地研究整个矿床的开采效果，并未细致分析露天开采各过程的经济状态。对于某些不连续的矿床，这个原则有时不适用。初期剥岩量及平均剥采比都很大，在经济上明显不合理。

(2)平均剥采比不大于经济合理剥采比

该原则是针对露天开采境界内的全部矿岩量而言，它要求用露天开采的平均经济效果(成本或盈利)不劣于地下开采，主要作为补充原则。对于某些贵重的有色、稀有金属矿床或中小型矿山，为了尽量采用露天开采以减少矿石的损失贫化，设计中有时运用这个原则来确定境界，借此扩大露天开采矿量。该原则缺陷是一种"算术平均"的概念。它既未涉及整个矿床开采的总经济效果，更没有考虑露天开采过程中剥采比的变化，是一个比较粗略、笼统的原则。

(3)生产剥采比不大于经济合理剥采比

对于露天开采来说，生产剥采比真实地反映了矿山生产的采剥关系。所以，有人提出用生产剥采比不大于经济合理剥采比的原则圈定境界，使露天矿任一生产时期的经济效果都不劣于地下开采。该原则缺陷是没有考虑整个矿床开采的总经济效果，只顾及矿床上部的露天开采而不管剩余部分的开采；确定出来的境界往往初始剥采比和基建投资较大；生产剥采比变动大，设计方法繁琐。该原则在实际中很少采用。

最终开采境界的设计主要有三类方法。

①手工设计方法：这一阶段的设计以经济合理剥采比为基本准则，在垂直剖面图和分层平面图上进行手工设计和计算。

②计算机辅助设计方法：方法与手工阶段基本相同，使用计算机、数字化仪、绘图仪等设备进行计算、设计、绘图与结果输出。

③优化设计方法：有二维动态规划法和三维图论法、浮锥法、三维动态规划法、网络最大流法、正锥删除法等。在实践中应用最广泛的优化方法是图论法与浮锥法。

3. 最终开采境界设计的手工方法

广泛采用境界剥采比不大于经济合理剥采比原则确定境界。确定露天开采境界的步骤如下。

(1)露天矿最小底宽

露天矿最小底宽应满足采装运输设备的要求,保证矿山工程正常发展。当采用汽车运输时,底宽应满足汽车调车要求。当采用回返式调车时,露天矿最小底宽按式(3.12)计算。

$$B_{\min} = 2(R_{c\min} + 0.5b_c + e) \tag{3.12}$$

若采用折返式调车,则露天矿最小底宽按(3.13)式计算。

$$B_{\min} = R_{c\min} + 0.5b_c + 2e + 0.5l_c \tag{3.13}$$

式中,$B_{\min}$为露天矿最小底宽,m;$R_{c\min}$为汽车最小转弯半径,m;b_c为汽车宽度,m;e为汽车距边坡的安全距离,m;l_c为汽车长度,m。

在确定露天开采境界时,若矿体厚度小于最小底宽,底平面按最小底宽绘制;若矿体厚度比最小底宽大得不多,底平面可以矿体厚度为界;若矿体厚度远大于最小底宽,通常按最小底宽作图。

(2)露天矿最终边坡角

矿山设计选取边坡角时,多采用类比法,即参照类似矿山的实际资料选取。表3.9所列边坡角,为金属矿山设计部门用类比法初选边坡角时的经验参考值。

表3.9　边坡角初选时的经验参考值

岩石类型	f	岩石名称	台阶坡面角/°		高度为下列值时的稳定边坡角/°			
			工作帮	非工作帮	<90 m	90~180 m	180~240 m	240~300 m
极硬	15~20	最坚硬致密的石英岩、玄武岩及其他极硬岩石,特别硬的花岗岩、石英斑岩、砂质页岩、各种石英岩,极硬的砂岩和石灰岩	80~90	75~85	60~68	57~65	53~60	48~54
坚硬	8~14	密质的花岗岩、特硬砂岩及石英岩脉,特硬铁矿、石灰岩、不坚硬的花岗岩、硬砂岩、硬大理岩、白云岩、铁矿石	70~80	70~75	50~60	48~57	45~53	42~48
中硬	3~7	普通砂岩、铁矿、砂质页岩、片状砂岩、坚硬黏土质页岩、非坚硬砂岩、石灰岩、软岩、各种页岩、密质泥灰岩	60~70	60~65	43~50	41~48	39~45	36~42
软	1~2	侏罗纪黏土、软质石灰纪黏土、油性黏土、含有小碎石和砾石的重砂质黏土、漂砾石、片状黏土、块度达90 mm砾石	45~60	45~60	30~43	28~41	26~39	24~36
极软	0.5~0.9	软油性黏土、轻重砂质黏土、湿的松散黄土、种植土泥炭、腐植土、砂腐植土、含小碎石的砂质垆姆	35~45	25~40	21~30	20~25		

在设计中用类比法选取的边坡角，应满足矿山生产技术上的要求。为了保证矿山正常生产，露天矿边坡通常由安全平台、清扫平台、运输平台及相应的坡面组成（图 3.44）。在满足矿山的运输需要条件下，根据矿岩的物理力学性质选取边坡角，保证边坡稳定。安全平台 a，一般不小于4 m。清扫平台 b，一般每隔2～3个台阶设置一个，其宽度要保证清扫运输设备正常工作。当运输平台与安全平台或清扫平台重合时，其宽度要增加1～2 m。近年来，鉴于安全平台和清扫平台往往因宽度不够而起不到应有作用，不少矿山取消安全平台，将两个台阶合并在一起，然后设一个宽达8～12 m的清扫平台。还有人提出将4～6个台阶合并，设一个更宽大的清扫平台，以便清扫工作能采用大型设备。水平运输平台 c 和倾斜运输平台 d，其位置根据开拓系统布置的运输线路确定。它们的宽度取决于运输设备类型、规格和线路数目。露天矿运输平台最小宽度资料见表3.10。

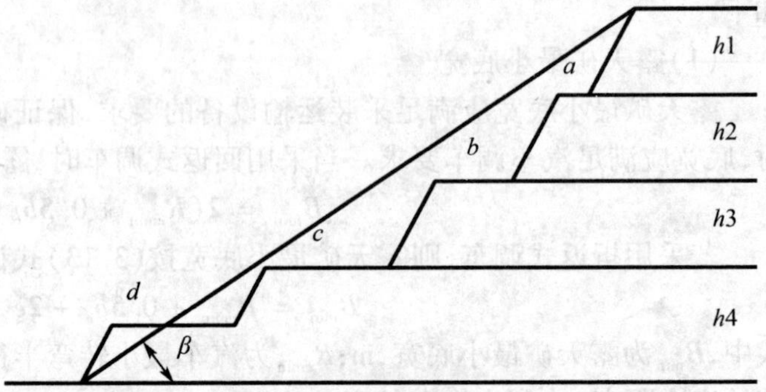

图 3.44　露天矿边坡通常由安全平台、清扫平台、运输平台及相应的坡面组成

表 3.10　汽车运输平台最小宽度/m

车宽分类		一	二	三	四	五	六
车身计算宽度/m		2.5	3.0	3.5	5.0	6.0	7.0
载重量/t		7	20	30	68	100	154
运输平台宽/m	单线	8	9	10	12	15	18
	双线	11.5	13	14.5	17.5	22.5	26

最终台阶坡面角与岩石性质，岩层的倾角、倾向、构造、节理，以及穿爆方法等因素有关。例如，当岩层倾角大于30°，并且岩层层理较发育时，若选取的台阶坡面角大于岩层倾角，岩石容易滑落。这时应取台阶坡面角等于岩层倾角。露天矿设计一般采用的最终台阶坡面角资料见表3.11。

表 3.11　台阶坡面角参考资料

岩石坚固性系数 f	15～20	8～14	3～7	1～2
台阶坡面角/°	75～85	70～75	60～65	45～60

当各种平台确定之后，露天矿最终边坡角可按式（3.14）计算

$$\tan\beta = \sum_1^n h / \left(\sum_1^n h\cot\alpha + \sum_1^{n1} a + \sum_1^{n2} b + \sum_1^{n3} c + \sum_1^{n4} d \right) \tag{3.14}$$

式中，β 为最终边坡角，(°)；n 为台阶数目；h 为台阶高度，m；α 为台阶坡面角，(°)；a 为安全平台的宽度，m；b 为清扫平台的宽度，m；c 为水平运输平台的宽度，m；d 为倾斜运输平台的宽度，m。$n1$，$n2$，$n3$，$n4$ 分别为安全平台、清扫平台、水平运输平台和倾斜运输平台数目。

(3)合理开采深度(图 3.45)

①地质横剖面面积比法确定长矿体合理开采深度

初步选择深度方案，根据 $B_{\min}$，α，β 作出 a，b，c，d，e 点和 a'，b'，c'，d'，e' 点，求出 ΔW 和 ΔO，计算 $n_j = \Delta W/\Delta O$。若 $n_j \approx N_j$，则 H_i 水平即为该地质横剖面图上最佳的开采境界深度；否则，重复，试算其他深度方案，直至验算成功。

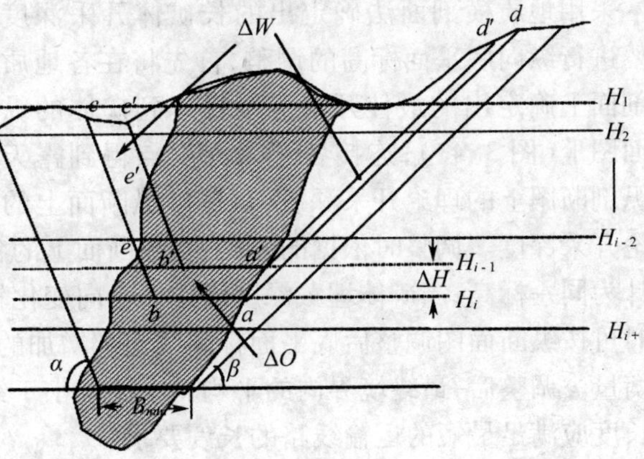

图 3.45　地质横剖面面积比法确定合理开采深度

②地质横剖面线段比法确定长矿体的合理开采深度(图 3.46)

初步选择深度方案，根据 $B_{\min}$，α，β，作出 c，b，a，d 点、c'，b'，a'，d'点和 e，f 点，求出 N_j。若 $n_j \approx N_j$，则 Hi 水平即为该地质横剖面图上最佳的开采境界深度；否则，重复，试算其他深度方案，直至验算成功。

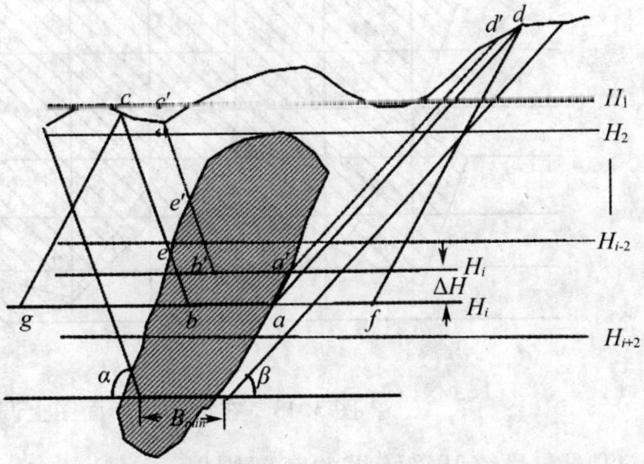

图 3.46　地质横剖面线段比法确定长矿体的合理开采深度

③水平剖面面积法确定短矿体的开采深度

初步选择深度方案，根据 $B_{\min}$，α，β 和端部移动角，确定出各地质勘探线剖面图上和端部辅助剖面图上的相应开采境界。将各地质勘探线剖面和端部辅助剖面图上的地面境界点投影到带有底部周界的平面图上，再依次连接各地面境界点即确定出开采境界线(图 3.47)；根据确定出的地表开采境界内所包含的矿石面积与岩石面积，运用面积比法计算出境界剥采比 n_j。若 $n_j \approx N_j$，则 H_i 水平即为该地质横剖面图上最佳的开采境界深度；否则，重复，试算其他深度方案，直至验算成功。

(4)最终开采境界的审核

基于上述方法确定出各地质剖面上的开采深度或底部周界后，即可进一步圈定出最终开采境界。具体做法如下：

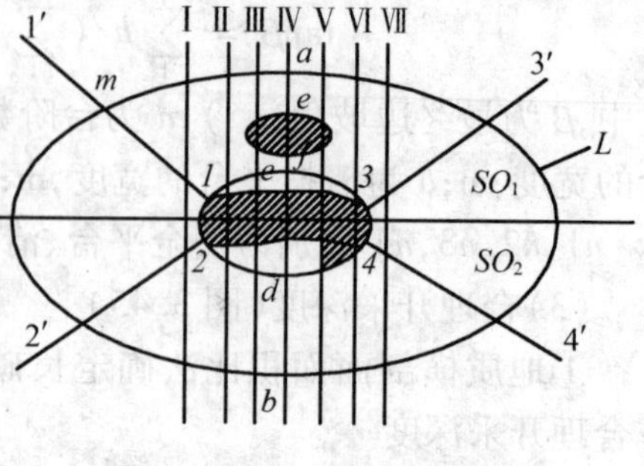

图 3.47 某短露天矿水平剖面图

①调整最终开采底平面标高

采用地质横剖面法确定出的长矿体开采深度需要进行纵向底平面标高的调整，首先将在各地质横剖面上确定出的最佳开采深度投影到矿体的纵断面图上(图 3.48)，连接各开采深度点得到露天矿纵剖断图上的理论开采深度，再调整纵断面上的理论开采深度。调整时依据的原则：当纵断面上的各理论开采深度点相差不大时，露天矿底可设计为同一标高；当矿体埋藏深度沿矿体走向变化较大时，露天矿底平面可调整成阶梯形。调整时可按纵断面图调整后底平面标高线上部增加的面积总和与下部减少的面积总和近似相等来衡量。调整后，最终境界内的平均剥采比应小于经济合理剥采比，最终开采境界底平面的纵向长度应满足最短的运输线路的长度要求。

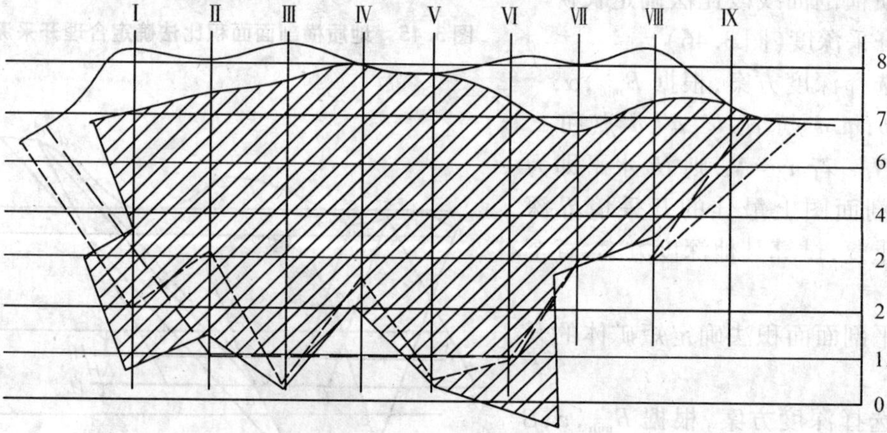

图 3.48 在地质纵断面图上调整露天矿底平面标高

②圈定最终开采境界的底部周界

如图 3.49 所示，按调整后的开采境界底平面水平绘制地质分层平面图；按调整后开采境界底平面标高修正各地质横剖面图上的各开采境界，并将修正后的各开采底平面界线点投影到地质分层平面图上，分别连接各界线点得到理论底部周界；修正理论底部周界，修正原则：底部周界要平直，弯曲部分要满足运输设备最小转弯半径的要求，底部周界的纵向长度要满足设置运输线路的要求。

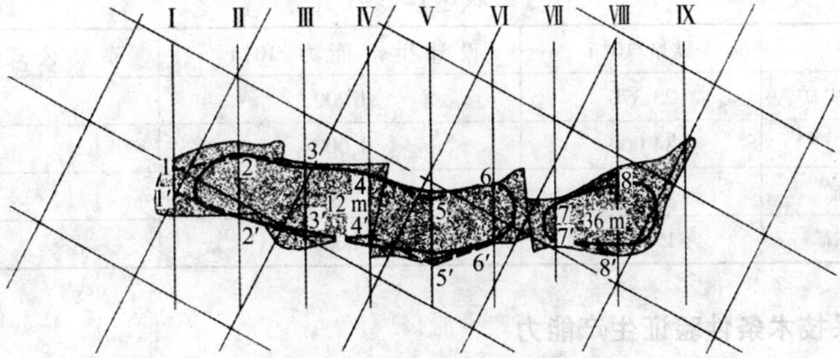

图3-49　底部周界的圈定

Ⅰ~Ⅸ 剖面线；　------- 理论周界；　—— 最终设计周界

3.4.5　铀矿露天开采生产能力和采掘进度计划编制

露天矿生产能力指每年采出的矿石量和剥离的矿石量。露天矿生产能力直接影响到矿山设备的选型、设备数量、劳动力及材料需求等,从经济角度讲,它直接影响到矿山的投资与生产经营成本。因此,生产能力是露天开采的一个重要参数。影响露天矿生产能力的主要因素有:矿体自然条件,即矿物在矿床中的分布、品位和储量;开采技术条件,即开采程序、装备水平、生产组织与管理水平等;市场,即矿产品的市场需求及产品价格;经济效益,即矿山企业在市场经济环境中所追求的主要目标。

1. 根据储量估算生产能力

矿床中可采矿石储量及其品位是确定生产能力的主要影响因素。在粗略估算露天矿生产能力时,国外常采用经验公式——泰勒公式计算(式3.15和式3.16)。

$$t = 6.5\sqrt[4]{R} \tag{3.15}$$

$$p_a = R/t \tag{3.16}$$

式中,t 为矿山服务年限,a;R 为矿床可采矿石储量/10^6 t;p_a 为矿石年产量。表3.12给出了国内外一些矿山的设计生产能力与泰勒公式估算值的对比。

表3.12　一些矿山设计生产能力与泰勒公式计算结果对比

矿山名称	储量/10^4 t	设计生产能力/10^4 t/a	泰勒公式计算值/10^4 t/a
美国双峰铜矿	447 000	1 370	1 490
加拿大卡罗尔铁矿	200 000	4 900	4 650
加拿大赖特山铁矿	180 000	4 450	4 285
澳大利亚纽曼山铁矿	140 000	4 000	3 500
前苏联南部采选公司	144 500	3 050	3 610

表 3.12(续)

矿山名称	储量/10^4 t	设计生产能力/10^4 t/a	泰勒公式计算值/10^4 t/a
前苏联朱哈依洛夫矿	23 370	1 000	935
中国南芬铁矿	34 000	1 000	1 215
中国大孤山铁矿	18 000	600	750
中国白云鄂博东矿	17 220	600	730

2. 根据开采技术条件验证生产能力

开采技术条件对生产能力的作用体现在矿山工程延伸速度和台阶水平推进速度。露天矿可能达到的生产能力与垂直延伸速度的关系见式(3.17)

$$P_a = \frac{V_h}{H}T_b\eta(1+\rho) \tag{3.17}$$

式中,V_h 为矿山工程延伸速度,m/a;H 为台阶高度,m;T_b 为有代表性的水平分层矿量;η 为矿石回采率,%;ρ 为废混入率,%。

露天采场的垂直延伸需要用台阶的水平推进来保证,当采用位于矿体下盘矿岩接触带的移动坑线布置时,延伸速度与水平推进速度之间的关系见式(3.18)

$$V_1 = V_h(\mathrm{ctg}\theta_u + \mathrm{ctg}\theta_l) \tag{3.18}$$

式中,V_1 为台阶水平推进速度,θ_u 和 θ_1 分别为上下盘工作帮坡角,采场延伸速度还取决于沟速度。

露天矿可能达到的延伸速度和水平推进速度最终取决于可能布置的挖掘机数量及挖掘机的台班工作效率。可能布置的挖掘机总数决定了矿岩生产能力,其中可能布置的采矿挖掘机数决定了矿石生产能力。一个台阶可能布置的挖掘机数 N_s 按式(3.19)计算

$$N_s = L_b/L_c \tag{3.19}$$

式中,L_b为一个台阶的工作线长度,L_c 为一台挖掘机正常作业所需的工作线长度(即采区长度)。若 L_b 为一个台阶的采矿工作线长度,则 N_s 为一个台阶上可能布置的采矿挖掘机数。对于产状较为规整且较厚的倾斜矿体,可根据图 3.59 估算可能同时采矿的台阶数 N_b。N_b 按式(3.20)计算。

$$N_b = \frac{B}{1 \pm \mathrm{tg}\theta \cdot \mathrm{ctg}\gamma} \cdot \frac{1}{W + H\mathrm{ctg}a} \tag{3.20}$$

式中,B 为矿体水平厚度,W 为工作平盘宽度,H 为台阶高度,θ 为工作帮坡角,γ 为矿体倾角,α 为台阶坡面角。由下盘向上盘推进时,第一项分母为 +,由上盘向下盘推进时,第一项分母为“ - ”。

露天矿可能达到的生产能力按式(3.21)计算。

$$P_a = N_s N_b q \tag{3.21}$$

式中,N_s 为一个台阶可能布置的采矿挖掘机数,q 为挖掘机台年效率。

值得指出的是,矿石生产能力必须由与之相适应的岩石剥离能力来保证,因此有必要依据

可能布置的总挖掘机台数和生产剥采比验证矿岩总生产能力。

依据上述开采技术条件对生产能力的检验只是初步验证,生产过程中是否能够达到所确定的生产能力要靠详细的生产计划作最后验证。

3. 采掘进度计划编制

(1)露天矿采掘进度计划的编制目标

编制露天矿采掘进度计划的总目标是确定一个技术上可行,能够使矿床开采的总体经济效益达到最大且贯穿于整个矿山开采寿命期的矿岩采剥顺序。所谓矿床开采的总体经济效益最大,从动态经济观点出发即是使矿床开采实现的总净现值最大。所谓技术上可行是指采掘进度计划必须满足一系列技术上的约束条件,主要包括:在每一个计划期提供较为稳定的矿石量和入选品位;每一计划期的矿岩采剥量应与可利用的采剥设备的生产能力相适应;各台阶水平的推进必须满足正常生产要求的时空发展关系,即最小工作平盘宽度、安全平台宽度、工作台阶的超关系、采场延深与台阶水平推进的速度关系等。

(2)露天矿采掘进度计划的分类

依据每一计划期的时间长度和计划总时间跨度的不同,露天矿采掘计划可分为长远计划、短期计划和日常作业计划。

长远计划的每一计划期一般为一年,计划总时间跨度为矿山整个开采寿命。长远计划是确定矿山基建规模、不同时期的设备、人力和物资需求、财务收支和设备添置与更新等的基本依据,也是对矿山项目进行可行性评价的重要资料。长远计划基本上确定了矿山的整体生产目标与开采顺序,并且为制定短期计划提供指导。没有长远计划的指导,短期计划就会没有"远见",出现所谓的"短期行为",造成采剥失调,损害矿山的总体经济效益。

短期计划的一个计划期一般为一个季度(或几个月),其时间跨度一般为一年。短期计划除考虑前述的技术约束外,还必须考虑诸如设备位置与移动、短期配矿、运输通道等更为具体的约束条件。短期计划既是长远计划的实现,又是对长远计划可行性的检验。为了保证矿山的长远生产目标的实现,短期计划与长远计划之间应出现尽可能小的偏差。若偏差较大,说明长远计划难以实现,应对之进行适当的调整。日常作业计划一般指月、周、日采掘计划,为矿山的日常生产提供具体作业指令。

(3)国内编制露天矿长远采掘进度计划的一般方法

编制采掘进度计划从第一年开始,逐年进行。主要工作是确定各水平在各年末的工作线位置、各年的矿岩采剥量和相应的挖掘机配置。一般步骤为:

①在分层平面图上逐水平确定年末工作线位置。根据挖掘机的年生产能力,从露天矿上部第一个水平分层平面图开始,逐水平在图纸上画出年末工作线的位置,求出挖掘机在所涉及的台阶上的采掘量并计算本年度的矿岩采剥量及矿石平均品位。并要求所涉及各台阶水平的推进线位置与矿岩产量及矿石品位是否满足前述的各种约束条件。

②确定新水平投入生产的时间。露天矿在开采过程中上下两相邻水平应保持足够的超前

关系,只有当上水平推进到一定宽度,使下水平暴露出足够的作业面积后,才能在下水平开始掘沟。在上水平采出这一面积所需的时间即为下水平滞后开采的时间。多水平同时开采时,应注意各工作水平上推进速度的互相协调。

③编制采掘进度计划表。从以上两步的结果可以得出各台阶水平的采剥量、挖掘机配置及挖掘机在各水平的起止作业时间,将这些数据绘制成采掘进度计划表。

④绘制露天矿采场年末综合平面图。采场年末综合平面图是以地表地形图和分层平面图为基础,将各水平年末推进线、运输线路等加入图中绘制而成的。图上有坐标网、勘探线、采场以外的地形和矿岩运输线路、已揭露的矿岩界线、年末各台阶水平的工作线位置、采场内运输线路等。

3.4.5 某铀矿露天开采实例

1. 地质情况

矿床属于中低温热液交替型铀矿床。矿体大部分生于花岗斑岩内,少量在片岩和砂岩中。矿体成平行脉带状,倾角 65°~75°,倾斜方向和岩体倾斜方向相反,走向和岩体一致,沿走向和倾向出现分支复合、膨胀收缩现象。主要矿体有三条,平均长度 3~4 m,长度 300 m 以上,延深 100 余米。矿石硬度 f=8~12,围岩 f=12~16。

2. 生产能力和开采深度

该露天矿于 1965 年底投产,1974 年 6 月结束,设计矿石产量为 X 万吨/年,实际达到 X 万~XX 万吨/年。经济合理剥采比设计为 9.7 m^3/t,实际为 5 m^3/t,平均剥采比设计为 5.06 m^3/t,实际为 2.03 m^3/t。开采深度 90 m(167~77 m 标高之间,以下为地下开采)。由于开采过程中地质储量属变动和发现盲矿等,开采结果为矿石量增加 1.38 倍,金量增加 1.06 倍。

3. 矿床开拓和采准

采用汽车运输沟道开拓法(图 3.50)。167~117 m 梯段用单水平直通公路单壁沟开拓个梯段:107~77 m 梯段用双壁总出入沟开拓(总出入沟位于矿体下盘,直交矿体走向)。沟道最小宽度为 9 m,坡度为 8%~10%,坡面上部梯段为 55°~65°,下部为 55°。梯段高度为 10 m(最终合并为 30 m)。最终梯段坡面角花岗斑岩为 70°,粉砂岩和千枚状页岩为 60°。露天采场最终边坡角上盘为 36°~52°,下盘为 44°~62°,北端为 19°,南端为 48°。上部各梯段开段沟布置在矿体上盘,各开段沟沿等高线布置。下部各梯段开段沟布置在下盘,沟道由下盘向上盘开掘。

4. 开采方法

采用向外部排土场移运岩石的开采法。上部各梯段剥离的废石分别排至各梯段排土场,下部废石通过总出入沟排至总排土场,各梯段矿石用自卸汽车运往转运站。

首先在上盘沿走向剥离岩石,然后采矿。先由地质物探取样编录、圈定矿体,再穿孔。矿体厚度 6 m 以上者用 CZ－20－2 型穿孔机（间距 3 m），6 m 以下者用 YQ－150 型潜孔钻机。爆破之前用 γ 测井仪测孔。用 1 m^3 电铲采装（侧面装车），采装时以装矿为主，部分废石捣于一侧，7 t 黄河牌自卸汽车运输。

开采密集矿脉带时，在无法进行分采的条件下，实行混合爆破，选别采装。废石孔用松动爆破，使废石爆成大块。爆破后用 γ 辐射仪进行检查，指导电铲采装。首先把废石捣堆，再挑选块状废石装车。汽车经检查站进行 γ 测量，如系合于工业要求的矿石，则运往铁路矿仓；如系平衡表外矿石，则运至尾矿场堆放；废石则运至排土场。

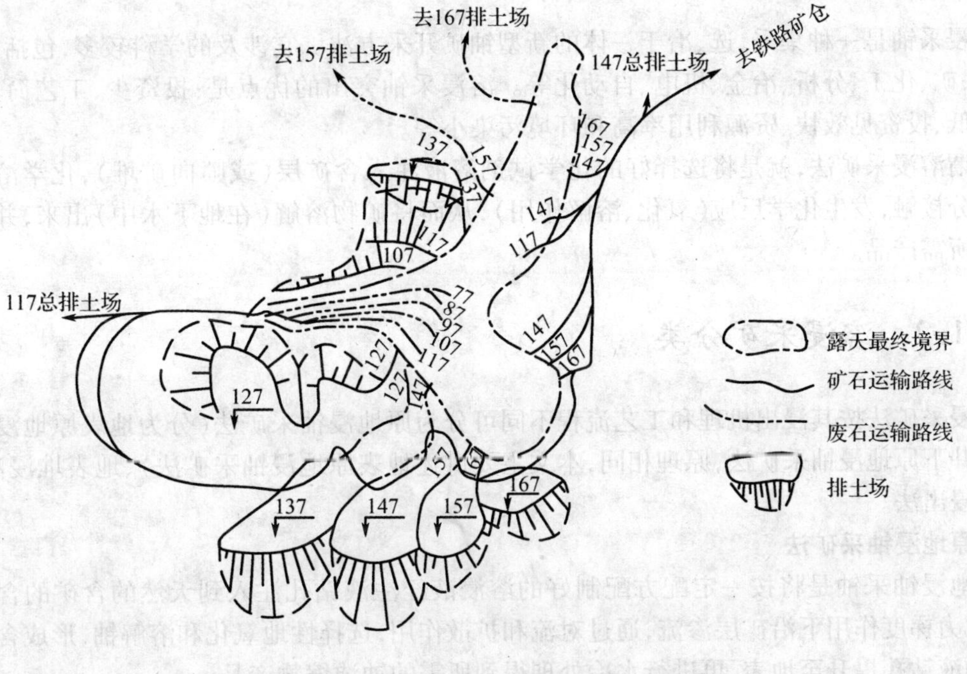

图 3.50　某露天采场开拓运输系统图

5. 主要机械设备及其效率

CZ－20－2 型穿孔机 3 台，YQ－150 型潜孔钻机一台；1 m^3 电铲 5 台；7 吨黄河牌自卸汽车 19 辆；C－100 型推土机 2 台，移山－80 型推土机 1 台。

穿孔效率一般为 6 m/台班，有时达 10 m/台班以上；电铲一般为 10 m^3 万/台年，最高达 13 万 m^3/台年，台月效率达 13 000 m^3/台月；汽车 30 m^3/台班（均系 6 小时工作制）。

6. 主要技术经济指标

矿石损失率设计为 5%，实际为 7.8%～11.9%；贫化率设计为 12%，实际为 15.4%～24.3%。

第4章　铀矿山非传统采矿技术

4.1　溶浸采铀方法概述

4.1.1　溶浸采铀基本概念

溶浸采铀是一种集采、选、冶于一体的新型铀矿开采方法。它涉及的学科较多,包括水文、地质、采矿、化工、分析、冶金、机电、自动化等。溶浸采铀突出的优点是:投资少、工艺简单、生产成本低、投资见效快、资源利用率高和环境污染小等。

所谓溶浸采矿法,就是将选择好的化学试剂溶液注入含矿层(或喷向矿堆),化学溶液与矿物充分接触,发生化学反应(氧化、溶解作用),从而将矿物溶解(在地下水中)出来,并加工处理成所需产品。

4.1.2　溶浸采矿分类

溶浸采矿法按其浸出机理和工艺流程不同可分为原地浸铀采矿法(分为地表原地浸铀采矿法和井下原地浸铀采矿法,原理相同,本文主要讲述地表原地浸铀采矿法)、地表堆浸法、原地破碎浸出法。

1. 原地浸铀采矿法

原地浸铀采铀是将按一定配方配制好的溶浸液经注液钻孔注入到天然的含矿的含水层中,在水力梯度作用下沿矿层渗流,通过对流和扩散作用,选择性地氧化和溶解铀,形成含铀溶液,经抽液钻孔提升至地表,再进行水冶处理得到所需的铀浓缩物产品。

2. 堆浸法

地表堆浸就是将爆破后的矿石运送到地表,按级配要求破碎到一定块度,并在地表构筑堆场,喷淋溶浸液将矿石中的有用成分浸出。也就是说,矿石堆中某些矿物与化学试剂发生作用,矿物中的一些成分以离子或络合离子的形式从固相(矿石)转入到液相的过程叫堆浸。

3. 原地破碎浸铀采矿法

是指在露天或井下,利用补偿空间,采用爆破手段将矿体崩落、破碎至合适块度,并形成自然矿堆,再对矿堆进行布液、喷淋、浸出,浸出的含铀溶液经集液系统收集后,送到水冶厂加工处理成铀产品。

4.1.3　溶浸采铀的常用名词及专业术语

溶浸采铀在我国铀矿冶是一种新工艺、新技术,人们对该技术中所涉及的一些名词和专业术语叫法不一,容易造成误解。为便于工作的开展和学术上的交流,现将溶浸采铀中的名词、术语解释如下。

溶浸剂:用于溶解矿物的化学试剂,如:H_2SO_4,NaOH 等。

溶浸液:由溶浸剂 + 氧化剂 + 水(或尾液)按一定比例配制而成的溶液,用于注入矿层溶解矿物的液体。

浸出液:溶浸液在矿层与矿物充分接触后,将矿物由固相转变为液相而汇入地下水中,经抽液孔抽出地表,且富含铀金属的液体叫做浸出液;堆浸则是淋浸下来的含铀液体。

产品溶液,就是铀含量达到或超过最低工业指标而又无过量杂质的浸出液,也就是从技术经济考虑适于水冶工艺加工的浸出液。产品溶液是地浸井场的产品,是水冶车间的原料。

淋洗剂:用于淋洗富含铀的饱和树脂的液体:H_2SO_4 + NaCl + H_2O。

沉淀剂:用于沉淀淋洗下来的金属铀的试剂:如 NaOH。

渗透系数:指矿层中的水在单位时间内所流经的距离,m/d。

单孔抽液量:单个钻孔在单位时间里抽出的水量,m^3/h。

溶浸死角:在溶浸采矿中,溶浸液没有流经到(覆盖)的矿体,叫做溶浸死角。

原岩矿孔隙度:孔隙体积占原矿岩体积的百分比。

有效孔隙度:在一个多孔体系(矿体)中有两种孔隙存在,一种孔隙间是彼此不连通的,一种孔隙间是彼此连通的,对矿石浸出来说就需要利用连通的孔隙进行矿石浸出,这部分孔隙称为有效孔隙度。

铀金属浸出率:就是已浸出的铀金属量与原始金属储量的百分比(%),常用 ε 表示。

地浸工艺参数(指标),是反映矿床条件和地浸工艺技术的重要数据,也是衡量地浸效果好坏的一套数据,它包括浸出率、液固比、单位酸耗、浸出液中铀的平均含量和浸出时间等。

4.2　地表原地浸铀采矿法

4.2.1　地表原地浸采铀采矿法工艺流程

地表原地浸采铀采矿法研究、设计与施工的内容有:溶浸液配方和使用方法、地浸钻孔结构和施工技术、地浸钻孔最佳排列形式和最佳间距的确定方法、溶浸范围的圈定方法和控制技术、抽注液方法和设施的选择、地面管网的设计和安装、水冶各工序中的工艺技术和防治环境污染的措施等。

原地浸出采铀工艺流程包括矿石浸出工艺过程和浸出液后处理工艺两大部分(图4.1)。前部分工艺是用溶浸液将矿石中的铀从固相转化为液相,形成含铀浸出液的过程;后部分工艺是对含铀浸出液进行处理,最终得到铀浓缩物产品的一系列化工单元操作过程。

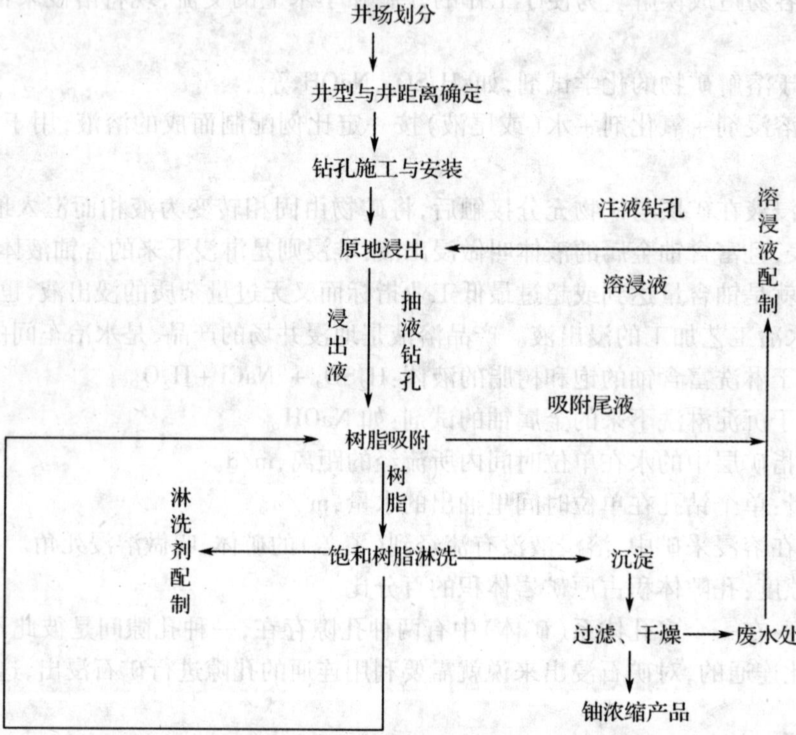

图4.1 原地浸出采铀工艺流程

4.2.2 原地浸出矿床条件评价

地浸法适用于淋滤沉积成团的砂岩型铀矿床,要求矿石结构疏松,节理发育,如砂岩、砂砾岩以及含砾砂岩为主的矿床;铀的存在形式最好以吸附状态赋存于砂质颗粒表面,铀矿化均匀,分布于碎屑岩或胶结物中;矿石中U品位最好在0.1%以上,但如果品位较低(0.01%~0.03%),矿体厚度大、渗透性好,在技术经济上也是可行的;平米铀量一般以大于5 kg/m^{2}最有利;矿体埋深要求小于300 m,最好为50~200 m;矿体最好为水平层状或倾角小于15°的缓倾斜矿体,且矿体连续;矿体位置赋存于含水层中,渗透性好,K=1.0~5.0 m/d,最适合地浸,具有隔水顶板,厚度大于2 m,其渗透性最好小于矿层渗透性20倍以上;矿层孔隙率最好为

20% ~25%;含矿层的顶底板岩性应具有抗溶浸液溶解的性质;地下水矿化度一般小于 5 g/L,以 1 ~2 g/L 最好,pH 为中性,水温 10 ~20 ℃最好。

4.2.3　地浸钻孔开采系统

用地浸方式采铀时,钻孔工程是地浸采铀的主要工程,注液孔和抽液孔开拓、采准、清洗以及地浸工艺溶液的注入和抽出等功能。

按功能划分,地浸钻孔有抽液孔、注液孔和观测孔 3 种。一般注液孔是抽液孔数量的 2 倍。注液孔的作用是将在地表按一定比例配制好的溶浸液经注液钻孔输入含矿层;抽液孔的作用是将矿层中溶解的含铀溶液经抽液孔用潜水泵或气升泵提升至地表;观测孔用于观测和检查溶浸液的扩散情况(范围)。

为此,地浸钻孔的作用主要为:①矿床开拓、采准、溶浸液的输入、浸出液的提升;②控制溶浸范围;③监测溶液扩散情况;④探采结合,重复利用;⑤提供工业用水等。

地浸钻孔开采系统包括了地浸钻孔平面布置、钻孔结构设计及钻孔的安装与施工等。

1. 地浸钻孔平面布置

地浸钻孔平面布置包括地浸钻孔的布孔形式设计及钻孔间距设计。

(1)地浸排列钻孔形式

表 4.1 列举了国内外主要地浸矿山所采用的钻孔排列形式与孔距。从几何形态上看尽管钻孔排列形式有多种多样,总起来可归纳为两种主要类型,即行列式、网格式。

所谓行列式即是指一排抽液孔,一排注液孔交替排列。网格式,即井场的每一个抽注单元中,抽液孔位于单元中心,而注液孔按一定规律分布于抽液孔四周。注液孔在平面上形成三角形、四边形、六边形等规律的几何形状(图 4.2)。

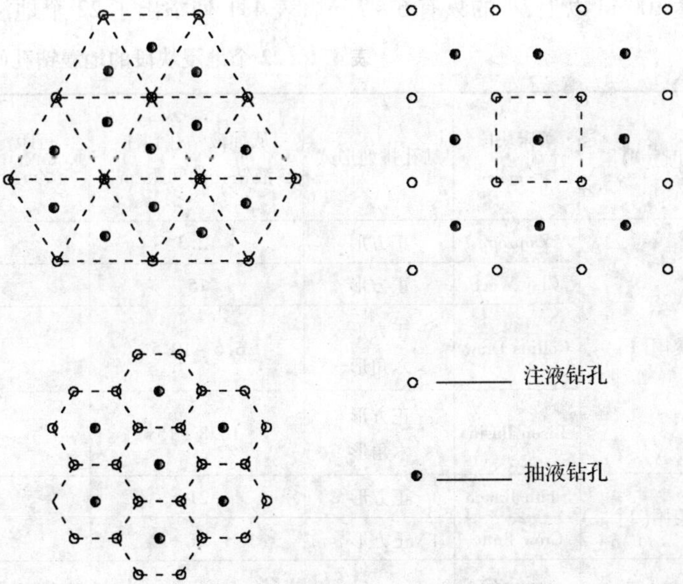

图 4.2　地浸主要井型钻井排列几何形状

(2)地浸钻孔间距

地浸钻孔间距,是指某些相邻地浸钻孔之间的相互距离。地浸钻孔的基建费,一般要占地浸产品成本的 30% 左右。因此，合理确定钻孔间距非常重要。

钻孔间距过大和钻孔数目过少，将产生如下弊端：降低块段抽液量和铀金属生产能力，延长浸出时间和增加生产费用；增加渗透路程、降低水力坡度、渗透速度和浸出速度，从而延长浸出时间和增加生产费用；增加酸耗；增加“溶浸死角”，降低浸出率，降低浸出液的铀含量；易降低溶浸液的“覆盖率”，难使溶浸边界与块段边界吻合；块段中各部位的溶浸液的渗透速度的差别将加大，从而使块段中各部位的浸出率和浸出时间的差别加大。

缩短钻孔间距有如下的弊端：增加钻孔数量，从而增加钻孔工程费用；增加抽注液管道和抽注液设备的费用；易造成溶浸液“短路”；可能产生使注入矿层的溶浸液与矿石的化学反应不充分、使浸出液的硫酸含量仍然很高；可能满足不了浸出液中的铀含量达到较高浓度所需的渗透路程和化学反应时间。

当钻孔间距最佳时，浸出过程应表现为：溶浸范围的边界与块段的边界基本吻合；“覆盖率”在95% 左右（所谓“覆盖率”，是指在抽液量大于注液量的条件下被溶浸液浸到的面积与块段边界范围内的面积之比值，它的大小直接影响块段的金属浸出率的高低）；块段的浸出时间不太长；浸出液的铀含量高，浸出液的 pH 值恰当，流线图上各部位的流线的长短相差不大。

影响地浸钻孔间距大小的因素主要有：矿层埋藏深度、矿石渗透性、钻孔抽液量、钻孔工程等费用、平米铀量、矿石的浸出性能等。在世界各国的地浸井场，地浸钻孔的间距各不相同，大的达 100 m 以上，小的只有 6 ~ 7 m。表 4.1 列举出了 22 个地浸块段的地浸钻孔间距，以供参考。

表 4.1　22 个地浸块段的地浸钻孔间距

国　别	矿床块段名称	钻孔排列形式	从抽液钻孔到注液钻孔的间距/m	行距/m	抽液钻孔行列中各抽液钻孔之间的间距/m	注液钻孔行列中各注液钻孔之间的间距/m
美国[1]	Zamzom	正方形	12.3			
	Clay Wect	正方形	15			
	Collins Draw	正方形 六角形	6.6 ~ 10.5			
	Bison Basin	正方形 六角形	10.8 ~ 15			
美国[2]	Smith Ranch	正方形	21			
	Crow Butte	正方形	21			
乌兹别克[3]	Учкудук 102 块段	行列式		30	15	10
哈萨克[4]	Канхган	行列式		50 ~ 60	15 ~ 25	15 ~ 25
		六角形	20 ~ 40			

表4.1(续)

国　别	矿床块段名称	钻孔排列形式	从抽液钻孔到注液钻孔的间距/m	行距/m	抽液钻孔行列中各抽液钻孔之间的间距/m	注液钻孔行列中各注液钻孔之间的间距/m
保加利亚[5]	Plovdiv	六角形	20～25			
中国	381	三角形 正方形	6～15			
	512	正方形	25			
巴基斯坦[6]	Ouhul Khel	正方形	15			
捷克[7]	(Straz 矿床)	VP－7A	正方形	20		
	VP－9A	正方形	10～14			
	VP－11	行列式		30	20	20
	VP－12A	行列式		40	25	25
	VP－14	行列式		50	25	25
	VP－12B	行列式		60	20	20
	VP－19	行列式		80	60	60
	VP－16	行列式		140	100	100
	VP－4	六角形	30(抽液钻孔在中心,四周12个注液钻孔)			
	VP－15	六角形	100(抽液钻孔在中心,四周12个注液钻孔)			

2. 地浸钻孔结构

按照钻孔中安装的管柱情况分为单管式结构和双管式结构;按照钻孔中过滤器部位结构不同分为填砾结构和裸眼结构。

(1)单管式结构(图4.3)

安装于钻孔内管柱是连接成一体的一根管柱,这种地浸钻孔结构就称为单管式结构。可分为一种孔径和一种管径结构、两种孔径和一种管径结构、一种孔径和两种管径结构。

(2)双管式结构(图4.4)

双管式结构,即先后安装于钻孔中不同孔径段内的管柱是不同直径的未连接成一体的两根管柱(第一根管柱在钻孔上段,一般在矿层之上,管径较大,起固孔护壁作用;第二根管柱,直径较小,通过第一根管柱而下入钻孔下段,通常在矿层部位,主要作过滤管之用),这样的钻孔结构称为双管式结构。

单管式和双管式这两类结构,各有优缺点。对于某一具体矿床,哪类结构较好,这主要取决于该矿床的地质－水文地质－工程地质条件。双管式结构要比单管工结构复杂一些,双管

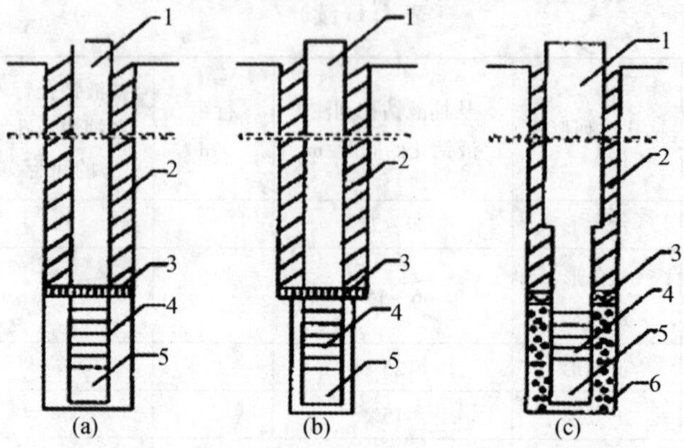

图 4.3 单管式结构的钻孔示意图

(a)一种孔径和一种管径结构;(b)两种孔径和一种管径结构;(c)一种孔径和两种管径结构

1—固孔壁的套管;2—水泥;3— 止水隔塞;4—过滤管;5—沉砂管;6—砾石

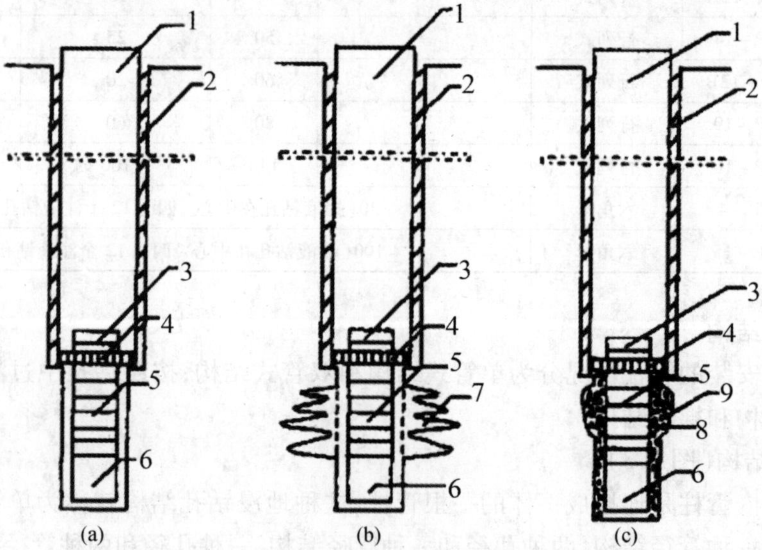

图 4.4 双管式结构的钻孔示意图

(a)矿层部位的孔壁不易垮塌且矿层渗透性较好条件下采用的双管式结构的钻孔;(b)矿层部位的孔壁不易垮塌,但矿层渗透性较差而需扩孔和射孔条件下采用的双管式结构的钻孔;(c)当矿层为细流砂层或孔壁易垮塌而需填砾石条件下采用的双管式结构钻孔

1—生产管;2—水泥;3—过滤管接头;4—卡环;5—过滤管;6—沉砂管;

7—水束或气束喷射出的孔硐;8—孔壁垮塌后的空硐;9—砾石

式结构的钻孔成本也较高；但是，双管式结构的钻孔抽注液量要大得多。如矿层之上的岩层不稳定而孔壁易垮塌或掉块及矿层的渗透性又较差而需要进行较长时间的扩孔——横向射孔作业，则最好是采用双管式结构。

(3)填砾结构

填砾结构钻孔过滤器部位充填砾石的过滤层为主要特征(图 4.5(a))。

(4)裸眼结构

过滤器周围不充填过滤物质，而靠矿层部位即孔壁四周细砂自然分选作过滤层(图4.5(b))。

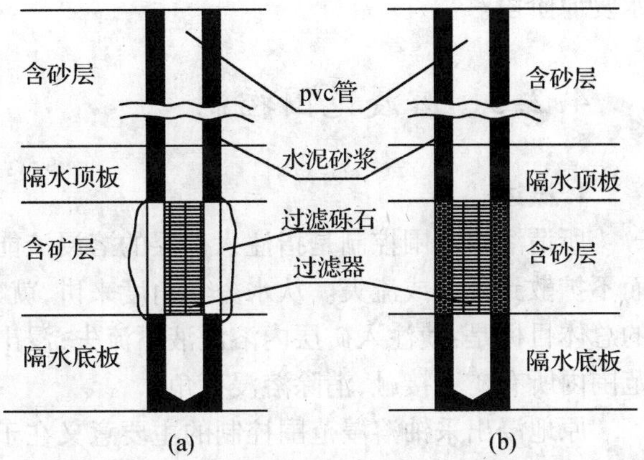

图 4.5 填砾结构和裸眼结构钻孔示意图

(a)填砾结构；(b)裸眼结构

4.2.4　溶浸液的配方与使用方法

1. 溶浸液的配制

合理的溶浸液配制必须达到 2 个条件：①足够的氧化还原电位；②一定的酸度。

溶浸剂的选择依据是根据矿石的物理、化学成分和地下水的化学成分来确定的，不同的矿石浸出需要选择不同的溶浸剂。用于地浸的溶浸剂有：H_2SO_4，HNO_3，HCl，Na_2CO_3，$NaHCO_3$，$(NH_4)_2CO_3$，NH_4HCO_3，$Fe_2(SO_4)_3$，NaCN，KCN，$(NH_4)_2SO_4$ 等。目前，国内外地浸采铀工艺主要有：酸法地浸和碱法地浸两种。

氧化剂有：氧气，高锰酸钾($KMnO_4$)，三价铁盐(Fe^{3+})，H_2O_2，MnO_2，Na_2O_2，$(NH_4)_2S_2O_8$ 等。

2. 溶浸液的使用方法(以酸为例)

(1)酸化阶段

先注入 1～2 天清水，清洗矿层，再使用较高浓度的酸(10～30 g/L H_2SO_4)，以加快矿层的酸化速度。

(2)浸出阶段

矿层酸化阶段过去后即进入浸出阶段，此时的溶浸液酸度应低于酸化阶段，一般为 4～6 g/L H_2SO_4。酸度太高会影响离子交换树脂的吸附，太低则 U^{6+} 不会溶解，在浸出阶段尚需添加氧化剂(H_2O_2)，一般为 0.5 g/L 左右；但是，当浸出液中 pH >2.0 时不宜添加 H_2O_2。

(3)浸出末期

当浸出液中 U 浓度 <20～30 mg/L 时，即进入浸出末期，此时以扩散浸出为主，只添加 1 g/L的 H_2SO_4 即可；当浸出液中 U 浓度 <10 mg/t 时，此时则不加 H_2SO_4，只抽不注，进行地下

水复原阶段。

4.2.5 溶浸范围控制

1. 概述

所谓溶浸范围控制是指注入矿层的溶浸液能有效地控制在被采矿体(含矿层)的范围内,而不扩散到外围或流失。从水力学角度来讲,就是一种水力坡度的调控问题。溶浸范围控制的总体目标是:使注入矿层内溶浸液不流失;浸出液能够抽出地表;溶浸液要尽可能的与设计范围内所有矿石接触,消除溶浸死角。

原地浸出采铀溶浸范围控制的主要意义在于:合理布置钻孔和检查设计工作的合理性;监控和调节溶浸液在矿层中的分布;圈定溶浸范围(面积);为井场关闭地下水治理提供必要的参数。

溶浸范围控制技术的应用以及效果的判断,主要是通过计算机模拟结合其他监控手段,从而及时提供作业区溶浸液地下动力学状态信息,为地浸生产应采取的措施提供依据。圈定地浸作业区溶浸范围、计算出溶浸面积,是计算金属回收率、液固比等地浸工艺参数的最基本资料。

影响溶浸范围的主要因素有含矿含水层的渗透性、矿层顶底板岩石的岩性、矿床的埋藏深度、地下潜水面的位置及承压力的大小、地下水的大小、流向和流速、大气降雨量和地表水体情况、抽液和注液钻孔的布置方式、钻孔结构、注液压力和抽液孔液位降深值、抽液和注液钻孔的间距;抽液量与注液量及其比例、工作制度等。

2. 溶浸范围圈定方法

在地浸作业区的抽注过程中,始终保持抽液量大于注液量3%~5%(在矿层酸化阶段其注液量应大于抽液量5%左右,以扩大溶浸范围)。这样,地浸作业区自然就是一个低压区,注入的溶液被控制在作业区范围内。具体做法是:增加抽液孔个数,或减少注液孔个数,或控制注孔的注液量。

在矿层的酸化期,控制注液量大于抽液量10%~20%,以排挤地下水,加快矿层酸化速度。为了提高浸出率,需要最大可能减小或消除“溶浸死角”。

3. 消除“溶浸死角”的措施

抽液孔与注液孔数量比例恰当,多次交换使用,以改变液流方向,扩大溶浸面积。具体做法是:交换抽、注孔之前,抽孔照常工作,注孔只注清水(一天)不注溶浸液。这样,交换抽注孔工作时,抽孔(原注孔)开始抽液的头几个小时溶液混浊,泥砂杂质多,可直接外排,而不进入集液系统。这样做既不浪费资源也不会对环境造成大的污染。

4. 浸出液的提升

浸出液的提升是地浸采铀(矿)技术中的一个重要环节。地浸井场浸出液的提升能力大小从某种程度上来说,决定了该矿山的生产能力。目前,世界各国的地浸矿山浸出液的提升主要有两种方式:气升泵提升和不锈钢潜水泵提升。潜水泵提升效率比空气提升高,而且不存在进行气液分离问题,但也有许多缺点:①钻孔投资大,施工难度大;②潜水泵投资多;③维修工作量大。

4.2.6　应用实例(我国新疆某铀矿床)

1. 矿床地质

矿床位于伊犁盆地南极,为中－新生代陆相山间凹陷盆地,盆地为中上古生代地层,矿区内均为第四系覆盖。组成矿石的各种岩性有各种粒级砂岩、含砾砂岩为主。矿石矿物组成主要为石英(30%～45%)、长石(1%～16%),其次为火山岩、变质岩屑(20%～35%)及少量云母、缘混石(1%～5%),胶结疏松,为孔隙式胶结类型。铀在矿石中以分散吸附状态存在为主,其次为沥青铀矿、铀黑及铀的有机络合物。矿石为高硅、低钙镁类硅酸盐矿石,其化学成分见表 4.2。矿体平均平米铀量为 4.71 kg/m^2,矿体平均倾角为 10°左右,平均厚度 4.8 m,最大厚度 9.7 m,平均品位 0.052%,最高达 0.149%。矿体埋深 104～126 m。

表 4.2　矿石化学成分表

组分	U	SiO_2	Al_2O_3	Fe_2O_3	FeO	MgO	CaO	Na_2O	K_2O	其他
含量/%	0.14	87.26	8.04	0.96	0.54	0.84	0.59	0.11	1.83	5.27

2. 矿床水文地质条件

含矿含水层为第五含水层,厚度为 10 ～25 m,沟低 10 ～16 m,为承压水,含矿含水层为中粗粒砂岩、含砾砂岩等,胶结性能差,透水性能好,渗透系数 0.31～1.58 m/d,地下水类型为硫酸重碳酸型,矿化质为 0.66～1.05 g/t,pH = 7.5～8.0,水温 15 ℃左右。

3. 主要工程及设施

生产规模 20 t/a,共施工试验钻孔 39 个。其中:注孔 20 个,抽孔 14 个,现测孔 5 个。主要工程量详见表 4.3,主要设备、设施见表 4.4。

表 4.3　扩大试验主要工程量表

序号	工程名称	单位	数量
1	钻孔	m	6 050.86
2	抽注液管道安装	m	3 350
3	集液池	个	2 (136 m^3)
4	吸附高位槽 $\Phi2.7\times2.7$ m	m^3	31.0
5	配液间 $\Phi2.5\times2.5$ m	m^2	40.0

表 4.3(续)

序号	工程名称	单位	数量	
6	吸附车间 Φ2.0×4.5 m	m^2	176.0	5 个塔
7	中和沉淀车间	m^2	201.0	
8	发电房	m^2	170.0	
9	机修车间	m^2	60.0	
10	工业水塔	m^3	150.0	

4. 试验

①钻孔工程:钻孔为方格网状布置 25 m×25 m,抽注孔交换使用。

②溶浸液配方及使用:矿层酸化期为 8 g/e H_2SO_4,酸化期为 25 天,pH = 2 时,浸出液铀浓度达 30 mg/e,共浸出金属 6 528.85 kg。

③溶浸范围控制:抽 > 注 3% ~5%,尾液中和外排。

5. 试验效果

1994 年开始试验,单孔抽液平均 5.6 m^3/h,年产量连续 5 年达 200 t/a。

表 4.4 512 矿大试验主要设备、设施表

序号	名称	规格型号	单位	数量
1	钻机	XU - 1000	台	2
2	钻机	XJ - 300	台	1
3	泥浆泵	WB - 250	台	3
4	空压机	4U - 1.01/10	台	6
5	空压机	W - 0.9/7	台	7
6	耐酸泵	F80 - 97	台	2
7	柴油发电机	TX1M2 - TH	台	3
8	柴油发电机	TZS - TH	台	1
9	吸附高位槽	Φ2.7×2.7 m	个	2
10	配液槽	Φ2.5×2.5 m	个	2
11	吸附塔	Φ2.0×4.5 m	个	5
12	板框压滤机	52 m^2	台	1
13	浓密机	Φ3.6×1.8 m	台	1
14	化验室		间	2
15	工业水塔	150 m^3	个	1
16	机修车间	60 m^2	间	1

4.3 地表堆浸

4.3.1 堆浸研究的技术内容及适用条件

1. 堆浸研究的主要技术内容

①矿石堆：主要有堆的几何性质（形状、高度、体积、容重、安息角等）；堆中矿石的粒级及分布状态，孔隙度、渗透性；矿石的酸碱性、氧化程度；主要金属元素的价态和品位；伴生的有益及有害杂质元素的种类及含量等。

②溶浸液：主要指溶液的种类、浓度、酸碱性或 pH 值、氧化还原性、挥发性、腐蚀性；溶浸剂在水溶液中的离解度，以及由此而产生的阴离子、阳离子，特别是阴离子与欲浸出的金属离子的络合能力等。

③溶浸液与矿石堆的相互作用所产生的现象及其规律的研究。根据矿石中的矿物性质，遵照物理化学的基本原理，采用试验手段优化溶浸液的配方；探索浸出率与矿石粒级、浸出率与浸出时间、浸出率与矿堆几何性质——堆高、安息角等基本关系，研究溶浸液通过矿石堆的流型和状态，以便使液固两相更充分地接触；考察矿堆中的孔隙度和矿石内部的毛细孔隙度对溶浸液扩散的传质速度的影响；采用预防和消除浸出过程中的结垢现象的措施，促使主金属元素与溶浸液快速发生作用，同时减少不需要的伴生元素的浸出。

2. 堆浸的适用条件

①矿石浸出性能好；②矿石品位低，且储量大的易浸矿床；③品位高而储量小、交通不便、分散的小矿点易浸矿石。

4.3.2 地表堆浸法工艺流程

堆浸前期研究工作包括工艺矿物学、被浸矿石破碎最佳粒度、合理的溶浸剂选择及配方、堆场的底板结构、筑堆方式、规模及形状、布液及喷淋方式、矿石的渗透性、金属浸出率、浸出液的回收方式等内容。

堆浸法的基本工艺过程包括：矿石加工、堆场建筑、矿石筑堆、布液及浸出等五大部分（图4.6）。

1. 堆场建筑

（1）堆场面积和堆场个数的确定

堆浸场地面积的大小取决于矿山的年生产能力、地形及筑堆高度等因素。单堆底面积按式（4.1）计算。

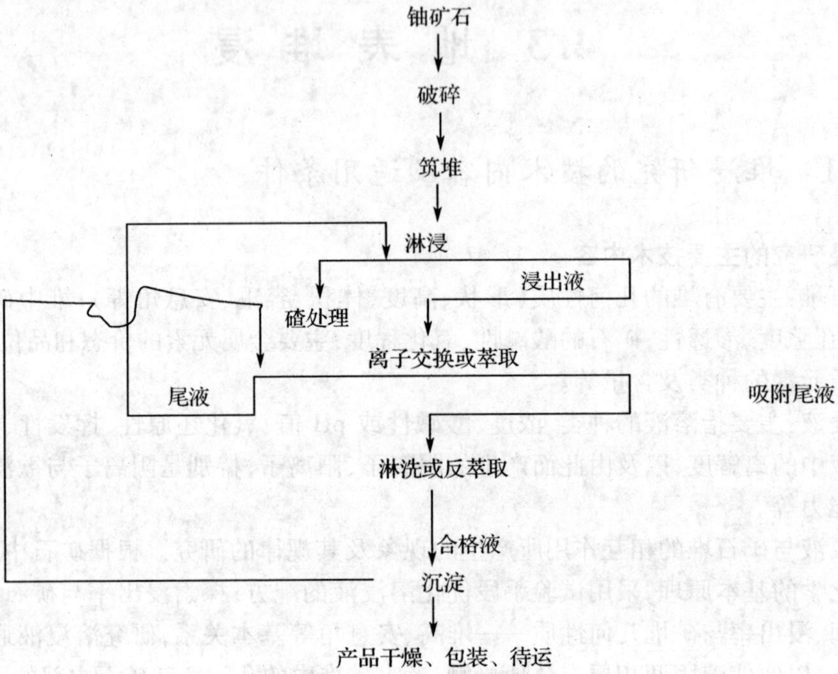

图4.6 地表堆浸法工艺流程

$$S = K_K \frac{q}{H\delta} \tag{4.1}$$

式中,S 为单堆底面积,m^2,δ 为矿石的松散容量,t/m^3;q 为单堆矿石量,t; K_K 为堆场系数,堆场处于平地,取1.25~1.40;堆场一面靠山时取1.20~1.30;堆场二面靠山时取1.00~1.15;堆场三面靠山时取0.85~1.10。

堆场个数按式(4.2)计算。

$$n_s = \frac{Q'}{q} + 1 \tag{4.2}$$

式中,Q'为堆场上的矿石量,t;n_s 为堆场个数,个;q 为单堆矿石量,t。

$$Q' = \frac{Q''}{365}(N_1 + N_2 + N_3 + N_4) \tag{4.3}$$

式中,Q''年处理矿石生量,t;N_1 堆矿时间,d;N_2 浸出时间,d;N_3 卸堆时间,d;N_4 停产时间,d。

(2)堆场底板建筑

堆场底板垫层要满足以下基本要求:有足够的抗压能力,能承受矿石的重力和施工设备给予的压力;有一定的坡度(2°~10°),能及时排出矿堆中的浸出液;渗透性低,一般小于1×10^{-7} cm/s;与浸出液不起化学反应,也不会对被浸出液离子起物理或化学吸附作用;使用周期长,能经受各种自然条件变化的考验;对人体健康不会产生影响;施工方便,易于掌握;成本低,材料来源广。

根据上述基本要求,堆场的底板垫层结构可选择黏土型、地膜型、沥青混凝土型及复合型等结构形式。

①黏土型垫层结构

在压实了的地基上,分层铺设黏土层,为确保质量,则往往加入3% ~5%膨润土,然后分层压实。黏土层分层厚度约等于95%的黏土通过的筛子尺寸的3 ~5倍。一般为150 ~180 mm。黏土层总层厚度一般约等于95%的黏土通过的该筛孔尺寸的10 ~12倍(见表4.5)。

表4.5　黏土底垫层厚度选择

95%黏土通过筛孔尺寸/mm	黏土底垫层总厚度/mm	黏土底垫层层数
<12.7	304.8	2
19.1	304.8	3
25.4	304.8	3
38.1	457.2	3
50.8	609.6	4
>50.8	不作底垫层使用	—

②地膜底垫层结构

地膜是指聚氯乙烯、高密度聚乙烯软板等有机合成材料。要求防渗透性能好,抗压、抗刺破能力强,可用加载实验进行验证。在地膜上堆覆盖材料,覆盖层厚度100 mm,试验时从底垫层施加压力80 kN,产生2 000 kPa接触应力,并保持2 min时间,不同地膜底垫层材料试验结果见表4.6。

表4.6　地膜底垫层材料试验结果

地膜材料	材料厚度/mm	保护层材料			
		-40目尾矿	-8 mm破碎石英	-10 mm筛分烁石	-10 mm粉矿
PVC	0.5	P	P-B	F-T	F-T.
	0.75	P	F-T	F-T	F-T-B
	1.00	P	F-B-T	F-T	F-T-B
	1.25	P	P	F-T	F-T-B. P
HDPE	1.00	P	P	P	P
	1.25	P	P	P	P

表 4.6(续)

地膜材料	材料厚度/mm	保护层材料			
		-40 目尾矿	-8 mm 破碎石英	-10 mm 筛分烁石	-10 mm 粉矿
HDPE	1.50	P	P	P	P
	2.00	P	P	P	P
	2.50	P	P	P	P

注:PVC—聚氯乙烯;HDPE—高密度聚乙烯;P—合格、未刺破小孔的; F—损伤、至少出现一个小孔;T—从顶部刺破;B—从底部刺破。

江西 719 矿在堆浸中采用 3 mm 厚的 PVC 软板,多次重复使用;新疆沙乐布拉克和双王金矿采用 1.2 mm 厚 PVC 软板,矿石粒度 -40 mm,堆高 7 m,多次重复使用。目前铀矿大多采用 1.0 mmPVC 软板。

③沥青混凝土低垫层底板

渗透率为 $10^{-8} \sim 10^{-10}$ cm/s,防渗透性能好,抗压、抗刺破能力强,但一次性投资大,只有在长期使用的、高堆、大型堆才采用。

④其他垫层底板

在我国有些采用三合土——沙子、石灰、黏土均匀混合以后,用人工夯实,作底板。

2. 矿石筑堆

(1)筑堆设备

筑堆设备主要有:推土机、大型后卸式汽车、皮带运输机、铲运机、弧形筑堆机、前端式装载机、电耙等。

(2)筑堆方法

①后退式筑堆法(图 4.7)

这种方法的特点是:先从距供矿点距离最远处开始筑堆,而逐渐筑起的矿堆则慢慢向供矿点靠近。

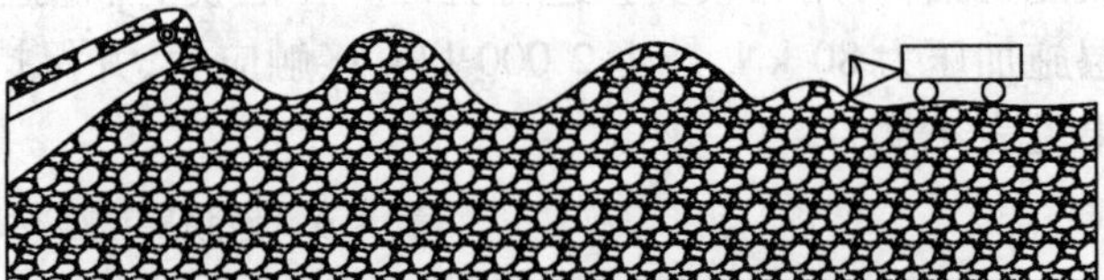

图 4.7　后退式筑堆法

筑堆的步骤、方法:

a. 将矿石从供矿点用机械输送到堆场最远端下部,即开始筑堆。用于输送的设备主要有:后卸式汽车、前端式装载机、皮带运输机、弧形筑堆机,还可以使用小的双轮手推车等。

b. 当堆场的一部分堆达到设计高度后,输送矿石的机械开始后退,并紧靠着矿堆继续卸矿,如此依次后退卸矿、筑堆,从而使矿堆不断延伸扩大形成一个符合设计要求的堆场为止。

后退式筑堆法的优点是:可以避免或减轻矿堆被机械或人工的反复行走而压实;可以减少矿石的离析作用(皮带运输例外);能保持矿堆自然形成的特性,特别是渗透性。

目前,在一些大型的堆浸场一般主要采用后退式筑堆法。

②前进式筑堆法及设备(图4.8)

这种筑堆方法一般用于中小型堆场或少数的大型堆场,这种方法的特点是筑堆设备需在已筑好的部分矿堆上行走。

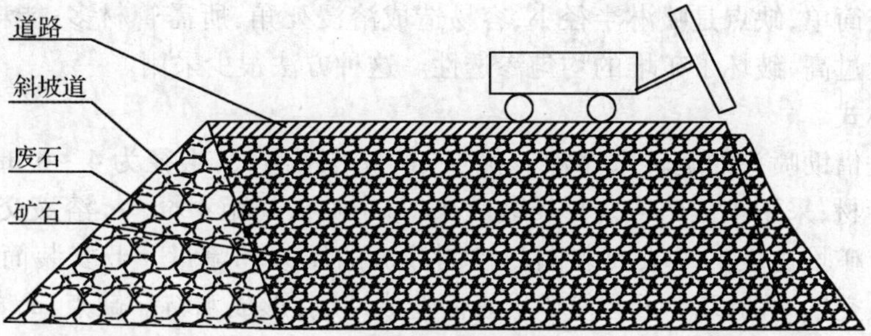

图4.8　前进式筑堆法

筑堆步骤、方法:

a. 利用地形之差,或现修一条斜坡道,由运输机械就近将矿石卸到堆场上;

b. 矿石逐层上堆;

c. 矿石堆到规定高度后,运输机械直接在矿堆上往前卸矿,如此依次推进。这种方法的主要设备是后卸式汽车。

前进式筑堆法的特点:

a. 矿堆高度不受筑堆设备的限制,即矿堆可高可低,灵活性大;

b. 设备投资少;

c. 堆场的有效面积利用率大。

缺点:筑堆设备在矿堆上行走,将矿堆压实,影响了矿堆的渗透性。因此,该方法只适应于渗透好,块度大的矿石,而对含泥量高造粒堆浸更不能使用。这种方法劳动强度大,工业卫生条件也较差。

③多层叠加筑堆法

这种方法是指一个矿堆浸出完结后,不卸堆,继续往上堆矿,再浸出。

3. 布液

矿堆筑好以后即进行布液。布液是堆浸工艺中的一项重要工艺。如何将溶浸液均匀地分布于矿堆表面,这与布液方式和装置有关。堆浸的布液方式和装置种类较多,主要的有如下3种:

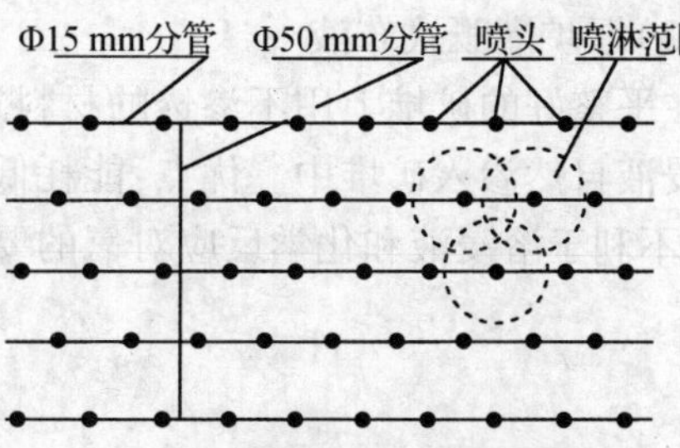

图4.9　喷淋式布液

(1) 喷淋式布液(图4.9)

喷淋式是应用最广泛的一种布液方式,而它又分为固定式和旋转式两种。

①固定喷淋式

它是通过在管道上按需要以一定的间距钻孔，或者在管道上安装淋浴用的淋喷头，在泵或高位槽的压头下溶浸液从洞孔或淋喷头的小孔中分散喷出，滴落于矿堆表面的一种喷淋方式。

优点是安装简单，缺点是喷淋半径小；容易造成溶浸死角；所需管材多；能耗高；喷出的溶浸液在空间位置过高，破坏了矿堆的均匀渗透性。这种方法很少采用。

②旋转喷淋式

这种布液是借助喷头的旋转来布液。优点：a. 布液距离大，半径为 4 ~6 m，布液面积大；b. 能节省大量管材；采用正三角或菱形安装喷头，每个喷头间距 4 m。c. 溶液交叉喷洒，均匀，没有溶浸死角。矿堆边坡的喷头要装阀门控制液流的压力和流量。d. 安装简单，操作方便；e. 喷淋液能吸收空气中的氧；f. 不会使矿堆表面造成冲刷，形成水坑。缺点：a. 蒸发量大；b. 刮大风时，喷淋液量发生飘移；c. 产生雾，影响环境卫生。核工业六所研制生产的 PLK－15 型旋转喷头参数如下：工作压力 0.05 ~0.1 MPa；喷淋半径 4 ~6 m；喷淋量 500 ~700 L/h；喷淋高度 <2 m；喷出滴液直径 1 ~3 m；喷头材质为 ABS 工程塑料。

(2) 滴管式布液

滴管式布液是近几年发展起来的一种新的布液方式。美国内华达州不少堆浸场已将喷淋式布液改为滴管式(浸)布液。其优点是：蒸发量小，不产生雾，冬季冰冻能维持生产。

它是由主管道、滴浸管和滴液发射管等部件组成。美国罗彻斯特(Rochester)金矿的滴浸系统采用 ϕ15 cm，长 91 m 的主管道，然后向两侧接出 ϕ11.2 mm 滴浸软管，软管间距为91 cm，软管上液滴发射管间距为 76 cm。

滴浸速度通过液滴发射管的选择，发射管间距或管道中压力调节来控制。

这种布液方式在干旱、蒸发量大而又缺水的地区，以及刮风大的地区有其独到的优点。缺点是：安装工作量大，特别是对矿石块度大，且矿堆高度很低时不适用。

我国新疆的萨布尔拉克也作过该试验，证明这种布液方式对结垢比较敏感，当把滴浸系统埋入矿堆中操作时，一旦发射管(内径为 0.8 ~2 mm，滴浸管内径为 10 ~12 mm，孔隙小)结垢，即被细泥堵塞，且不容易被发现。喷头式则不存在这个问题。

(3) 堰圹灌溉式布液

在平整好的矿堆上用不渗透的材料筑堤，筑成若干个堰圹，然后用泵将溶浸液泵入圹中，让溶浸液自然渗入矿堆中。优点：能耗低，不产生酸雾，有利于工人健康，且渗透基本无死角。缺点：不利于溶浸液和化学反应对氧的要求；边坡要用人工浇灌，大型堆场一般不采用。

4. 溶浸剂的种类及浓度(表 4.7)

表 4.7 溶浸剂的种类及浓度

被浸矿种	试剂	溶浸液中含量(g/t)
铀矿	H_2SO_4 $Na_2CO_3 + NaHCO_3$ $(NH_4)2CO_3 + NH_4HCO_3$	5 ~ 20 ~ 50 5 ~ 15 5 ~ 15
铜矿	H_2SO_4 $NH_4OH + (NH_4)_2CO_3$ 0.1% ~ 0.2%	
金矿	KCN 或 NaCN + $Ca(OH)_2$ 氰化钾　氰化钠　石灰 $CS(NH_2)_2 + H_2SO_4$	0.02% ~ 0.3% 0.5% ~ 2.0% 0.1% ~ 3%
稀土矿	$(NH_4)_2SO_4$ 硫酸铵	10 ~ 15 g/t

5. 浸出

矿堆喷淋之前,须对矿堆的矿石用清水喷淋洗涤,以洗去杂质、泥质和有害物,对浸出有利。

(1)溶浸液的配制和使用方法

a. 配制:要求所配制的溶浸液中 pH 值、电位等指标能满足浸出化学反应的需要。由于尾液是循环使用的,因此,有害杂质(如 Cl,Ca,Mg 等离子)不断积累,必须及时排除处理,以免影响吸附效果;

b. 使用方法:分为三个阶段,即初期为高浓度、中期为中浓度、末期为低浓度。

(2)喷淋强度

指单位时间内喷向矿堆单位面积上的溶浸液的体积量,是堆浸工艺中确定构筑物容积大小、回收设施规模大小的重要依据。

(3)喷淋(含间歇)制度

堆浸采用间歇式喷淋。一般情况下,每天喷淋 8 ~ 12 小时,停喷 16 ~ 12 小时。每天喷淋间歇时间约为喷淋时间的 1.0 ~ 1.5 倍。多数采用喷 1 小时停 1.0 ~ 1.5 小时,或者连续喷 2 小时,停 2 ~ 3 小时。连续喷 2 ~ 4 小时很少,这样会使构筑物和后处理设备规模增大,基建投资增大。

4.3.3　江西某铀矿铀矿石地表堆浸

江西某铀矿鹿井矿区以硅酸盐型沥青铀矿物为主,黄峰岭矿区以红色玉髓型铀赤铁矿为主,矿石容重 2.55 t/m^3,堆容重约 1.6 t/m^3,矿石水冶处理性能好,具有浸出温度低(40 ~ 50 ℃)、时间短(1.5 ~2.0 h)、酸耗低(4% ~5%);矿浆黏度小,沉陷性不大,渗透性能好等特点,矿床储量大,但地质品位低。

1. 堆浸场

堆浸场选择离露天采场附近 1 km 的公路旁,堆浸场平均面积约为 800 m^2。堆浸场底部防渗漏层有两种结构:一种是采用 150 mm 厚的黏土层,上铺软塑料板;另一种是 150 mm 厚的黏土层,上铺一层油毡加二层塑料薄膜。试验结果未发现溶液渗漏现象(图 4.10)。底部防渗漏层的软塑料板(薄膜)延伸至外面,通过距矿堆底部 250 mm,高 250 mm 左右的毛石挡墙,并将其覆盖,形成集液沟。

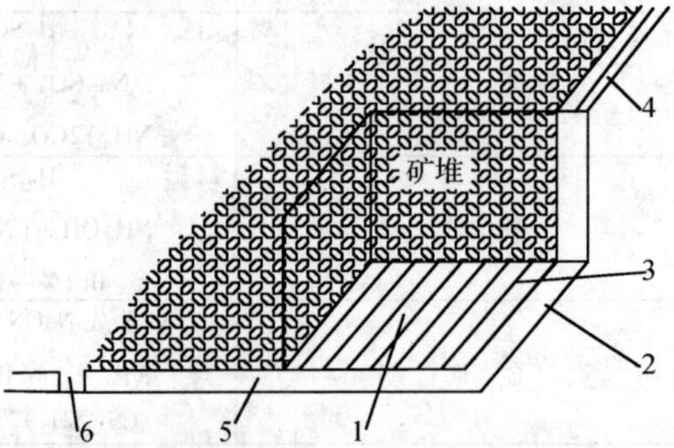

图 4.10　堆场结构剖视图

1—软 PVC 板;2—黏土层;3—排液床;4—PVC 膜;5—黏土围堰;6—排液沟

2. 建堆

(1)矿石

矿石总量 4 484 t,含水量为 5.7%,平均品位 0.044 6%。矿石量与品位的搭配关系见表 4.8。

表 4.8　矿石与品位搭配关系

品位/%	<0.04	0.04~0.08	>0.08	合　计
质　量	134.24	3 066.8	74.8	4 484

(2)建堆

矿石用汽车直接卸在排液床上,为了避免卸矿时排液床被破坏和防、渗漏层受损坏,应预先在排液床上人工覆盖一定厚度的矿石,并保证汽车压过处的矿层厚度达到 1.5 m 以上,在汽车压实处,人工挖松厚 0.5 m 左右,堆顶部用人工扒平。为降低劳动强度,修成四个梯形平面,形成四块“梯田”,矿层最大高度达 5 m,最小高度约 3 m。集液沟和围堰一侧用废石(也有矿石)砌成 450 ~500 的护坡。

3. 工艺流程及结果

(1)工艺流程(图 4.11)

溶浸液由高位槽 1 自流至矿堆 2,通过矿堆的浸出液经集液沟流入浸出液贮槽 3,用泵 9 升扬至吸附塔 4,自流入吸附塔 6,经 201 ×7 强碱性阴离子交换树脂吸附后,尾弃液流入高位槽 1,补加硫酸再次注入矿堆; 饱和树脂压缩空气提升至淋洗塔 7,用 10% 硫酸溶液淋洗得淋洗合格液(放入贮槽 5),并送往水冶厂加工成铀化学浓缩物;淋洗后的树脂用压缩空气提升返回吸附塔6。当浸出液金属浓度在1.5 g/L左右时直接送水冶厂处理。

(2)工艺参数

浸出:溶浸液为10～50 g/L的硫酸溶液;溶浸液流通量为40 m^3/d;浸出温度为-2～300 ℃(当地气温)。

吸附:流化床吸附方式;流量为40 m^3/d;pH值>1.2;金属浓度未控制。

淋洗:移动床淋洗方式;淋洗剂量为10%硫酸溶液;合格液金属浓度>2 g/L。

(3)结果

整个试验过程添加水约500 m^3。其中有443.5 m^3浸出液输送至水冶厂处理。堆场每天循环溶浸液量约400 m^3,共运行12天,通过矿堆的溶浸液总量约4 000 m^3。共回收金属1 530.6 kg,金属回收率为76.53%,浸出液金属浓度最高达3 g/L,最高日产量达28 kg。浸出液分析结果见表4.9。

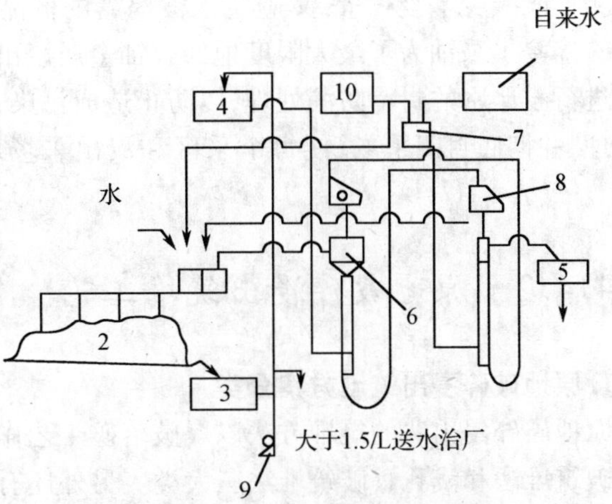

图4.11　江西某铀矿堆浸流程

1—溶浸液高位槽;2—矿堆;3—浸出液贮槽;4—吸附塔高位槽;5—合格液贮槽;6—吸附塔;7—淋洗塔;8—弧形筛;9—泵;10—溶液制备槽

表4.9　堆浸浸出液与水冶厂浸出液对照表

项目	Me/g/L	H_2SO_4/g/L	SO_4^{2-}/g/L	SiO_2/g/L	$Fe_{总}$/g/L	Fe^{2+}/g/L
矿堆浸出液	0.350	13.8	17.6	0.647	6.72	0.165
水冶厂浸出液加工厂	0.696	5.0	21.92	2.520	2.16	0.220

4.4　原地破碎浸出法

4.4.1　概述

原地破碎浸出采铀的实质是借助爆破方法或地压控制手段,将天然埋藏条件下的矿体,原地破碎到一定块度并形成适宜矿堆,用溶浸液有选择性地浸出矿石其中的铀矿物,并将含有铀矿物的浸出液抽出采场,输送到处理车间提取铀矿物。

原地破碎浸出采铀地表尾渣排放量只有常规采铀的20%～30%,尾矿库容也相应减少70%～80%。加之低品位矿石和部分表外矿石随爆破一起崩落采场就地浸出处理,与常规法采铀相比既减少了废石量，又避免了被揭露的低品位矿石留在井下造成地下水和地表污染。原地破碎浸出采铀为了最大限度地回收铀金属浸出液，在施工集液工程时，对采场周围的裂隙通道进行了严密的封堵防漏处理，以防止造成污染，加上采场浸出结束后，对采场矿渣进行中和处理，并彻底封闭采场，使每个采区和浸出采场成为一个完整的封闭体，从而减少了环境污染。

4.4.2 原地破碎浸出筑堆工艺

1. 原地破碎浸出筑堆方案分类

原地破碎浸出法的筑堆方法以爆破落矿工艺作为分类的依据，分为深孔爆破筑堆法、中深孔爆破筑堆法和浅孔爆破筑堆法三大类。另外还有两类特殊筑堆方法：自然崩落法筑堆和核爆破筑堆法。根据爆破时补偿空间的大小、形式及爆破方向不同，提出了各种典型的筑堆方案（表 4.10）。

表 4.10 原地破碎浸出筑堆方案分类

筑堆方案分类	筑堆方案分组	典型筑堆方案
深孔爆破筑堆	向松散矿堆的深孔挤压爆破筑堆	阶段强制崩落连续留矿筑堆法
	均匀布置切割槽的深孔挤压爆破筑堆	阶段强制崩落留矿筑堆法
	向自由空间的深孔爆破筑堆	水平深孔爆破留矿筑堆法
		垂直深孔爆破留矿筑堆法
		大直径深孔凿岩球状药包爆破后退式回采留矿筑堆法
中深孔爆破筑堆	向松散矿堆的中深孔爆破筑堆	无底柱崩落留矿法筑堆
	均匀布置切割槽的中深孔分段挤压爆破筑堆	中深孔分段落留矿法筑堆
	中深孔抛掷爆破筑堆	中深孔抛掷爆破留矿法筑堆
浅眼爆破筑堆	留矿法爆破筑堆	浅眼留矿法爆破筑堆
		浅眼全面留矿法爆破筑堆
自然崩落法筑堆		
核爆破筑堆法		

2. 原地破碎浸出采准工作

采准巷道的主要作用是运输矿石和废石、材料和设备，铺设喷淋管道输送溶浸液、通风、行人、输送和收集产品液以及形成爆破所需的补偿空间。主要采准巷道有阶段运输平巷、穿脉和天井。根据主要采准巷道和矿体的位置关系分为脉外采准和脉内采准两种类型。如图 4.12 和图 4.13 所示。脉外采准的优点是有利于采场的通风，有利于开拓与采准巷道的保护，对水平和缓倾斜矿体，该方法更为有利。铀矿山由于有放射性污染，一般采用脉外采准方式。该方法的缺点是采准工作量大。

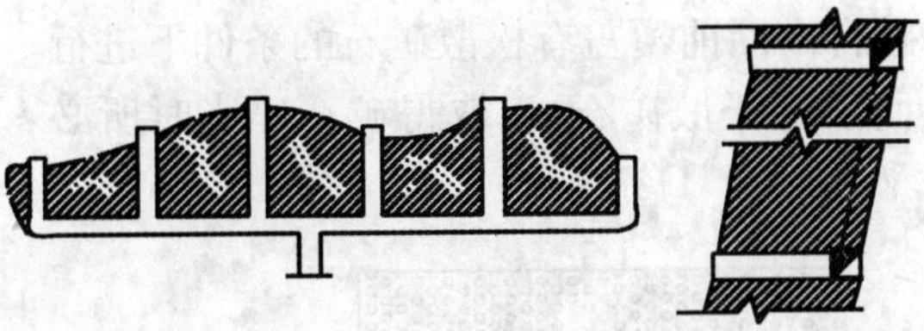

图4.12　原地破碎浸出脉内采准方法

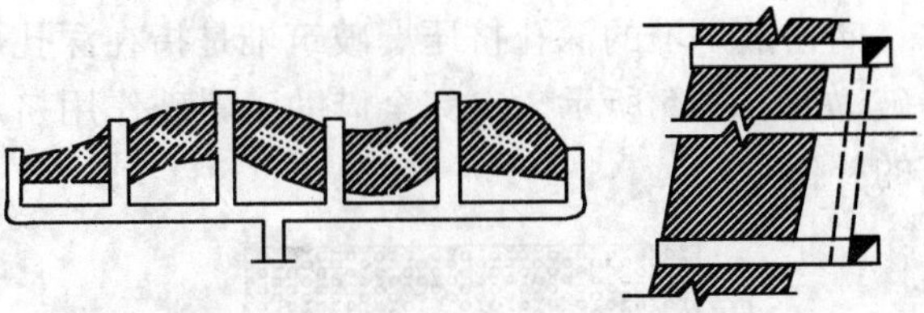

图4.13　原地破碎浸出脉外采准方法

原地破碎浸出采矿的采准结构包括了输送溶浸液喷淋系统和收集产品液底部结构系统。根据喷淋系统不同，分为留矿堆上部喷淋布液、钻孔输送溶浸液的布液、留矿堆中预埋喷淋管道的布液等。根据收集产品液的底部结构形式不同，分为留自然底柱的钻孔集液底部结构（图4.14(a)）、人工假巷的底部结构（图4.14(b)）、平底底部结构（图4.14(c)）和堑沟底部结构等。

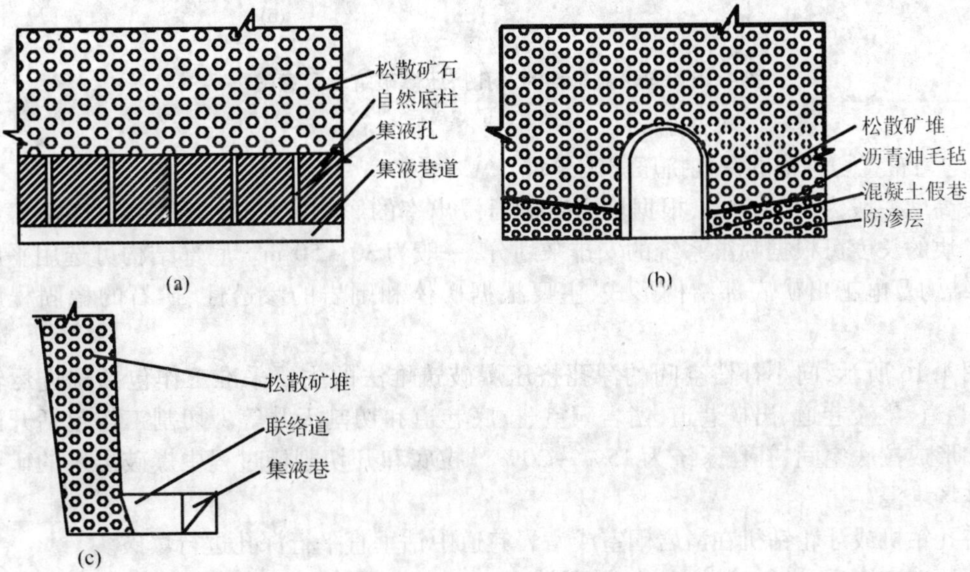

图4.14　原地破碎浸出采场的底部结构形式

(a)留自然底柱的钻孔集液底部结构；(b)人工假巷的底部结构；(c)平底底部结构

3. 原地破碎浸出深孔爆破筑堆典型方案

深孔爆破筑堆的方式按照补偿空间的大小分成两种，分别为挤压爆破和自由空间爆破。自由空间爆破的补偿系数为20%～30%，而深孔挤压落矿只有10%～20%。挤压爆破根据爆破自由面的补偿空间状况,分为向松散矿堆的挤压爆破和均匀布置切割槽的挤压爆破。

(1)向松散矿堆的深孔挤压爆破筑堆

向松散矿堆的深孔挤压爆破筑堆是指在深孔爆破自由面前覆盖有松散矿石的条件下进行爆破,如图4.15所示。它完全借助于爆破作用挤压面前的松散矿石,以取得矿石碎胀时所必需的补偿空间。

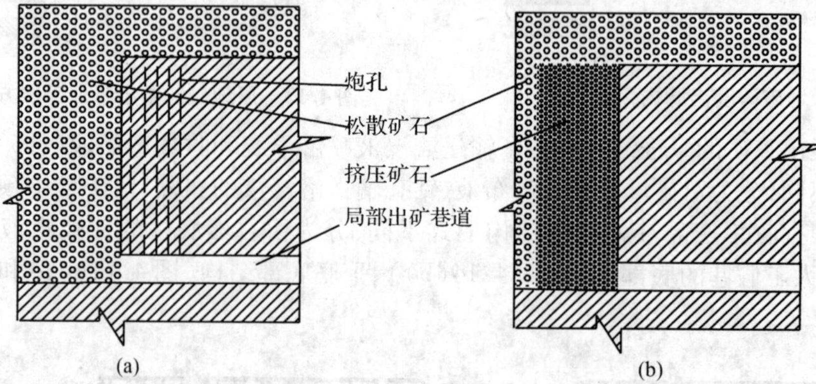

图4.15 向松散矿堆的深孔挤压爆破筑堆示意图

(a)爆破前;(b)爆破后

(2)均匀布置切割槽的深孔挤压爆破筑堆

阶段高度一般为30~60 m,根据堆高对矿石浸出率的影响及矿体的赋存条件、凿岩设备而定。矿块的长度可根据喷淋系统的安排来划分,一般为30~50 m。底部结构可选用平底结构、堑沟结构及电耙出矿底部结构形式,主要根据矿体和围岩的渗透性、矿石的稳固程度来选择。

如图4.16所示,向小补偿空间的深孔挤压爆破筑堆法的主要采准工作包括掘进运输巷道、喷淋巷道、集液巷道、出矿巷道、凿岩硐室、拉底巷道和切割天井等。切割工作包括开凿补偿空间和形成拉底空间,补偿系统为15%~20%。拉底和开切割槽过程中爆破出来的矿石拉到地表堆场堆浸。

用潜孔钻机或牙轮钻机在凿岩硐室或凿岩巷道中钻垂直平行深孔进行爆破。

矿块落矿完毕后,进行喷淋,收集溶浸液。

该方法适用的条件是矿体厚度大于10~15 m,否则,爆破时夹制性太大;矿石价值不大,围岩含有品位;当矿体的形态不规整时,开采部分表外矿石或废石,使爆堆规整,以免产生浸润死角;围岩的渗透性很低,当围岩渗透性较大时,应采取有效防渗漏措施;当矿体的渗透性较大时,应采取全部隔水的底部集液结构。

这种方法的优点是爆破一次成堆,不需要进行局部放矿,从而能使矿堆保持爆破后的自然状态,级配良好,不会产生“沟流”现象;开采效率高、强度大、劳动生产率高;崩落成本低;采用挤压落矿,崩落矿石块度均匀,大块率低,粉矿少;工人在凿岩巷道或凿岩硐室中工作,作业安全;可将切割槽布置在矿体中品位较高的地段,以使高品位矿石拉出地表堆浸。

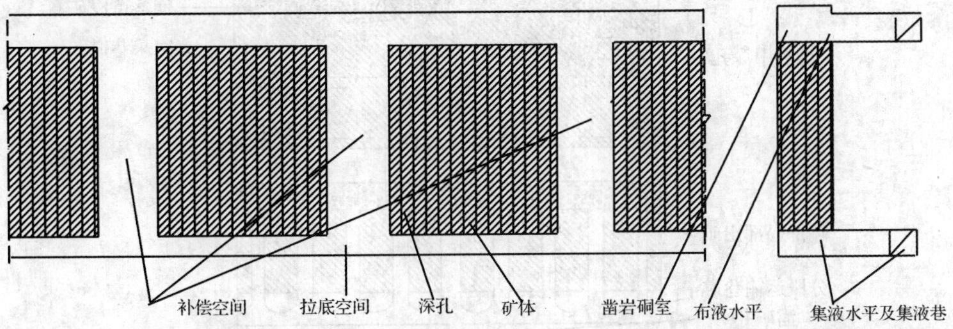

图4.16　均匀布置切割槽的深孔挤压爆破筑堆

(3)向自由空间的深孔爆破筑堆

向自由空间的深孔爆破筑堆方案是在爆破前先形成30%左右的补偿空间,根据落矿方式不同,又分为水平深孔爆破留矿筑堆法和垂直深孔爆破留矿筑堆法。水平深孔落爆破留矿筑堆方法在采场爆破前,要在采场的底部拉底,而垂直深孔落矿的爆破留矿筑堆方法在爆破前除拉底外,还要先拉切割槽。大直径深孔凿岩球状药包爆破后退式回采留矿筑堆法(VCR法)属于垂直深孔爆破留矿筑堆法。深孔爆破按其在爆破层中的排列,可分为平行、扇形和束状。平行落矿的优点是大块产出率低、每米炮孔落矿量大、爆堆形状规则,凿岩巷道有利于喷淋系统的布置;缺点是需掘进大量的凿岩巷道,而且钻机移动频繁。当矿石坚固性大、凿岩机台效低于4~6 m时,采用平行孔布置有利。扇形深孔布置的优点是采切工程量小、钻机移动次数少;缺点是炮孔总长度大,较平行布置增加50%~60%。由于显著减少了采准工程量,该方法得到了广泛的应用。而深孔束状布置由于炸药能量在矿石中分布极不均匀,大块率高,一般很少采用,但在回收残矿时,可能会使用这种方法。

向自由空间的深孔爆破筑堆一般适用于开采矿石和围岩较稳固的倾斜和急倾斜的厚和极厚矿体,以及极厚的水平和缓倾斜矿体。矿体的几何形状最好比较规则,当矿体的几何形状不规则时,爆破部分表外矿石甚至废石,以保证爆下矿堆形状规则。

4. 原地破碎浸出中深孔爆破筑堆典型方案

(1)向松散矿堆崩矿的中深孔分段爆破筑堆

向松散矿堆崩矿的中深孔分段爆破筑堆方法一般采用无底柱分段崩落留矿法,该方法将阶段再划分为分段,用凿岩台车在分段回采巷道打扇形中深孔,向端部的松散矿堆或小补偿空间崩矿,崩落的矿石要进行局部出矿,运出12%~20%。剩下的松散矿石留在采场内准备浸出,如图4.17所示。无底柱分段留矿筑堆法的主要缺点是端部局部出矿过程中造成矿堆的自然分级,小块度矿石容易从端部放出,大块度矿石留在采场浸出,容易造成“沟流”现象。采场通风条件较差。这种方法也可用于开采由充填法开采留下的底柱和顶柱。

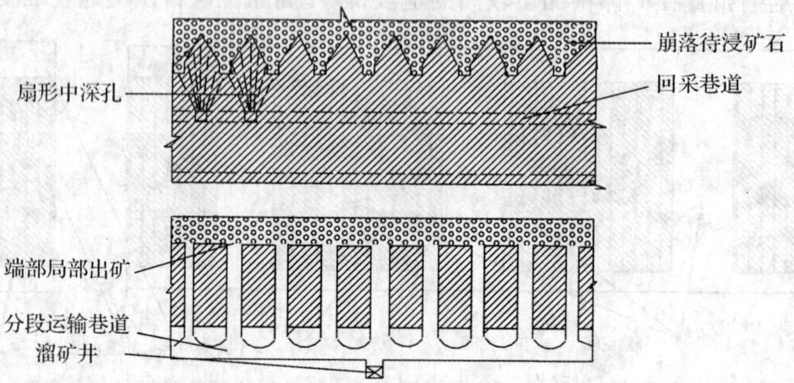

图 4.17 无底柱分段崩落留矿筑堆方法示意图

(2)均匀布置切割槽的中深孔分段爆破筑堆

均匀布置切割槽的中深孔分段爆破筑堆方法实质上中深孔分段留矿法,如图 4.18 所示。用凿岩巷道将阶段划分为 2 ~3 个分段,在分段中钻凿扇形中深孔。待采场炮孔全部打完后,分段或阶段爆破一次完成。

采准工作主要是掘进阶段运输巷道,分段凿岩巷道、切割天井、钻进喷淋孔和排液孔,构成喷淋水平,在采场底部形成集液系统。以切割天井为自由面,开切割槽,形成补偿空间。

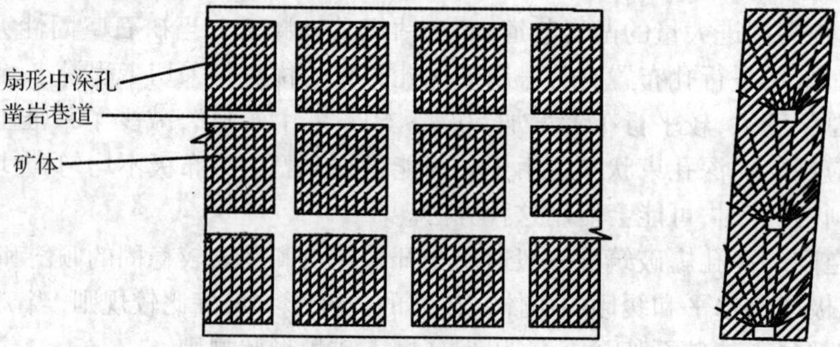

图 4.18 均匀布置切割槽的中深孔分段爆破筑堆方案示意图

这种方案可以采用多种形式的喷淋系统,应用最多的方案是溶浸液通过不爆破的扇形炮孔输入,如图 4.19 所示。或溶浸液通过预留在松散矿堆内的带孔管道输入。

根据矿床的水文地质条件和矿床开采技术条件,可选择各种形式的集液系统,包括完全隔水的底部集液系统、平底底部结构集液系统、钻孔集液系统等。

(3)向自由空间的中深孔抛掷爆破筑堆

用留矿法开采倾角 40° ~50°的矿体时,矿石不能靠自重进行溜到采场的底部进行筑堆,这时，可借助落矿时的爆力将矿石抛放到补偿空间内进行筑堆。

如图 4.20 所示，首先沿矿体的下盘掘进凿岩巷道和在采场的底部掘进拉底巷道并进行拉底，补偿空间系数应达到 30%。然后在凿岩巷道中凿扇形中深孔，自下而上逐段进行爆破。崩落的矿石借助爆力抛掷到采场底部进行筑堆，所以，靠近采场底部的爆破需增加药量，但不能增加太大，以免产生过多粉矿，在浸出过程中堵塞溶浸液和浸出液的通道。

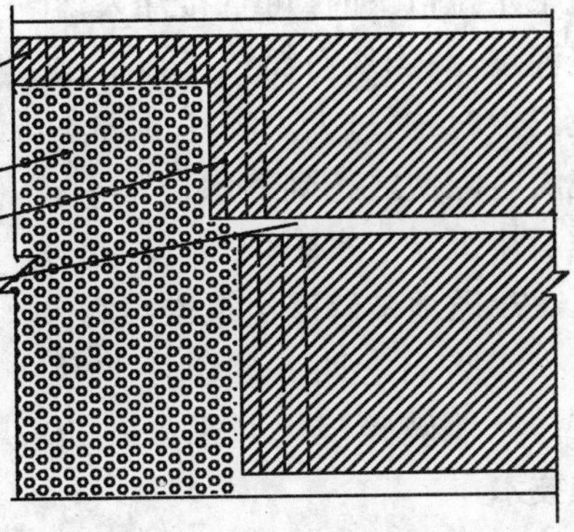

图 4.19　中深孔分段爆破留矿法钻孔喷淋方案示意图

喷淋系统可通过预埋在松散矿堆中的喷淋管道来实现，或者在采场的上部布置喷淋管理及同时在采场顶板岩石中布置喷淋钻孔来实现。

这种方法的适用条件是倾斜的中厚或厚矿体，矿体的下盘透水性差，节理裂隙不发育。

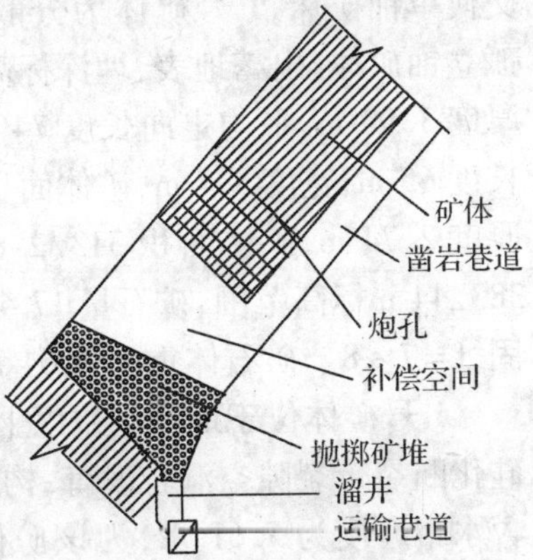

图 4.20　向自由空间的中深孔抛掷爆破筑堆方案示意图

5. 原地破碎浸出浅眼爆破筑堆典型方案

浅眼爆破筑堆法基本上是留矿法或者留矿法与其他方法交叉形成的组合式采矿方法，主要有浅眼留矿法和全面留矿法，前者主要用于急倾斜矿体，而后者主要用于倾斜。这类方法的特点是在每次崩矿后将放出 30% 左右的矿石，作为继续上采的工作平台及下次爆破的补偿空间。浅眼爆破筑堆方法的优点是对开采设备要求较低，采场结构、生产工艺和管理简单，爆破块度小。缺点是生产效率低、放射性防护条件差，工人站在矿堆上进行崩矿，使分层爆破的矿堆表面形成压实层，形成人为的“隔液层”，降低矿堆局部的渗透性。多次的局部放矿改变矿堆的级配状况，在矿堆内产生“沟流”现象。

6. 原地破碎浸出核爆破法筑堆典型方案

核爆破原地破碎浸出筑堆法是一种很有发展前途的原地破碎手段，适用于埋藏深、品位低、矿体厚大矿床。核爆炸物的体积小，能量大是其优点。裂变爆炸物与聚变爆炸物都曾用于各种岩层的爆破，0.45 kg 的铀完全裂变，相当于 9 000 吨 TNT 炸药的能量。0.45 kg 的氘(重氢)在反应时，可释放等于 26 000 吨 TNT 炸药的能量。单个块石筒的浸出的工艺流程如图 4.21所示。

首先引爆核药包，爆破后矿石崩落，在深部矿体中形成一个很大的块石筒。当块石筒位于地下水位以下时，可直接注入溶浸液浸出；当块石筒位于地下水位以上时，通过人工灌注的方法充灌空隙使之达到静水位水平，矿石块沉浸于水中。

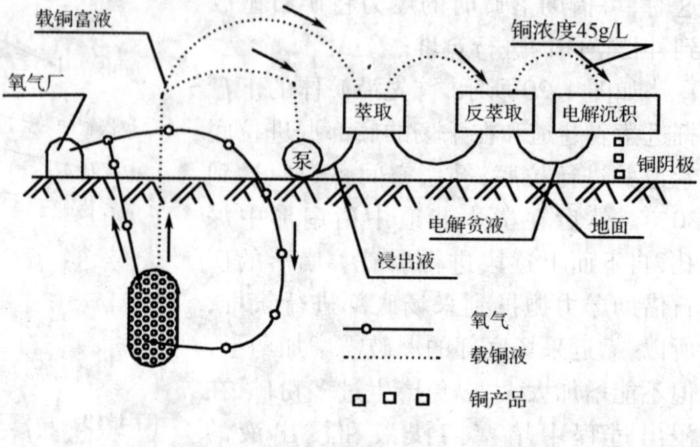

图 4.21 原地核爆破浸出铜的工艺流程

7. 原地破碎浸出筑堆实例

实例 1：七四五矿蕉坪 1 号矿体原地破碎浸出开采深孔筑堆技术

（1）矿体赋存特点

该矿床为中低温热液充填、交代单铀矿床，1 号矿体为分散孤立铀矿体，出露地表，埋深标高为 416 ~ 323 m，下向延深 93 m，矿体呈似脉状，倾角 82°，平均厚度 3.99 m，平均走向长度 74 m。矿体有两层坑道控制，上层坑道标高 383.44 m，揭露矿体长度 65 m，宽度 5.7 m，矿体面积为 361.2 m^2；下层坑道标高为 352.2 m，矿体长度 102 m，平均厚度 2.74 m，矿体面积 313.2 m^2。383 m 以上已用露天开采，本次试验采场为 352.2 m ~ 383.44 m标高范围，矿石量 17 411 t，金属量 12.974 t。矿石中等稳固，f = 6 ~ 8。围岩中等稳固，f = 7 ~ 8。矿石体重为 2.64 t/m^3，矿石生产系数为 1.6。

1 号矿体位于地下水位以上，主要是构造裂隙水和花岗岩风化壳潜水。矿体所在的石英硅化断裂带裂隙空洞较发育，构造裂隙水最大为 0.013 1l/sec · m，最小为 0.002 36 l/sec · m，含水带厚度为 5.61 米，为该矿体平均厚度的 1.4 倍。在矿体的上下盘各赋存一条 0.02 ~ 0.2 m厚的泥质构造，并穿插矿体。矿体出露地表，近地表 10 m 以内矿石风化严重，节理发育，稳固性差。

（2）原地破碎浸出筑堆方案选择

1 号矿体上部用露天开采，采到 383 m 平台后转为地下开采，并按上向水平分层充填法开采要求做好了开拓与采准工程。由于矿体品位太低，而且该矿体为孤立分散矿体，运输费用高，用常规法开采经济上不合理，因此，设计改用原地破碎浸出法回收该矿体，试验范围从 383 m露天平台至 352 m 运输平巷水平。根据矿体的赋存条件和原地破碎浸出对爆破筑堆方案的特殊要求，初选浅孔留矿筑堆法、平均布置切割槽的中深孔分段挤压爆破留矿筑堆法和平均布置切割槽的深孔阶段挤压爆破留矿筑堆法三种方案。

①浅孔留矿筑堆法

该方案是自下而上分层爆破，工人站在爆破堆上作业，每分层爆破完毕后，放出 30% 的矿量，爆破全部完毕后，留在采场内的矿堆准备浸出。

该方案的优点是：爆破块度小、采场结构简单。缺点是：生产效率低、作业安全性较差，由于多次的局部放矿,造成矿石的自然分级,形成“沟流”现象。

②平均布置切割槽的中深孔分段挤压爆破留矿筑堆法(图4.22)

该方案将采场划分为四个分段,在分段上均匀布置切割槽,在分段凿岩巷道内打上向扇形中深孔,以切割槽、凿岩巷道、拉底空间为补偿空间进行挤压爆破,补偿系数15%~20%。一个分段的矿石同次爆破,爆破全部完毕后,留在采场内的矿堆准备浸出。

该方案的优点是:矿石块度容易控制,级配状况良好,有利于提高矿石浸出率和缩短浸出时间;大部分采准巷道布置在矿体内,作为副产矿石回收,进行地表堆浸,同时有利于进一步探明矿体;地表工程量少;分段同次爆破,不需要局部出矿,爆后松散矿石处天然级配状态,有利于矿石浸出;爆破堆形规整。

该方案的缺点是:由于矿石十分破碎,凿岩巷道、切割井等掘进条件差,支护工程量大,通风、施工及管理较困难。

③平均布置切割槽的深孔阶段挤压爆破留矿筑堆法(图4.23)

深孔挤压爆破筑堆方法的实质是拉底、铺底完毕后,在露天平台用XUL-100地质钻自上而下打垂直平行深孔。沿矿体走向用深孔分段崩落法分别拉出南、北两切割槽。以切割槽为自由面和补偿空间,采场内深孔一次挤压落矿,崩落下来的矿石留在采场内以准备浸出,而补偿空间落下的矿石则运至地表堆场堆浸。

深孔挤压爆破筑堆方法的优点:在地表钻孔和崩矿,作业条件好,施工安全方便;地浸采区结构简单,采切工程量小;工艺简单,管理方便,生产效率高,强化爆破筑堆,有利于抢在南方雨季来临前完成浸出工作;崩矿强度大,爆破效率高,表外矿石可参入溶浸,矿石损失率低,金属回收率高;爆破堆形规整。

缺点:爆破块度较大,大块率较高,爆破夹制性较大。

由于矿岩风化严重,稳固性差,采用浅眼留矿法和中深孔分段崩落留矿法时,采准切割工程的掘进和维护都比较困难,落矿的安全性差,因此,选用深孔挤压落矿留矿法筑堆方案。设计采矿高度为33~37 m,其中拉底空间高度为5 m,采用小补偿空间一次深孔挤压爆破法崩矿。

(3)深孔筑堆块度和堆形的控制

①矿石破碎粒度指数的控制

在理想的爆破块度级配情况下,原地爆破浸出效果最佳。对于深孔爆破挤压落矿,衡量矿石破碎的主要质量指标是矿石的平均线粒度。矿石的平均线粒度与破碎粒度指数N之间存在式(4.4)的关系

$$N = \sum_{i=1}^{m} \lg \frac{D}{d_i} = 2.4 - 1.11\lg d_c + 0.05(\lg d_c)^2 \tag{4.4}$$

式中,d_i为各粒度等级的线尺寸,cm,其中$i=1,2,\cdots,m$;D为矿岩爆破前平均直径,cm;d_c为矿岩平均线粒度,cm。

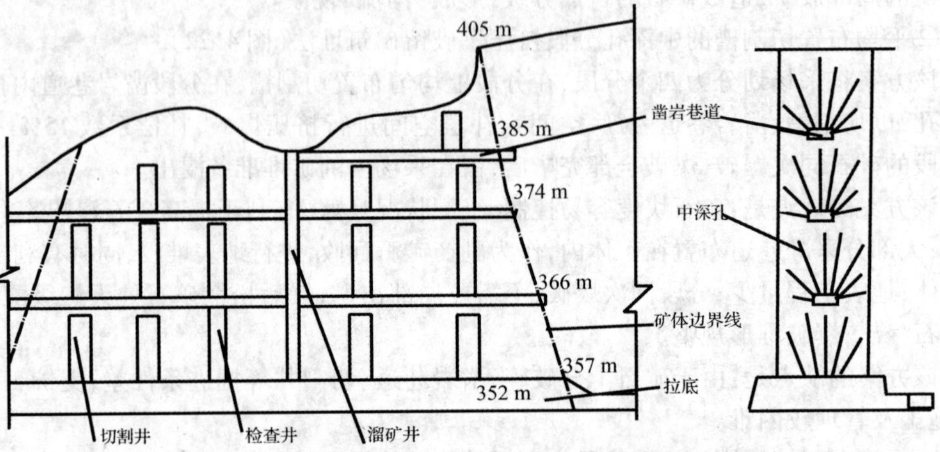

图 4.22 平均布置切割槽的中深孔分段挤压爆破留矿筑堆法

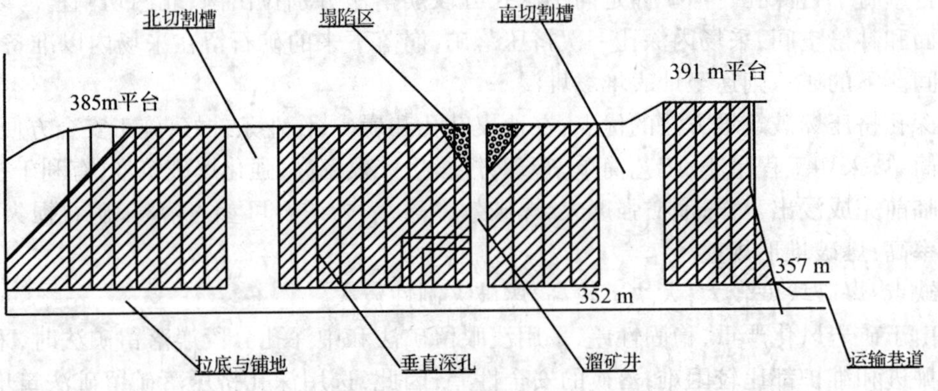

图 4.23 原地破碎浸出深孔筑堆方案

矿石破碎粒度是矿石破坏的一定炸药能量参数、空间布药参数和爆破延发时间参数共同作用的结果,因此,必须正确选择炸药的种类、单耗、钻孔空间布置参数以及爆破延发时间间隔等。

试验选用了防水性能较好的 RJ－2 型乳化炸药,药径 75 mm,炸药单耗为 1.12 kg/m^3。

为改善爆破效果,采用大孔距小抵抗线的布孔方式。由于采场几何尺寸有限,很难从布孔方面减小抵抗线,一般可通过毫秒延期雷管改变炮孔群的起爆顺序来达到。试验采场采用"V"型起爆顺序(图 4.24),炮孔孔径 90 mm,排距 2 m,孔距 1.7～2.2 m,最小抵抗线 1.5 m。

②爆破效果分析

采场爆破后,堆形规整,最终爆堆较爆破前露天平台隆起 0.5 m,矿石的平均线粒度

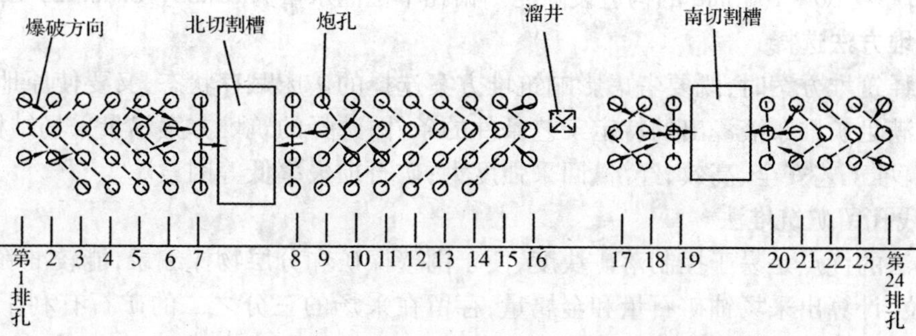

图4.24　745矿原地破碎浸出深孔爆破微差起爆顺序示意图

111 mm，大块率20%，0～50 mm以下的矿石占45%，破碎粒度指数为1.31。用Gates-Gaudn-Scuhman块度分布函数进行拟合，得出深孔爆破块度分布函数见下式。

$$y = (x/376)^{0.383} \times 100$$

式中，y为筛下累积量，%；x为矿石块尺寸或筛网孔径，mm。

爆破主要技术经济指标如表4.11所示。

表4.11　745矿1号矿体深孔筑堆主要技术经济指标

序号	技术指标	数量
1	炮孔总长/m	2 171
2	装药量/kg	7 680
3	崩矿量/m^3	6 842
4	炸药单耗/$(kg \cdot m^{-3})$	1.12
5	延米崩矿量/$(m^3 \cdot m^{-1})$	3.15
6	炮孔利用率/%	83.05

实例2：七九四矿101矿床30#矿体中深孔分段挤压爆破留矿法筑堆实例

1. 矿体赋存地质条件

30#矿体位于101矿床北东端最边缘的一个孤立矿体，属低温热液单铀型矿床主要成分为沥青铀矿－硫化物－碳酸盐类型。矿石属硅酸盐类型。矿石结构为浸染状、鲕状、豆状。矿石构造为网脉状、致密块状。倾向310°，倾角70°。沿走向15.6 m，平均厚度6.59 m。矿石体重2.48 t/m，普氏系数f＝6～8，松散系数1.8～2.0，矿石含泥量为11.36%～25.15%，平均19.88%。矿体较破碎，多为角砾岩，局部糜棱岩，矿石风化强烈，采场最大暴露面积为20～30 m^2时，控顶时间不超过7天。透水性差，矿体渗透系数0.000 1 m/d。化学成分为富含硅、钾系铝过饱和的碱性盐。在裂隙两旁个别节理发育的地方含微弱的节理水，地下水受构造裂隙控制，并受大气降水补给，构造裂隙含水层有微弱的承压性，但连通性不好，矿体上、下盘有一隔水性能好,厚约 30 ~100 mm 的构造裂隙泥。钻孔单位涌水量为 0.003 ~0.000 25 L/s · m。

2. 筑堆方法选择

在选择筑堆方案时,既要考虑影响筑堆方案选择的矿床赋存状态,又要使原地破碎筑堆后存留矿石满足矿堆布液浸出的特定工艺条件的条件;选择的筑堆方案尽量采场结构简单、采切工程小;筑堆工艺安全、高效、经济、回采强度大;矿石损失率低等因素。

(1)浅孔留矿筑堆法

该方法的优点是易于控制落矿块度,便于围壁探矿和分层物探编录,能较准确地摸清矿体形态、品位,计算出采场铀矿石量和金属量,存留在采场的三分之二的矿石有利于维护采场上下盘围岩稳定。但采场工效、回采强度、安全作业条件等都无法满足高效、安全、低成本的要求。另外,每次爆破放矿均会引起矿石离析,由于矿石含泥量较大,分层上采作业亦极易导致矿石泥化板结,增加放矿困难程度,并恶化矿堆浸透性能,影响矿堆的布液和浸出。此外,近地表段回采也困难。

(2)中深孔留矿筑堆法

中深孔留矿筑堆法在筑堆工效、回采强度、作业安全条件和筑堆成本均优于浅孔留矿筑堆法,但是,该方法依然克服不了浅孔留筑堆法的缺点。

(3)无底柱分段崩法筑堆法

无底柱分段崩法筑堆方案具有作业安全、采矿效率高、回采强度大、成本低等优点,同时,由于采用自上而下分段落矿,不会造成筑堆过程中矿石的泥化板结现象。该方案的缺点是采切工作量大,贫化损失率高,采场部分出矿造成矿石离析,地表围岩的混入会增加酸耗,加大浸出成本,因而也不宜采用。

(4)中深孔分段挤压爆破留矿筑法(如图 4.25 所示)

中深孔分段挤压爆破留矿法的特点是在分段内均匀布置切割槽,自上而下中深孔分段挤压爆破落矿就地筑堆。利用中深孔挤压爆破大大改善矿石爆破块度,分段存留矿石在筑堆过程中起着控制采场地压、实施顶板管理和维护采场稳定的作用,采场落矿工作结束的同时,也就构筑成了一个矿石堆积密实度均匀、粒度自然级配合理、渗透性好,矿石块度张性裂隙发育的地下松散矿堆。该方法的优点是生产安全,回采强度大,贫化率低,矿石回收率高,提高了矿产资源利用率,采场结构简单合理,采准切割工作量小,劳动条件好,采矿工效高,能耗少,成本低。同时又满足原地破碎浸出采铀对采场存留矿堆布液与浸出工艺条件要求。

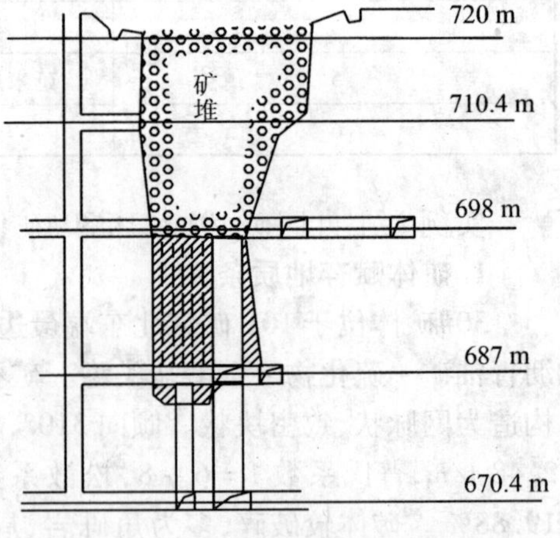

图 4.25 七九四矿中深孔分段挤压爆破留矿筑堆法

3. 采准切割工程

(1)采准工程

按生探工程的层位将试验采场划分为四个自然分段,在矿体内沿走向分别布置分段凿岩巷道和垂直走向布置的切割巷道,分段凿岩巷道断面为 2.5 m×2.5 m,并掘进切割天井。

(2)切割工程

利用天井作切割天井,各分段以探矿穿脉巷道和切割天井作补偿空间,补偿系数为 14%~24%。

(3)采场底部结构

在 687 m 至 682.4 m 标高区间进行扩漏,用采场漏斗集液,2238#、3338#天井均作为采场导液天井,汇入 670.4 m 集液池。

4. 落矿筑堆

采场分段均采用沿走向布置的炮孔排面,排距为 1.2 m,沿厚度方向布置扇形中深孔。采用 VK-8F 型单立柱深孔钻和 GZ-100 型双立柱钻机凿岩,柱齿形钻头,钻头直径为 65 mm。孔深一般为 3~15 m。采用 2#岩石硝铵炸药,连续柱状药包装药,非电导爆毫秒雷管与导爆索复式起爆系统的挤压爆破,原地破碎崩落的矿块全部滞留在采场爆破区内,就地筑堆,无需从采场放出矿石。

采场爆破落矿筑堆工作完毕后,对采场矿堆的五个不同层位进行取样筛分,分析结果表明,取样点 6 个,样重 1 687 kg。采场矿堆矿石 -100 mm 粒级产率达到 86.2% 以上。平均块度 15.4 mm,最大块度 200 mm 左右。块与块的微细裂隙经爆破后发育成网络状张性裂隙。

爆破块度分析表明:该方案爆破筑堆的矿石块度分布均匀,粒度适宜,采场矿堆形状结构合理,完全能满足地下溶浸工艺的特殊要求。

实例 3:美国亚利桑那州的桑弗尔杰矿床原地核爆破浸出实例

美国亚利桑那(Arizona)州的桑弗尔杰矿床为一个坚硬火成岩型大型铜矿床,储量达 20 亿吨以上,矿石品位 0.4%,矿体埋深达 500~1 500 m 以上。

用直径 500 mm 专用的钻机打孔,在 384 m 深处进行了功率为 2 万能吨级的核爆破,爆破形成直径 67 m、高 150 m 的破碎柱,破碎的矿石总量为 2 500万吨。为了布液的需要,从地表钻凿了 3 个注液孔,注入稀硫酸溶液进行溶浸。浸出富集液集中于矿体底部,经水平巷道流入集液仓,再用泵扬送到地表富液池,并用铁置换成沉淀铜(图 4.26)。每天可回收铜 25 t。核能破碎 1 t 矿石的费用,随所用核能

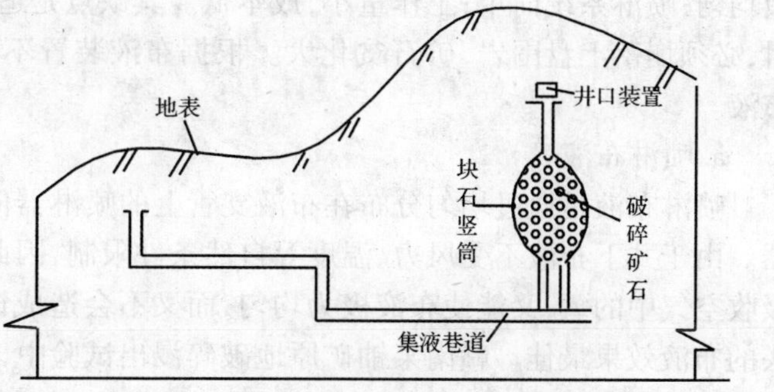

图 4.26　核爆破原地破碎浸出试验示意图

量的大小而变化，从 1 万 t 核能量到 10 万 t 核能量，费用从 1.38 美元到 0.14 美元。

4.4.3 布液与浸出

1. 布液工艺

布液浸出工艺涉及两方面的内容，即布液方法选择和浸出过程控制。布液可以说是浸出过程动力学的"原动力"，因此必须根据矿堆的几何形状合理选择布液方法，使矿堆布液均匀，不出现浸出死角，矿堆能达到最大限度地浸润，保证浸出剂与矿石充分接触。而浸出中也必须根据矿石浸出特性和矿堆物理特征合理确定浸出参数，并随着浸出进程加以调整和控制，优化其配置。两者的目标是以利益最大化的原则，取得最佳的浸出效果。

(1)布液系统

布液系统是指从溶液的供出点(一般在地表)至矿堆布液点这一段路线上的设施、设备和管线。包括配液池、高位池等构筑物，布液主管、支管和布液器等管线，泵及流量控制和计量装置。

其流程为：配液池→高位池→布液主管→布液支管→布液器→矿堆。

(2)布液方法

根据布液管网与矿堆的空间位置关系和布液手段的实施方法，井下待浸矿堆的布液方法可分为三类：即矿堆表面布液、矿堆内部的预埋管网布液、钻孔布液及几种方法联合布液，布液方法的选择与矿堆的空间状态和爆破筑堆方法有关。

①堆表布液

对于倾角大于 75°的急倾斜矿体，矿石和围岩比较稳固，允许在堆表形成布液空间的情况下，可在堆表布置布液装置，采取单一的布液方法。这种方法的优点是：管线可在堆表移动，布液均匀；喷淋系统简单；工作量小，成本低。其缺点是适用范围小，尤其是当矿体倾角小于 75°时，必须崩落上盘围岩，矿石贫化大。根据布液装置不同，可分为喷淋布液、滴淋布液和堰塘布液。

a. 喷淋布液

喷淋布液是通过均匀分布在布液支管上的喷淋器向矿堆喷洒浸出剂，其关键设备是喷淋器。由于井下布液不受风力、温度等自然条件限制，因此液体成雾状喷洒矿堆表面，既能充分吸收空气中的氧，又能使布液极为均匀，而又不会造成试剂损失，因此，在井下浸出，使用微喷头的布液效果最佳。赣南某铀矿原地破碎浸出试验中，采用堆表微喷淋布液，采场布液均匀度达到 96%。

b. 滴淋布液

滴淋布液是在矿堆表面铺设布液主管，从主管每隔一定距离分出支管，支管与主管垂直，沿支管每隔一定距离布置滴头，每个滴头的液流量应基本相等，溶液以液滴方式滴入矿堆。但滴头的安装工作量大,目前国内常用多孔出流管代替滴头。

c. 堰塘布液

堰塘布液是在筑堆完成后,将矿堆表面平整好,筑堤堰围成若干畦,然后将浸出剂注入使其慢慢渗透。为保证布液均匀可在矿堆表面铺上一层合适材料作为渗透层。如陕西某铀矿,矿堆出露地表,采用该方法布液。该方法布液操作简单、不需在矿堆表面架设布液管线,且将堰塘分成若干个畦,便于根据矿堆每个畦位置的渗透性随时调整布液强度。

堰塘布液是一种比较原始的布液方法,特别是受矿堆渗透性能限制,容易产生沟流,布液强度不容易控制,试剂耗量也大,是一种不常用的布液方法,一般在矿堆规模较小的情况下才有可取之处。

②预埋管网布液

采用浅眼爆破筑堆时,可采用分段(或分层)预埋管网对矿堆进行布液。每采一(或几)分层,待放出三分之一的矿石后,在矿堆表面开挖沟渠,将事先加工好的多孔出流管用透水防护层包裹好后,放入沟渠,并回填矿石,平整好矿堆表面后,继续进行上一分层的回采。该方法的优点是安装操作较为简单,布液均匀,可有效减少上盘浸出死角。缺点是管材消耗多,在爆破落矿和放矿的过程中,易造成预埋管网的破坏,且破坏后不易被发现。在两个布液水平之间靠矿堆上盘一侧,仍有部分矿石不能与溶浸剂充分接触。且倾角愈缓,这部分矿石越多。在采用分段或阶段深孔挤牙爆破落矿筑堆时,预埋管网很难保证不受破坏,因此该方法的使用受到限制。

③钻孔布液

采用中深孔分段爆破筑堆或深孔阶段爆破筑堆的矿体,若矿体倾角小于 75°或矿体形态变化较大,则必须采用钻孔布液或以钻孔对矿堆进行补充布液

a. 在矿堆上盘的布液巷施工布液孔进行钻孔布液

在矿堆上盘适当位置沿矿体走向施工布液巷,巷道长度与采场长度一致。尔后在布液巷每隔一定距离施工一排扇形布液孔(图 4.27)。布液孔排距、孔底距,根据每个钻孔所影响的浸润半径而定,不同矿石的浸润半径则需通过试验确定。陕西某铀矿在原地破碎浸出开采中,多采用此方法布液。用此方法布液可达到基本消除上盘溶浸死角的目的,但井巷工程量大、施工周期较长,将布液巷布置在矿体上盘也不

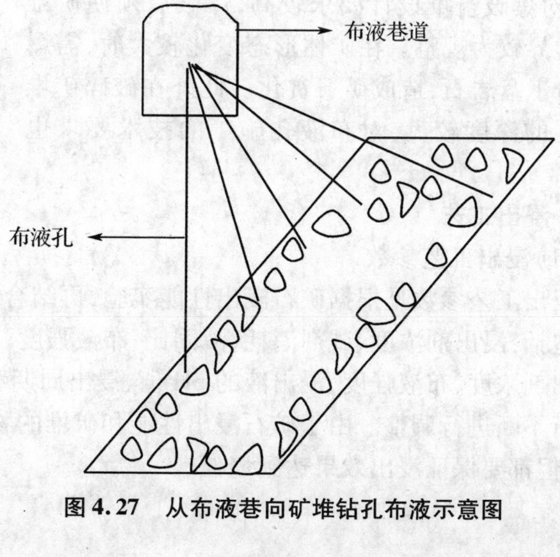

图 4.27　从布液巷向矿堆钻孔布液示意图

利于巷道的维护。

b. 分段水平钻孔布液

沿垂高将矿堆分为若干分段(一般2 ~3 m),在脉外天井(或上山)内靠矿堆一侧,按分段高度施工凿岩硐室,从硐室向矿堆上盘钻水平孔对矿堆进行布液,见图4.28所示。矿堆顶部则采用喷淋布液,矿堆内的布液管采用多孔出流管,管底封堵。安装好布液管后,布液管与钻孔孔口之间的环形间隙用水泥浆封堵。

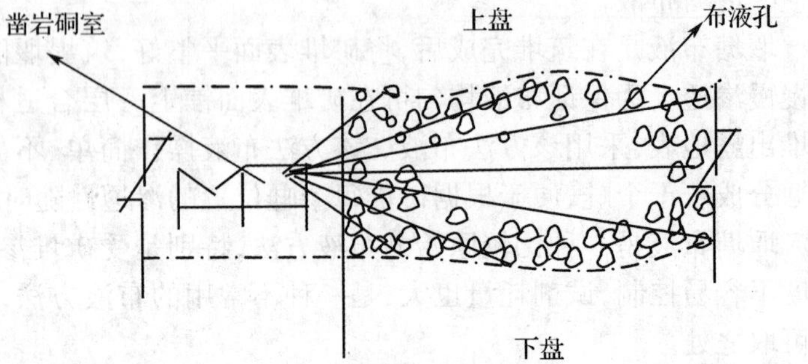

图4.28 分段水平钻孔布液示意图

采用此种布液方法,可充分利用原有井巷工程,无需另开布液巷,布液工程量相对较少,但施工时钻机需在脉外天井(或上山内)频繁移动,劳动强度较大。与分段预埋管网布液一样,在两个布液水平之间靠矿堆上盘一侧仍存在部分浸出死角。

c. 在矿堆顶部切顶空间沿矿堆上盘钻孔布液

在矿岩较稳固的情况下,可考虑沿矿体边界将矿堆顶部全部拉开,而后沿矿体走向每隔一定距离平行矿堆上盘边界施工布液孔,布液孔内安装多孔出流管对矿堆进行布液浸出,见图4.29。

此种钻孔布液方法工程量最少,布液也较均匀,但对爆破筑堆设计要求较高,爆破后须使矿堆上盘边界较为规整。在矿体形态变化较大时,需爆落部分上盘岩石,造成矿石贫化。此外在破碎矿堆内钻孔的深度较大,对布液孔施工的技术要求也较高。

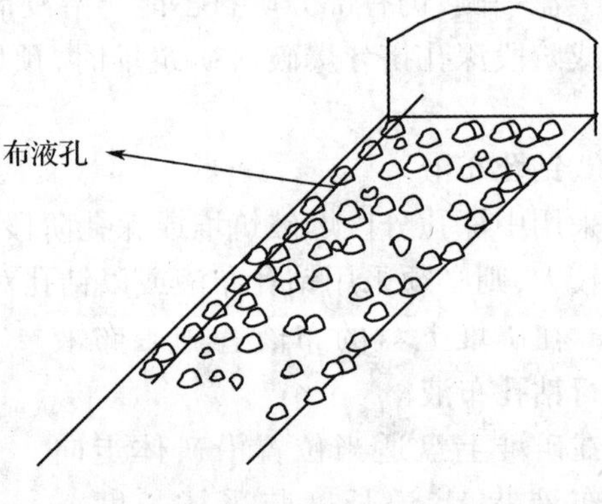

图4.29 在矿堆顶部沿上盘钻孔布液示意图

2. 浸出工艺

(1)浸出工艺参数

浸出工艺参数是根据矿石浸出性能实验,再结合矿堆的块度组成、渗透性能综合确定的,主要包括:浸出剂浓度、试剂消耗、液固比、布液强度、浸出液的pH值、浸出周期和浸出率。其中浸出剂浓度、布液强度、浸出液的pH值、浸出周期和浸出率是浸出操作中可调控的,随着浸出进行不断进行调整。由于矿石浸出性能和矿堆的物理性质各不相同,浸出工艺参数也各不相同,但都要保证浸出效果达到最佳。

(2)浸出操作

①浸出剂的浓度

如前所述,浸出剂的浓度是影响浸出速率的一个重要因素。与常规浸出相比,原地破碎浸出的浸出剂浓度有以下特点:

a. 浸出过程中使用低酸,以便实现选择性浸出,减少浸出液中有害杂质的含量;

b. 浸出剂的浓度是动态、变化的,浸出剂的浓度根据浸出液的余酸、pH 值、电位等指标随着浸出进程不断调整。一般在浸出前期,即浸出液浓度峰值出现以前,使用较高的浓度,浸出中期稍微降低一些,而到了后期则降到最低。

②布液强度

布液强度是指单位时间内供给矿堆单位面积上的溶液量,通常用 $L/(h \cdot m^2)$ 或 L/(h. t)表示。它是浸出中的一个重要参数,是浸出和回收设备、设施选型、设计的基础数据,也是影响浸出效果的重要因素。布液强度的选取应考虑矿堆的渗透性能、浸出速率和周期、试剂的经济利用和对后续工艺的影响等几个方面。

a. 矿堆的渗透性能。布液强度不能超过矿堆通过溶液的能力,即布液强度的上限是矿堆的最大渗透流量,超过这个极限,就会在矿堆表面积液。

b. 矿堆浸出速率和周期。布液强度大,通过矿堆的液体量就大,化学反应和物质的扩散传质规模越大,则就整个矿堆而言,浸出速率快,浸出周期短。

c. 试剂的经济利用。当布液强度过大时,溶液就可能不全是沿矿石表面以液膜形式向下运动,与矿物发生化学反应和进行扩散传质,而有大部分溶液是通过矿石之间的大空隙穿过矿堆,没有起到实质性作用。

d. 对后续工艺的影响。布液强度大,增加了金属回收工艺的溶液处理量;同时造成浸出液中铀金属浓度降低,两者都会增加金属回收的成本。

从上述可知,布液强度的确定要从上述几个方面综合考虑,目前,原地破碎浸出的布液强度一般是在 $15 \sim 25\ L/(h \cdot m^2)$。

③浸出液 pH 值

浸出反应生成的 UO_2^{2+} 与水有较强的亲和力,其稳定状态与溶液的 pH 值密切相关。只有当 pH 值小于 2.5 时,UO_2^{2+} 才是稳定的;当 pH 大于 2.5 时,UO_2^{2+} 开始水解,生成 $UO_2(OH)_2$ 沉淀。在原地破碎浸出中往往出现矿堆底部的渣品位高于中上部渣品位,就是因为由于矿堆高度较大($30 \sim 40$ m),到了堆的底部溶液的酸被消耗,pH 值升高,使在堆上部已浸出的 UO_2^{2+} 水解沉淀。因此,在浸出过程中应随时监测浸出液的 pH,以及时调整浸出剂的酸度。

④浸出周期与浸出率

浸出周期与浸出率是一对相辅相成的指标,浸出周期确定了,则浸出率也确定了;反之,要达到相应的浸出率,必须有与之相对应的浸出周期,它们是矿石浸出性能、爆破筑堆技术和布液浸出技术的综合反应。实际中往往是根据浸出液中铀浸出浓度确定浸出周期,即浓度达到某一规定值后就停止布液;而浸出率是根据室内条件实验和筑堆块度指标或同类矿山的指标确定。根据浸出液中铀金属浓度确定浸出周期,有可能发生几种情况:一是当浓度达到规定指标后,浸出率没有达到预计要求,这时应采取相应措施,提高浸出率;二是当浓度达到规定指标后,浸出率已达到预计要求,这时可以停止布液;三是由于预计的偏差或其他原因,浸出率达到预期指标,但金属浓度仍高于规定指标,为了使资源得到充分回收,这时应继续进行布液直到金属浓度达到最低要求。

⑤布液制度

根据矿石浸出特征,浸出初期是从矿石表面浸出有用组分,浸出速率快,浸出率的增幅也大,一般采用连续布液。浸出后期是依靠溶液在矿石颗粒孔隙中的扩散传质,使化学反应在颗粒深部进行,浸出速率由内扩散速度控制,因此采用间隔布液有利于溶液交替进入和排出裂隙,提高浸出液浓度,同时可依靠未饱和流原理,使空气中的氧参与氧化反映。

(4)静压浸出

静压浸出的浸出机理尤其是扩散传质过程与淋滤浸出有很大区别。第一,浸出过程中溶液不流动,重力对物质的扩散传质不起作用;第二,毛细力在浸出中的作用明显减弱,物质的扩散传质主要靠浓度推动力实现。由于采用此种方式浸出,无需另外增加井巷工程和钻孔工程,可以使矿石与溶浸剂充分接触,彻底消除浸出死角,因此是缓倾斜矿堆浸出的一种有效途径。

浸出前,应对堆表以下与采场相连的各种巷道、天井及断层裂隙进行封堵,以免布液浸出中因漏液而损失金属,同时也为防止溶液流失造成环境污染。如何封堵应根据采场的实际情况而定。考虑原地破碎浸出采场矿堆高度大,隔墙所受静水压力较大,一般宜采用钢筋混凝土隔墙,并对隔墙内侧进行防渗防腐处理,靠近矿堆底部的隔墙需事先预埋管道,并安装阀门作为浸出液排放口。与采场连通的断层裂隙可采用帷幕注浆法封闭。

如浙江某铀矿床原地破碎浸出探索性试采中,采用静压浸出方式,取得了预期的效果。实施静压浸出的关键是解决溶液的渗漏问题,包括矿堆围岩的裂隙和凿岩平巷的封堵。该试验中凿岩平巷采用钢筋混凝土结构进行封堵,封堵墙厚度 400 mm,并对封堵墙和和巷道岩壁结合部位进行了特殊处理,具体做法是清除表面松石,刻槽,在巷道顶板和两帮加大墙体厚度以增加墙体和巷道帮壁的接触面积,使用混凝土膨胀剂,混凝土标号达到 C25 标号,这些措施使封堵墙和巷道岩壁结合良好,墙体也达到防渗要求。

浸出初期一次性将矿堆注满溶浸液,然后每天放出一定量的浸出液,同时补注等量的溶浸液。

中后期一次性将矿堆注满溶浸液,浸泡一段时间,浸出液浓度没有明显提高后一次性将浸出液放空。

3. 实例

(1)矿堆参数

矿堆的垂直高度为 27 m,矿堆倾角为 90°,矿石块度为 –150 mm 块度大于 75%。

(2)布液方法

试验采场顶板矿岩稳固,爆破落矿筑堆后,上部切顶区尚余2 m多高的空间,且与矿堆形态一致。为了均匀布液,采用微喷淋布液,在矿堆表面均匀敷设布液管网,安装微喷头。布液系统的主要设施有配液池、高位池、计量中转池和输液管线(ϕ80 mm和ϕ65 mmPVC管)以及布液管线(ϕ20 mm软塑管)。布液浸出系统示意图见图4.30。

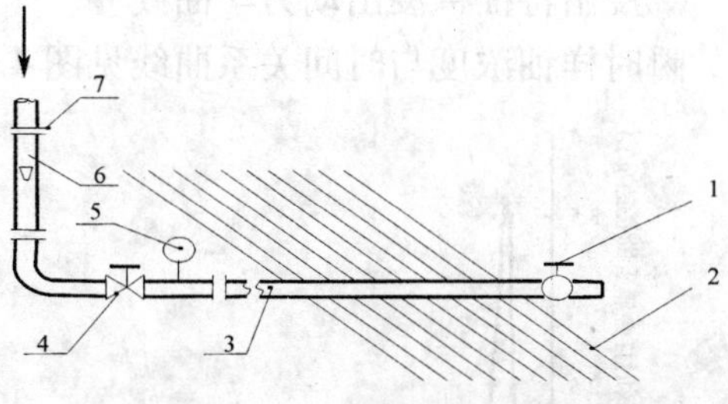

图4.30　布液系统示意图

1—冲洗阀门;2—支管及喷头;3—主管;4—阀门
5—压力表;6—玻璃转子流量计;7—法兰及输液管

(3)浸出工艺参数设计

硫酸浓度(浸出剂):浸出初始阶段3%,中期2%~1%,后期0.5%~0.25%;布液强度为15~25 L/m^2·h。

酸耗为25~30 kg/t$_{矿}$,液固质量比为2.0:1至3.0:1,浸出液pH值为pH=2.0±0.5,浸出时间为480~548天,浸出率为液计或渣计浸出率75%左右。

(4)浸出操作

采场浸出前期采用连续布液,后期采用间歇布液,即布一段时间,停一段时间,以利于溶液交替渗入和排出孔隙裂隙,提高浸出液金属浓度。

前期连续布液,每天四班,每班5小时,每天布液量100~120 m^3;后期间歇布液,每天2班,每班5小时,每天布液量50~60 m^3。

(5)采场浸出效果

①浸出主要技术经济指标(表4.12)。

表4.12　采场浸出主要技术经济指标表

序号	项　目	单　位	设　计	实　际	备　注
1	浸出时间	D	480	468	历时582天
2	液固质量比		2.0:1~3.0:1	2.89:1	
3	酸耗	kg/t$_{矿}$		21.1	
4	最高铀金属浓度	kg/L	–	3 600	
5	最低铀金属浓度	kg/L	–	90	
6	平均铀金属浓度	kg/L		339	
7	浸渣平均品位	%	0.029	0.028	
8	液计浸出率	%	75~80	72.21	

②浸出特征 - 浸出动力学曲线

瞬时样铀浓度与时间关系曲线见图 4.31,浸出率与时间的关系曲线见图 4.32。

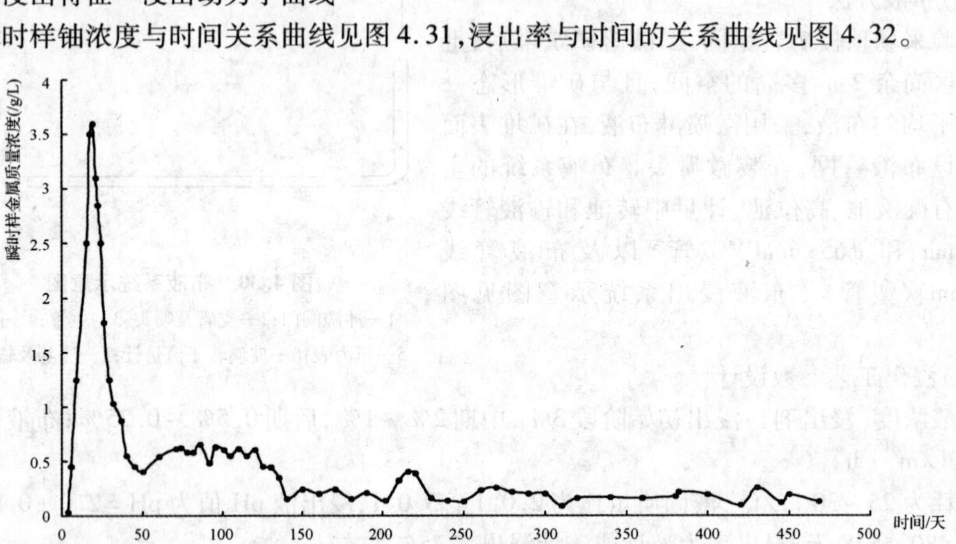

图 4.31 瞬时样铀金属浓度与时间关系曲线

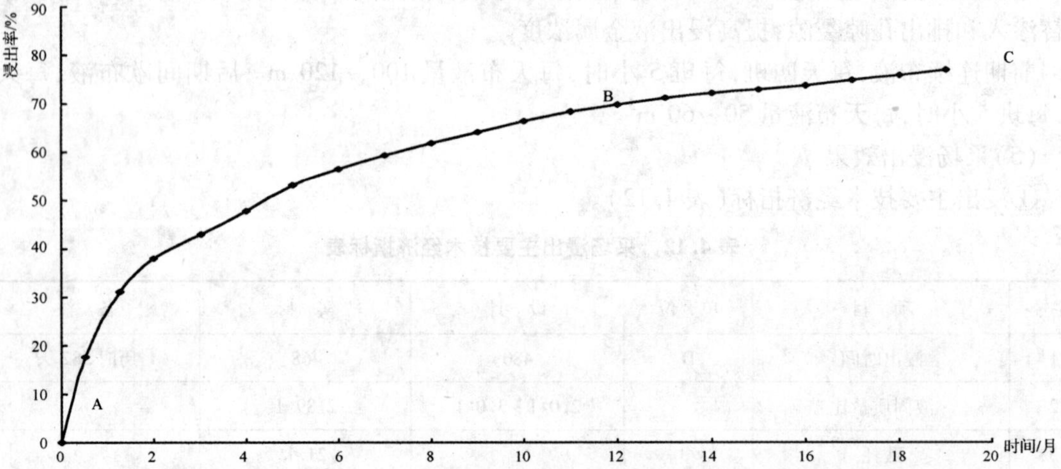

图 4.32 浸出率与时间关系曲线

从图可知,浸出分为两个阶段,即浸出前期和浸出后期。浸出前期的特点是金属主要从矿石表面和靠近表面的部分浸出,加之细颗粒矿石氧化条件好,浸出速率快,浸出率的增幅也大,此段瞬时样铀浓度及其维持时间取决于矿石的粒级及其总的比表面积。浸出后期的特点是金属主要从浸出剂难与接触的矿石内部浸出,氧化条件差,浸出速率慢,浸出率的增幅小,此段瞬时样铀浓度和延续的浸出时间取决于矿石块度大小、大块产率、裂隙发育程度和强化浸出措施。

4. 强化浸出技术

强化浸出可分为:物理方法、化学方法、机械方法。

(1)物理方法

物理方法包括电场、磁场、微波和超声波等技术。

①电场强化浸出

电场对浸出的作用过程为:由于电场作用使原始赋存状态下的金属加速电极化,形成离子状态;金属离子沿电场方向加速迁移,迅速扩散,与浸出剂离子或络合离子接触反应,生成可溶性络合物进入溶液,再随溶液流动带出;在形成络合物的同时,降低了浸出液中离子浓度,因浓度差,使金属离子化方向得以继续朝所需方向进行得相对彻底;同时电场在一定程度上削弱或破坏了矿物对金属的各种形式的结合力,使其更能从原始赋存状态形成离子状态。利用电场对铜矿石强化浸出,浸出速率可提高1~2倍,浸出率提高到90%~92%。

该技术的关键是建立人工电场,特别能建立适用于工业生产的电场。电场的建立应考虑:①电场的形式,即何种形式的电场能保障矿堆供电均匀;②供电功率,功率过小起不到应有的作用,供电功率过大会增加成本。原地破碎浸出可通过在矿堆中施工钻孔,将电极安装在钻孔中,建立人工电场。

②磁化技术

经磁化处理的液体的物理化学性质会发生变化,例如在吸光度、磁化率、电导率、黏度、表面张力、溶解性、润湿能力、化学反应速率等。应用磁化技术强化浸出对提高浸出率,加快浸出速率,缩短浸出周期的效果是明显的。对铀的浸出,-10 mm粒级的矿石,其浸出时间可缩短44%;-50 mm的浸出率提高11%。

③超声波技术

超声波可促进传质过程,提高产品产率,改善化学反应条件。特别是能使难进行的化学反应在超声波作用下进行。其作用机理是由于当声波频率达18~25 KHz时,便产生空腔,然后伴随空腔的塌陷,在极小空间内瞬间将聚集的能量释放出来,使之在正常温度和压力的液体介质中产生高温(大于500 K)和高压(大于100 MPa),形成热点,这样可广辟化学反应通道,骤增化学反应速率。同时在液固界面产生冲击固体表面微射流,其速度高达1 000 m/ns,使固体表面发生局部浸蚀,大大加强了物质的传质过程,改变了化学反应状态。超声波的另一个作用是它特别能清除或破坏矿物表面影响浸出的薄膜式反应过程生成的钝化膜,清除微观裂纹、缝隙、缺陷、矿石颗粒间的吸附的杂质,使矿石表面保持高度活性,让空气中的氧迅速扩散到矿物表面和裂隙中去,气体使反应物迅速离开矿物表面进入液相中,因此大大强化了传质效应,加快了化学反应速率。由于高压及冲击波可使氧和浸出剂进入到矿石的裂隙中去,加快了内扩散传质和矿石颗粒内部的浸出过程。由于波的强烈浸蚀作用,能使部分包裹金属裸漏出来,从而提高金属的浸出率。

④微波技术

微波是指频率在 300 MHz ~ 300 KHz 的电磁波。微波对浸出过程的影响主要是通过微波辐射加热作用引起的。微波加热是利用电流使磁控管产生微波,通过波导传输到加热器中。处于加热器中物料,吸收微波功率后,分子的运动在高频交变电磁场中受到干扰和阻碍,使离子导热并且分子的偶极发生旋转,产生类似摩擦作用,温度随之升高。微波能促使固体颗粒易破裂,暴露出新鲜表面,有利于液固反应进行;在电场的作用下,浸出体系中极性分子会迅速改变方向进行高速振动,增加物质间相互碰撞,在介电颗粒周围形成较大的热对流液流,搅拌溶液并驱散颗粒外层的生成物层,强化浸出反应过程。

(4)化学方法

化学方法是通过往被浸介质种加入各种试剂,如催化剂、氧化剂方法使原生矿物氧化形成易溶于浸出剂的金属离子。细菌浸出也属化学强化浸出的一种,在国内外的工业生产和实践中得到了广泛应用。

化学方法与其他方法相比,其优点是简单易行,试剂与浸出剂按一定的配方就可布液浸出;无需大型的设备、设施;成本低。

(5)机械方法

机械方法包括两类。一类是通过放出矿堆中的部分矿石;另一类是爆破松堆,该方法在国内都得到了有效使用。

4.4.4 集液与防渗漏技术

所谓集液是指喷淋的溶浸液(化学溶液)在矿堆中与矿石进行化学反应后形成的浸出液(含有铀离子的化学溶液)经过一定的路径汇集到矿堆底部再流入集液池的全过程。也就是说,一旦溶浸液进入矿堆后,就面临着浸出液的收集问题,

集液工作的主要任务包括矿堆底部结构的构筑、集液池的构筑、浸出液的计量与取样分析、矿堆吸水率、地下水涌入矿堆等参数的测试与研究、集液系统的防腐防渗漏技术等工作。

所谓防渗漏技术是指采取一定的手段防止浸出液沿非集液路径外流和地下水大量涌入矿堆的技术措施,是集液系统研究的主要内容之一。

1. 集液与防渗漏技术

集液工作程序及工作内容始于矿堆底部结构的构筑,具体工序如下:底部结构构筑→采场矿堆周围采准切割工程封堵(防渗漏)→集液池构筑→集液中转系统构筑与安装→注水试验→采场矿堆周围渗漏检测→矿堆饱和吸水率测试→矿堆渗透速度测试→集液与取样分析→峰值浓度监测与研究→集液中转→集液结果分析→集液信息反馈。

集液方法根据底部结构构筑方式可划分为巷道集液和钻孔集液两种形式。根据矿体产状和矿堆高度可划分为阶段集中集液和分段集液两种形式。阶段集中集液适用于各种急倾斜矿

体;分段集液适用于缓倾斜矿体和采用浅孔留矿法筑堆的各种矿体。

(1)底部结构构筑

底部结构的构成要素有:防渗漏层、集液坡度、渗透层、集液口或集液孔其结构(图4.33)。影响底部结构构筑的主要因素包括矿床地质及水文地质条件、矿石的渗透性能、采准切割工程布置方式、爆破筑堆方法等,此外,构筑底部结构还应遵循技术可行、经济合理两大原则。

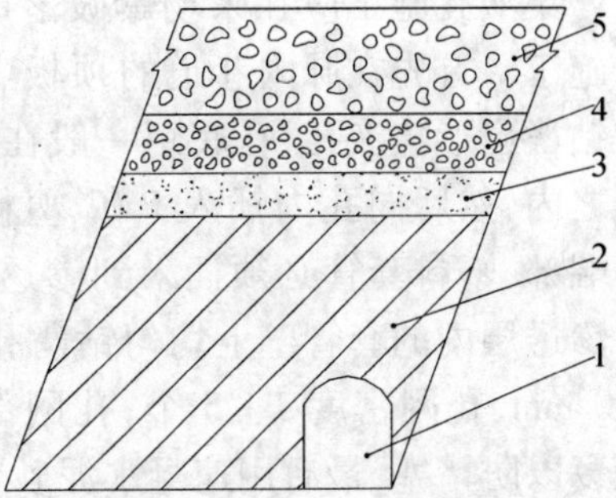

图4.33 底部结构示意图

1—集液巷道;2—底部矿柱;3—防渗漏层;4—渗漏层;5—采场矿堆

有底柱底部结构主要适用于矿石品位较低(一般在0.15%以下)且采场下部中段仍需开采的矿体,与常规开采一样,一般留3~8 m高的底柱,下部中段采用原地破碎浸出工艺开采时,底柱回采在下部中段爆破筑堆时一起爆破;采用常规开采时根据矿山经济政策及资源政策确定是否回采底柱。

无底柱底部结构主要适用于下部阶段无矿体延伸或矿石品位很高的矿体。对于下部阶段无矿体延伸的矿体而言,采用无底柱底部结构形式既经济又可简化采切工程布置;对于高品位矿体,为了既能最大限度地回采矿物资源又能保证下部阶段的顺利开采,往往采用铺设人工假底的方法。

①防渗漏层构筑

铺设防渗漏层的材料一般采用混凝土、PVC塑料板、沥青、环氧树脂、黄土等,特殊情况下还要采取注浆措施。

②集液坡度

集液坡度是指在构筑防渗漏层和渗透层过程中从矿堆边界至集液口范围内人为形成的坡度。集液坡度一般在0.5%~1.0%范围内即可。

③渗透层构筑

渗透层是指浸出液到达矿堆底部后向集液口汇集的路径或过滤通道,主要起渗透和沉淀过滤作用。铺设渗透层的材料一般采用卵石或砾石,厚度在0.3~0.5 m之间。

④集液口或集液孔

集液口或集液孔是浸出液从矿堆底部汇集后流出采场的出口。在有底柱底部结构中采用脉内巷道集液时,可利用底柱的切割天井口构筑集液口;若底柱没有切割天井口,从脉内巷道上掘漏斗作集液口;若底柱不稳固,且节理裂隙发育,或者是矿堆底部集液路径过长时则采用集液孔集液(或称钻孔集液)。

集液口构筑与底部结构构筑同时进行,重点是过滤层与渗透层下部的封堵技术,一般情况下直接在底柱切割天井上口采用钢轨、工字钢、圆木等材料进行封堵,随后在封堵层上部铺设若干层过滤纱网,再铺设渗透层,为尽量减轻爆破落矿筑堆产生的冲击,采用增加集液口上部渗透层铺设厚度的方法保护集液口。

集液孔施工应在采场爆破落矿筑堆完成后进行施工。首先在脉内巷道的顶板上向矿堆底部均匀钻凿扇形集液孔,孔底距一般在 1.0 ~ 2.0 m 范围之内,然后向孔内插入 PVC 塑料套管并封堵套管端部,塑料套管必须插入到渗透层顶部,并在插入渗透层内的套管壁上均匀钻凿孔网,孔径 1.5 ~ 2.0 mm,孔网密度 3 ~ 5 个,孔网部位用过滤纱网包裹以防堵塞,最后用速凝水泥砂浆填充套管与孔壁之间的空隙以密封固定套管。对于采用泡浸法浸出的采场矿堆,套管外露部分还要安装控制阀门。钻孔集液系统结构见图 4.34。

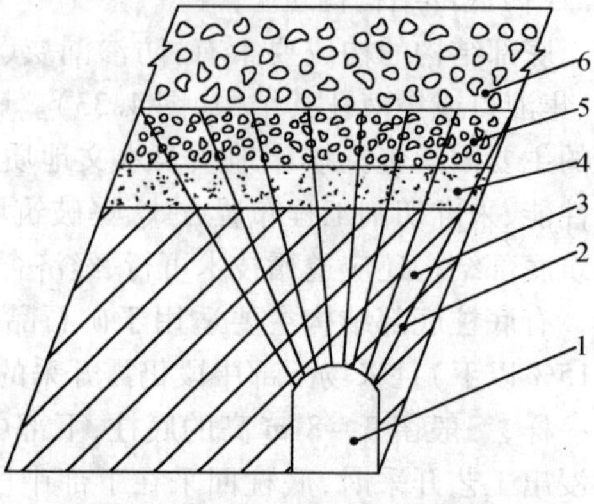

图 4.34 钻孔集液系统示意图

1—集液巷道;2—集液钻孔;3—底部矿柱;4—防渗漏层;5—渗漏层;6—采场矿堆

(2)采场封堵

采场封堵按作用及用途分为防渗漏封堵和集液口封堵两种情况;防渗漏封堵又分为采切工程封堵和节理裂隙封堵。采场爆破落矿筑堆所必需的采切工程在爆破落矿筑堆完成后必须进行封堵。

(3)集液池构筑

集液池按其用途可分为沉淀池、采场集液池、中转池及计量池四种。

沉淀池亦称溢流沉淀池,其主要作用是沉淀澄清浸出液中悬浮的泥浆及矿物细砂尘。一般构筑在集液口下部,容积为 1 ~ 2 m^3,澄清后的浸出液溢流进采场集液池。

采场集液池属临时性构筑物,大多利用原有脉内巷道砖砌封堵而成,巷道内壁采用混凝土砂浆抹面并涂沥青或环氧树脂胶,也可用 PVC 软板贴壁法进行防腐防漏施工,软板与集液池壁之间用环氧树脂胶黏结,软板之间的接缝采用焊接或胶黏结相连。

集液中转池属永久性构筑物,主要用作浸出液的泵送中转。由于井下采场集液池距地表水冶处理厂存在高差,必须用耐酸泵提升浸出液,一般采用多级耐酸泵进行提升,但如果高差过大,在对定型生产的耐酸泵及耐压塑料管进行选型时不一定能满足要求,必须根据泵的扬程和管路的耐压值在集液池与地表水冶处理厂之间的某个阶段构筑中转池。中转池采用钢筋混凝土浇筑法进行施工,其防腐防渗漏处理方法与集液池相同,集液中转池的容积应不小于设计的一次中转量。

集液计量池亦属于永久性构筑物,一般构筑在地表水冶处理厂附近,构筑方法与集液中转池相同,只是增加了一项计量标示。集液计量池应构筑两个,一个计量,一个备用。单个计量池的容积应不小于设计的一次中转量。

(4)集液中转系统

原地破碎浸出采铀的后处理工艺放在地表水冶处理厂进行,因而必须建立集液中转系统。

集液中转系统是原地破碎浸出采铀工艺的主要能耗工序之一，在技术与经济条件允许的情况下应加快对原地破碎浸出采铀工艺中井下水冶处理工艺的研究与开发，从而达到降低生产成本及节能增效的目的。

集液中转系统由采场集液池、塑料阀门、耐酸泵、耐压塑料管、集液中转池、集液计量池组成。

(5)集液工作

集液工作分集液前准备工作和集液日常工作两种情况。

集液前准备工作包括集液设施的构筑和安装；集液日常工作包括注水试验、取样与分析、浸出液峰值浓度观测、浸出液中转、集液结果统计与分析等内容。

集液日常工作与布液浸出日常工作息息相关，布液与浸出过程中所研究和解决的浸出技术问题通过集液的结果分析进行验证，布液与浸出工作根据集液结果分析及时调整布液参数，从而达到最佳的浸出效果。

①注水试验

注水试验是集液日常工作的第一道工序，其主要目的和任务是：调试布液喷淋系统，检查矿堆的渗漏情况，测定矿堆的吸水率，测定矿堆的渗透率，冲洗矿堆中的矿物粉尘等。

②取样与分析

浸出液的取样与分析是集液日常工作中的关键环节，是浸出过程中调整布液参数的依据，它反映了浸出工作的动态变化过程。浸出液样品按取样位置分为瞬时样品（简称瞬时样）和集合样品（简称集合样）。

瞬时样是指某时刻所采集的样品，其取样位置在集液口或集液孔，它反映某时刻浸出液的浸出特性，具有时间性特征。瞬时样的采集时间和采集时机是由集液工作制度所确定的。

集合样是反映某一段时间间隔内汇集的浸出液的浸出特性的平均值，其取样位置在采场集液池，一般情况下，每中转一次取一个集合样，集合样的采样记录内容及采样量与瞬时样的相似。

分析工作包括物理分析和化学控制分析两种类型。物理分析主要是测试浸出液中的氧化还原电位；化学控制分析包括常规分析和全分析。

氧化还原电位（Eh）是衡量浸出过程中氧化还原反应程度的主要指标，当氧化还原电位低于500 mV时，浸出液中UO_2^{2+}和U^{4+}的比例随pH值和电位的变化而变化；当氧化还原电位高于500 mV时则满足了UO^{2+}稳定存在的热力学条件，有利于浸出。

常规分析主要包括铀金属质量浓度分析、余酸及pH值分析。铀金属质量浓度分析主要是掌握浸出过程中浸出液铀含量的变化规律，而余酸及pH值分析主要是控制浸出液中各种离子的存在状态及存在环境，使其维持在有利于浸出的范围之内。

全分析除常规分析项目外还包括铁、钙、镁、铝、锰及二氧化硅等元素及化合物的含量分析。全分析的目的是了解上述元素及化合物在浸出液中的存在状态，通过调整浸出工艺参数，控制其存在状态朝着有利于浸出和后处理的方向发展,从而避免或尽量减少其有害影响。

③浸出液峰值浓度监测

浸出液峰值浓度是指浸出液中铀浓度(或铀含量)的高峰值,峰值浓度出现的早晚和其持续时间的长短是反映铀矿物浸出规律及浸出性能好坏的重要指标,是调整布液参数的依据。峰值浓度的监测手段是集液过程中的取样与分析工作,峰值浓度监测期间的取样时间间隔为每两小时取一个样,关键时刻每一小时取一个样。

峰值浓度的大小与布液强度、铀矿石品位、铀矿物的浸出性能、筑堆高度及筑堆环境等有直接关系。其他条件不变时,布液强度越大峰值浓度越低,反之则越高;铀矿石品位越高,峰值浓度越高;浸出性能越好,则峰值浓度越高;筑堆高度越高,峰值浓度越高;筑堆环境中的温度越高、孔隙度越大,氧化还原反应中的离子交换速度越快,则峰值浓度越高。

④集液中转

集液中转工作是集液日常工作的最后一道工序,根据浸出液中铀离子的含量把浸出液区分成合格液与非合格液,合格液直接中转到计量池供地表水冶厂进行处理,非合格液中转到配液池重新加酸进行布液,亦可与地表堆浸的高浓度浸出液混合后进水冶厂进行处理。

2. 防渗漏技术

防渗漏技术按集液系统可分为采场防渗漏、底部结构防渗漏、集液池防渗漏及中转系统防渗漏四部分。

(1)采场防渗漏

采场防渗漏施工应在爆破筑堆完成后进行,其最有效的方法是封堵和注浆。封堵是针对采切工程所采取的防渗漏措施,注浆是针对矿堆周围的构造破碎带所采取的技术措施。

注浆按浆液材料可分为有机注浆和无机注浆。有机注浆是指采用化学材料作浆材,它具有黏度低、可注性好等优点,但一般的化学浆材都有一定的毒性,容易对环境造成污染,且价格昂贵;无机注浆主要是指水泥注浆,其具有材料来源丰富、浆液配置方便、价格低廉、强度较高等优点。一般情况下都采用无机注浆,特殊情况下配以少量的化学浆材。

一般的注浆工艺流程为:定孔位→钻孔→清洗钻孔→注水试验→压力注浆→清洗管道→封孔。对于原地破碎浸出采铀工艺而言,由于是井下作业,必须先形成作业空间,即在布液中段的矿体上下盘采用光面爆破、喷锚支护等施工技术掘进沿脉巷道,然后在巷道内钻凿下向平行倾斜注浆钻孔,钻孔倾向、倾角应与矿体一致,应采用高精度钻机钻孔,防止钻孔穿入矿堆;注浆作业时应严格控制注浆压力及浆液的黏度,防止浆液注入矿堆。

(2)底部结构防渗漏

底部结构防渗漏施工应根据底部结构不同的地质条件采用相应的技术手段。当矿体比较稳固,节理裂隙不甚发育时,在爆破筑堆前对矿体底部实施切割拉底工程,然后在节理裂隙部位铺设混凝土假底,或整体铺设一层 300 mm 厚的黄土作缓冲层,然后再铺设一层 PVC 塑料软板作防渗漏层;当矿体不稳固,节理裂隙较发育或矿体位于构造破碎带内时,无法进行切割拉底工作,唯一的方法就是采用水平旋喷注浆技术防渗。

(3)集液池防渗漏

集液池防渗漏处理相对而言比较容易,它是集液池构筑完毕后的最后一道工序,根据选用的防渗材料大致可分为:沥青防渗漏法、环氧树脂胶与玻璃纤维布粘贴防渗法、PVC塑料软板贴壁防渗法。

(4)中转系统防渗漏

中转系统的防渗漏工作主要在安装与试运转阶段进行,主要包括阀门、中转泵、管路的安装与调试。阀门与中转泵属标准设备件,安装时只要按操作规程进行即可防止渗漏现象的发生,正常运转阶段由于流体动力作用或设备振动作用有可能出现渗漏现象,应密切进行监测;塑料耐压管路的连接工作量大,稍有疏忽就有可能发生渗漏甚至爆管,管路之间的连接一般采用法兰连接或塑料焊接,施工时应确保连接或焊接质量。

3. 工程实践简介

某矿床为凝灰岩类矿床,采用常规开采与地表堆浸工艺进行生产,矿石坚硬,出窿矿石的经济品位在0.15%以上,采用机械破碎矿石,粒度到5 mm以下,浸出周期3~4个月,浸出率可达90%左右,但该矿床的平均品位较低,大部分品位较低的矿体若用常规开采方法采出地表堆浸则是不经济的。因此,拟定采用原地破碎浸出采铀工艺开采低品位矿体。

选择的试验采场为某矿体的端部,矿体为缓倾斜矿体,倾角30°,水平宽度16 m,走向长度8 m,采场矿石平均品位0.1%,矿体及下盘围岩稳固,节理裂隙不发育,上盘围岩与矿体交界处为绿泥石软弱构造带,但透水性差。

采用无底柱底部结构集液方式,利用原有的下盘脉内上山在集液水平的矿体下盘掘进沿脉凿岩平巷,利用爆破筑堆的扇形中深孔边界孔的布置角度在倾向方向上形成集液坡度,浸出液汇集到凿岩巷道底板后由管道自流入阶段平巷集液池。

爆破筑堆完成后进行注水试验,发现脉内上山的巷道壁上(矿堆一侧)的微小节理内有渗水滴漏现象。经分析,认为是由于爆破筑堆的采准工程利用的是原有的上山,距矿堆只有4 m的水平距离,上山与矿堆之间的安全距离不够,爆破冲击与振动作用加剧了矿柱内的节理裂隙的进一步扩张,从而引起渗漏滴水。用水泥浆封堵后重新进行注水试验,没发现任何渗漏现象。

浸出过程中监测浸出液峰值浓度时发现,峰值浓度出现快、下降迅速,浸出初期15天内浸出液的铀离子浓度从550 mg/L的峰值降至150 mg/L并呈继续下降趋势,且取样分析发现浸出液的余酸浓度很高;布液与集液过程中还发现,一旦布液结束,集液流量很快减小。反复调整布液工艺参数仍无明显改观,经综合分析认为,矿堆的渗透性能太好,溶浸液在矿堆中停留的时间太短,因而与矿石的接触与反应时间很短,从而导致上述现象的出现。后改用泡浸方法浸出,用砖及混凝土砂浆封堵密闭矿堆周围及下部的采准工程巷道,砖墙外面水泥细砂浆抹面,集液管道安装阀门,为防止封堵密闭不严,在砖墙外面再砌筑小集液池,用塑料管自流引入阶段集液池；矿堆连续布液2~4个班后间歇2~3个班，然后打开集液阀门进行集液，采用此方法效果较好，浸出液中余酸浓度降低、铀离子浓度升高（升高到350 mg/L），最后使总的浸出率从40%上升到60%以上。

集液中转采用高扬程多级泵提升浸出液，由于地表水冶厂与井下集液池的高差太大，在多级泵选型时比较困难，因此采用分段中转的方案，首先将采场集液池的浸出液中转到60 m中段竖井口附近的中转集液池内，然后采用高扬程多级泵经竖井中转到170 m水平的地表水冶厂进行处理。

4.5 微生物浸铀

4.5.1 浸矿微生物种类

和矿物浸出有关的微生物大部分属于自养菌。这类生物在生长和繁殖过程中，不需要任何有机营养，而是依靠各种无机盐而生存，所以叫自养菌，与之相反的叫异养菌。少数的异养菌也可以溶解金属矿物，但这方面的研究较少。在试验及工业生产中得到广泛应用的是自养型微生物。表4.12所示的是铀矿石工业细菌浸出工艺使用的微生物的基本特征。

表4.12 细菌浸出铀矿石涉及的主要微生物组织

微生物组织	生理特征	碳要求	温度℃/（最佳）	pH/（最佳）
氧化铁硫杆菌	严格好氧，可氧化 Fe^{2+}，S^0，U^{4+}，Cu^+，Se^{3+}	无机化能	5~40/（28~35）	1.2~6.0/（2.5~2.8）
噬硫杆菌	严格好氧，可氧化 S^0，$S_2O_3^{2-}$，但不能氧化铁和金属硫化矿	无机化能	10~40/（28~30）	0.5~6.0/（2.0~3.5）
嗜酸硫杆菌	严格好氧，可氧化 S^0，有机化合物	可选择性无机化能	（25~30）	1.5~6.0/（3.0）
小螺旋菌属的氧化铁硫杆菌	严格好氧，可氧化 Fe^{2+}，S^0 和硫化矿	无机化能	20~40/（30）	1.5~4.5/（2.5~3.0）
布赖尔利叶硫球菌	严格好氧，可氧化 Fe^{2+}，S^0 和硫化矿	无机化能	55~80/（70）	2.0~7.0/（2.0~3.0）
硫化裂片菌属	严格好氧，可氧化 Fe^{2+}，S^0 和硫化矿	可选择性自养	20~60/（50~55）	1.9~3.0/（1.9~2.4）
酸肚菌属的菌	限氧，可氧化 S^0 酵母提取	可选择性无机营养	45~75/（70）	1.0~6.0/（1.5~2.0）
假单细胞	限氧，在细胞核内聚集 U，Cu，Pb	异养菌	4~43/（30）	7.0~8.5

表 4.12(续)

微生物组织	生理特征	碳要求	温度℃/(最佳)	pH/(最佳)
青霉菌	限氧,在细胞壁内聚集 U,Ra,Pb	异养菌	15 ~ 30	(5.0)
根霉菌	限氧,在细胞壁内聚集 U,Ra,Th	异养菌	15 ~ 30/(24 ~ 27)	(4.0)
脱硫孤菌属的菌	厌氧,从溶液中迁移 U 和 Cu	异养菌	0 ~ 44/(25 ~ 30)	(4.0 ~ 7.0)

上表列出了大部分与浸铀有关的微生物。需要特别指出的是氧化铁硫杆菌。人们把三种性能十分相近,而且难以区分的三种自养菌视为一种菌,定名为氧化铁硫杆菌(Thiobacillus Ferrooxidants)。这里特别介绍四种浸矿细菌。

(1)氧化亚铁硫杆菌(Thiobacillus Ferrooxidans)。这种细菌是浸矿细菌中最常见的一种自养菌,菌体呈棒状,细胞尺寸为直径 0.3 ~ 0.5 μm,长 1.0 ~ 1.7 μm。它实际上可以氧化所有的硫化矿物,在 pH 值 1.2 ~ 6.0 之间生长良好,在 5 ~ 40 ℃下能存活,最佳的生长温度在 28 ~ 35 ℃之间。在含亚铁的液体培养基中由于亚铁被氧化使培养基变成红棕色,最后由于 Fe^{3+} 水解生成氢氧化物或铁矾而产生沉淀。

(2)噬硫杆菌(Thiobacillus Thiooxidans)。该菌为圆头短棒状,在菌体两端各有一油滴,可将培养基中的硫溶于油滴之中再吸入体内进行消化,该菌氧化单质硫的能力比氧化硫化合物的能力强,可产生较多的酸,而且耐酸能力强,可耐 5% 的硫酸。另外,人们发现这种细菌能耐 80 ~ 100 V 电压。

(3)氧化铁铁杆菌(Ferrobacillus Ferrooxidans)。这种菌呈短杆状,可将亚铁离子氧化成高铁离子,在液体培养基中由于生成 Fe^{3+} 使培养基由浅绿色变成红棕色。

(4)由詹姆瓦斯基前几年发现的 Ferrixifunishbagdadii 自养菌种,具有生长迅速的特点,对某些金属硫化物的氧化速度为氧化亚铁硫杆菌的 3 ~ 10 倍,在 pH = 1 ~ 9,温度 5 ~ 55 ℃下,能耐高质量浓度的 Cu、Zn、Mo、As、NH^{4+}、Cl^- 和 CN^- 等。

4.5.2　微生物浸矿机理

1. 微生物浸矿直接作用机理

直接作用就是指细菌与矿物表面接触,将金属硫化物氧化为酸溶性二价金属离子和硫化物的原子团。

在有水和空气(氧气)存在情况下,在氧化铁铁杆菌、氧化硫硫杆菌以及氧化铁硫杆菌等细菌及其复合细菌的作用下,许多金属硫化矿会发生如下直接浸出反应。

(1)黄铁矿

$$2FeS_2 + 7O_2 + 2H_2O \xrightarrow{细菌} 2FeSO_4 + 2H_2SO_4 \tag{4.5}$$

$$4FeSO_4 + O_2 + 2H_2SO_4 \xrightarrow{细菌} 2Fe_2(SO_4)_3 + 2H_2O \tag{4.6}$$

(2)黄铜矿

$$CuFeS_2 + 4O_2 \xrightarrow{细菌} CuSO_4 + FeSO_4 \tag{4.7}$$

(3)铜蓝

$$CuS + 2O_2 \xrightarrow{细菌} CuSO_4 \tag{4.8}$$

(4)毒砂

$$2FeAsS + 3H_2O + 6.5O_2 \xrightarrow{细菌} 2H_3AsO_4 + 2FeSO_4 \tag{4.9}$$

(5)硫砷铜矿

$$2CuAsS + 3H_2O + 6.5O_2 \xrightarrow{细菌} 2H_3AsO_4 + 2CuSO_4 \tag{4.10}$$

(6)闪锌矿

$$ZnS + 2O_2 \xrightarrow{细菌} ZnSO_4 \tag{4.11}$$

(7)辉钼矿

$$MoS_2 + 2H_2O + 3O_2 \xrightarrow{细菌} H_2MoO_4 + H_2SO_4 \tag{4.12}$$

(8)辉锑矿

$$Sb_2S_3 + 6O_2 \xrightarrow{细菌} Sb_2(SO_4)_3 \tag{4.13}$$

(9)硫化锡矿

$$SnS + 2O_2 \xrightarrow{细菌} SnSO_4 \tag{4.14}$$

(10)元素硫

$$2S + 2H_2O + 3O_2 \xrightarrow{细菌} 2H_2SO_4 \tag{4.15}$$

(11)辉铜矿

$$Cu_2S + 2.5O_2 + H_2SO_4 \xrightarrow{细菌} 2CuSO_4 + H_2O \tag{4.16}$$

邓肯(Duncan)等人在1964年证明:氧化亚铁硫杆菌对硫的氧化作用比对 Fe^{2+} 的氧化慢很多,但在用该菌氧化硫化矿的同时能将产生的元素硫及时氧化掉。因为在浸出过程中,发现细菌首先吸附在矿物表面,如果细菌只能氧化 Fe^{2+},它应当存在于溶液中,而当溶液中出现大量细菌时,浸出反应已经结束了。

2. 微生物浸矿间接直接作用机理

在矿石中,通常含有黄铁矿,黄铁矿在自然条件下被缓慢氧化生成 $FeSO_4$ 和 H_2SO_4,在有细菌存在的条件下,反应被催化,能快速进行,最终生成 $Fe_2(SO_4)_3$ 和 H_2SO_4。$Fe_2(SO_4)_3$ 是一种很有效的金属矿物氧化剂和浸出剂，铀及其他多种金属矿物都可以被 $Fe_2(SO_4)_3$ 浸出，这就是所谓的细菌浸出的间接作用机制。几种矿物的间接浸出示例如下：

（1）黄铁矿

$$FeS_2 + 7Fe_2(SO_4)_3 + 8H_2O \longrightarrow 15FeSO_4 + 8H_2SO_4 \tag{4.17}$$

（2）铜矿物

$$CuS_2 + 2Fe_2(SO_4)_3 \longrightarrow 2CuSO_4 + 4FeSO_4 + S \tag{4.18}$$

$$Cu_2O + Fe_2(SO_4)_3 + H_2SO_4 \longrightarrow 2CuSO_4 + 2FeSO_4 + H_2O \tag{4.19}$$

$$CuFeS_2 + 2Fe_2(SO_4)_3 \longrightarrow CuSO_4 + 5FeSO_4 + 2S \tag{4.20}$$

（3）铀矿物

$$UO_2 + Fe_2(SO_4)_3 \longrightarrow UO_2SO_4 + 2FeSO_4 \tag{4.21}$$

（4）锰矿物

$$3MnCO_3 + Fe_2(SO_4)_3 + 3H_2O \longrightarrow 3MnSO_4 + 2Fe(OH)_3 + 3CO_2 \tag{4.22}$$

$$3MnS + Fe_2(SO_4)_3 + 6H_2O \longrightarrow 3MnSO_4 + 2Fe(OH)_3 + 3H_2S \tag{4.23}$$

3. 微生物浸矿复合作用机理

复合作用理论指的是细菌浸出过程中，既有细菌的直接作用，又有通过 Fe^{3+} 氧化的间接作用；有时以直接作用为主，有时以间接作用为主，但两种作用不可排除，这是绝大多数研究者认可的细菌浸矿机理。如，铜蓝的浸出就是一个典型的例子。

作为主要铀矿石的沥青铀矿，其典型的成分是 UO_2。由于 UO_2 通常被部分氧化，由 U^{4+} 转化为 U^{6+}，所以不存在天然的 UO_2。这种氧化程度通常能达到60%。当[$U^{6+} > U^{4+}$]时被称作脂铅铀矿。六价铀矿石在酸性介质如铀酰离子中能快速溶解，而四价铀矿石的溶解则需要三价铁的预先氧化成 U(Ⅵ)

$$UO_3 + 2H^+ \longrightarrow UO_2^{2+} + H_2O \tag{4.24}$$

$$UO_2 + 2Fe^{3+} \longrightarrow UO_2^{2+} + 2Fe^{2+} \tag{4.25}$$

$$UO_2^{2+} + 3SO_4^{2-} \longrightarrow [UO_2(SO_4)_3]^{4-} \tag{4.26}$$

另一方面，UO_2^{2+} 可以通过水解反应而导致金属的沉淀

$$UO_2^{2+} + 3H_2O \longrightarrow UO_2(OH)_2 \cdot H_2O + 2H^+ \tag{4.27}$$

在有过量的硫酸离子存在的情况下，在反应动力学上可以证明缔合反应与水解反应无关。

为了动力学的快速提铀，认为 pH 在 1 ~2 之间，氧化还原电位必须在 400 mV 以上，而决定溶液的氧化还原电位(Eh)的高 Fe^{3+}/Fe^{2+} 比是必要的。也就是说，必须使上述反应中产生的 Fe^{2+} 氧化成 Fe^{3+} 并循环使用。然而，当 Fe^{3+} 的浓度超过 3 g/L 时却没有明显的效果。研究表明：Fe^{3+} 浓度在 1 ~2 g/L 时适宜于四价铀矿石的有效溶解，最低浓度为 0.5 g/L。

细菌浸出的工业实践中，主要是利用细菌的氧化作用，氧化溶液中的 Fe^{2+} 和矿石中的硫化物(主要为黄铁矿)。细菌对硫化物的浸出，有直接和间接两种作用。

$$4FeS_2 + 15O_2 + 2H_2O \xrightarrow[能量]{细菌} 2Fe_2(SO_4)_3 + 2H_2SO_4 \tag{4.28}$$

上述反应产生的硫酸高铁是一种强氧化剂,可反过来氧化黄铁矿。

$$FeS_2 + 7Fe_2(SO_4)_3 + 8H_2O \rightarrow 15FeSO_4 + 8H_2SO_4 \tag{4.29}$$

$$FeS_2 + Fe_2(SO_4)_3 \rightarrow 3FeSO_4 + 2S \tag{4.30}$$

由式(4.29)和式(4.30),产生的硫酸亚铁和硫又可作为能源被细菌氧化为硫酸高铁和硫酸。

$$4FeSO_4 + O_2 + 2H_2SO_4 \xrightarrow[能量]{细菌} 2Fe_2(SO_4)_3 + 2H_2O \tag{4.31}$$

$$2S + 3O_2 + 2H_2O \xrightarrow[能量]{细菌} 2H_2SO_4 \tag{4.32}$$

由式(4.32)产生硫酸高铁(氧化剂)的过程即所谓的细菌间接作用,细菌可不与矿物接触;而方程式(4.34)所描述的细菌氧化黄铁矿的反应,需要细菌与被浸矿物中的黄铁矿直接接触,称为直接作用。

细菌的直接作用与间接作用都会引起黄铁矿晶格的破坏,最终导致矿物的分解和硫酸的生成。细菌产生的硫酸高铁的浸出以直接作用为主,间接作用为辅。其他硫化物的浸出与黄铁矿类似。

在细菌氧化浸出过程中,一方面利用细菌在地表氧化亚铁为高铁,另一方面,又因矿石中含有黄铁矿,经过驯化培养的细菌注入矿体,细菌黏附于矿物上,氧化黄铁矿产生硫酸高铁和硫酸。两方面共同作用,从而提高铀的浸出率,缩短浸出时间。

4.5.3 微生物浸铀的工业应用

实例1(抚州铀矿)

抚州铀矿氧化程度差,四价铀的含量为55%,以分散状、脉状或细脉状存在;矿石较坚硬、致密、孔隙度小、渗透性较差,属酸耗量大,难处理的铀矿石,常规浸出的用酸量>14%。矿样分析结果见表4.13。

表4.13 原矿成分分析结果表

项目	U	U^{6+}	U^{4+}	SiO_2	FeO	Fe_2O_3	AL_2O_3	CaO	MgO	S	P	F	FeS_2	备注
含量	0.44	0.17	0.27	71.29	1.23	2.18	12.46	4.60	0.39	1.46	0.25	1.04	1.60	

细菌渗滤浸出试验在 ϕ100 mm × 1 000 mm 的有机玻璃柱中进行,粗粒级的(−10 ~ +5 mm,−5 ~ +2.5 mm)每柱装矿 15 kg,细粒级的(−2.5 ~ +0.5 mm)每柱装样 5 kg。所用

溶浸液不返回使用,全部采用新配溶浸液。试验中对不同粒级、不同氧化剂浸出效果进行了对比,并进行了耐 F^- 驯化试验。

主要参数:

溶浸液酸度:前期 3% ,中后期 1% 。氧化剂浓度:氯酸钾 0.25 ~ 1.0 g/L。浸出制度:浸出 16 h,停 8 h。

在细菌与氯酸钾作氧化剂渗滤浸出对比试验中可以发现,用细菌氧化浸出有利于提高铀金属浸出率,对粒度为 -10 ~ +5 mm 的同一矿石, 细菌氧化浸出比氯酸钾作氧化剂浸出铀金属浸出率提高 10% ;对粒度为 -2.5 ~ +0.5 mm 的同一矿石, 细菌氧化浸出比氯酸钾作氧化剂浸出铀金属浸出率提高 15% ;矿石粒度对铀金属的浸出影响较大,矿石粒度越小,溶液与矿物颗粒接触越充分,铀金属浸出速度越快,浸出率越高,但酸耗相对高一些。

该矿矿石渗滤浸出液中 F^- 浓度高,单级浸出液中 F^- 浓度高达 2 g/L 以上,对细菌生长繁殖非常不利,需要对细菌进行驯化培养,提高其耐 F^- 能力。

为配合该矿"选冶堆"技改方案,采用矿石经硫酸预浸,再用细菌氧化再生液淋浸 -25 ~ +5 mm 粒级矿石(铀品位 0.24% ~ 0.263%)方案,在 1994 ~ 1995 年分别进行了可行性和现场扩大试验。该方案的淋浸结果表明:预处理阶段,用酸量与矿石质量比为 3.7% ,经淋浸 22 d 后,铀的浸出率为 30% ~ 31.5% ;接着采用细菌浸出剂进一步淋浸 78 d,用酸量为矿石重量的 1.7% ,浸出率 > 83% 。若采用常规硫酸淋浸,需要 1a 时间,酸耗约 10% ,才能达到同样的浸出率。由此可见,在获得同样浸出率时,细菌法可减少用酸量 35% ~ 40% 。缩短淋浸时间约 1/2,其技术经济指标明显优于常规淋浸法。其流程图如图 4.35。

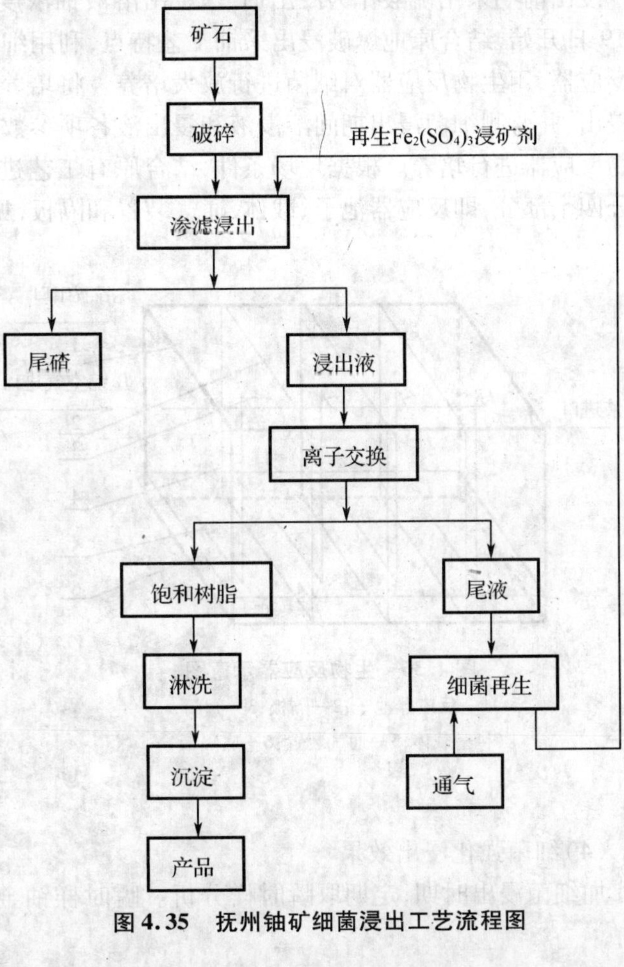

图 4.35　抚州铀矿细菌浸出工艺流程图

实例 2(赣州铀矿)

(1)矿床及矿石特点

矿床属中低山丘陵地带,气候温

暖潮湿,雨量充足。矿石中存在细菌生长繁殖所需的营养物质。矿体为一近似柱状矿体,上部较大,下部较小,且出现分枝,试验矿体的矿石类型主要为隐爆角砾岩型。

铀矿物主要为沥青铀矿,脉石矿物有萤石、铁绿泥石、方解石。矿物共生组合为铀－萤石和铀－方解石。

(2)工艺参数

垂直高度,27 m;倾角,90°;矿石块度,－150 mm 块度大于 75%;待浸矿量,7 000 多吨;矿石平均品位,0.135%;待浸金属量,10.00 t;矿堆渗滤速率,0.38 m/h。溶浸液的硫酸浓度,浸出初始阶段 3%,中期 2～1%,后期 0.5～0.25%;布液强度,(15～25) $l/m^2 \cdot h$;液固质量比,2.0∶1至3.0∶1;浸出液 pH 值,pH＝2.0±0.5;浸出时间,480～548 天;浸出率,液计或渣计浸出率 75% 左右

(3)工艺特点

浸出前期采用硫酸作为浸出剂,当浸出溶液铀浓度较低时(矿堆浸出后期),从 1998 年 7 月 19 日开始,结合原地爆破浸出采铀工艺特点,利用细菌强化浸出,只需在原配液池旁建一生物反应器,用生物反应器对细菌进行放大培养。将培养好的细菌和溶浸液混合对采场矿堆布液浸出,并监测细菌浸出期间溶浸液和浸出液各项参数。菌种选用驯化的氧化亚铁硫杆菌,用生物反应器进行培养。根据现场条件,结合原有工艺进行生物反应器设计、加工、安装。反应器分四个部分,即反应器池子、载体、通气装置和隔板,见图 4.36。工艺流程示意图见图 4.37。

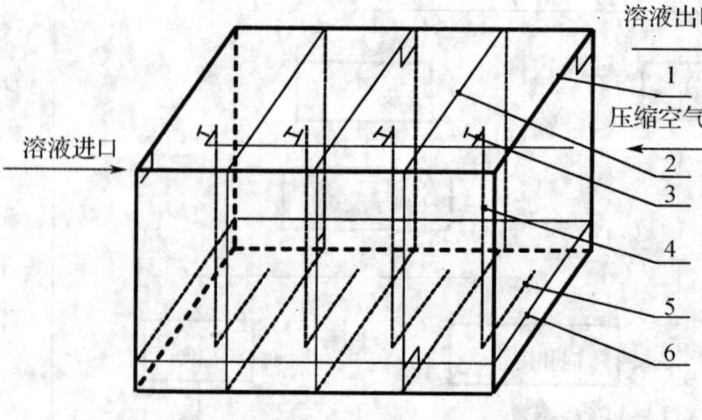

图 4.36 生物反应器示意图

1—反应器池子;2—隔板;3—阀门;4—载体;5—通气装置;6—底隔板

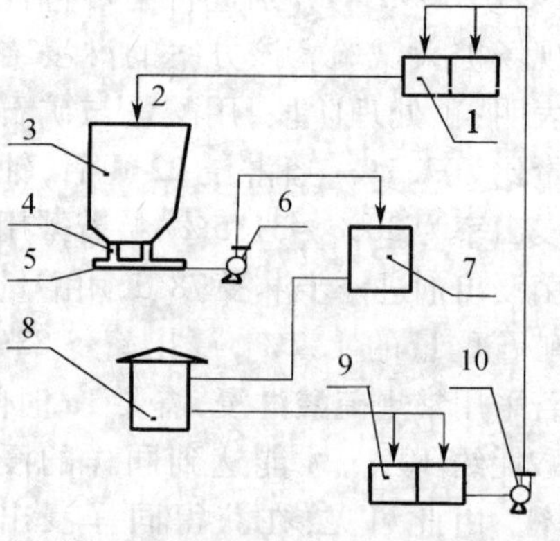

图 4.37 细菌强化浸出工艺流程示意图

1—高位池;2—喷淋系统;3—矿堆;4—导液井;5—集液巷;6—输送泵;7—计量中转池;8—金属回收车间 9—生物反应器;10—输送泵

(4)细菌强化浸出效果

加细菌浸出时期,定期取瞬时样分析。瞬时样铀金属浓度与时间关系曲线如图 4.31 所

示。从图4.31可以明显看出,瞬时样铀金属浓度比添加细菌前上升要快,下降要缓慢,维持较高浓度时间也较长,细菌所起的作用明显。对比试验前后溶浸液酸度与浸出液酸度,添加细菌可以节省部分硫酸。经济效益分析表明:针对试验矿堆,每年用细菌浸出方法提高铀浸出率所增加的产值为11.37万元,除去增加的附加费用4.65万元,用细菌浸出每年可产生的经济效益为6.72万元。

4.6　高产高效新技术应用

4.6.1　高产高效矿井开拓准备的新发展

1. 开拓准备系统的特点

高产高效矿井的岩层赋存地质条件一般较简单,多数矿井的岩层倾角小、层数多、总厚度大、涌水量小、构造简单、开采条件好,有利于采用先进的开采技术,体现了高产高效矿井开拓准备系统的新特点。高产高效矿井的开拓、准备及开采工作面等特征参数与全国矿山的平均值相比有很大提高。呈现出矿井大型化、巷道简单化、矿层开采单层化、运输连续化、一矿(井)一面或二面的高度集中化生产的趋势。

2. 开采布置及系统的简化

高产高效矿井一矿(井)一面或二面的高度集中生产要求矿井生产系统简化,工作面的高产量、高速度要求开拓准备的高速度给以保障。为此,布置矿层巷道、逐层的开采顺序能使生产系统简单化和快速完成开拓准备;高产量、高速度的集中生产减少了巷道维护时间,促进了矿层巷道支护技术和对不安全因素防治手段的进步,使得矿层巷道的使用和维护变得简单可行和可靠;高产高效使采区的概念淡化,合理布置工作面成为开拓准备的主要目标;高产高效工作面连续推进长度的加大,使得单翼采区布置较为合理。在矿层倾角小、赋存条件好或比较好的条件下,布置矿层大巷,逐层开采各矿层。矿井的岩石工程量少,可减少辅助运输量及环境污染,使系统简单、采矿工艺单一、设备利用率高且便于维修、开拓准备见效快、综合效益好,所以矿层大巷、逐层开采成为高产高效矿井的发展方向。因此,要打破传统的开拓准备部署格局,有条件逐步向单一矿层集中开拓、集中准备、集中回采方向变革。

矿井运输系统有间断运输设备与连续运输设备组合式和全部由连续运输设备组成的两种系统结构。带式输送机连续化运输,具有运输能力大、布置简单、环节少、效率高、维修工作量小的特点。要求巷道直线布置,但巷道可以有一定的坡度变化,可不设矿仓或设水平机械矿仓,以适应矿层大巷的布置,能满足高产高效矿井工作面生产及巷道单层化矿巷布置的改革要求。随着高强度胶带质量的提高、软启动驱动装置的普遍应用和带式输送机自动监测及控制,大运量、长运距的大型带式输送机连续运输必然成为大型矿井普遍采用的运输方式。

3. 矿井合理持续发展能力

矿井合理的生产能力是矿井生产和发展的重要战略决策，具有重要的实际意义和理论价值。必须对矿井进行客观、细致、全面地技术和经济研究，依据合理性原则综合分析确定矿井合理的生产能力。

对于生产矿井，矿井的合理生产能力就是在一定地质条件、技术条件和管理水平下，尽可能提高工作面单产水平，保证采掘接替，各生产系统配套，充分发挥各生产环节的能力，改造生产薄弱环节，增大投资，并获得好的经济效益。因此，矿井的合理生产能力要和矿井的各个生产环节相适应，不能拼设备、破坏采掘关系，只顾当前不顾长远，又不能让矿井的生产能力得不到充分发挥，造成浪费，影响经济效益。

4. 开拓部署决策支持系统

矿井开拓部署是一个涉及面广、影响因素多，既有定性分析又有定量分析，既要处理空间问题又要处理时间问题，既要考虑现实又要预测未来复杂动态发展的决策问题，单独使用一种方法难以解决。因而必须将复杂的问题分解，分清子问题的类型和相互关系，在总体目标指导下，根据子问题的性质采用相应的解决办法，根据子问题的相互关系进行协调控制，最后形成综合的解决方法，合理解决矿井开拓部署。

考虑到矿井地质条件的多样性和各异性，开拓影响因素的复杂性和随机性，开拓系统参数变化的动态性及开拓技术决策的现代化要求，建立矿井开拓部署决策支持系统是合理的、必要的。

(1)矿井开拓部署决策支持系统的框架结构

矿井开拓部署决策支持系统的总体框架结构见图(4.38)。

(2)矿井开拓部署决策支持系统的功能

①问题处理系统　首先明确要解决的问题，根据问题确定分析的方法步骤。据此输入数据，运用相关知识推理判断可行方案，调用相应的方法和模型进行计算分析，进行方案评价，输出结果供决策参考。

②数据库系统　数据库系统是决策支持系统的基础部分，也是系统最活跃的部分，对决策所需要的各种数据信息进行输入、更新、查询和提取等。不同的矿井根据要处理的问题输入特定的地质条件、开采条件、技术及经济环境等有关数据和资料。

③模型库系统　模型是问题处理、计算分析、模拟、绘图等要用到的各种数学模型、方法、计算和结果输出的各种函数、过程和对象方法。模型是对问题的一种抽象、揭示和描述，是决策支持系统的基础和中心内容：包括地质条件模糊隶属函数模型、地质条件模糊综合评价模型、工作面生产的模拟模型、采矿工艺及设备方案评价指标计算数学模型、多目标评价模型、统计分析模型、工作面参数经济效益模型、岩层大巷经济对比分析模型、采区单双翼布置经济对比分析模型、生产系统可靠性计算模型、生产系统能力计算模型、工作面接替模拟计算模型、工作面接替评价指标计算模型、多目标变权综合评价模型、矿井合理开采规模方案的评价指标计

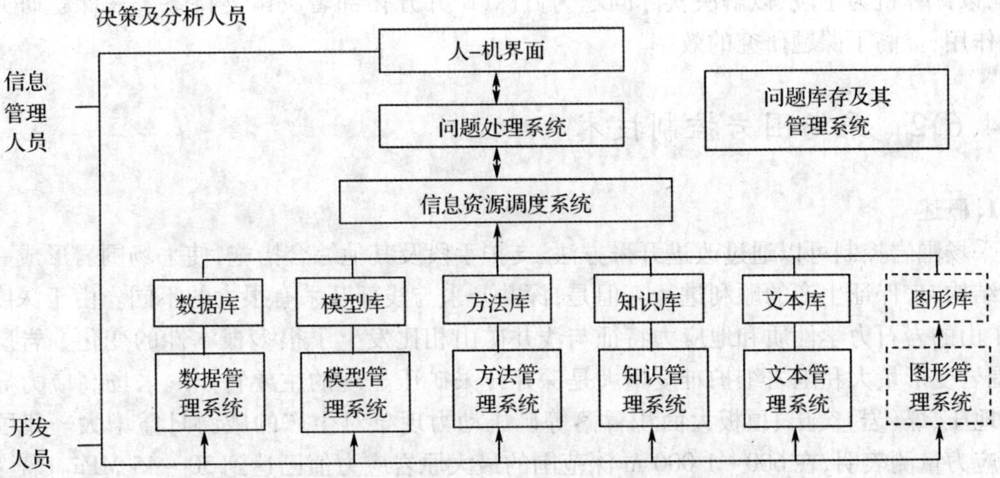

图 4.38　矿井开拓部署决策支持系统的总体框架结构

算模型等。

④方法库系统　方法是面向问题的，是处理解决问题的步骤和模型的调用过程，包括前面的问题处理过程和子问题的处理过程，为解决问题需要进行模型的组合及执行，进行定量分析评价，调用知识进行定性分析论证等。所以，方法是问题处理的核心，是体现解决问题思路的智能模型，根据专业问题，构建各种推理过程模型。

⑤知识库系统　知识是进行问题定性分析和推理判断的基础素材，是采矿工程领域的专家知识。

⑥文本库系统　文本是问题处理过程中的中间结果，如模型间传递数据的中间文件、推理判断的中间过程结论、问题处理的解释说明等。

⑦问题库系统　问题库保存系统处理完的问题，作为实例供系统使用者参考。

(3) 系统界面

矿井开拓部署决策支持系统以丰富的菜单和弹出式窗口为界面，以问题为导向显示相关内容，隐藏有关的内容，使展现在用户面前的菜单和窗口简单明了，集中处理解决关心的问题，易于操作和高效率。在启动系统后，出现矿井开拓部署决策支持系统封面；点击解决问题入口，进入矿井开拓部署决策问题选择界面；选定问题点击确定按钮后，进人系统主界面，主界面的菜单设置与选定的问题相匹配；点击问题菜单，进入问题的子系统界面，按照菜单或按钮操作解决问题后，退回到主界面及退出系统。依此可分析处理要解决的问题，并得到分析结果。

(4) 系统的应用

矿井开拓部署决策支持系统是用于解决实际问题的计算机应用软件系统。以科研成果为依据,以计算机为手段,以解决实际问题为目标,矿井开拓部署决策支持系统在课题研究中发挥了作用,提高了课题研究的效率。

4.6.2 采场围岩控制技术

1. 概述

采场围岩控制可以通过改进开采方法、支护手段及其他综合措施,使采场围岩形成一个可控的结构,来保证生产的顺利进行。但是,深井开采与浅部开采有很大的不同。由于深度的增加,矿山的岩石力学性质和地应力特征与浅井矿山相比发生了很多根本性的变化。岩层压力大、围岩变形量大和围岩维护难度增大是深井开采矿压显现的主要特点。采场高应力导致的冲击地压、煤(岩)突出、顶板大面积冒落等矿压动力现象对生产的威胁日益增大。我国现场原岩应力量测表明,在600~1 000 m深范围的最大原岩应力值已达到30~45 MPa。若考虑开挖效应以2.5倍的应力集中系数计算,开挖空间周边围岩的切向应力值将高达75~115 MPa,而且现在很多煤矿的开采深度已经超过了1 000 m,那么它的开挖应力范围与中、浅部相比,已接近数量级的差别。

矿井地质条件和开采条件有着多种组合,不同的地质条件、开拓布置、采掘方法及开采顺序等,会在开采过程中形成不同程度的围岩应力分布,同时也决定了应力集中可能发生的区域和能量。合理的开采设计应尽量避免和解除应力的高度集中和发生因应力升高而引起的危险。国内外大量实践表明,许多冲击地压的发生是由于不合理的开采技术条件造成的,而且因为这种原因形成的危险,一经形成就难以改变,只能采取战术上的解危措施进行治理,不但增加了成本,其效果也是有限的。因此,高应力区域和有冲击危险的矿层开采与一般条件下岩层的开采设计不同,应以控制采掘空间的围岩应力集中程度为目标,这就是围岩应力控制法,也就是第二种解决问题的方法。该方法在采场围岩控制中具有明显的优点,其在完备程度上具有彻底性,在时间上具有长期性、在空间上具有区域性。

2. 采场围岩稳定性的控制因素

采场围岩的稳定性关系到矿山的安全生产,特别对于深井矿山和大跨度采场存在着重大的事故隐患。如可能诱发采场地压剧烈显现、大规模岩移、矿岩整体失稳、巷道顶板突发性冒落以及岩爆、冲击地压等,这都将造成财产的巨大损失和人员的重大伤亡。随着开采的不断延伸、采场范围扩大和地压增高,尤其高地应力矿区,不仅采场突变失稳风险在增加而且潜在的危害性也在增大。

地下矿体的采出,在岩体中形成空区,破坏了原来的平衡应力场。因此,应力必然进行传递和调整,其传递和调整的结果,可能导致围岩应力场的再次处于平衡状态,这正是我们所期望的;另一种可能,由于采动的影响,导致围岩强度降低和松动,致使围岩大范围破坏,整体结构失稳。采场围岩的稳定性评价与失稳预测预报就是研究围岩内的应力传递和调整过程以及最后所处的状态。

影响地下采场稳定的主要因素有矿区工程地质条件、矿体赋存环境和采矿工程因素等。

矿区工程地质条件是影响矿区围岩稳定性的内在因素。如矿岩类型、物理力学性质、结构面发育程度以及矿岩体的变形特性、流变特性,在很大程度上控制矿岩体的破坏机理、失稳形式和稳定状态。认识和评价矿岩体的工程地质条件,准确的预计矿岩体力学、变形参数,是进行采场围岩稳定性分析的基础。

矿体赋存环境是指矿床所处的区域性构造应力,即原岩应力、地下水条件和地温。对于深度大于1 000 m的矿床,一定要考虑温度对围岩稳定性的影响。众多工程的原岩应力测试表明,大部分矿区都存在着水平构造应力。也就是说,矿区的应力场并不遵循海姆定律,即最大主应力不是垂直方向,而是水平或接近与水平方向的。众多的地下工程实践表明,水平构造应力对地下工程的稳定性产生重要影响,是控制地下工程稳定性的最重要因素之一。因此,研究矿区构造应力大小与方向以及随深度和位置的变化规律,对于采场围岩稳定性分析极为重要。

采矿工程因素包括采场范围与形状,回采、充填顺序与回采速度等。该因素在很大程度上影响围岩和充填体的稳定性。充填顺序是涉及采、充工作面、位置和间隔时间。回采方案包括回采方向、回采速度与下降方向等。

3. 国外采场围岩控制技术

国外最早进入深井开采的是原西德和前苏联。原西德的G. Everling通过数值模拟研究了原岩应力与开采深度之间的变化关系,原西德埃森采矿研究所对深部煤层开采在采场周围及底板岩层中的应力分布规律进行了研究。

美国对深部采场围岩控制采用锚杆支护的方式。澳大利亚已经利用加固技术和应力控制方法控制围岩的变形。

南非深井开采采用棋盘式顺序采矿方法,重视开采顺序和巷道布置等技术条件,采用有利于减小二次应力场的采场结构、支护方法,降低岩爆灾害等问题,并已成功应用于深井采矿中。美国国家职业安全和健康协会及相关科技公司、机构,在采用"预先卸压法"开采降低采场围岩应力,并且作了大量的研究工作,成功应用于处于高应力状态下煤层的开采。美国矿业局丹佛研究中心在开采深部煤层时,对于采用屈服煤柱方面做了很多工作。通过设计成的链状的屈服煤柱,使长壁工作面平巷压力降低,也使临近区段因应力集中而存在的危险消除。在该设计方法试验的矿井中研究发现,开采应力卸压拱的宽度随着采深的增加逐渐增大,利用链状屈服煤柱改善了应力环境、降低突出危险并提高了资源回收率。

4. 国内采场围岩控制技术

我国采场围岩控制的发展可以分为三个阶段:

(1)第一阶段以应用木支柱支护和推行长壁开采为主的采场围岩控制阶段

在此阶段,人们对采场围岩控制有了初步的认识。为寻求合理的支护方式及采空区处理方法,了解全部垮落法工作面顶板控压规律,开展了采场围岩控制实验室和理论研究工作,制订了有关煤、岩物理力学试验方面的规程和测定方法。利用“压力拱”假说,解释采场前后的支承压力分布规律,利用顶板的“悬臂梁”假说,提出将控顶区外的顶板切断,促使其垮落,以改善工作面顶板状况,减少支架受力的做法。

(2)第二阶段以推广金属摩擦支柱支护和进行矿压观测为主的采场围岩控制阶段

人们对采场围岩控制有了相当的认识,掌握了摩擦式金属支柱工作面矿山压力显现规律,并相应地提出了采场上覆岩层形成“支点不等高梁”的观点。以及对支架的工作状态分为“给定变形”及“给定载荷”等概念,在实验室及生产实践中证明了支撑力与顶板下沉量呈双曲线的规律,为合理确定采场工作面摩擦式金属支架和铰接顶梁的支护参数在理论上奠定了基础。

(3)第三阶段以提高支护装备水平和加强生产技术管理为主的采场围岩控制阶段

这一阶段,人们对采场围岩控制有了较深入的认识,采场围岩控制技术有了很大发展。采煤工作面的安全状况有了根本改善,如:创造性地提出并开展了工作面支护质量和顶板动态监测,及时掌握工作面支护状况和顶板动态,保证工程质量,减少了事故隐患;在炮采工作面推行了毫秒爆破技术,以减少放炮对顶板的震动;在机采面减少采煤机截深,以减少顶板暴露面积和时间;在坚硬顶板工作面,采用超前打眼放炮松动爆破或高压注水软化处理,实现了长壁跨落法安全开采;此外还通过改变开采程序和工作面布置减少了采场围岩的应力集中和地质构造的不良影响。同时还推广液压支架和单体支柱及其他配套设备的应用。在对开采后上覆岩层活动规律测定的基础上,提出了“砌体梁”假说和“传递岩梁”假说。由于我国各地生产水平、生产规模差异较大,在不同的地区内,以上不同的围岩控制都有一定比例的应用。

随着先进科学技术和研究手段的应用,我国采场围岩控制技术得到了迅速的发展,取得大量的研究成果,如:建立了岩层运动和矿山压力分布的预测方法和监测预报方法,采取“宏观让步,微观控制”的措施;采取相应的措施,通过弱化围岩的方法,来控制采场围岩;提出强度、能量和冲击倾向联合理论及变形失稳理论,用以解释冲击地压现象,掌握了煤粉钻孔鉴别冲击危险的方法,采用计算机技术的地音微震检测系统已达到实用阶段;采用铺网护顶,改支架顶梁结构,实行擦顶移架及采用可割的木、竹杆体的黏结式锚杆对顶板或煤壁进行锚固,或采用化学浆液注浆固化技术,对破碎顶板工作面围岩进行控制;在研究顶板运动过程的基础上,揭示采场支架——围岩关系。

5. 采场地压及其控制

(1)采场地压

采场地压是采场顶板、围岩和矿柱所受的应力以及作用于采场或采准巷道中支架力的总称。在矿床开采的过程中,在地下形成巷道和采空区,破坏了原岩的应力平衡,产生次生应力场。采场和围岩内应力重分布时,围岩变形、破坏和移动,顶板冒落,矿柱内裂或倒塌,称为采场地压显现。地压显现发展的全过程,称为采场地压活动。为保证正常回采,利用低压和采取的减少或避免地压危害的技术措施,称为采场地压控制。

由于开采范围较大,开采空间的形态极其复杂,随开采工作的开展,其规模和形态不断变化，岩体受到多次重复的扰动，呈现极其复杂的受力状态。因此，采场地压区别于矿山井巷、水电、铁路、国防等地下工程的地压，具有显现剧烈、波及范围大、次生应力场复杂和活动规律短时间难于认识等突出特点。

(2)采场采矿法地压控制

采场采矿法借助矿柱控制采场顶板和围岩的位移，根据矿岩的强度，采取合适的矿房和矿柱尺寸，以维护采场的稳定。有时为了提高矿岩强度，除留矿柱外还要采用某些辅助性的措施如木支护和锚杆支护等，以保证回采工作的安全。采场采矿法地压控制具体措施有合理确定矿房跨度和矿柱尺寸，利用压力控制矿房顶板应力，对顶板岩石进行加固，对采空区进行处理等。

(3)充填采矿法地压控制

国内外的矿山生产实践表明，充填体控制地压作用的大小，主要取决于充填体的力学性质。充填体能减轻大面积地压活动的危害程度，限制围岩变形和地表下沉，但不能根本防止围岩变形和地表下沉；可以减少应力集中程度，但不能改变应力分布状态。

(4)崩落采矿法地压控制

崩落采矿法地压控制方法主要包括单层崩落采矿法地压控制，有底柱崩落采矿法地压控制，无底柱崩落采矿法地压控制等。

4.6.3　快速高效掘进技术

实现岩巷决速高效掘进的主要途径是采用综合机械化掘进技术。综合机械化掘进技术是由掘进机、转载机、输送机等组成的综合性配套技术，可以实现巷道掘进、转载、运输、支护机械化作业。

1. 普通综掘机械化作业线

综合机械化掘进生产作业线是以掘进机、转载机、胶带机组成的。掘进机是实现岩巷快速掘进的关键设备。目前，在我国高产高效矿井中大多采用国产悬臂式掘进机。巷道掘进的效率及其经济效益不仅取决于选择适应工况条件的理想的掘进机，而且还取决于掘进机后部的运输系统及设备的先进性与可靠程度，同时辅助的运输设备也有直接的影响。按照运输方式，可分为连续输送和非连续输送两大系统。

(1)连续输送的运输系统及其配套设备

目前，国内外掘进机后面的配套运输系统使用最多、效率最高、经济效果最佳的方案，就是紧接掘进机中间刮板输送机后部选择一台桥式胶带输送机，后跟一台可伸缩胶带输送机，或与多台固定式胶带输送机搭接，构成一种后配套式连续运输系统。此系统在巷道倾角范围内使用效果最佳。当巷道角度较大时，亦可采用一台或多台刮板输送机搭接，构成又一形式的后配套连续运输系统，但其环节复杂，驱动单元多，投资费用高，搬移和管理费用大，一般不宜选用。

(2)非连续输送的运输系统及配套设备

此运输系统中掘进机与轨道矿车(一串矿车)之间通过半吊挂胶带转载机进行转载。通常情况下,转载机一端(驱动部)与掘进机尾架相连接,另一端(机尾)吊挂在巷道顶板的单轨(工字钢轨道)上,转载机卸载尾部及机身下部可存放一定数量的矿车(串车)而转载机随掘进机的行走而牵引移动,掘进机切割下的煤岩体通过转载机的尾部装人矿车。目前国内尚有相当一部分矿井仍采用这种非连续性运输系统。

2. 优选改进综合掘进技术措施

首先,进一步提高设备可靠性,提高机电一体化的程度,提高设备综合配套能力,实现掘锚一体化。其次,采用新型锚杆支护系统,即采用高强度、高预紧力、大间排距新型锚杆支护系统,大大降低每米巷道锚杆数量,从而缩短锚杆施工时间,又显著提高支护系统可靠性,并为采用中深孔爆破创造条件。再次,采取施工组织优化与配套措施,在充分调研分析的基础上,首先确定了施工作业线及配套设备,然后对作业制度、循环方式、各种设备的数量、各工序间的关系以及人员配备等进行了施工组织优化,制订了正规循环作业保证配套措施:搞好宣传发动工作、制订竞争机制;狠抓车皮清理及车皮供应;制订正规的循环作业制度,并严格考核;严把锚喷质量关。另外,进行施工系统计算机优化设计岩巷掘进施工工序复杂、影响因素多,为进行快速高效施工设计,开发了"岩巷施工系统优化设计软件",该软件具有以下功能:掘进工序优化,计算平巷运输能力,选择平巷运输设备,计算上、下山提升能力和选择上、下山提升设备。这些措施的有效实施使掘进水平得到提高。

4.6.4 巷道锚杆支护技术

锚杆支护实质上是把锚杆安装在巷道的围岩中,使层状的、软质的岩体以不同的形态得到加固,形成完整的支护结构,提供一定的支护抗力,共同阻抗其外部围岩的位移和变形。

1. 锚杆锚固工程的发展

岩土锚固技术在国内外的使用已比较久远,最早应用在20世纪初。早在1890年,北威尔士的煤矿加固工程,最早出现用钢筋加固岩层。1911年美国首先用岩石锚杆防护矿山巷道边坡,1918年西利西安矿山采用了锚索防护,当时锚索未加预应力,预应力锚索的首次应用是1933年阿尔及利亚的A. Coyne工程师对舍尔坝加高工程的加固,1957年前西德在土建深基坑维护中使用土层锚杆。我国岩土锚固技术的应用始于20世纪50年代,1955年京西矿务局安滩煤矿等单位使用楔缝式锚杆支护矿山巷道。20世纪60年代,我国开始在矿山巷道、铁路隧道及边坡整治工程中大量应用普通砂浆锚杆与喷射混凝土支护。1964年,梅山水库的坝基加固采用了预应力锚索。20世纪70年代,北京国际信托大厦等基坑工程采用土层锚杆支护。近年来,我国岩土锚固工程的发展尤为迅速,几乎已涉及矿山井巷、铁路隧洞、地下洞室支护、岩土边坡加固、坝基稳定、深基坑支档、结构抗浮与抗倾、悬索建筑的地下受拉结构等土木工程各个领域,如在三峡水利工程中的预锚加固技术,无论是锚杆的长度或是其强度都达到了前所未有的状态,创造了当今世界水利工程的奇迹。

目前国内外各种类型锚杆已达600余种,每年使用的锚杆量已超过10亿根。美国、澳大利亚等把锚杆作为地下开采、围岩支护中普遍应用的常规手段,据不完全统计,我国自1958年至1992年末的34年中,用于岩土锚固的锚杆(索)使用量长大8×10^3 km以上,年均使用量超过235 km。自1992年至2002年年末的10年中,仅我国公路部门用于岩土锚固的锚杆(索)使用量就长达约2×10^3 km以上,年均使用量超过200 km。

2. 锚杆锚固体系的特点及分类

锚杆支护兼有支架和加固两种作用,与完全依靠自身强度或重力作用而使结构物保持稳定的传统方法相比较,锚杆锚固技术具有许多鲜明的特点:能在岩土体开挖后,立即提供支护抗力,有利于保护岩土体的固有强度,阻止岩土体的进一步扰动,控制岩土体变形的发展,提高施工过程的安全性;提高岩土体软弱结构面、潜在滑移面的抗剪强度,改善岩土体的其他力学性能;改善岩土体的应力状态,使其向有利于稳定的方向转化;锚杆的作用部位、方向、结构参数、密度和施作时机可以根据需要方便地设定和调整,能以最小的支护抗力,获得最佳的稳定效果;将结构物——岩土体紧锁在一起,形成共同工作的体系;随着结构物体积的减小,能显著节约工程材料,有效地提高土地利用率,经济效益十分显著。

锚杆的分类有以下几种方法:

按工作年限锚杆可分为临时性锚杆(工作年限小于2年)和永久性锚杆(工作年限大于或等于2年)。

按锚杆与灌浆体之间力的传递方式可分为拉力型锚杆和压力型锚杆。拉力型锚杆通过锚杆与岩土体间的黏结将力传到地层中。压力型锚杆采用全长自由的无黏结预应力钢绞线与底部锚具连接,通过传力锚具对注浆体施加压应力,并使灌浆体与周围岩土体产生黏结剪应力来提供锚杆的承载力。

按黏结长度的范围可分为全长黏结锚杆和部分黏结锚杆。全长黏结锚杆是指在自由段和锚固段钢筋(或钢绞线)都与灌浆体黏结在一起的锚杆。部分黏结锚杆是指在锚固段钢筋(或钢绞线)与灌浆体黏结在一起,而在自由段钢筋(或钢绞线)与灌浆体之间没有黏结可以自由滑动的锚杆。按是否施加预应力可分为预应力锚杆和非预应力锚杆。预应力锚杆是指锚杆外锚头在固定前先施加一定的预应力从而使岩土体主动受压,有利于控制岩土体的变形。非预应力锚杆是指没有施加预应力的锚杆,这种锚杆在岩土体发生一定的位移后,才开始发挥作用,一般对变形要求不严格时使用。

按材料分为木锚杆、钢筋或钢丝绳砂浆锚杆、倒楔式金属锚杆、管缝式锚杆、树脂锚杆、快硬膨胀水泥锚杆和双快水泥锚杆等。木锚杆,我国使用的木锚杆有两种,即普通木锚杆和压缩木锚杆;钢筋或钢丝绳砂浆锚杆以水泥砂浆作为锚杆与围岩的黏结剂;倒楔式金属锚杆,这种锚杆曾经是使用最为广泛的锚杆形式之一,由于它加工简单、安装方便且具有一定的锚固力,因此至今这种锚杆在一定范围内还在使用;管缝式锚杆是一种全长摩擦锚固式锚杆,这种锚杆具有安装简单、锚固可靠、初锚力大和长时锚固力随围岩移动而增长等特点;树脂锚杆是用树脂作为锚杆的黏结剂,成本较高;快硬膨胀水泥锚杆用普通硅酸盐水泥或矿渣硅酸盐水泥加入外加剂而成,具有速凝、早强、减水、膨胀等特点;双快水泥锚杆是由成品早强水泥和双快水泥按一定比例混合而成的,具有快硬快凝、早强的特点。

3. 锚杆锚固系统的组成和作用机理

锚杆通常由锚头、自由锚杆段和固定锚杆段三部分组成。锚头位于锚杆的外露端,通过它最终实现对锚杆施加预应力,并将锚固力传给结构物。自由锚杆段即锚杆固定段顶端以上至结构物间的锚索部分,其上没有拉力传递至周围土层,这可通过在锚索周围安置无摩擦的套管实现。这些导管也起着防止锚杆自由段腐蚀的作用。自由锚杆长度通过考虑包括锚杆在内的地层"块"的总体稳定而确定,通常利用自由锚杆段弹性变形的特性,在锚固过程中对锚杆施加预应力。固定锚杆段即离结构物最远的锚索部分,通过该段将所承受拉力传递给周围土层。固定锚杆长度通常由锚杆极限锚固力、锚杆设计轴向拉力、安全系数、锚固体结构尺寸以及锚固体表面与周围岩土体间的黏结强度等因素确定。我国常用锚杆的直径为 14 ~ 32 mm,多为Ⅱ级或Ⅲ级螺纹钢,而锚杆钻孔为 32 ~ 200 mm。锚杆作用于地层的力可分为径向和切向两个方向,径向锚固力含托锚力和黏锚力。托锚力是托板对锚杆孔口及附近地层的挤压作用力,托锚力的大小由锚杆所加预应力和锚杆工作状态所决定,最大托锚力就是锚杆拉拔试验时的最大拉拔力;黏锚力是由于地层深部与浅部变形的差异锚杆通过黏结剂对地层施加的黏结力,黏锚力的反作用力就是锚杆体内的轴力;切向锚固力是由于锚杆体贯穿弱面,改善了弱面的力学性质,限制地层沿弱面的滑动和张开的力。因此锚杆是兼有支护和加固两种作用的支护形式。径向锚固力主要起着支护作用,切向锚固力主要起着加固作用。

4. 锚杆的失效

锚杆可能以下列一种或几种形式破坏。

(1)锚杆的抗拉承载力不足引起的破坏

①锚杆被拉断　锚杆锚固段在硬质岩中时,锚固段灌浆体和岩体的黏结强度以及钢筋和灌浆体之间的黏结强度足够,且锚固段长度足够,主要由钢筋的屈服强度来决定可以提供锚固力的大小。当锚杆所受拉力超过钢筋的屈服强度时,锚杆就会被拉断。

②钢筋和灌浆体的结合面黏结破坏　锚杆锚固段处在硬质岩中时,灌浆体和岩体的黏结强度可能比钢筋和灌浆体的黏结强度还要高,当钢筋和灌浆体的黏结强度不足以抵抗外荷载时,钢筋和灌浆体的结合面就会发生黏结破坏,导致钢筋被拔出。

③灌浆体和岩土体的结合面黏结破坏　锚杆锚固段处在软岩或者土层中时,灌浆体和岩土体的黏结强度可能比钢筋和灌浆体的黏结强度要低的多,这使灌浆体和岩土体的黏结强度所能发挥的摩阻力比钢筋和灌浆体的黏结强度所能发挥的摩阻力要低,导致破坏首先发生在灌浆体和岩土体的结合面,锚杆被拔出。

④灌浆体的破坏 当施加于钢筋上的荷载向灌浆体传递时,灌浆体就会膨胀受压,进一步通过灌浆体将荷载传递给岩土体。荷载越大,灌浆体所受的压力越大,当压力超过灌浆体的抗压强度时,灌浆体就会被压碎破坏,锚杆锚固失效。

(2)锚杆在滑动面处或者节理面处的剪切破坏

许多工程事故中可以看出,锚杆存在局部被剪坏的情况。大量的剪切实验也证明在节理岩体中采用锚杆加固时,加锚节理面的抗剪强度随剪切位移的增大而增大,但即使不大的剪切位移就已使锚杆的抗剪作用得到充分发挥。所以,在边坡锚固中,当节理面或者滑动面发生较大滑移时,锚杆(钢筋)就可能会被剪断或发生较大的剪切变形而导致锚杆加固失效。

(3)岩土体破坏

①锚固段底端有锚定板或膨胀体的锚杆内部岩土体的剪切或受压破坏 当锚杆的锚固段底端有膨胀体且锚固段长度较短受荷相对较大时,膨胀体所受拉力较大,该处灌浆体和岩土体界面的剪应力以及膨胀体对周围岩土体的压应力都较大,荷载增大到一定程度时,就有可能导致内部岩土体产生受剪破坏或受压破坏,造成锚杆整体失效。如果锚杆锚固段长度足够一般不会出现此种破坏。

②锚固段顶端岩体的破坏 当岩石完整且锚杆的深度较浅时,锚固段顶端会出现近似于锥形破裂面的拔出岩块破坏。在成层岩体中会沿水平层面发生破坏。

③群锚效应引起的岩土体的破坏 当锚杆布置的较密时,岩土体受力区的重叠必然会引起应力叠加和锚杆位移的叠加,就可能造成岩土体的破坏。

5. 锚杆支护监测技术

矿压监测是锚杆支护成套技术的一项重要内容。锚杆支护实施于井下后,应对围岩变形状况、锚杆(索)受力分布和大小进行全方位监测,以获得支护体和围岩的位移和应力信息,从而判断锚杆支护初始设计的合理性和可靠性、巷道围岩的稳定程度和安全性进而根据监测信息修改初始设计,使其逐步趋于合理。井下监测一般分为综合监测和日常监测,前者用于验证和修改初始设计,后者保证巷道的安全状况。近年来,针对煤巷锚杆支护特点开发了多种性能优越的测试仪器,有些仪器已广泛使用于井下巷道,获得了宝贵数据。锚杆支护综合监测内容如表4.36。

表4.36 巷道综合监测内容

序号	项 目	内 容
1	巷道表面位移	巷道顶底板、两帮相对移近量,顶板下沉量,底鼓量
2	顶板离层	锚固区内外顶板岩层位移
3	锚杆受力	全锚锚杆受力分布,端错锚杆受力
4	锚索受力	顶板锚索受力
5	巷道断面收缩率及破坏状况统计	统计锚杆支护巷道断面收缩率及破坏状况

6. 锚杆支护设计方法

现有的锚杆支护设计方法很多,如基于以往经验和围岩分类的经验设计法,基于某种假说和解析计算的理论设计法,以现场监测数据为基础的监控设计法。大量实践经验证明,单独采用任何一种方法都不符合巷道围岩复杂性和多变性的特点,因而设计效果不够理想。在多年锚杆支护实践经验基础上,根据巷道特点,借鉴国外先进技术经验,我国提出了锚杆支护设计的动态信息法。

动态信息设计法具有两大特点:其一,设计不是一次完成的,而是一个动态过程;其二,设计充分利用每个过程中提供的信息。该设计方法包括五部分:试验点调查和地质力学评估、初始设计、井下监测、信息反馈和修正设计、日常监测。其中,试验点调查包括围岩强度、围岩结构、地应力及锚固性能测试等内容,在此基础上进行地质力学评估和围岩分类,为初始设计提供可靠的参数。初始设计采用数值计算和经验法相结合的方法进行,根据巷道生产条件、技术要求及实测数据确定出比较合理的初始设计。然后将初始设计实施于井下,进行详细的围岩位移和锚杆受力监测,根据监测结果验证或修正初始设计。正常施工后还要进行日常监测,保证巷道安全。

4.6.5 爆破新技术

1. 爆破技术简介

利用炸药爆炸的能量破坏某种物体的原结构,并实现不同工程目的所采取的药包布置和起爆方法的一种工程技术。这种技术涉及到数学、力学、物理学、化学和材料动力学、工程地质学等多种学科。作为工程爆破能源的炸药,蕴藏着巨大的能量。

由于岩石结构和地质构造的复杂性,以及被爆破介质在动力作用下的响应特征各异,还没有一种切合实际的爆破理论能够圆满地解释爆破作用机理。多数学者认为流体动力学或应力波反射理论较能反映爆破的实际状况,然而在工程设计计算上,仍以经验公式为主。

工业炸药必须用雷管才能引爆,比较安全。现代起爆方法有电和非电两种方式:前者由电热点燃电雷管内的灼热桥丝引爆炸药;后者则由导火索的火焰或导爆索、导爆管传递的冲击波引爆雷管,从而起爆药包。两种起爆方式都能做到由毫秒到秒量的时间间隔,按设计要求依次起爆每个药包,而作为提高各种爆破效果的重要手段。

2. 炸药的爆轰理论

(1)冲击波的基本概念

冲击波是一种压缩波,压缩波是指扰动传播后,使介质状态参数增加的波称为压缩波。在均匀区与未扰动区之间,存在过渡的扰动区。压缩波具有如下特点:其介质质点运动方向 u 与波的传播方向 c 相同;其压力的增加是连续的。压缩波的波阵面是指介质中已受扰动区和未受扰动区的界面。其波速是扰动波沿介质传播的速度,也就是波阵面的传播速度。

冲击波是炸药爆炸后在介质中产生的传播速度高于介质声速的一种压缩波,其波阵面有陡峭的前沿,介质压力在波阵面发生突跃上升。经长距离传播后,压力上升逐渐趋于平缓或下降,冲击波最终将衰减成声波。其具有如下性质:其波速 D 大于介质音速 C;其波阵面是完全陡峭的,在此面上介质参数剧增;当 $D<C$ 时,其复原为压缩波,扰动区重新出现,过程复原。

(2)爆轰波

炸药爆轰时,其前阵面是带有化学反应区的冲击波,称为爆轰波,它具有冲击波一切特性。爆轰波是在炸药中传递的带有反应能以补充能量稳定的特殊冲击波,是爆轰作用的激发源。

(3)爆轰波基本方程及参数

质量守恒方程

$$\rho_0 D = \rho_H(D - u_H) \tag{4.42}$$

动量守恒方程

$$P_H - P_0 = \rho_0 D u_H \tag{4.43}$$

能量守恒方程

$$E_H - E_0 = \frac{1}{2}(p_H + p_0)(v_0 - v_H) \tag{4.44}$$

对凝聚相炸药(一般固态炸药,而非气、液态),其各爆轰参数有:质点速度、反应区介质音速、爆轰压力、反应区产物密度、爆速。

(4)稳定爆轰的条件

稳定爆轰的条件主要包括:混合炸药的物理条件合适,即炸药的各组分颗粒细,碾制均匀,且密度不能过大,存在一个最佳密度,超过此极限密度后,不利于各组分之间的化学反应;足够的装药直径 d,当 $d<d_{临}$ 时,炸药爆轰中断;当 $d_{极}>d \geqslant d_{临}$ 时,炸药产生稳定爆轰;爆速 D 随 d 的增加而增加;当 d 达到 $d_{极}$ 后,D 不随 d 的增加而变化,产生理想爆轰,$d_{极}=(8\sim13)\ d$;应使炸药中心颗粒向周边扩散的时间 $t_1 \geqslant$ 炸药颗粒反应时间 t_2 可以控制炸药中心颗粒的扩散引起的稀疏波对炸药爆轰波的影响。

可采取选用爆速大的炸药和大直径药卷及坚固外壳等措施,实现稳定爆轰。

(5)影响稳定传爆的因素

①药包直径　如上述,要使 $t_1>t_2$(炸药中心颗粒向周边扩散的时间 $t_1 \geqslant$ 炸药颗粒反应时间 t_2)。

②药包外壳　坚固的外壳可减少侧向飞散的影响。

③装药密度　对单体炸药,炸药的爆炸速度 D 随装药密度 ρ_0 的增加而增加;对混合炸药,炸药的爆炸速度 D 随装药密度 ρ_0 的增加而增加,当密度增大到一定程度时,爆速达到最大,密度继续增大,爆速开始减小,直至被"压死",即存在最优装药密度。

④径向间隙效应　管壁、孔壁与药包之间的径向间隙,影响了爆轰波的稳定传播之作用。其影响因素有:径向间隙的大小、管壁强度、炸药性质等。当径向间隙为 10 ~ 15 mm、管壁强度

大、炸药极限密度低时，径向间隙效应明显。

3. 爆破方法

爆破作业的步骤是向要爆破的介质钻出的炮孔或开挖的药室或在其表面敷设炸药，放入起爆雷管，然后引爆。根据药包形状和装药方式的不同，爆破方法主要分为三大类。

(1)炮孔法　在介质内部钻出各种孔径的炮孔，经装药、放入起爆雷管、堵塞孔口、联线等工序起爆的，统称炮孔法爆破。如用手持式风钻钻孔的，孔径在50毫米、孔深在4米以下的为浅孔爆破；孔径和孔深大于上述数值的为深孔爆破；在孔底或其他部位事先用少量炸药扩出一个或多个药壶形的为药壶法爆破。浅孔爆破是很古老的方法，已采用了三百多年，深孔爆破是现代发展和应用最广的方法。炮孔法是岩土爆破技术的基本形式。

(2)药室法　在山体内开挖坑道、药室，装入大量炸药的爆破方法，一次能爆下的土石方数量几乎是不受限制的，在每个药室里装入的炸药有多达千吨以上的。药室法爆破广泛应用于露天开挖堑壕、填筑路堤、基坑等工程，特别是在露天矿的剥离工程和筑坝工程，能有效地缩短工期，节省劳动力，而且需用的机械设备少，并不受季节和地方条件的限制。

(3)裸露药包法　不需钻孔，直接将炸药包贴放在被爆物体表面进行爆破的方法，是一种最简便的爆破作业方法，虽然炸药用量不大，用处不太广泛，但在清扫地基的破碎大块石和对爆下的大块石作二次爆破等工作方面，具有独特作用，仍然是常用的有效方法。

4. 现代爆破技术

在上述三种爆破方法的基础上，根据各种工程目的和要求，采取不同的药包布置形式和起爆方法，形成了许多各具特色的现代爆破技术，主要有以下几种。

(1)微差爆破

也称毫秒爆破，是20世纪40年代出现的爆破新技术。在雷管内装入适当的缓燃剂，或连接在起爆网路上的延期装置，以实现延期的时间间隔，这种系列产品间隔时间，一般以13~25毫秒为一段。通过不同时差组成的爆破网路，一次起爆后，可以按设计要求顺序使各炮孔内的药包依次起爆，获得良好的爆破效果。微差爆破的特点是各药包的起爆时间相差微小，被爆破的岩块在移动过程中互相撞击，形成极其复杂的能量再分配，使岩石破碎均匀，缩短抛掷距离，减弱地震波和空气冲击波的强度，既可改善爆破质量，不致砸坏附近的设施，又能提高作业机械的使用效率，有较大经济效益，在采矿和采石工程中广泛应用。

(2)光面爆破和预裂爆破

20世纪50年代末期，由于钻孔机械的发展，出现了一种密集钻孔小装药量的爆破新技术。在露天堑壕、基坑和地下工程的开挖中，使边坡形成比较陡峻的表面，使地下开挖的坑道面形成预计的断面轮廓线，避免超挖或欠挖，并能保持围岩的稳定。实现光面爆破的技术措施有两种：一是开挖至边坡线或轮廓线时，预留一层厚度为炮孔间距1.2倍左右的岩层，在炮孔中装入低威力的小药卷，使药卷与孔壁间保持一定的空隙，爆破后能在孔壁面上留下半个炮孔痕迹；另一种方法是先在边坡线或轮廓线上钻凿与壁面平行的密集炮孔，首先起爆以形成一个沿炮孔中心线的破裂面，以阻隔主体爆破时地震波的传播，还能隔断应力波对保留面岩体的破坏作用，通常称预裂爆破。这种爆破的效果，无论在形成光面或保护围岩稳定，均比光面爆破好，是隧道和地下厂房以及路堑和基坑开挖工程中常用的爆破技术。

(3) 定向爆破

定向爆破是利用最小抵抗线在爆破作用中的方向性这个特点，设计时利用天然地形或人工改造后的地形，使最小抵抗线指向需要填筑的目标。这种技术已广泛地应用在水利筑坝、矿山尾矿坝和填筑路堤等工程上。据不完全统计，20 多年来已完成了 50 多次定向爆破工程，其中包括贵昆、川黔两铁路的木戛和阿锁的路堤填方。它的突出优点是在极短时期内，通过一次爆破完成土石方工程挖、装、运、填等多道工序，节约大量的机械和人力，费用省，工效高；缺点是后续工程难于跟上，而且受到某些地形条件的限制。

(4) 控制爆破

不同于一般的工程爆破，对由爆破作用引起的危害有更加严格的要求，多用于城市或人口稠密、附近建筑物群集的地区拆除房屋、烟囱、水塔、桥梁以及厂房内部各种构筑物基座的爆破，因此，也称拆除爆破或城市爆破。控制爆破所要求控制的内容是：控制爆破破坏的范围，只爆破建筑物需要拆除的部位，保留其余部分的完整性；控制爆破后建筑物的倾倒方向和坍塌范围；控制爆破时产生的碎块飞出距离，空气冲击波强度和音响的强度；控制爆破所引起的建筑物地基震动及其对附近建筑物的震动影响，也称爆破地震效应。控制爆破技术是第二次世界大战以后发展起来的新技术，实现控制爆破的方法和常规爆破一样，要求钻凿炮孔并在其中装药起爆，所不同的是要精确计算每个炮孔内装药的重量，严格保证炮孔设计位置的准确性、有效的起爆顺序和起爆方法，并采取可靠的防护措施。

(5) 水下爆破

将炸药装填在海底或水下进行工程爆破的技术，是和露天爆破相对的另一个领域。凡是疏通航道，炸除礁石，拆毁水下沉船、建筑物，开挖港口码头和航道基坑，以及处理码头堤坝的软弱地基等类爆破，都属于水下爆破的范畴。水下爆破也和露天爆破一样，都要用裸露、钻孔和药室装药等方法实现爆破目的；不同的是水下施工比较复杂、困难，长期以来多由潜水员在水下进行钻孔和装药等技术作业。工作范围既受水深的限制，又受潮汐水流的影响，效果欠佳。

(6) 地下爆破

不同于露天和水下爆破，通常是在一个狭窄的工作面上进行钻爆作业，因此，它的特点是装药量少或使用低威力的炸药，多炮眼，装药量分散，爆破作用力均匀分布，属于前述松动爆破的情况，最大限度地减少对围岩的破坏程度，技术上的要求比较严格。地下爆破从技术上可分为两种：一是起掘进作用的掏槽爆破，其目的是在只有一个临空面的条件下，首先在工作面中央形成较小但有足够深度的槽穴，这个槽穴是整个地下坑道、隧道等施工开挖中的先导，掏槽爆破的炮孔布置方法很多，必须根据地质构造、断面大小和施工机械等条件，确定良好的掏槽眼（孔）的布置形式；二是要使地下坑道造成一定横断面形式的成形爆破，这种布孔法称周边孔,也称刷帮爆破,爆破的作用力是在两个临空面上均匀分布的,除了要使炸落的岩石块度均匀,便于清渣,抛置不太远,不致打坏支撑等以外,还应保证坑道开挖限界外的围岩受到最小的破坏,以减少超挖的数量。对于黄土等类大孔隙土质的地下坑道,在上面覆盖层厚度足够时,也有用压缩爆破原理压缩炮孔周边土质,逐步扩大,最后形成所要求坑道断面的爆破方法,但受到条件的限制,为数还不算多,只能是一种特殊爆破方法。

4.7 深 部 开 采

4.7.1 深部开采的特殊环境与基础研究

1. 矿床深部开采现状

随着经济的发展,浅部资源消耗殆尽,深部开采成为获取资源的必然选择。近年来开采深度在逐年增大,因此我国矿山将逐步进入深井开采阶段。所谓深井开采就是由于开采深度的增加使矿山的岩石力学性质和地应力特征与浅井矿山相比发生了根本性变化,即为了防止岩爆和岩石冒落事故,必须采取有针对性的、有效的局域支护措施。但在深部开采环境中,由于高应力、高温、高水压影响,常常产生岩爆、火灾、突水等灾难。采深超过 600 m 的矿山有金力镍矿、水口山有色公司康家湾矿等。

(1)国外深部开采研究现状

据不完全统计,国外开采深度超过千米的金属矿山有 80 多座,其中南非最多。南非绝大多数金矿的开采水平都在 1 000 m 以下。其中,Anglogold 有限公司某金矿,采矿深度达 3 700 m; West Driefovten 金矿一直延伸至 6 000 m 以下。印度的科拉尔金矿区,已有 3 座金矿采深超 2 400 m。俄罗斯的克里沃罗格铁矿区,已有捷尔任斯基、基洛夫、共产国际等 8 座矿山采准深度达 910 m,开拓深度到 1 570 m,将来要达到 2 000 ~ 2 500 m。另外,加拿大、美国、澳大利亚的一些有色金属矿山采深亦超过 1 000 m。

根据矿床开采工作转向深部所面临的问题,开采深度可以分为四类:第一类为开采深度小于 300 m,称浅部开采。在此深度内采矿时,一般地压显现不严重,即使发生地压活动,也属静压问题,易于处理;第二类为开采深度介于 300 ~ 600 m,称为中等深度开采。在此深度内采矿时,根据矿体赋存条件、矿岩的物理力学性质,在掘进采准巷道或开拓的过程中,可能发生轻度岩爆,如岩石弹射等现象;第三类为开采深度在 600 ~ 2 000 m,为深部开采。在此深度开采时,具有二类变形特征的岩石会发生频繁的岩爆,而且某些采矿方法在深度超过 700 m 时,将会遇到难以克服的困难,因而难于或甚至无法在采场中进行正常的回采工作;第四类为回采深度大于 2 000 m 为超深开采。目前处于超深开采的矿山不多,世界上也只有为数不多的几座矿山,如印度的戈拉尔金矿的吉福德矿井是世界上深井筒之一,开采深度为 3 260 m;南非西部深水平金矿开采深度达3 582 m。国外深井开采研究起步较早，最早观察到岩煤是在1900年的印度科拉尔金矿。

一些有深井开采矿山的国家，如美国、加拿大、澳大利亚、南非、波兰等，政府、工业部门和研究机构密切配合，集中人力和财力紧密结合深部开采相关技术开展基础问题的研究。南非政府、大学与工业部门密切配合，从1998年7月开始启动了一个"Deep Mine"的研究计划，耗资约合1 380万美元，旨在解决3 000～5 000 m深度的金矿安全、经济开采所需解决的一些关键问题，已在南非金矿深井开采技术上取得了系列创新性成果。加拿大联邦和省政府及采矿工业部门合作开展了为期10年的两个深井研究计划。在微露与岩爆的统计预测方面的计算机模型研究，以及针对岩爆潜在区的支护体系和岩爆危险评估等进行了卓有成效的探讨。美国爱大荷(Idaho)大学、密西根工业大学及西南研究院就此展开了深井开采研究，并与美国国防部合作，就岩爆引发的地震信号和天然地展或化进与核爆信号的差异与辨别进行了研究。西澳大利亚大学在深井开采方面也进行了大量工作。

就采矿方法而言，深部开采常用的采矿方法有充填法、空场法和崩落法。根据深部开采环境和矿床开采条件，采用空场法和崩落法的主要有俄罗斯克里沃罗格矿区，而国外大多数使用充填法，特别是南非。南非典型的例子是West Driefovten金矿，开采三层矿脉，中间为主矿脉，顶板是火山沉积岩，底板为白云岩，含水量大，矿体埋藏于地下600 m，并以倾角27°延伸至4 000 m；采用三段竖井开采：第一段1 800 m，第二段1 200 m，第三段1 000 m，生产规模31万t/月，其中矿石24万t/月；每月开采面积2万m^2，掘进2 000 m，产金2.668 t。矿脉厚6 m，采用南非典型的壁式充填法，自上而下分层、进路式回采，间隔回采，采场长30 m，工作面呈阶梯状，分层高1.2 m，采场顶板用4.6 m长的锚索支护，间距2 m×2 m，采空区用尾砂胶结充填，浓度达70%～80%，不需脱水，接顶用高压充填，胶结充填后再采相邻矿壁。

南非金矿因矿体赋存条件不同，深部开采所用的采矿方法多种多样，有连续进路式充填法、间隔进路式充填法、梯段式充填法、上向分层充填法等。但在采矿过程中存在不少问题，其中主要有：矿体薄、倾角缓及矿岩硬、磨蚀性大，难以全面使用机械化开采；开采深度大与井温高，要求采场每月平均推进速度达20 m以上，这样才能相应地减少工作面长度和热流量；从减少通风与降温费用的角度出发，井下使用电动设备比柴油设备更合适；另外，机械化开采的矿石贫化率比较大。

国外深部开采矿山普遍遵循下列原则：①开采顺序，一般矿床开采顺序是自上而下；根据深部开采特点，沿走向的顺序开采一般采用从中央向两翼或由一翼向另一翼连续推进的回采方式；从两翼向中央的开采方式不可取，因为前方形成应力集中区，使三角区无法回采；②连续回采，南非深部矿体，一般采用连续回采方法，但延长超过数千米时，需每隔一定距离留下40～50 m宽的连续矿柱，并在回采完毕后及时填充，以防止因地压增大导致采场闭合；③强化开采，深部开采非常强度强化开采，采用连续作业方式，或提高作业面推进速度。

(2)国内深部开采研究现状

在我国目前煤矿开采深度以每年8～12 m的速度增加,一般矿井正以每10年100～250 m的速度发展,预计在未来20年里很多煤矿将进入到1 000 m到1 500 m的深度。同时,一批金属矿山近年也已进人深部开采,例如红透山铜矿目前开采已进入900～1 100 m深度;冬瓜山铜矿现已建成2条超1 000 m竖井来进行深部开采;弓长岭铁矿设计开拓深度750 m,距地表达1 000 m;夹皮沟金矿二道沟坑口矿体延深至1 050 m;湘西金矿开拓38个中段,垂深超过850 m。此外,还有寿王坟铜矿、几口铅锌矿、金川镍矿、乳山金矿等许多矿山都将进行深部开采。

目前,我国金属矿山面临的形式是:①一大批金属矿山,经过长期大规模开发,已探明的浅部矿产逐渐枯竭,开采条件大大恶化。大型露天矿在逐年减少,不少矿山已开采到临界深度,面临关闭或转向地下开采。占矿山总数的90%的地下矿山,有2/5～3/5正陆续向深部开采过渡。红透山铜矿的开采深度达900～1 100 m,冬瓜山铜矿开采深度达1 100 m,弓长岭铁矿开采深度达1 000 m,湘西金矿开采深度超过850 m。此外,寿王坟铜矿、反口铅锌矿、金川镍矿、如山金矿、高峰锡矿等许多矿山都正在步入深部开采期;②开采品位下降,采掘工程量急剧上升,废弃物处理量大幅度增加。以铜矿为例,1950年我国铜矿石平均开采品位为1.87%,而今已下降到0.76%;每生产1 t铜,平均要开采130 t矿石,尾矿量成倍增加;开采1万吨矿石,一般要掘进350～400 m工程,掘进废石大量增加,严重影响经济效益和环境效益;③矿山机械化装备水平及配套程度不高,严重制约矿山生产规模和劳动生产率的提高。

由于大批金属矿山的浅部矿产逐渐枯竭,我国金属矿产来踩开采正朝两个方向发展:①大规模开发深部矿床;②加速开发西部地区矿床;此外,着眼于长远,国家也很重视海底资源开发,但海洋资源目前仍深不可及。现在,矿业界特别关注的是大批金属矿山向深部开采过渡所带来的新问题,广大科技工作者已深切感到了它的现实性和紧迫性。国内外的矿业界都认识到,21世纪最经济、有效的矿业发展战略,就是向深部矿床开采发展。

谈到深部开采,需要明确“深部”的含义。矿山是否进入深部开采,有专家提议以岩爆发生频率明显增加来界定,也有专家建议以岩石应力达到某一高度值来界定,但是,在实际工程中很难界定,因为“深部”是综合因素影响下的特殊开采环境。到目前为止还没有一个能被大家所认同界定的“深部”的科学方法,普遍采用的还是经验认同的方法,约定开采深度大于800～1 000 m时才进入深部开采。

(3)深部开采的研究情况

深井开采现已成为世界矿业的重要研究领域。就采矿方法而论,南非已取得四项主要研制成果:①研制出了一种用于快速支护顶板的水压支柱。这种支柱对于深部开采工作面附近的不稳固顶板,能提供可靠的支撑力。这种水压支柱得到广泛应用,并成为南非各种机械化采矿方法的配套设备;②在回采工作面采用冲击方法破岩。这种方法的效果取决于井下地压对岩石的破坏程度,目前正在研制结构十分紧凑的新型的大冲击力的破岩机,采用这种破岩机,在深井工作面能获得令人满意的破岩速度;③研制出了一种坚固耐用,高度低矮的铰接的往复式刮板输送机,它能与破岩机配套使用,在采矿工作面输送矿石;④提出了许多有关采矿方法和采矿设备的新概念,如顺序网格采矿法。

在深井降温方面,国内外的工程实践中的主要做法是:①改善通风状况,一般情况下采用强制通风,据南非杂志报道,强制通风最大的,经济的通风深度为1 700~2 300 m;②控制热源散发。国外许多矿山的实践证明,通风巷道沿途的热源散发,对进风流的温度影响很大。进风巷道避开各种热源的干扰是提高矿井通风效率和改善环境温度的重要措施;③合理选择通风方式。主要采用混合式通风方式;④制冷设备降温。当矿井温度超过40 ℃,用通风方式不能改善矿井环境条件时,则采用制冷设备降温。

在工程实践中岩爆的分类可分为两种:一种是构造型岩爆,它是由于采矿过程中区域应力的重新分布,使存在较高残余应力的岩体构造弱面所引起的岩爆;另一种是采矿型岩爆,它是由于采矿活动造成应力集中,使周围岩体承受的载荷接近或达到强度极限,在生产爆破扰动下岩体发生的脆性破坏。

在岩爆控制方面,可分为两种情况:其一是区域性防治措施。内容包括:确定最佳回采顺序,优化采场结构,防治区域应力长期过载;先回采准备实施大规模开采矿段的上部(或下方),使回采矿段置于卸压带内,以降低矿段的区域应力;强制崩落空区顶板,降低岩体自然崩落引发的危害;通过注水,增加岩体塑性变形,避免应变能集中释放发生岩爆;进行空区充填,减少采场弹塑性变形,降低平均能量释放,以减少岩爆发生等。其二是局部解围措施。内容包括:在高应力区打打孔,增加岩体塑性,降低局部岩体承压强度,以防止岩爆发生及降低岩爆强度;采用松动爆破,解除工作面附近的应力极限岩体发生岩爆的危险;采用锚杆、喷锚网支护,预防和控制岩体剥落和破坏等。

目前,国内外对深部开采 的研究工作非常活跃,但关于研究的技术思路问题值得讨论,由于“深部”特殊环境,深部开采的困难增大,成本增高,特别是安全条件恶化,因此,人们就几乎把全部注意力集中在研究高应力灾害防治与监测上,诚然,开展这些课题研究是必要的,但事物都有两面性,只重视可能致害的一面是不够的,还应该研究致灾因素转化为有利因素的可能性。纵观已有研究不难发现:①人们在强调对岩爆机理与研究的同时,忽视了对有岩爆倾向性的开挖空间的有效防护理论与技术的研究;②在强调高应力诱发岩爆灾害的同时,忽视了硬岩在高应力作用下有利于矿岩破碎的优势存在,更没有去探讨开发利用诱导技术的现实可能生;③在强调深部开采研究中的岩爆、热害等问题的同时,忽视了这类基础性研究必须同发展深部采矿工艺技术相结合,并将致灾因素有目标地转化为有利因缘,以实现深井采矿技术的创新。

2. 矿床深部开采特殊环境

深部与浅部的明显区别在于深部岩石所处的特殊环境,即深部岩石的“三高”环境:高地应力、高地温、高岩溶水压。正是由于“三高”环境,使深部岩体的组织结构、基本行为特征和工程响应均发生根本性变化,也是导致深部开采中灾变事故出现多发性和突发性的根本原因所在。

深部资源开采所面临的核心科学问题是深部岩体长期处于"三高"环境下，由于采掘扰动所表现出的特殊力学行为，与浅部岩石力学行为和特征有很大区别，深部岩体力学性质的特殊性主要表现为以下5个方面。

(1)深部岩体动力响应的突变性　如果说浅部岩体破坏一般是渐进的且在临近破坏时往往表现出变形加剧现象、破坏前兆明显的话，在深部条件下，岩体破坏则具有强烈的冲击破坏性质，其动力响应的破坏过程往往是突发的、无前兆的突变过程。在巷道中这种过程表现为大范围巷道的突然坍塌和失稳，在工作面中这种过程则表现为顶板的突然大面积冲击来压，导致的工程灾害十分严重。

(2)深部岩体应力场的复杂性　众所周知，浅部巷道围岩状态往往可分为破裂区、塑性极限平衡区、弹性区和原岩应力区，可使用现有的弹塑性力学理论进行分析。而深部巷道围岩的应力状态就十分复杂，深部巷道围岩状态有时发生剪胀带和压缩带交替出现的情形，且其几何尺寸按一定比数列递增，这一现象被称为区域破裂现象，因此深部围岩应力场具有多样性和复杂性。

(3)深部岩体变形机理的脆-延转化特性　实验室研究表明，岩石在不同围压下表现出不同的峰后特性，在较低围压下表现为脆性的岩石可以在高围压下转化为延性，岩石破坏时在不同的围压水平上表现出不同的应变值，当岩石发生脆性破坏时，通常没有或仅伴有少量的永久变形或塑性变形，当岩石呈延性破坏时，其永久应变通常较大。这就说明如果浅部低围压下岩石破坏仅有少量永久变形的话，则深部高围压条件下岩石的破坏往往伴随有较大的明显的永久变形。

(4)深部岩体开挖岩溶突水的瞬时性　浅部资源开采中，矿井水主要来源是第四系含水层或地表水通过采动裂隙网络进入采场和巷道，水压小，渗水通道范围大，基本服从岩体等效连续介质渗流模型，涌水量也可根据岩体的渗透率张量进行定量估算，因此突水预测预报尚具可行性。而深部的状况却十分特殊，首先，随着采深加大，承压水位高，水头压力大；其次，由于采掘扰动造成断层或裂隙活化，而形成渗流通道相对集中，矿井涌水通道范围窄，使奥陶系岩溶水对巷道围岩和顶底板形成严重的突水灾害。另外，突水往往发生在采掘活动结束后的一段时间内，具有明显的瞬时突发性和不可预测性。

(5)深部岩体的大变形和强流变性　进入深部后，岩体变形具有大变形和强流变性，如煤矿中有的巷道20余年底臌不止，累计底臌量达数十米；由于采动影响围岩破坏不可避免，有的巷道还不得不在破碎岩(煤)体中掘进(如沿空掘巷)。按传统关于破坏和失稳的概念，这种已破坏的岩体就不再具有承载能力，而实际上深部破碎岩体却具有再次稳定的能力，因此已破坏巷道围岩和支护相互作用达到二次稳定问题，将是深部岩体力学有别于浅部岩体力学的重要特征之一。

至于高井温、高井深的环境研究，做得很少，成果远不及高应力环境下的岩爆研究。近十年来，对高温井和高井深的工程技术问题也在逐步开展研究，但是，正如前面所述，已有研究基本上都是依据传统思路将上述三个因素视为单纯的致灾因素来认识，因此，在研究工作也主要集中在灾害控制，如岩爆机理与预测、热害抑制与缓解、提升系统优化与改进等。现有基础性研究乃至国家攻关项目，都未能研究致灾因素的诱变与利用的问题，未能把研究同深井采矿方法与工艺系统的根本性变革结合起来，所以，也就难以有效地解决深部开采过程中的诸多工程实际问题。

3. 深部开采的基础研究

针对深部高应力、高温井、高深井的特殊环境，开展深部开采问题的研究，构建深部资源开发的相关基础理论和技术体系，对金属矿产资源的深部开发利用具有重大意义。研究的重点如下。

(1)深部高应力矿岩的岩爆控制

矿岩岩爆预测与控制是一个世界性的难题，近30年来，科技人员在岩石破裂理论，实验和岩爆控制与微震检测等方面，做了大量工作。1987年后多次召开岩爆问题国际会议，但由于岩爆发生机理与诱发因素复杂，岩爆预测与控制的已有研究成果，还远不能解决深部开采过程中的问题，因此，人们因该从当前重岩爆判据研究转移到岩爆预测与控制上来，并从以下四个方面展开研究：①金属矿山岩爆发生机制研究。包括深部岩体高应力场和地质构造精细探测理论与方法；岩爆诱发的内在机制及物理实质；岩爆动力源形成与能量释放过程，特别是外源(如爆破等)对岩爆的直接影响等；②采场地压与岩爆检测的预报研究。包括深部地压显现特征；现场岩体声发射特征与岩爆检测预报方法；地压与岩移联合检测技术与分析方法；矿山多通道微震检测系统及相关数据获取技术等；③各类岩爆发生的临界能量准则。包括：三向非等压空间应力场中岩体破碎断裂规律；岩爆倾向性的数据模拟；岩爆巷道破坏机制与支护机理研究；④高应力区灾害性事件发生的预测及定位。包括不同岩石原生、次生结构下的岩石破裂特征；坚硬矿岩突发性大面积脆性破坏的形式和发生规律，灾害信息提取与安全预警等。

(2)矿井高应力矿岩的碎裂诱变

深井矿岩的高应力有它诱发灾害的不利方面，但也有其矿岩诱导碎裂可利用的方面。在矿床开采过程中，落矿作为主要采矿工艺是否可以利用高应力所具有的诱导碎裂特性，来能动地控制矿石块度，改善破碎质量呢？回答是肯定的，因为在深井开采中，坚硬矿岩出现的“好凿好爆”现象给人们以重要启示，这种现象就是高应力所致。人们有理由对这一新现象给予重视，并开展相关研究。高应力条件下坚硬矿岩的碎裂诱变机理，包括三向非等压空间应力场中岩体破碎断裂规律、高应力条件下采动矿岩的应力转移与诱导碎裂工程的耦合作用、不同地质构造的精细探测图像表征图谱、采矿过程中矿岩应力诱变及高应力转移的动态过程等；高应力矿岩致裂的临界环境，包括岩体力学特征、矿山深部矿岩的工程地质评价、高应力对矿岩破碎的贡献、动态致裂对周围岩石的动力积累损伤，致裂特性、耗能规律、致裂方法等；深部采动地压显现规律，包括深部采动中高应力场的分布特征及变异规律、深井采矿岩体结构分析理论与方法、上覆岩层移动规律及控制。

(3)深井采矿中的高温环境与控制

20 世纪 90 年代以来,深井热害问题已很突出。20 世纪 60 年代已有人开始应用计算机技术进行风温预测计算。由于深部开采矿井增多,世界上越来越多的学者投入到矿井热环境学科的研究。由于我国较晚进入深部开采,对热环境问题的研究起步较晚,应开展如下方面的研究:天然矿体孔隙裂隙介质中固 - 液 - 气多向流耦合作用机制;矿井风流的热力学参数变化规律。主要研究在矿内热源和矿外气候影响下,风流流动过程中的动态热平衡及其温度、焓等参数的变化规律等;连续矿岩及其爆堆与风流的换热机制。主要研究有风速、温度、速度、矿岩及爆堆含温量、松散度、换热界面的热阻,建立数学模型和仿真等;矿岩及爆堆的不稳传热特性。包括各向异性组合矿岩和多孔介质矿岩爆堆的导热系数及热阻的测定,不稳定传热温度的数值解算软件、计算、分析和可视化仿真等。

(4)深井采矿模式与采矿系统

深井采矿存在采掘空间控制、矿石提升、神经排水、废料处理等一系列问题,因此必须研究有利于控制高应力与高井温环境的采矿模式,对已有的采矿工艺技术进行根本性变革。主要研究内容有:深井高应力诱导破碎连续采矿的原创性模式,包括高应力坚硬矿岩全块段致裂技术、深井环境下以矿段为采矿单元的诱导崩裂连续采矿、高应力条件下采矿工程结构形式与参数优化、深井爆破定向致裂技术、工程诱导破碎技术等;连续采矿过程中采场地压呈现的时空分布规律,包括采矿地段构造应力场、深井连续采矿的矿段回踩不许与地压转移规律、高应力区卸压技术;深部岩石破碎环境下的非爆采掘技术,包括全水压破岩设备、地下低矮式破碎机、大功率高效矿废分离设备、惊吓分时回填,矿石粗碎,以及借助深井排水的动力将矿石泵送地表的、深井水利提升技术等;建立有利于控制烟包核高井温的后打矿体深井开采审计理论,包括深部开采新系统,安全、经济、高效的采矿工艺技术。

另外我国谢和平等学者对深部开采进行了比较全面深刻的研究,研究内容主要包括如下几方面:

(1)明确了深部的概念体系,并提出了相应的工程评价指标

在对深部工程引起的岩石力学问题研究的过程中,国外采矿、岩土工程界专家学者相继提出了"深部"的概念。通常认为,深部开采是由于矿床埋藏较深,而使生产过程出现一些在浅部矿床开采时很少遇到的技术难题的矿山开采。世界上有着深井开采历史的国家一般认为,当矿山开采深度超过 600 m 即为深井开采,但对于南非、加拿大等采矿业发达的国家,矿井深度达到 800 ~ 1 000 m 才称为深井开采;德国将埋深超过 800 ~ 1 000 m 的矿井称为深井,将埋深超过 1 200 m 的矿井称为超深井开采;日本把深井的"临界深度"界定为 600 m,而英国和波兰则将其界定为 750 m。

上述关于"深部"的概念均以具体的工程深度为指标进行定义,在工程应用中具有局限性。如有的工程岩体在所定义的深度区间以上就会表现出深部所特有的非线性力学现象;而有的工程岩体处于所定义的深度区间范围之内也未必会出现深部工程岩体的非线性力学现

象。因此，上述定义在指导工程实践时缺乏实用性，不具科学性。

针对深部工程所处的特殊地质力学环境，通过对深部工程岩体非线性力学特点的深入研究，建立了深部的概念体系，指出进入深部的工程岩体所属的力学系统不再是浅部工程围岩所属的线性力学系统，而是非线性力学系统，传统理论、方法与技术已经部分或绝大部分失效。以难度系数及危险指数作为深部工程围岩稳定性控制难易程度的评价指标，能够综合反映深部工程岩体的力学特性与工程特性。

(2)从能量观点出发，从理论和实验上系统研究了深部岩体损伤演化过程与强度准则

鉴于深部岩石力学行为的复杂性和特殊性，单纯从应力或应变的角度出发来刻画深部岩石的变形破坏特征是不全面的，因此有必要从一个新的角度出发来分析研究深部岩石力学行为。

实际上，岩石在变形破坏过程中始终不断地与外界交换着物质和能量。就深部岩体而言，不仅承受着外载产生的机械能，还可能受到热能、辐射能等的影响，这些能量作用于岩石又会导致岩石发生热辐射、红外辐射、声发射等能量输出；同时，空气、水分、化学腐蚀等还导致岩石与环境之间存在物质交换。因此，在考察岩石的变形破坏过程时，所研究的并非是一个孤立体系或封闭体系，而是一个远离平衡的开放体系，有必要采用非平衡热力学的研究方法，传统理论采用平衡热力学进行描述只能是一个近似。本研究在总结了现有岩石力学研究成果的基础上，引入非平衡热力学的研究思路，运用损伤力学的分析方法，借助先进的试验测试技术，系统研究探讨了岩石变形破坏过程中的能量耗散及能量释放机制，从而提出基于能量耗散及能量释放分析的岩石力学研究思路与方法，并初步建立了基于能量耗散及能量释放的岩石损伤演化方程以及简单载荷状态下基于能量耗散及能量释放的岩石强度准则。

(3)借助带 SEM 疲劳试验系统，研究岩石在细观尺度下的热破裂机理

温度和压力(TM)耦合作用下深部围岩的行为异常复杂，而且该过程发生在相当大的空间和时间尺度范围内，再加上其他影响因素，如水、化学影响、地震诱发的 HM、冰川诱发的 THM、腐蚀、小行星/陨石对 THM 影响，问题就变得更为复杂了。就目前有关 TM 耦合机制的研究，还主要是从宏观的角度出发。尽管在宏观方面的研究做了很多，也取得了一些成果，但从微细观的角度来讨论 TM 耦合作用下岩石的破坏机制还是很少见的，原因主要有两点：一是细观高温实验条件的限制；二是加工细观岩石试样较难。我们对温度压力作用下任何材料或围岩的破坏都可以这样来表述：温度压力对材料或围岩的力学性质的影响，主要表现在对其微观结构的影响，从而影响岩石矿物性质、内部价键的状态、微裂隙和孔洞等，这些影响最终从宏观上表现出来，如由应力和应变来表示，或由强度和变形特性来描述。因此在宏观上发生的破坏行为是由微细观尺度内确定的力学过程所制约。基于这些认识，我们通过高温疲劳实验系统 SEM 来研究高温下岩石破坏的细观变形机制。采用的岩样是石灰石，由于实验是通过 SEM 实时观测温度压力作用下岩石变形的微结构变化，对试件尺寸有严格要求和限制。尺寸为 $25\times10\times5\ mm^3$。在常温(25 ℃)、100 ℃、200 ℃、300 ℃、500 ℃分别对石灰石岩样进行了单向压缩实

验。实验表明,在这样一个微细观尺度范围和高温作用下,岩石的变形破坏依然可分成线弹性段和非线性段。在应变小于0.3%左右时,石灰岩表现出弹性的特性;当应变大于0.3%左右时,石灰石表现出非线性的变形特性。在本实验中,由于试件尺寸较小,岩石的变形和强度受到内部原生缺陷以及机械加工的影响较大,温度对岩石强度的影响可能由于这些因素而抵消掉,所以本实验中温度对岩石强度的影响具有很大的离散性和不确定性。另外就是,在500 ℃的温度范围内,温度对石灰岩的矿物组分几乎不产生影响,也没有发现脆延转变和相变等现象。但在做500 ℃的高温实验时发现,在升温到过程中,岩石内部没有出现热裂纹;而在冷却过程中反而出现了裂纹。基于实验得出:在500 ℃的温度范围内,温度对石灰石的强度特性影响不大;在400 ℃和500 ℃时会导致一些矿物的挥发,但不产生相变;升温和降温过程对石灰岩的细观变形破坏机制有很大的影响,特别注意的是在高温冷却过程中会出现裂纹,这可能是由于在冷却过程中局部矿物颗粒的不均质性导致了冷却过程中的变形不协调。

(4)应用损伤力学模型,结合关键层理论,揭示了深部开采条件下关键层的损伤蠕变规律

对浅部岩层的控制研究,早在1916年Stoke提出了悬臂梁假说,即认为工作面和采空区上方的顶板可视为梁,它一端固定于岩体内,另一端则处于悬伸状态。随后各国学者又提出了大量岩层运动假说,这些模型的共同点都是建立在均匀连续介质力学基础上,不考虑岩体内发生的节理和微裂隙,计算结果与实际观测量有较大差距。钱鸣高院士领导的课题组提出了"砌体梁"力学模型与"关键层"理论在国内外采矿工程界具有重要影响,他们认为在采矿覆岩层中存在多层岩层,并把对岩体活动全部或局部起控制作用的岩层称为关键层。

在浅部岩石表现出脆性破坏,破坏前基本上是弹性的,而深部岩石随着围压和温度的升高有蠕变特性,在破坏前有大量的微破裂出现,也就是说岩石在达到破裂强度之前微破裂就已经发生了,该过程可以当作一个损伤积累的过程。该研究基于深部岩层的蠕变现象,根据"关键层"理论,对深部岩层的梁模型进行了损伤蠕变分析,从理论上得到了同时考虑关键层的损伤演化和蠕变变形的断裂时间。

(5)在西原流变模型的基础上,导出了温度压力耦合作用下深部岩石流变本构方程

深部岩石在温度和压力耦合作用下表现出流变特性,很多学者通过不同流变组件组合来研究岩石的流变特性,但多数只考虑应力的作用,没有考虑温度的影响。本研究对三种常用的流变组件:弹性组件、黏性组件和塑性组件进行讨论,对其在温度和压力作用的变形特性做了相应的假设,然后通过研究温度压力作用下的西原模型的本构关系得出了不同条件的蠕变方程、卸载方程和松弛方程。在这些本构关系中,由于有三因素(应力、应变和温度)出现在方程中,如果将上述蠕变方程、卸载方程和松弛方程中温度影响因素去除,方程可以退化为只受到压力作用下西原模型的本构关系。

(6)从热力学定理出发,导出了温度压力共同作用下深部岩体强度准则

随着资源开采的深度越来越趋向深部,深部开采的岩石力学问题也显得尤为重要,能否更好地描述深部岩体的破坏强度及变形破坏规律是深部地下开采的关键问题之一。在实验室内

常温和低围压或单轴压缩情况下,岩石的破坏主要表现为劈裂或剪切破坏形式,这类脆性破裂的机制是受到岩石内部微裂纹的控制。而在高围压的共同作用下,随着围压的增加会抑制伴有扩容的微破裂,岩石表现出延性的特性,因此脆性域中岩石的破坏强度表现出明显的压力依赖性。在考虑深部采矿中的岩石力学问题时,岩石除了受到高应力场的作用,还受到一个变化的温度场的影响。一方面温度场对岩石材料的物理力学性质有影响以及温度场的变化导致的热应力问题;另一方面是与岩石材料变形有关的热力学参数变化以及内部能量耗散过程对温度场的影响,通常认为岩石的强度随着温度的升高而有所下降,而下降的趋势与岩石的种类又是息息相关的。温度对岩石强度的影响,主要是由于温度的增加促进了岩石矿物晶体的塑性、增加了矿物晶间胶结物的活化性能等导致强度的降低。因此,在一定的温度和压力作用下,岩石的主要破坏形式会由脆性破裂转变为塑性流动的现象。因此可以把岩石的变形过程描述为:在外部载荷和其他因素影响下,微裂纹从无序分布逐渐向有序发展,最终形成宏观裂纹从而导致岩石的失稳破坏,因此可以认为岩石的屈服破坏是个能量释放和能量耗散的过程,并形成耗散结构。为了研究的方便,把与内变量有关的耗散忽略,把深部岩石由于地应力造成的不可恢复塑性应变率与由于温度梯度引起的热传导作为岩石在屈服破坏过程的主要耗能机制。岩石的屈服破坏过程是个能量释放和能量耗散的过程,也是耗散结构形成的过程,当能量耗散到某一临界值时,岩石就会破坏失稳。基于热力学定理和最小耗能原理导出了深部岩石在温度和压力耦合作用下的屈服破坏准则,该强度准则具有明确的物理意义:当岩石材料的塑性耗散能及温度梯度引起的耗散能累积耗散到一定程度时,岩石就会发生破坏。对于双向等压过程,岩石的屈服主要与应力差、温度梯度及热流量等因素相关;对于等温过程,该屈服准则可退化为经典的 Mises 准则。

(7)根据深部岩体所处环境的特殊性,研制了深部岩体非线性力学试验系统

为满足深部开采软岩工程非线性力学试验的要求,针对目前软岩常规力学实验中存在的问题,研制了能适应深部开采软岩工程特性的大尺寸试样拉压真三轴仪试验系统,可实现对尺寸为 10 cm×10 cm×10 cm 和 15 cm×15 cm×15 cm 的两组试件分别进行单轴、双轴和三轴受压试验;对尺寸为 15 cm×15 cm×45 cm 的试件实现双轴和三轴的拉、压复合试验及一个方向受拉、另外一个方向受剪的复合试验等。

安装调试结果表明,该设备可对试件进行各种受压试验和拉压复合试验,加载压头改进后的减摩效果比较理想,达到了预定的技术要求。证明装置具有良好的力学性能,可满足深部采矿软岩工程非线性力学试验研究的需要。

4. 深部开采致灾因素的诱变

事实上,在强调三因素产生灾害的同时,如果能主动地亮相到采矿方法用途工艺技术的变革,就可以发现:三个致灾因素也有可能诱变成有利因素的一面。如高应力是否可能更有利于坚硬矿岩的致裂破碎,右路与块度控制呢?是否可以创造一种与深井黄静相适应的、能通过控制高应力转移来实现诱导致破裂破碎的连续采矿法呢?高井温对原地破碎溶浸采矿来书,是

否有利于加速矿物浴溶浸液见得相互作用,有利于提高溶浸效果呢?高井深客观存在的高水头,是否有利于推动矿井水利提升技术的发展呢?是否有利于井下动力源的更新和深井高水压设备的开发利用呢?高井深是否会是人们更坚定地走废石不出坑的无废开采之路呢?

深部开采客观存在的致灾因素,使人们惊醒而进行采矿技术的变革,而采矿技术的变革,又渴望将致灾因素变成有利因素。研究发现金属矿床深部开采可以开辟一条新路,那就是探索以高应力诱导破碎为基础的一步骤强化连续采矿或原地破碎溶浸采矿之路,这也许是深部矿床开采的理想而可行的变革之路。

由于深部开采处于"三高一扰动"的复杂环境,使深部岩体的组织结构、力学行为特征和工程相应均发生根本性变化,从而导致深部开采的多发性、突发性事故频繁。但当前深部开采问题研究的过程中,很大程度上仍然沿用传统的线性理论。对深部开采工程扰动所表现出的特殊力学行为缺乏系统研究。因此,要实现金属矿床深部开采工艺技术的根本性变革,创新深井条件下的采矿工艺与技术,并达到真正意义上的深井坚硬矿岩致裂破碎与深井灾害控制,还有许许多多基础性的科学问题和工程技术问题需要研究,这是摆在采矿科技工作者面前的艰巨任务。

4.7.2 深井岩爆

一般认为,岩爆是矿山地震的一个部分。随着开采深度的增加,地下工作面及其周围岩体的原岩应力呈线性增加,结果导致岩体失稳现象增多,特别是以岩体突然猛烈破坏为特征的岩爆现象,日趋严重,极大威胁着井下人员和设备的安全。岩爆由开挖诱发,岩爆是开挖空间周围岩体的突然破坏,是受压岩石的应变能爆炸性释放,它与一般意义上的岩层失稳不同。根据矿山地震学研究成果,岩爆可分为两大类:一类是采矿型岩爆,这种岩爆与采矿活动直接相关,震源位于采矿工作面附近。由于采矿造成的工作应力集中使周围岩体承受的荷载接近或达到其强度极限,在扰动作用下(通常为生产爆破)岩体发生脆性破坏。另一类是构造型岩爆,这种岩爆只是简单地与采矿活动有关,它的形成主要受大面积区域应力重新分布影响,由于远离工作面(有时也在工作面附近)的地质构造弱面(或较高的残余构造应力)存在,只需要很小的附加应力就可能导致岩体发生脆性破坏或沿弱面的剪切滑动。一般构造型岩爆比采矿型岩爆发生的频率低,且与生产爆破关系不大。

1. 岩爆产生的条件及分类

20 世纪 60 年代以来,许多学者对岩爆机理进行了研究,对岩爆发生的原因给予了解释,提出了一些岩爆产生的条件和危险性判别。

(1) 岩爆产生的条件

岩爆的发生有其内因和外因。内因是指岩体本身固有的力学性质。大量研究和生产实践表明,岩爆岩石固有的力学性质:在实验室进行岩石强度试验时,岩石在达到屈服强度前发生的弹性变形与塑性变形的比例大，也就是岩石在发生破坏前储存的弹性变形能多；超过峰值强度后，岩石的变形曲线下降速度快，也就是峰值后变形曲线的绝对值大，达到完全破坏所需要的时间短。虽然岩爆研究者们提出的判别岩石岩爆倾向性的指标各不相同，但是从理论上讲不外乎就是上述两种力学性质的不同表现形式而已。如果岩石本身不具备有发生岩爆的性质，那么无论外部条件如何也不会导致岩爆，岩石只能产生稳定破坏。岩爆的外因条件就是，巷道或采场开挖后，开采的二次应力与残余构造应力叠加后的应力场，达到某种组合条件，使应力达到或超过岩体破坏的临界值。

岩爆矿山有以下普遍现象：①岩爆岩石一般是火成岩或变质岩，沉积类岩石较少发生岩爆。含有硅质（特别是石英）或其他坚硬矿物的岩石发生岩爆较多；②含水率高的岩石较少发生岩爆；③岩爆发生在高原岩应力条件下的脆性岩石中；④在同一岩爆矿山，岩爆发生的频率和强度均随开采深度的增加而增大；⑤高强度岩爆一般发生在背斜轴部以及断层和弹性模量有突然变化的地质夹层（坚硬岩墙或软弱岩层）附近；⑥岩爆发生前，采掘工作面推进时常会出现岩粉颗粒变大和岩粉量增多、岩层表面有玻璃光泽、砸岩时发生非塌孔原因的卡钻等现象；⑦采场内的孤岛和半岛形矿柱及巷道交叉点容易发生岩柱形岩爆；⑧相向推进的采掘工作面容易发生弯曲破坏型岩爆；⑨矿山岩爆的2/3发生在生产爆破后；⑩与自然地震的余震类似，在强烈岩爆后短时期内一般还会发生一到几次强度较小的岩爆。

（2）岩爆分类

①应变型岩爆　在高应力地区掘进水平或竖直巷道，由于超高原岩应力场的存在，巷道掘进造成在垂直于原岩最大主应力方向上巷道壁处岩体的最大切向主应力超过岩体强度，发生猛烈破坏并释放出储存的应变能，这种岩爆称为应变型岩爆。应变型岩爆破坏性小，一般破坏厚度不超过0.5 m。在巷道周围的位置相对固定，通常不是沿巷道周围全部破坏。破坏特征以岩体局部膨胀或小块岩石弹射为主，引起的岩体震动很小。

②弯曲破坏岩爆　垂直于层状岩体掘进巷道或开采时，由于平行于岩层层理方向的原岩应力很高，当开采或掘进巷道造成平行层理方向岩层暴露面积过大时，岩层会发生突然弯曲折断。这种岩爆发生在采场时，导致采场顶板岩体呈薄板片状突然冒落；发生在巷道内时，一般表现为巷道两侧边墙或巷道迎头岩石呈薄板状突然片落破坏。这种岩爆的破坏性比应变型岩爆大，破坏岩体的深度可达1 m左右，岩爆产生的震动较大。这种岩爆称之为弯曲破坏岩爆。

③矿柱型岩爆　方柱采矿法的矿柱、留点柱分层充填法的点柱、井筒的保安矿柱和长臂法采场工作等的突然破坏诱发矿柱周围岩体瞬间跨落。这种岩爆的破坏性比前两种岩爆都大。如果这种岩爆发生在大面积开采方柱法和分层充填法内，容易发生连锁式反应，导致矿柱相继破坏，造成开采大范围塌落，甚至使开采报废。这种岩爆叫矿柱型岩爆。

④剪切型岩爆　岩体的大面积开挖导致周围未采岩层内应力急剧升高，当应力满足完整岩体破坏条件时，导致沿某一方位的完整岩体（或原始微观缺陷主导方位）发生剪切破裂。岩体的突然破裂导致破裂面上下盘岩体（一般为正断层，偶尔见逆断层）发生错动，这种错动产

生的岩体位移传播到采场或巷道的临空面时,造成空间自由面附近岩石突出和破坏。这种岩爆称为剪切型岩爆。

⑤断层滑移型岩爆　大范围采矿,特别是开采工作面推进方向与前方岩体内原有地质构造弱面的法线方向一致时,由于采矿解除了长期施加在构造弱面法线方向的夹持力,导致原本地震活动性很差的断层(或其他弱面)重新活跃起来,产生沿原来弱面的重新滑动。当岩体位移传播到采场或巷道临空面时,导致岩体大量破坏。加拿大的鹰桥地下镍矿就是因为这种断层滑移型岩爆而关闭的。

2. 岩爆危险性判据

岩爆的判据有强度理论、刚度理论、能量理论、和岩爆倾向理论等。

(1)最大主应力强度理论

应变型岩爆是地下硬岩矿山采准巷道和大型地下硐室中最常见的一种岩爆。国内外应变型岩爆现场实际表明,岩爆始终呈中心对称在巷道两侧或顶底板两处同时发生,两岩爆处连线与巷道周围原岩应力场的最大主应力轴线垂直。这一普遍现象实际上证明了岩爆发生在巷道开挖后最大切向应力(最大主应力)处。

现有理论分析地下开挖空间周围的应力状态都很难如实反映其应力状态,甚至定量测量也很有困难。开挖空间周围一般产生环向和径向裂隙,测量这些裂隙的分布难以做到,因此,开挖空间周围岩体的强度就难以准确确定。鉴于上述特点,有的岩爆研究者通过统计学研究方法直接找出地下空间未开挖前的最大主应力与完整岩石单轴抗压强度之间的关系式,如南非学者给出的判据是:(0.25~0.5);也有学者用弹性力学理论计算出开挖空间周边最大主应力,用 σ_1 围与 σ_c 的比值确定岩爆的应力判据:

$\sigma_{1围}/\sigma_c < 0.2$　　几乎不发生岩爆;

$0.2 \leqslant \sigma_{1围}/\sigma_c < 0.388$　　可能要发生岩爆;

$0.388 \leqslant \sigma_{1围}/\sigma_c < 0.55$　　非常可能发生岩爆;

$\sigma_{1围}/\sigma_c \geqslant 0.55$　　几乎肯定发生岩爆。

处于弹性状态的脆性岩石,当其内部主应力达到岩石单轴抗压强度 0.5 倍时将可能发生岩爆,岩爆时岩石内部的最大主应力一般小于 σ_c。澳大利亚学者 Dyskin 用断裂力学理论研究岩爆发生的应力判据时得出了岩石发生脆性破坏的条件(岩爆应力判据)是 $\sigma_{临界} = 0.74\sigma_c$,这从另一个角度证明了脆性岩石发生岩爆时的最大应力小于 σ_c。

(2)能量释放率(ERR)理论

到目前为止,地下硬岩矿山采矿依然用岩凿爆破法。用爆破方法开挖采矿巷道时,开挖面上爆破后的应力突然降为零。开挖面外部围岩对面内逐渐降低的支护力所作的功表现为开挖面上多余的能量 W_r,这部分能量称为释放能量。由于开挖面的瞬间形成,周围岩体不仅承受静态应力增加(采矿诱发的应力集中),而且还有一个瞬间动态应力,复杂采矿巷道瞬间开挖产生的瞬间动应力值很难确定,但是它的存在是肯定的。动静应力的叠加可能会超过岩体的强度,也可能产生拉应力引起代岩体结构的局部松弛。

地下矿山开拓和采准巷道的掘进,整个开挖横剖面实际上是立刻形成的,并沿巷道纵向逐渐延伸;而对于大型硐室和采场采矿而言,瞬间形成完整的硐室或采场是极少见的,研究逐步开采时的能量释放率更具有实际意义。在无限岩体内进行采矿,每采下一定体积岩体 $d\nu$ 围岩释放出能量 dW_r,$dW_r/d\nu$ 就是体积能量释放率 ERR。对整个采场或硐室进行释放能量的积分即可求出 W_r,$dW_r/d\nu$ 称为平均能量释放率 ERR 平均。

理论研究和生产实践均表明,ERR 可以为瞬间超应力效应的合理指标,南非金矿广泛采用的标准是 ERR≤30 MJ/m³。当设计方案计算的 ERR 值超过 30 MJ/m³ 时,必须采取措施使调整后的开采方案的 ERR 值小于 30 MJ/m³。

(3)超剪切应力(ESS) 理论

剪切破裂型岩爆和断层滑移型岩爆发生的频率虽然较低,但其破坏性却较大。库仑破坏准则直观地给出了判别这种岩体破坏的标准。岩体发生破坏时,作用在剪切或滑动面上的剪切应力和正应力满足下列条件

$$\tau \geqslant C + \sigma_n \tan\varphi_s \tag{4.45}$$

式中:τ 为剪切或滑移面上绝对剪应力,MPa;C 为剪切或滑移面上的固有剪切强度,即内聚力,MPa;φ_s 为静摩擦角;σ_n 为滑动面上的正应力,MPa。

破坏一旦发生,滑动面上的固有的剪切强度降为零,摩擦阻力由静摩擦阻力降为动摩擦阻力。剪切或滑动破坏发生前后滑移面上的剪切应力差称为超量剪应力 ESS。

$$\mathrm{ESS} = |\tau| - \sigma_n \tan\varphi_d \tag{4.46}$$

式中:φ_d 为动摩擦角。

生产扰动后岩体内任意一点的剪切应力 τ,可以用各种数值方法进行计算。如果发现有“+”的 ESS 存在,那么就要注意 ESS 的最大值和分布范围。Ryder 给出的 ESS 判别指标是:

ESS≥15 MPa (断层或节理)	可能发生破坏性岩爆;
ESS≥20 MPa(完整岩石)	极可能发生破坏性岩爆;
5MPa < ESS < 15 MPa	可能发生破坏性较小岩爆;
ESS < 5 MPa	发生岩爆的可能性很小;
ESS < 0 MPa	不会发生岩爆。

南非的经验表明,采用 ESS 指标研究地质构造发育矿床的岩爆活动性比采用能量释放率 ESS 指标更好。因为对于这类矿床而言,ESS 与岩爆活动性相关系数比 ESS 与岩爆活动性的相关系数大。

(4)刚度理论

20 世纪 60 年代中期 Cook 和 Hodgei 创立的刚度理论,很好地解释了发生在南非金矿的矿柱型岩爆。矿柱承受的载荷超过其强度峰值后,变形曲线下降段的刚度为 λ,用 λ 与围岩加载系统的刚度 k 的比例关系判定矿柱和围岩系统破坏的稳定性——这就是岩爆判别的刚度理

论。刚度理论来源于岩石力学室内实验:用普通柔性试验机和刚性试验机给岩石试样加载,载荷超过岩石峰值强度后,岩石试块破坏的情况有很大不同。用普通柔性试验机($|\lambda|>k$)时岩样发生猛烈破坏,而用刚性试验机($|\lambda|<k$)时岩样破坏平稳。用这一理论分析一个矿柱和围岩系统,当 $k+\lambda>0$ 时矿柱不会发生猛烈破坏(不发生岩爆);当 $k+\lambda<0$ 时矿柱分发生失稳破坏(岩爆)。将这一理论推广至多个矿柱和层状围岩组成的系统就是:刚度矩阵 $\boldsymbol{K}+\boldsymbol{\Lambda}$ 的对角线均为正值时,系统不会发生失稳破坏($\boldsymbol{K}$ 是岩状围岩刚度矩阵,$\boldsymbol{\Lambda}$ 是矿柱屈服后刚度矩阵),否则就会出现岩爆。

(5)弹性能量指标

弹性能量指标以称岩爆倾向指数,弹性能量指标通过对岩石试块进行单轴压缩加载和卸载实验确定。该指标值的确定方法为:在实验室以岩样进行单轴压缩实验,取应力为岩石强度的 80% ~90% 时记录的应力 - 应变曲线,用图形积分法求出弹性变形能量储能与塑性变形耗能之比,即为弹性变形能量指数 *WET*,表达式如下

$$W_{ET}=\frac{E_e}{E_p}=\frac{\int_{\varepsilon p}^{\varepsilon e}f_1(\varepsilon)d\varepsilon}{\int_0^{\varepsilon t}f(\varepsilon)d\varepsilon-\int_{\varepsilon p}^{\varepsilon e}f1(\varepsilon)d\varepsilon} \tag{4.47}$$

式中:W_{ET}为弹性变形能;E_p 为塑性变形能;ε_e 为弹性应变;ε_p 为塑性应变;ε_t 为总应变;$f(\varepsilon)$ 为加载时 $\sigma-\varepsilon$ 曲线函数;$f_1(\varepsilon)$ 为卸载时 $\sigma-\varepsilon$ 曲线函数。

Singh 根据加拿大萨德伯里地区硬岩试样实验结果,建议岩爆倾向性分类标准是:

$W_{ET}\geqslant 15$ 有强岩爆倾向;

$W_{ET}=10\sim 15$ 有中等岩爆倾向;

$W_{ET}<10$ 有弱岩爆倾向。

(6)岩爆有效能量的释放率

岩爆的破坏作用主要受岩体达到峰值强度发生破坏后释放出的能量大小的控制,最早提出岩爆有效能量释放的是波兰的 Motyczka(1793 年),他将岩爆有效能量释放率定义为岩样在单轴抗压试验破坏时岩石碎片抛出的动能 E_t 与试块储存的最大弹性应变能 E_s 之比,即

$$\eta=\frac{E_t}{E_s}\times 100\% \tag{4.48}$$

式中:E_t 为抛出碎片动能,$E_t=\sum_{i=1}^{n}\frac{1}{2}m_i v_{0i}^2$($n$ 为抛出碎片个数,m_i 和 v_{0i} 分别为第 i 个碎片的质量和弹射的初速度);E_s 为岩石试块破坏前储存的最大弹性应变能,$E_s=\frac{\sigma_c^2}{2E}$($\sigma_c$ 和 E 分别为岩石试样的单轴抗压强度和弹性模量)。

Kidybinski(1981 年)给出的以该指标按岩爆倾向性将岩石分类标准是:

$\eta<3.2\%$ 无岩爆倾向;

$\eta = 3.2\% \sim 3.8\%$　有弱岩爆倾向；
$\eta = <3.8\% \sim 4.4\%$　有中等岩爆倾向；
$\eta > 4.4\%$　有强岩爆倾向。

(7)弹性变形能系数

当岩石加载到$0.7\sigma_c$后再卸载至$0.05\sigma_c$时，卸载释放的弹性变形能与加载吸收的变形能之比百分数为岩石弹性变形能系数ω。当$\omega > 70\%$时，会产生岩爆，ω越大发生岩爆的可能性越大。

(8)岩石冲击能指标岩石冲击能指标可根据岩石的荷载-变形全图确定，其计算公式为

$$W_{cf} = \frac{F_1}{F_2} \tag{4.49}$$

式中：W_{cf}为冲击能指标；F_1，F_2分别为岩石的载荷-变形全图以峰值荷载为界的左右部分曲线与变形坐标轴围成的面积。

按W_{cf}　判别岩爆倾向性的标准是：
$W_{cf} > 3$　有强岩爆倾向；
$W_{cf} = 2 \sim 3$　有弱岩爆倾向；
$W_{cf} < 2$　无岩爆倾向。

(9)岩石脆性系数

岩爆是一种脆性破坏，岩石的脆性一方面表现为破坏前总变形量很小，另一方面表现为抗拉强度比抗压强度小。V. Hucka和B. Das提出岩石的脆性系数指标有两个

$$K_1 = \frac{\sigma_c - \sigma_\tau}{\sigma_c + \sigma_t} \tag{4.50}$$

$$K_2 = \sin\varphi \tag{4.51}$$

式中：K_1，K_2为脆性系数；σ_c，σ_t为岩石的抗压和抗拉强度，单位MPa；φ为岩石内摩擦角，单位°。

王文星等人结合峰值前后的应变大小，提出新的岩石脆性系数计算公式

$$K_b = \alpha \frac{\overline{\sigma}_c}{\overline{\sigma}_t} \cdot \frac{\overline{\varepsilon}_f}{\overline{\varepsilon}_p} \tag{4.52}$$

式中：$\overline{\varepsilon}_f$，$\overline{\varepsilon}_p$为岩石在峰值载荷前、后的平均应变；$\overline{\sigma}_c$，$\overline{\sigma}_t$分别为岩石的平均抗压强度和平均抗拉强度；α为系数，取1/10。

岩石的脆性指标越高，发生岩爆的可能性越大。

3. 岩爆的能量诠释

能量理论基本原理如图4.39所示。开挖前在S面上任一点受t_x，t_y力作用，在S面范围内逐渐开挖的情况下，面上牵引力逐渐降为零，开挖面周围产生诱发应力区，如图4.39(b)。当硐室几乎是瞬间突然形成时，在图4.39(a)所示的S面上，开挖前的牵引力突然降为零。在

S 面逐渐降低的支护力所做的功，表现为开挖面上的多余能量，随后耗散（或释放）或传播到周围介质中，因而称为耗散能 W_r。

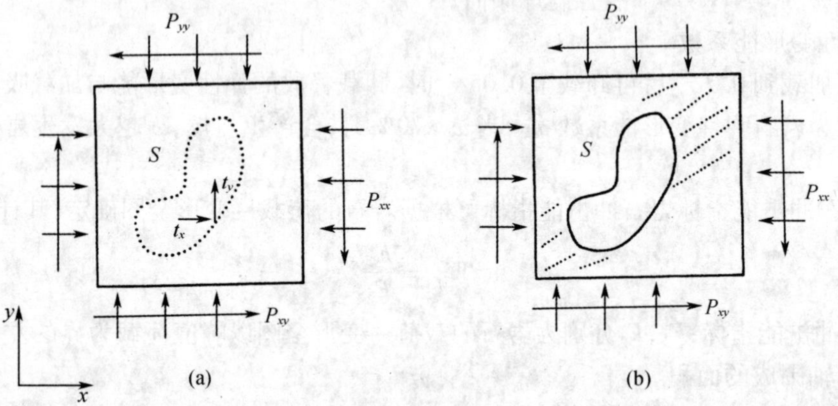

图 4.39　双轴应力作用下介质中的静力状态

(a)采矿前；(b)采矿后

能量耗散率在一定程度上能够表征系统的稳定状态，国外很多研究都采用 作为系统失稳的判断准则。研究表明：在深度不超过 2 000 m 的矿山，能量耗散率 $E_{ERR}=30$ MJ/m 是可以接受的临界值。

对于任意形式的硐室，能量耗散率是直接由开挖诱发的力和位移获得的，即

$$E_{ERR}=\frac{1}{2V}\int_S(t_{xi}u_{xi}+t_{yi}u_{yi})\,\mathrm{d}s \tag{4.53}$$

式中：t_{xi}，t_{yi} 分别为拟开挖边界 i 点处作用力；u_{xi}，u_{yi} 为对应于 t_{xi}、t_{yi} 方向上开挖后引起的位移；V 为开挖体积；S 为积分区域，即整个开挖面。

能量控制采场围岩失稳风险预测，是借助于有限元分析工具进行正交实验（基于某种准则进行多次有限元计算），建立系统可靠度分析的响应面函数，在此基础上进行系统的可靠性分析，求得系统稳定可靠度和失稳概率，并以系统的失稳概率作为评价系统突变失稳的风险度。预测方法和步骤如下。

（1）确定计算模型和参数

建立采场围岩系统有限元的计算模型，计算采场范围内矿岩体力学与变形参数均值和方差。

（2）建立节点位移的响应面函数

在开挖面适当的位置选取一点，例如 k 节点，建立该节点位移的响应面函数为

$$u_k=a+\sum_{i=1}^{5}b_iX_i+\sum_{i=1}^{5}c_iX_i^2 \tag{4.54}$$

式中：X_i 为采场围岩力学与变形参数，$i=1,2,3,\cdots$，是为随机变量，即：

$$u_k = f(R_c, R_t, C\phi, E)$$

式中：R_c 为围岩抗压强度；R_t 为围岩抗拉强度；C 为内聚力；φ 为内摩擦角；E 为变形模量；a，b_i，c_i 分别为待定的响应面函数。有限元法正交抽样计算，采用最小二乘法回归分析去定。

(3)建立围岩系统突变失稳可靠度分析的极限状态方程

基于有限元分析，围岩系统的应变能释放率 E_{ERR} 的计算公式为

$$E_{ERR} = \sum_{i=1}^{n} (u_{xi}F_{xi} + u_{yi}F_{yi})/2V \tag{4.55}$$

式中：u_{xi}，u_{yi} 为元节点 i 处 x 和 y 方向的位移，如果分步开挖，则为对应节点的位移增量；F_{xi}，F_{yi} 为挖面边界点 i 处的等效荷载(节点力)，由原岩应力场分析获得的节点 i 周边的应力插值得到，如果分步开挖，则为对应节点的荷载增量；V 为开挖边界点数。

如果选取开挖面节点 k 的垂直位移为 其影响面函数由式(4.54)确定，上式可以改写为

$$E_{ERR} = \frac{1}{2V}\left[\sum_{i=1}^{n-1} (u_{xi}F_{xi} + u_{yi}F_{yi}) + (u_{xk}F_{xk} + u_{yk}F_{yk})\right] \tag{4.56}$$

通过选择适当的节点 k(例如拱顶 的 y 方向位移)，使 $u_{xk} \approx 0$(4.56)变为

$$\begin{aligned} E_{ERR} &= \frac{1}{2V}\left[\sum_{i=1}^{n-1} (u_{xi}F_{xi} + u_{yi}F_{yi}) + u_{yk}F_{yk}\right] \\ &= \frac{1}{2V}\left[\frac{1}{u_{yk}}\sum_{i=1}^{n-1} (u_{xi}F_{xi} + u_{yi}F_{yi}) + F_{yk}\right]u_{yk} \\ &= u_{yk}(R_c, R_t, \varphi, E).\ E_{ERR} \end{aligned} \tag{4.57}$$

令

$$E_{ERR} = \sum_{i=0}^{4} a_i u_{yk}^i \tag{4.58}$$

式中 $a_i(i=1,2,3,4)$ 为待定系数，由确定的垂直位移影响面函数 u_{yk} 进行有限元计算中确定。即进行第 j 次有限元分析，可以获得系统的应变能耗散 E_{ERR}，以及响应的拱顶位移 u_{yk}。进行 n 次计算，就获得 n 对(E_{ERR}，u_{yk})数据。则式(4.5-13)变为

$$E_{ERR} = u_{yk}(R_c, R_t, C\phi, E).\ \sum_{i=0}^{4} a_i u_{yk}^i \tag{4.59}$$

可设：$u_{yk} = x - A$，$A = \dfrac{a_3}{4a_4}$

则式(4.59)化为

$$E_{ERR} = b_4x^4 + b_2x^2 + b_1x + b_0 \tag{4.60}$$

其中 b_i 与 a_i 有如下对应关系

$$\begin{Bmatrix} b_0 \\ b_1 \\ b_3 \\ b_4 \end{Bmatrix} = u_{yk} \cdot (R_c, R_t, C\phi, E) \begin{bmatrix} A^4 & -A^3 & A^2 & -A & 1 \\ -4A^3 & 3A^3 & -2A & 1 & 0 \\ 6A^2 & -3A & 1 & 0 & 0 \\ 1 & 0 & 0 & 0 & 0 \end{bmatrix} \begin{Bmatrix} a_4 \\ a_3 \\ a_2 \\ a_1 \\ a_0 \end{Bmatrix}$$

将式(4.60)进一步变换为

$$E_{ERR} = \frac{1}{4}x^4 + \frac{1}{2}x^2 P + xQ + c_0 \tag{4.61}$$

式中 c_0 是一个对突变元无意义的常数项,应省略。则式(4.61)就变为尖点突变的标准分析式。其中

$$E_{ERR}^{-} = \frac{E_{ERR}}{4b_4}, P = 2\frac{b_2}{b_4}, Q = \frac{b_1}{4b_4}, c = \frac{b_0}{4b_4}$$

根据突变理论,采场围岩系统处于极限稳定状态的判别式为

$$4P^3 + 27Q^2 = 0 \tag{4.62}$$

式(4.62)就是基于突变理论推导的采场围岩系统稳定可靠度分析的极限状态方程。

(4)采场围岩突变失稳可靠度分析与失稳概率计算

有上述推导可见,P、Q 是系统 b_1, b_2, b_4 的函数。由式(4.61)可知,b_1, b_2, b_4 又是响应面函数 $u_{yk} = f(R_c, R_t, C, \phi, E)$ 的函数。因此,是(4.62)确定的极限状态方程是矿岩体力学与变形参数的非线性方程。当已确定随机参数的统计特性值(均值,方差)和概率分布,就可以计算获得系统稳定可靠的 P_r 或突变失稳概率 P_f。而失稳概率 P_f 可作为系统失稳风险度。

4. 影响岩爆发生的因素

(1)地质构造

岩爆大都发生在褶皱构造中,岩爆与断层、节理构造密切相关,当掌子面与断裂或节理走向平行时,容易触发岩爆。岩体中节理密度和张开度对岩爆有明显的影响。据南非金矿观测表明,节理间距小于 40 cm,且张开的岩体中,一般不发生岩爆,掌子面岩体中有大量岩脉穿插时,可能发生岩爆。

(2)硐室埋深

随着硐室埋深增加,岩爆次数增多,强度也增大。发生岩爆的临界深度 H 可按下式估算

$$H > 1.73\frac{\sigma_c}{\gamma}\sqrt{\frac{K_0(1-v)^2}{(1-2v)(1+v)}} \tag{4.63}$$

式中,γ 为岩石的容重;σ_c 为岩石单轴抗压强度;v 为岩石的泊松比;K_0 为考虑岩石双受力状态的系数,$K_0 > 1$。

4.7.3　矿山充填体的作用机理

1. 深井矿山充填体的作用机理

深井采矿作业，由于是在地表千米以下，因此采场围岩的岩石力学性质、地应力等地质特征与浅井采矿比较发生了根本性的变化。国外深井矿山的实践表明，岩爆、岩石冒落事故构成深井矿山生产中的主要安全问题，高温则是深井矿山影响劳动生产率的重要因素。为了预防和控制岩爆、提高矿山的通风效率、降低岩温以及减小矿石的损失贫化率，充填采矿法在深井矿山开采中具有不可替代的作用。

充填采矿法按其工艺特点主要有：上向分层充填法，下向分层充填法，垂直分条、大孔崩矿和嗣后充填的阶段或分段法。

以最低的成本和最安全的方式获取最大的经济效益和社会效益是矿业开发所追求的目标。而以上无论哪一种充填采矿法都不仅复杂了采矿工艺，而且大大提高了采矿成本。充填采矿法的充填材料是开采成本的重要组成部分。因此，提高充填体强度，必然提高采矿成本。降低充填体强度，可能降低围岩和充填体的稳定性，导致采场的整体失稳或巷道的局部破坏，危及人身安全。由此可见，选取合理的充填料配比、构筑安全和经济的充填体强度、优化开采方案、控制采场地压是确保安全生产和顺利采矿的基础。

矿岩与充填体的稳定性受众多因素的影响，但矿区的工程地质条件、区域构造应力、充填体强度和采矿方法结构参数是主要因素。影响因素不同，围岩和充填体的破坏机理、破坏形式也不同，因此其稳定性存在较大差异。采场围岩和充填体稳定性分析是采矿方法设计和采矿方案决策的基础，具分析结果的可靠性决定了采矿生产能否顺利进行。而围岩和充填体稳定性分析不仅在于分析方法、计算参数的选取，而且还涉及对充填体作用机理的认识和评价。

2. 矿山充填体的作用机理

充填采场属于人工支护的范畴。类似于采用锚杆、喷射混凝土等人工措施支护采场巷道，其目的在于维护采场围岩的自身强度和支护结构的承载能力，防止采场或巷道围岩的整体失稳或局部垮冒。

(1)充填体的支护作用

对于充填体的支护作用，如图4.40，国内外学者提出以下三种充填机理：

①表面支护作用。通过对采场边界关键块体的位移施加运动约束，充填体可以防止在低应力条件下近场岩体在空间上渐进破坏。

②局部支护作用。由邻近的采矿活动引起的采场帮壁岩体的准连续性刚体位移，使得充填体发挥被动抗体的作用。作用在充填体与岩体交界面上的支护压力允许在采场周边产生很高的局部应力梯度。并且已证明，小的表面荷载对摩擦型介质中的屈服区范围可能产生重大的影响。

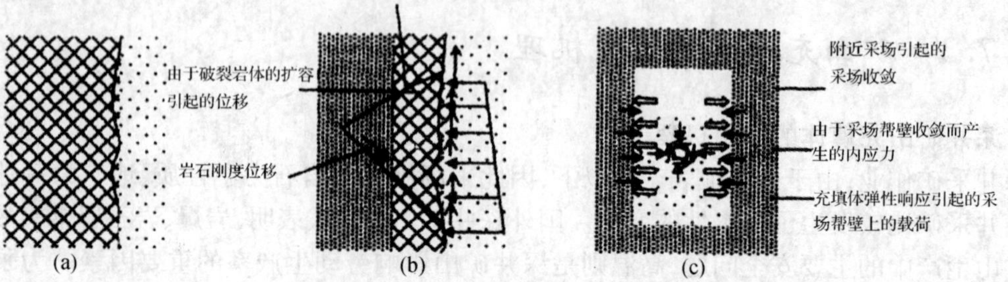

图 4.40 矿山充填体支护的作用机理

(a)低应力区岩体表面块体的运动结果;(b)在破裂区和节理岩体中产生的局部支护力;
(c)由充填体受压缩产生的总体支护力

③总体支护作用。如果充填体受到适当的约束,它在矿山结构中可以起到一种总体支护构件的作用。也就是说,在岩体与充填体交界面上采矿所诱导的位移将引起充填体的变形,而这类变形又导致了整个矿山近场区域中应力状态的降低。

上述三种机理代表了充填体在矿山结构中不同的支护作用,即表面的、局部的和总体支护。在任何情况下支护的工作方式都可假说既与岩体性质也与充填体性质有关。

(2)充填体与系统共同作用

北京科技大学于学馥教授针对金川矿区所采用的充填材料与充填工艺,研究提出充填体三种作用机理:①应力转移与吸收。充填体进入空区,最初是不受力的,以后随着充填体强度的提高,具备了吸收应力和转移应力的能力。从而也形成了地层“大家族”的成员,参与地层的自组织系统和活动。②应力隔离机理。充填体对围岩稳定的应力隔离作用有两种情况:一种是隔离水平应力;另一种是隔离垂直应力。③系统的共同作用。充填体充入地下采场后,由于充填体、围岩、地应力、开挖等共同作用,特别是开挖系统的自组织机能,使围岩变形得到控制,围岩能量耗散速度得到了减缓,矿山结构和围岩破坏的发展得到了控制,特别是无阻挡的自由破坏塌落也得到了控制。

值得注意的是在这里提到了充填体的作用减缓了围岩能量耗散的速度,注意了围岩系统的能量耗散的速度决定了系统稳定性的观点。

(3)充填体的充填作用

南非在深井黄金矿山的开采中,大多采用了充填采矿法,并对充填机理进行了相当的研究。H. A. D,Kirsten 和 T. R., Stacey 研究指出:充填在维护采场稳定的作用方式是多种形式的,因此,支护机理不是靠充填体压缩所产生的作用来决定工作中充填体的稳定效果。尽管任何一种支护机理的单独作用是极小的,但其积累起的作用可期望大大地影响了采场覆岩的稳定性。他们指出如下的支护机理:

①保持顶板围岩的完整性。将顶板围岩由于断层、节理和裂隙切割成结构体。由于采场

形成的临空面,使得某些结构体具有滑移或冒落的可能,这些潜在冒落的拱顶岩块称之为“拱顶石”。充填体的最重要作用是在拱顶石和采场之间提供一种连接,充填将延缓且最终阻止拱顶石移动的任何趋势,从而提高顶板围岩的自身承载能力。在不充填的状况下,可能松动的拱顶石将从顶板自由冒落,从而引起连锁的冒落和塌落而最终导致整个采场失稳。充填后充填料中的细料进入拱顶石周围的开口节理和裂隙,这有助于保持拱顶石的稳定。

②减轻地震波的危害。充填将在地震条件下提供最有意义的连接功能。在没有充填物的情况下,岩爆引起的压缩冲击波将在由顶板和底板表面提供的岩石与充填体界面处反射,反射时,它们将产生拉力且趋于将孤立的顶板(或底板)“切断”。但是,充填后与岩石接触的充填料,使冲击波仅在岩石与充填体界面处部分反射,因此将降低“切断”作用,此外充填体将阻止采场顶板处拱顶石的位移。在动态短时荷载条件下,还可望松软充填体能起到硬质充填料的作用。

③作为节理与裂隙中的填充物,充填时,细料将进入上下盘围岩中的裂隙和节理中。此外,充填料与岩石之间的接触将防止在工作面推进时岩层遭受曲率逆转期间节理中出现的任何原生细料跑出,这将促进节理和裂隙的膨胀,从而限制拱顶石的松动,提高顶板围岩的稳定。

(4)充填体的综合作用机理

上述对充填体的作用机理认识,基本上概括了当前对充填体作用机理的总的观点。对这些观点进行总结,其作用可划分为三个方面:

①充填体力学作用机理。充填体充入采场,改变了采场帮壁的应力状态,使其单轴或双轴应力状态变为双轴或三轴应力状态,其围岩的强度得到很大提高,从而增强了围岩的自支撑能力。因此,就此观点来说,充填体不仅起到支撑作用,更重要的是提高了围岩的强度和承载能力。

②充填体结构作用机理。通常岩体中的断层、节理裂隙将岩体切割成一系列结构体,这些结构体的组成方式决定了结构体的稳定状况。地下开挖,破坏了岩体原始的结构体系,使其本来能够维持平衡和承受载荷的“几何不变体系”变成了几何可变体,因此,导致围岩的连锁破坏,也就是围岩的渐进破坏。当充填体充入到采场中,尽管充填体的强度低和承载时变形大,但是它可以起到维护原岩体的结构作用,使围岩能够维持稳定和承受载荷。充填体具有维持围岩的结构作用,可以避免围岩结构系统的突变失稳。

③充填体让压作用机理。由于充填体变形远比原岩体大,因此,充填体能够在维护围岩系统结构体系的情况下,缓慢让压,使其围岩地压能够得到一定的释放(从能量的角度来看,是限制能量释放的速度);同时,充填体施压于围岩,对围岩起到一种柔性支护的作用。

综上所述,采场充填体的支护效果取决于两个方面:一是围岩与充填体所构成的组合结构的形式;二是充填体与围岩的力学与变形特性之比。对于不同的矿体组合形态、围岩体结构类型以及采矿顺序,这两方面将起到不同的作用。

4.7.4 深井矿山的充填支护系统

1. 深井矿山充填区域支护的影响因素

深部开采特殊环境将带来一系列安全问题，包括岩爆、高温、采场闭合和地震活动等，其中尤以岩爆为主要危害。深井矿山的最大危害是岩爆与岩层冒落事故，南非自1908年首次遇到采矿引起的地震以来，一直在寻找解决这个问题的途径。在1908年、1915年和1924年各委员会对最大限度地降低岩爆的发生率推荐了一些实用方法，可是对岩爆的原因和机理缺乏了解。直到1950年至1966年，对岩爆机理的研究才取得一定进展，其中具有代表性的成果为萨拉蒙（Salamon，1965）的弹性理论描述黄金矿山岩体特性，库克（Cook，1966）提出板状矿床深部采矿所引起的能量变化是怎样与采空区的空间有关。由于岩爆与能量变化有关，故建议通过减小采空区体积的采矿设计以减轻岩爆问题（库克等人，1966），并提出减小采空区体积的三种方法：降低回采宽度、建立一定间隔的条状矿柱和充填采空区。

由于在采场工作面进行回采作业所需的最低高度限制了靠降低回采高度而减小采空区体积。一定间隔的条状矿柱建立，可以有效的控制岩爆，因此在许多深井矿山取得了应用。但这种方法的不足是增大了矿石的永久损失。充填技术的发展，为其代替矿柱控制岩爆提供了很大的舞台。

近30多年来，充填理论和技术得到了长足发展，特别是胶结充填技术，已日趋成熟与完善。目前主要的充填方法有风力充填、混凝土充填、低浓度水砂充填、块石胶结充填、高浓度料浆胶结充填和膏体充填等，另外还有独特、罕见的冻结充填。这些充填方法都是适用于不同矿山条件的行之有效的方法。充填技术的发展，为其代替永久矿柱控制岩爆提供了可能，本节主要依据能量耗散原理，通过对不同形式的采场中的胶结和非胶结充填体对能量耗散率的降低程度的分析，提出充填支护的系统分析式，解释充填控制岩爆的内在原因，探讨深井开采人工充填矿柱的合理构筑参数。

（1）岩爆的影响参数

岩爆的控制参数主要有：能量消耗率 E_{ERR}、超量剪切应力 σ_{ESS} 以及平均矿柱应力 σ_{APS}。

霍奇森和朱格欣证实，在深井矿山中，岩层破坏与能量耗散的空间速率（E_{ERR}）密切相关，E_{ERR} 为定量预测岩层质量和地质条件相对简单区域的岩爆发生概率，提供了非常有用的经验标准。深部长臂式采矿的经验表明，30 MJ/m^2 是 E_{ERR} 的可接受值。

充填对超量剪切应力的影响研究结果表明，在断层横切待采区的部位，充填可显著控制地压活动能量。胶结料回填采空区后的调查研究发现，超量剪切应力显著减少并且断层面随之呈稳定状态。如果采用区域充填，可使有效回采宽度加倍，超量剪切应力的正弦半周范围减半，地震能量可减少40%。因此，超量剪切应力（σ_{ESS}）标准，对断裂地层中的矿山设计具有一定的参考价值。某些初步研究结果甚至认为，从长远观点看，对地震危险度的预测，超量剪切应力(σ_{ESS})可能比能量耗散率(E_{ERR})更优越。然而超量剪切应力标准仍处于探索阶段,且严格的设计值至今还不能确定。相反,能量耗散率(E_{ERR})至少在未扰动的地层区域内与现场数据具有很好的相关性,而且预算 E_{ERR} 的数值和分析技术也已成熟,因此,E_{ERR} 仍然是评价深部采矿环境严重程度的首选基本测度。

根据已有的研究,如果使用连续矿柱提供区域支护,则:①为了矿柱不受破坏,其宽、高比至少应为 20∶1;②为避免“基础破坏”,平均矿柱应力(σ_{APS})不应超过周围岩体单轴抗压强度(P_{UCS})的三倍。石英围岩的 P_{UCS} 一般为 200 MPa,因此认为 600 MPa 为 σ_{APS} 的可接受值。

由于超量剪切应力标准目前还不够成熟,因此充填对岩爆的控制主要通过降低 E_{ERR} 及 σ_{APS} 值来实现,充填质量不同,对以上两个参数的控制和降低幅度不同。充填反应配合函数以及充填质量因数,是常用的充填质量确定方式。

(2)充填质量影响函数

对于胶结充填,充填料的近似特性由赖德和瓦格纳公式确定(HYP 双曲线模型)

$$\sigma_f = \frac{a\varepsilon}{b - \varepsilon} \tag{4.64}$$

式中:σ_f 为充填体应力;ε 为充填体应变;α 为特性应力参数;b 为临界应变值(b = 初始孔隙率 η)

通过实验,确定表征胶结充填质量的参数值为:$a = 5.00$ MPa,$b = 0.3$。

对于非胶结充填体,充填体的特性服从以下公式(QUAD 二次模型)

$$\sigma = (\varepsilon - \varepsilon_t)2/(b - \varepsilon) \quad (a = 0 \text{ 且 } \varepsilon < \varepsilon_t) \tag{4.65}$$

式中:ε_t 为最初表现显著的充填体承载时的瞬间应变;b 为临界应变值。

配合函数的其他形式,如某些“对数”模型也适合描述充填体的承载特性,但分析过程复杂,难以在数值模拟程序中运行。

(3)充填质量判据

赖德和瓦格纳在理想化的采矿环境(100% 的空间充填,工作面的充填不滞后)条件下,按能量耗散率 E_{ERR} 的降低潜力,提出充填质量判据 M 表达式

$$M = E_{ERR}(\text{充填})/E_{ERR}(\text{不充填}) \tag{4.66}$$

充填质量判据 M 的重要意义在于,充填质量对判断安全回采宽度或安全深度具有重要作用。充填质量判据 M 值越低,充填的质量越高,根能有效地改善采矿安全条件。

对于充填质量 M 的确定,萨拉蒙给出了如下公式

$$M = \frac{1}{\sigma}\int_0^{\sigma} \varepsilon \mathrm{d}\sigma \tag{4.67}$$

由上式可以看出,充填质量判据 M 代表充填物从压缩到最终平衡过程中所发生的平均应变。赖德和萨拉蒙证明,在 $\sigma > 100$ MPa 的高应力条件下,充填质量判据 M 应满足以下条件:胶结充填料($M \leqslant 0.25$);非胶结充填料($M \geqslant 0.35$)。

充填料质量对降低能量耗散率 E_{ERR} 有非常明显的影响,例如在 2 000 m 深处用良好质量的充填料(b = 0.3)充填 20% 的区域,能量耗散率 E_{ERR} 值将从 38 MJ/m^2 降至 23 MJ/m^2,即降低 40%,如果充填量增加到采空区的 80%,则能量耗散率 E_{ERR} 值进一步降低到 20 MJ/m^2 以下。若在 3 300 m 的深度采用良好的充填材料充填 80% 的采空区,则能得到 40 MJ/m^2 的 E_{ERR} 值。

总之,用高质量的充填料至少充填 40% 的采空区才能够有效的降低能量耗散率 E_{ERR} 水平,增大采矿深度。

2. 连续矿柱与充填体组合的区域支护系统

若单靠充填不能获得所要求能量耗散率 E_{ERR} 值的深度,则必须在设计中采用连续矿柱,对连续矿柱的正确设计是深井矿山控制 E_{ERR} 的一种非常有效的方法。

下面将讨论盘区中连续矿柱间的充填对能量耗散率 E_{ERR}、矿柱平均应力 σ_{APS} 的影响和能够获得的最大开采矿量。为了确保达到 E_{ERR} 和 σ_{APS} 的标准,必须在设计中考虑连续矿柱。

在 4 000 m 的深度处两种充填量(即没有充填和充填 40% 的区域)的情况下,随着连续矿柱跨度的变化和 20 m 与 40 m 的矿柱宽度在 E_{ERR} 值方面的变化关系,我们可以得到:随着连续矿柱间跨度的增加,由于充填的结果 E_{ERR} 值的降低也加大;矿柱宽度的加倍增加对 E_{ERR} 值的影响较大;在跨度足以导致完全闭合后,随着矿柱跨度 E_{ERR} 的增加速率降低。

在 4 000 m 深处,如采矿跨度为 400 m,在此跨度内,留出 20 m 宽的连续矿柱采矿时,E_{ERR} 会降低 33%。

由按一定跨度排列的连续矿柱所构成的区域支护系统能大大降低 E_{ERR} 值,因为这是阻止体积下沉的一种非常有效的手段。但充填料必须密实,以便能组织体积下沉从而影响 E_{ERR} 和 σ_{APS} 值。由于连续矿柱之间盘区体积的有限下沉,此时增加充填料的数量或者更能靠近工作面进行充填,均不会明显影响到 E_{ERR} 和 σ_{APS} 值。

回采宽度的加大或者充填料质量的降低(b 值)将对结果具有较大的影响。由于受模拟变量值域所需数量的限制,故没有获得这些结果。还应注意的是,在大量充填的初期效果尚不显著,只能在走向跨度大到足以使后面的区域和回采工作面得以稳定时才会取得明显的改善。

3. 深井矿山充填系统

选择充填方法要遵循的原则有:①满足采矿安全的要求;②有利于环境保护,即充填材料来源应就地就近取材;③充填工艺流程合理,运行可靠;④经济效益最优。

立足于浆体的管道输送原则和技术上的成熟性,结合深井矿山浆体管道输送的具体情况及充填方法选择的原则,深井矿山可以考虑以下充填系统:

(1)细砂管道自流输送充填系统

细砂管道自流充填系统是地面搅拌站制备好的充填料浆通过钻孔及井下管网分配到各充填点。该系统的完善主要由以下部分和工作:物料制备系统、物料运送系统、物料存储设施、充填料浆制备系统、监测仪表与功能、细砂管道胶结充填生产工艺、井下排泥排水、充填站的环境管理和深井矿山中应用自流充填系统需要解决的问题。

（2）膏体泵送充填系统

膏体泵送充填技术于 20 世纪 80 年代初起源于德国普鲁萨格金属公司巴德格隆德铅锌矿，其膏体充填系统成功的运行了 10 年，并申请了专利。

普鲁萨格金属公司向世界转让和提供咨询服务，并迅速在美国、加拿大、澳大利亚和南非等许多国家得到应用。如美国的幸运星期五银铅锌矿、加拿大的多姆金矿、澳大利亚的依鲁拉和奎河铅锌矿、南非的兰德方丹金矿、奥地利的布莱堡铅锌矿、摩洛哥的哈贾尔铜矿等。我国在巴德格隆德矿膏体充填系统正式投产 5 年后，由原国家科委作为“七五”重点科技攻关项目（75－31－01）立项开展研究，经过 12 年大量工作已取得重大进展，并建成了金川膏体泵送充填系统和铜录山膏体泵送充填系统。

膏体泵送充填对矿业界还是新技术，研究与应用还不多，经验还比较少，特别是缺少素质较高的专门培训的专业队伍。矿山膏体充填比泵送混凝土施工技术无论从充填料制备、管网布置与分配、向下泵送操作和管理等要复杂得多，是一项技术含量很高的新工艺、新技术，和传统的充填作业、操作程序和管理方法有很大的差别，因此该技术要想获得成功应用，必须首先培训出一支素质较高且精干的专业队伍。

影响搅拌质量的主要因素是：物料颗粒成分、形状和密度、含水量与结块成团倾向等物理性质，还有给料方式、搅拌方式和搅拌时间等。

（3）膏体自流充填系统

细砂管道自流胶结充填，其工艺经过近一个世纪的发展，不管在理论还是工艺上，都已发展的相当成熟。它在世界各国的许多矿山被采用，是迄今为止采用最为广泛的一种充填工艺。同时大量的研究给出了适用于不同材料的两相流水力坡度计算的经验公式，因此该工艺系统的建设在技术上不存在任何问题。但是，自流胶结充填工艺存在着自身无法克服的缺点：①料浆的输送浓度受到限制；②充填成本高；③料浆离析分层严重；④增加了矿山的排水排泥费用；⑤充填管道磨损严重；⑥尾砂的利用率低。

为了克服以上自流充填系统的种种缺陷，各国都逐步试验和采用泵送膏体充填系统，该系统的使用，确实克服了自流充填系统输送浓度偏低带来的许多问题，降低了充填的经营费用，同时使充填体质量大幅度上升。然而，膏体充填系统也有以下弊端：

①系统的基建费用高。用于膏体泵送充填的混凝土泵在德国已取得专利，价格非常昂贵，同时与其系统配套的设施如真空尾砂过滤机等的造价也很高，该系统建成投产需要几千万甚至过亿元。高昂的基础投资使膏体泵送充填系统只能在那些资金力量雄厚的大型矿山得以采用，因此该技术存在着很大的局限性。

②对料浆质量要求严格。系统要求充填料浆的输送浓度不能太高，要求骨料中有一定的细粒级含量，否则会因为沿程摩擦阻力损失过大而损伤泵，缩短它的服务年限；同时料浆的输送浓度不能过低，否则会造成料浆的离析，因为离析必然会导致骨料的沉积，导致堵管事故。

因此系统要求膏体制备时保持质量稳定,浓度、塌落度、粒级组成、泌水率等主要参数不能波动太大,否则系统将无法运行。

③系统具有很高的技术含量,要求专业操作人员熟练掌握。由于混凝土泵造价昂贵以及使用上的一些局限性,要求其专业操作人员熟练掌握充填料浆的准确配比问题、满管泵压输送问题、向下泵送的各项技术问题以及充填倍线较小情况下的输送问题等。

④两段泵压输送,增加了系统操作的复杂性。膏体系统水泥的添加方式不仅取决于矿山的具体情况,而且也由使用者的技术水平决定。对垂深较大、水平管路长或者使用单位技术水平不是很高的情况下,应尽量采用坑内添加水泥的方式,两段泵压输送是膏体充填矿山最常见的方式。

通过以上的分析,使人不难想到寻求一个能结合细砂管道胶结充填系统和膏体泵送充填系统各自的优势、摒弃其劣势的充填系统。在深井矿山,由于有足够的高差,为输送阻力较大的膏体充填料浆的自流创造了条件,因此膏体自流充填系统应该是深井矿山充填系统选择的首选方案。同时由于料浆输送浓度的提高,会使深井矿山充填中的许多技术难题,如满管输送问题、管道磨损问题、充填质量问题、排泥排水问题等都得以解决。膏体自流充填系统目前只在充填倍线介于1.1~1.2之间的少数矿山使用,因此将其使用范围扩大到倍线在5~6以内的研究和探索,具有十分重要的现实意义。

4. 深井矿山充填系统的选择

以上介绍的四种充填系统都是适合于深井矿山的充填系统,此外风力输送和干式输送等充填系统也可以考虑采纳,由于后两种系统充填能力的限制,同时可能不能满足矿山对充填体质量的具体要求,因此要尽量考虑前四种充填系统作为深井矿山的充填系统选择的范围。由于深井矿山的具体特点,对充填系统的选择应遵循以下基本原则:

(1)保证安全生产,最大限度地控制地压,防止岩爆和冒落事故的发生。因此矿山在充分考虑地压特征、采矿方法等诸多因素的前提下,尽量以胶结充填系统作为首选系统方案。

(2)要有足够的充填量,保证矿山的采充平衡,防止发生采充失调现象。矿山在设计好出矿量的前提下,决定充填量,根据充填量的大小,采用具体的充填系统。四种充填方式按充填能力的大小依次排序为:细砂管道自流胶结充填系统、块石胶结充填系统、膏体自流充填系统和膏体泵送充填系统。

(3)系统简单的原则。充填系统要力求简单,这样才能做到料浆配合比控制准确,工人容易操作。

(4)系统的基建和经营费用达到最小。这两点看起来好像很矛盾,因为细砂管道系统的基建费用低而经营费用高、膏体泵送系统的基建费用高而经营费用低,因此矿山在作出选择时要权衡利弊,综合考虑。但是膏体自流充填系统的基建费用略高于管道自流系统,但大大低于膏体泵送系统,同时其经营费用低于管道自流充填系统,因此是深井矿山在充填倍线小于5的情况下的首选方案。如果矿山的掘进废石多、分级尾砂不能满足矿山充填的需要、而对充填体强度要求较高时,废石胶结充填系统是首选方案,其基建费大大高于管道自流及膏体自流充填系统,却低于膏体泵送充填系统,经营费用低于管道自流系统,与膏体自流系统和膏体泵送系统大致持平。

(5)系统运行可靠的原则。系统在运转时,要保证稳定正常,故障率不能高。设备出现故障要能及时高效的修复,因此建议尽量采用国产设备,对生产操作人员及设备维修人员要做到定期培训。为了保证矿山的正常生产,建议有两套充填系统,一套生产,一套备用,同时要掌握好系统使用的成熟性及低成本充填的矛盾。但膏体自流充填工艺和膏体泵送充填工艺由于是新技术,因此不利于系统的可靠性,但其经营费用低,可以提高矿山的经济效益;

(6)环境保护的原则。充填系统的设计和采用,要尽量考虑使用工业废料,如尾砂、粉煤灰、冶炼炉渣、掘进废石等,这不仅可以降低矿山的充填费用,而且也适应我国可持续发展战略的国策。

4.7.5　深部开采岩体稳定性的可靠度分析

1. 可靠度分析中的基本概念

(1)可靠性定义

可靠性即在规定的条件下和规定的时间内,完成预定功能的能力。这里我们引进可靠度概念,便于把可靠性作为数量化指标。按照可靠性理论的定义,可靠度就是在规定的条件下和规定的时间内,完成预定功能的概率。

(2)可靠性尺度

根据可靠性的定义可知,可靠度的大小是用概率来度量的。概率值是在闭区间[0,1]上取值的,因此,可靠度 R 的上下界表示为:$0<R<1$。可靠度的特点就是将抽象的可靠性,以明确的、定量的概率形式做出定义。

可靠度有三种尺度:一是稳定概率,即可靠度或称可靠概率(P_S),它是能完成预定功能的概率。因为人们更关心破坏的可能性,所以稳定概率并不常用;二是破坏概率,即不可靠度或称不可靠概率(P_f)。它是不能完成预定功能的概率,与稳定概率是互补的,即 $P_S+P_f=1$;三是可靠指标,或称安全指标(β)。在深部开采岩体稳定性的可靠度分析中,其值是状态函数的平均值除以状态函数标准差的商,或是在 n 维状态空间中,n 维极限状态面至坐标原点的最短距离,并取 $\beta \geqslant 1$。在标准正态空间,可靠指标与破坏概率有数值上的对应关系。

(3)极限状态与极限状态方程

一般在正常设计、施工和管理条件下假定在正常使用期内其工作状态无明显退化。因而,所选择的数学模型不是直接与时间有关的随机过程模型,而是间接考虑时间影响的随机变量模型。这样就可以认为,可靠性主要决定于在某种条件"作用"下,它所呈现的稳定状态。深部开采岩体状态受许多因素或变量的控制,如岩体结构、破坏机理、强度与变形特性、地下水压力等等。而这些变量都具有不确定性,即所谓随机变量。我们可以用这些随机变量来构造函

数模型，用以描述深井岩体状态

$$Z = g(x) = g(X_1, X_2, \cdots, X_n) \tag{4.68}$$

函数 $g(x)$ 反映深井岩体的状态或功能，称为状态函数或功能函数，X 称为基本状态变量。

所要完成的最基本功能是安全功能，亦即在某些因素作用时和作用后，仍能保持必需的整体稳定的能力。因此，深井岩体状态是以安全极限状态作为衡量它是否破坏的评判准则，于是由式(4.68)可得极限状态方程

$$Z = g(X_1, X_2, \cdots, X_n) = 0 \tag{4.69}$$

极限状态方程表示三种状态，即：$z = g(x) = 0$ 为安全状态；$z = g(x) > 0$ 为极限状态；$z = g(x) < 0$ 为破坏状态，和两个区域，即：安全域和破坏域。

(4)破坏概率与可靠度指标

以 $R.S$ 极限状态模型研究可靠性问题，并假设抗力 R 和效应 S 是两个相互独立连续随机变量。该模型中，破坏概率 P_f 的物理意义为：对于每一个抗力 R 所有的可能值，当 $r < R < r + \mathrm{d}r$ 时，效应 S 大于抗滑力 R 的概率；或者，对于每一个效应 S 所有的可能值，当 $s < S < s + \mathrm{d}r$ 时，抗力 R 小干滑动力 S 的概率。

一般，在采矿工程中，破坏概率可以分别由三个等价事件的概率来表示，即

$$p_f = p[(R - S) < 0] = p\left(\frac{R}{S} < 1\right) = p\left(\mathrm{In}\,\frac{R}{S} < 0\right) \tag{4.70}$$

如果以抗力 R 小干效应 S 事件来计算破坏概率。式(4.70)定义的状态函数是线性函数。因为 R 和 S 都是随机变量，则 Z 也为随机变量。当 $Z > 0$ 时，则安全，当 $Z < 0$ 时，则破坏。破坏概率 $p_f = p(Z < 0)$ 的值等于图中阴影部分的面积。由图可见，由原点 O 到均值 μ_z 的直线距离，可以用标准差 σ_z 来衡量，即 $\mu_z = \beta \cdot \sigma_z$，显然，$\beta$ 与 p_f 之间存在一一对应的关系，因此 β 和 p_f 一样可以作为衡量可靠性的一个指标，称为可靠度指标。可靠度指标 β 为安全储备的均值与标准差之比

$$\beta = \frac{\mu_z}{\sigma_z} = \frac{\mu_R - \mu_S}{\sqrt{\sigma_R^2 + \sigma_S^2}} \tag{4.71}$$

式中：μ_z 为安全储备均值；σ_Z 为安全储备标准差，(R 与 S 独立)。

2. 几种常见的可靠度分析方法

(1)一次二阶矩中心点法

中心点法基本思想是：假定状态函数是线性的，状态函数中随机变量均服从正太分布或对数正太分布，利用泰勒级数将状态函数在平均值(中心点)处展开取一次项，对状态函数进行线性处理。

假设状态函数为：$Z = g(x_1, x_2, \cdots, x_n)$，$x_1, x_2, \cdots, x_n$ 为随机变量，将该函数按均值 $\mu_{x_1}, \mu_{x_2}, \cdots, \mu_{x_n}$ 展开泰勒级数

$$Z = g(\mu_{x_1},\mu_{x_2},\cdots,\mu_{x_n}) + \sum_{i=1}^{n}(x_i - \mu_{x_i})\frac{\partial g}{\partial x_i} + \frac{1}{2}\sum_{i=1}^{n}\sum_{j=1}^{n}(x_i - \mu_{x_i})(x_j - \mu_{x_j})\frac{\partial^2 g}{\partial x_i \partial x_j} \tag{4.72}$$

式(4.72)中,各偏导数均在 $\mu_{x_1},\mu_{x_2},\cdots,\mu_{x_n}$ 处取值。

取级数的线性项,得 Z 的一次近似均值和方差

$$\mu_z \approx g(\mu_{x_1},\mu_{x_2},\cdots,\mu_{x_n}) \tag{4.73}$$

$$\sigma_z^2 \approx \sum_{i=1}^{n}\left(\frac{\partial g}{\partial x_i}\right)^2\sigma_{x_i}^2 + \sum_{i=1}^{n}\sum_{j=1}^{n}\mathrm{cov}(x_i,x_j)\times\left(\frac{\partial g}{\partial x_i}\right)\left(\frac{\partial g}{\partial x_j}\right) \quad (i \neq j) \tag{4.74}$$

如果假设 x_i 和 x_j 均不相关,则(4.74)式可以简化为

$$\sigma_z^2 \approx \sum_{i=1}^{n}\left(\frac{\partial g}{\partial x_i}\right)^2\sigma_{x_i}^2 \tag{4.75}$$

求出 μ_z 和 σ_z 后,即可由下式计算可靠度指标和破坏概率

$$\beta = \frac{\mu_z}{\sigma_z} \tag{4.76}$$

$$P_f = 1 - \Phi(\beta) \tag{4.77}$$

其中 $\Phi(\beta) = \frac{1}{\sqrt{2\pi}}\int_{-\infty}^{\beta} e^{-\frac{x^2}{2}}dx$ 。

(2)改进的一次二阶矩法

改进的一次二阶矩法是用设计验算点代替中心点,以克服中心点法存在的问题。该法的思路为:当线性化点选在设计验算点 x_i^* $(i=1,2,\cdots,n)$ 上时,线性化的极限状态方程为

$$Z \approx g(x_1^*,x_2^*,\cdots,x_n^*) + \sum_{i=1}^{n}(x_i - x_i^*)\left.\frac{\partial g}{\partial x_i}\right|_{x^*} = 0 \tag{4.78}$$

即 Z 的均值为

$$\mu_z \approx g(x_1^*,x_2^*,\cdots,x_n^*) + \sum_{i=1}^{n}(\mu_{x_i} - x_i^*)\left.\frac{\partial g}{\partial x_i}\right|_{x^*} \tag{4.79}$$

由于设计验算就在失效边界上,故有 $g(x_1^*,x_2^*,\cdots,x_n^*)=0$,因此 μ_z 变为

$$\mu_z \approx \sum_{i=1}^{n}(\mu_{x_i} - x_i^*)\left.\frac{\partial g}{\partial x_i}\right|_{x^*} \tag{4.80}$$

假设各随机变量相互独立,则可以求得 Z 的方差

$$\sigma_z^2 = \sum_{i=1}^{n}\left(\sigma_{x_i}\left.\frac{\partial g}{\partial x_i}\right|_{x^*}\right)^2 \tag{4.81}$$

引入分离函数式,将(4.81)式的根式线性化,可得

$$\sigma_z = \sum_{i=1}^{n}a_i\sigma_{x_i}\left.\frac{\partial g}{\partial x_i}\right|_{x^*} \tag{4.82}$$

$$a_i = \frac{\sigma_{x_i} \left.\frac{\partial g}{\partial x_i}\right|_{x^*}}{\sqrt{\sum_{i=1}^{n}\left(\sigma_{x_i} \left.\frac{\partial g}{\partial x_i}\right|_{x^*}\right)^2}} \tag{4.83}$$

式中：a_i 表示 i 个随机变量对整个标准差的相对影响，因此称为灵敏系数。在变量方差已知的情况下，a_i 就完全由 x_i^* 确定。

把(4.80)和(4.82)代入(4.76)即可求得可靠度 β。从而可以解出设计验算点：$x_i^* = \mu_{x_i} - a_i\beta\sigma_{x_i}$，然后反复迭代计算可靠度 β，如果所得的 β 值与上次的 β 值之差小于允许的误差，则计算结束。这次所求的 β 值即为所求的可靠度指标。但该方法只是在随机变量统计独立、正态分布和线性极限状态方程才是精确的，否则只能得到近似的结果。

(3)JC 方法

该方法可以求解基本变量为非正态分布、多变量的、极限状态函数非线性的可靠性问题。其基本原理是将非正态的变量当量正态化，替代的正态分布函数要求在设计验算点处的累积概率分布函数(CDF)和概率密度函数(PDF)值分别和原变量的 CDF 值、PDF 值相等。然后当量正态化，再采用改进一次二阶矩法的计算原理求解结构可靠度指标 β 值。

我们称 $x_i^*(i=1,2,\cdots,n)$ 为验算点，设功能函数 $Z=g(X_1,X_2,\cdots,X_n)$，$X_1,X_2,\cdots X_n$ 为随机变量，按

$$U = \frac{X_i - \mu_{x_i}}{\sigma_{x_i}} \tag{4.84}$$

将 X 空间变到 U 空间，可得

$$Z = g(U_1,U_2,\cdots,U_n) \tag{4.85}$$

可靠性指标 β 在几何上就是 U 空间内从原点 M(即中心点)到极限状态超曲面 $Z=0$ 的最短距离。在超曲面 $Z=0$ 上，离原点 M 最近的点 $P^*(u_1^*,u_2^*,\cdots,u_z^*)$ 即为验算点。

这样很容易写出通过验算点 P^* 在超曲面 $Z=0$ 上的超切平面的方程式

$$Z^* = g(u_1^*,u_2^*,\cdots,u_n^*) + \sum_{i=1}^{n}(U_i - u_i^*)\left.\frac{\partial g}{\partial U_i}\right|_{P^*} \tag{4.86}$$

由于 P^* 是 $Z=g(\bullet)=0$ 上的一点，因此

$$g(u_1^*,u_2^*,\cdots,u_n^*) = 0 \tag{4.87}$$

则得超切平面的方程式为

$$Z^* = \sum_{i=1}^{n}(U_i - u_i^*)\left.\frac{\partial g}{\partial U_i}\right|_{P^*} \tag{4.88}$$

而从原点 M 到该切平面的距离也就是可靠性指标 β，因此

$$\beta = \frac{-\sum_{i=1}^{n} \frac{\partial g}{\partial U_i}\bigg|_{p^*} \cdot u_i^*}{\sqrt{\sum_{i=1}^{n} \left(\frac{\partial g}{\partial U_i}\bigg|_{p^*} \right)^2}} \tag{4.89}$$

此后,就按改进的一次二阶矩法反复迭代计算可靠度 β。该方法克服上述两方法的不足,适用于随机变量为任意分布下结构可靠指标的求解,运算简捷,对非线性程度不高的结构功能函数,其精度能满足工程实际需要。

(4)响应面法

响应面法是一项统计学的综合实验技术。该方法是先假设一个包括一些未知参量的极限状态变量与基本变量之间的解析表达式,然后用插值方法来确定表达式的未知参量,关键在于确定响应面函数的系数。

因为结构的功能函数式可能是高度非线性的,很难估算。于是在进行可靠性分析时先找到一个合适的响应面函数 $g'(x)$ 来近似代替真实的功能函数 $g(x)$,有利于更准确的判断结构的稳定状态。

$g'(x)$ 可以看成是系统在一定输入下的响应,称为响应面,可将其近似表达为多项式的形式,若取二次完全多项式,则如式(4.90)所示。

$$g'(x) = a_0 + \sum a x_i + \sum\sum a_{ij} x_i x_j \ (i = 1 \sim n, j = 1 \sim n) \tag{4.90}$$

式中:a_0,a_i,a_{ij} 是表达式的待定和修正系数。从响应面函数表达式可以看出,如果考虑 n 个随机变量,则有 $m = n + 1 + n(n+1)/2$ 个待定系数。如果不考虑二次交叉项系数 $a_{ij}(i \neq j)$,式(2)中的系数可减至 $2n+1$ 个。此时有式(4.91)。

$$g'(x) = a_0 + \sum a x_i + \sum a_{ii} x_i 2) \ (i = 1 \sim n) \tag{4.91}$$

由于响应面法得到的极限状态曲面是近似的,因此需要进行迭代求解,具体步骤如下。

①假定迭代点为 $x^{(l)} = (x_1^{(l)}, \cdots, x_i^{(l)}, \cdots, x_n^{(l)})$,初次计算一般取平均值点。

②利用实验计算功能函数 $z = (x_1^{(l)}, \cdots, x_i^{(l)}, \cdots, x_n^{(l)})$ 与 $z = (x_1^{(l)}, \cdots, x_i^{(l)} \pm f\sigma_i, \cdots, x_n^{(l)})$。得到 $2n+1$ 个估计值,代入式(3)得到 $2n+1$ 个方程。其中系数 f 在第一轮估计中取 2 或 3,在以后的迭代计算中取 1,σ_i 为 x_i 的均方差。

③解由 $2n+1$ 个方程组成的线性方程组。

$$[X]\{A\} = \{G\}$$

$$[X] = \begin{bmatrix} 1 & x_{11} & \cdots & x_{1n} & x_{11}^2 & \cdots & x_{1n}^2 & x_{11}x_{12} & \cdots & x_{1n-1}x_{1n} \\ \vdots & & & \vdots & & & & & \vdots & \vdots \\ 1 & x_{k1} & \cdots & x_{kn} & x_{k1}^2 & \cdots & x_{kn}^2 & x_{k1}x_{k2} & \cdots & x_{kn-1}x_{kn} \end{bmatrix}$$

$$\{G\} = (g_1, g_2, \cdots, g_k)\mathrm{T}$$

$$\{A\} = (a_0, a_1, \cdots a_n, a_{11}, \cdots a1_n,\ a_{12}, \cdots a_{n-1n})\mathrm{T} \tag{4.92}$$

其中：x_{ij}为第 i 组数据的第 j 个随机变量数值；g_i 为第 i 组数据的失效函数值。求解线性方程组(4.92)，解出待定系数$\{A\}$，从而确定近似的极限状态方程 $g'(x)$。

④利用 R－F 法求解 $x^{*(k)}$ 和可靠度指标 $\beta^{(k)}$。

⑤如果：$|\beta(k) - \beta(k+1)| < \varepsilon$（$\varepsilon$ 为收敛精度），则停止迭代，否则用插值法得到新的展开点，见式(4.93)。

$$x_m^{(k)} = x^{(k)} + (x^{*(k)} - x^{(k)})g(x^{(k)}) / [g(x^{(k)}) - g(x^{*(k)})] \tag{4.93}$$

此插值可使 $x_m^{(k)}$ 较接近极限状态曲面，然后返回步骤②，以 $x_m^{(k)}$ 迭代点进行下一步迭代，直至收敛条件满足。

(5)统计矩法

Rosenblueth 方法基本要点是：在状态变量 $x_i(i=1,2,\cdots,n)$ 的分布函数未知情况下，不需考察 x_i 的变化形态，只在区间$(x_{\min}, x_{\max})$上分别对称地择其2 个取值点，例如均值μ_{x_i}的正负一个标准差 σ_{x_i}，即

$$x_{i1} = \mu_{x_i} + \sigma_{x_i}, \quad x_{i2} = \mu_{x_i} - \sigma_{x_i} \tag{4.94}$$

对于 n 个状态变量，可有 $2n$ 个取值点，取值点的所有可能组合则有 2^n 个。在 2^n 个组合下，可根据状态方程求得 2^n 个状态函数 Z，即 2^n 个安全系数。

如果 n 个状态变量相互独立，每一组合的出现概率相等，则 Z 的均值估计为

$$\mu_z = \frac{1}{2^n}\sum_{j=1}^{2n} Z_j \tag{4.95}$$

如果 n 个状态变量相关的，且每一组合的出现概率不相等，则其概率值 P_j 的大小取决于变量间的相关系数 ρ

$$p_j = \frac{1}{2^n}(1 + e_1e_2\rho_{12} + e_2e_3\rho_{23} + \cdots + e_{n-1}e_n\rho_{n-1,n}) \tag{4.96}$$

式中，$e_i(i=1,2,\cdots,n)$取值为：当 x_i 取 x_{i1}时，$e_i=1$；当 x_i 取 x_{i2}时，$e_i=1$。

$\rho_{i-1,i}$为状态变量 x_{i-1} 与 x_i 之间的相关系数。所以 Z 的均值估计式为

$$\mu_z = \sum_{j=1}^{2n} p_j Z_j \tag{4.97}$$

如此可以推导出安全系数或安全储备的概率分布的四阶矩表达式。

①一阶矩 M_1 随机变量 Z 的一阶矩，也称均值 μ_z，其定义为

$$M_1 = E[Z] = \mu_z = \int_{-\infty}^{+\infty} zf(z)\,\mathrm{d}z \tag{4.98}$$

其点估计式为：
$$M_1 = E[Z] = \mu_z \approx \sum_{j=1}^{2n} p_j Z_j \tag{4.99}$$

式中 $E[Z]$为随机变量的期望值。

②二阶矩 M_2 随机变量 Z 的二阶矩为 Z 的方差 σ_z^2，其定义为：

$$M_2 = E(Z - \mu_z)^2 = \sigma_z^2 = \int_{-\infty}^{+\infty} (z - \mu_Z) f(z) \mathrm{d}z \tag{4.100}$$

其点估计式为

$$M_2 = E(Z - \mu_z)^2 = \sigma_z^2 \approx \sum_{j=1}^{2^n} p_j Z_j^2 - \mu_z^2 \tag{4.101}$$

③三阶中心矩 M_3，随机变量 Z 的三阶中心矩为

$$M_3 = E(Z - \mu_z)^3 = E(Z^3) - 3\mu_z E(Z^2) - 2\mu_z^3 \tag{4.102}$$

其点估计式为

$$M_3 \approx \sum_{j=1}^{2^n} p_j Z_j^3 - 3\mu_z \sum_{j=1}^{2^n} p_j Z_j^2 + 2\mu_z^3 \tag{4.103}$$

④四阶中心矩 M_4，随机变量 Z 的四阶中心矩为

$$M_4 = E(Z - \mu_z)^4 \tag{4.104}$$

其点估计为

$$M_4 = \sum_{j=1}^{2^n} p_j Z_j^4 - 4\mu_z M_3 - 6\mu_z^2 M_2 - 4\mu_z^4 \tag{4.105}$$

由状态函数 Z 的一阶矩 M_1 和二阶矩 M_2 可以求得可靠性指标 β

$$\beta = \frac{M_1}{M_2^{\frac{1}{2}}} \tag{4.106}$$

(6)蒙特卡罗模拟法

蒙特卡罗方法基本思路和其他的方法基本相似，设功能函数为 $Z = g(x_1, x_2, \cdots, x_n)$，$x_1$，$x_2$，$\cdots$，$x_n$，均为随机变量。则极限状态方程 $g(x_1, x_2, \cdots, x_n) = 0$ 把结构的基本变量空间分成失效区和可靠区两部分。传统上，失效概率 P_f 可表示为

$$P_f = \int_{g(x \leqslant 0)} \cdots \int f_x(x_1, x_2, \cdots, x_n) dx_1 dx_2 \cdots dx_n \tag{4.107}$$

其中，$f_x(x_1, x_2, \cdots, x_n)$ 是 $x_1, x_2, \cdots, x_n$ 的共同概率密度函数。若各变量相互独立，则有

$$P_f = \int_{g(x \leqslant 0)} \cdots \int f_{x1}(x_1) f_{x_2}(x_2), \cdots, f_{x_n}(x_n) \mathrm{d}x_1 \mathrm{d}x_2 \cdots \mathrm{d}x_n \tag{4.108}$$

通常式(4.107)和(4.108)对两个变量情况能够积分得出结果，若多个变量，这种多重积分的求解是极端麻烦和困难。但蒙特卡罗法能够解决该问题，且只要随机数序列足够的大，就能保证有足够的精度。

设变量 $x_1, x_2, \cdots, x_n$ 相互独立，并分别用函数 $F_{x_1}(x_1), F_{x_2}(x_2), \cdots, F_{x_n}(x_n)$ 表示，因为 $F_{Xi}(x_i)$ 为[0 ,1]区间上的一个数，可以将其与蒙特卡罗法中产生的随机数相对应，即 $F_{Xi}(x_i) = r_i$，这里，r_i 是由蒙特卡罗产生的随机序列中的数组。这样，便可以得到 $x_i = F_{x_i}^{-1}(r_i)$，$i = 1, 2, \cdots, n$。对于每一 r_i 的值，可以得到一组对应的基本变量的值，即 $x_1, x_2, \cdots, x_n$。把这组数代人功能函数，便得出功能函数的一个取值。

将该值与 0 比较，若小于 0，则记入一次功能函数的实现，若大于 0，则不记人。这样在计

算机中就完成了一次预定的计算，再对另一个随机数重复进行这些计算，直到完成预定的循环步骤为止。假设计算机中所进行的总的循环次数为 N 次，得到 $Z=g(x_1,x_2,\cdots,x_n)\leqslant 0$ 的次数为 m 次，由式(4.109)，只要当 N 足够大，则失效概率(估计值)为

$$p_f^* = \frac{m}{N} \tag{4.109}$$

可靠指标为

$$\beta = \Phi^{-1}(1 - p_f^*) \tag{4.110}$$

第5章 数 字 矿 山

5.1 数字矿山及其战略意义

我国矿山企业总体管理粗放，技术装备落后，劳动生产率低，科技水平和发达国家相比约落后20年，劳动生产率相差近百倍，资源回收率比发达国家低10%～20%。绝大多数矿山企业还处在劳动密集型阶段，信息化程度很低。如今，数字地球(Digital Earth，DE)和数字中国(Digital China，DC)的钟声，已在惊醒采矿人。近年来，我国矿山科技工作者，针对矿产勘查、开发特点，不失时机地引入了以"3S"(全球定位系统、遥感、地理信息系统，即GPS、RS and GIS)技术为核心的空间信息技术提升传统的采矿工业，开展了大量研究，取得了显著成效，取得了巨大的社会经济效益。加拿大已制订出一项拟在2050年实现的远景规划：即将加拿大北部边远地区的一个矿山实现为无人矿井，从萨得伯里通过卫星操纵矿山的所有设备实现机械自动破碎和自动切割采矿；芬兰采矿工业也于1992年宣布了自己的智能采矿技术方案，涉及采矿实时过程控制、资源实时管理、矿山信息网建设、新机械应用和自动控制等28个专题；瑞典也制订了向矿山自动化进军的"Grountecknik 2000"战略计划。中国矿业大学等单位也相继开展了采矿机器人(MR)、矿山地理信息系统(MGIS)、三维地学模拟(3DGM)、矿山虚拟现实(MVR)、矿山GPS定位等方面的技术开发与应用研究。

构建数字矿山，以信息化、自动化和智能化带动采矿业的改造与发展，已成为矿业界的共识，建立数字矿山、实现矿区资源绿色开发利用被认为是走矿产开发新型工业化道路的必然途径与两大关键，也是未来若干年内矿业界关注的热点与奋斗目标。由于矿山空间信息的多源、多尺度、多精度和强动态变化等复杂特征，可直接服务于矿山生产。数字矿山理论基础更为复杂，其中有一系列的关键技术问题需要研究和解决。数字矿山基本框架由核心系统、数据采集系统、决策支持系统、调度监控系统、管理信息系统以及应用系统等多部分组成，应从基础理论与模型、矿山空间信息的数字化及矿山数据仓库建设、矿山网络传输平台、各种相关业务流程、专业综合软件等几方面进行总体建设。矿业界普遍认为，需要引进一种全新的采矿观念，构建一种全新的数字化与智能化矿山模式，或者说高度现代化的无人采矿模式，实现绿色开采。而无人采矿，就是将智能化采矿设备(机器人)与现代采矿调度系统进行集成，遥控机器人及智能采矿，其核心技术之一就是空间定位及信息处理分析技术。绿色开采是一个巨大的系统工程，需要以系统、集成的思想为指导，从机理、过程的角度进行研究，以历史、现状信息为决策依据，在空间信息基础设施与决策工具的支持下实现领域分析与决策支持，在矿山环境扰动量小于环境容量前提下，实现开发开采的社会经济效益最优。

5.2 数字矿山的3S技术

5.2.1 全球定位系统(GPS)

GPS除广泛应用于矿区控制及地面测量外,在矿山的应用研究集中在变形监测、卡车调度等方面。一些学者系统研究了GPS在矿区地表沉降监测应用中所涉及的空间数据质量评价、GPS变形监测网基准点位移和观测粗差的抗差估计模型、GPS变形监测网的最优化设计等问题,建立了矿区GPS变形监测系统,研制了分析软件,并得到实际应用,产生了较好的效果,为变形分析与预测提供了新的途径。我国学者根据矿山变形监测的实测资料结合理论分析研究,论证了卫星几何分布对GPS基线精度的影响规律,提出了在矿区地面形变测量中对GPS卫星几何分布的一些要求;根据矿山地表岩石移动观测的实际特点,分析研究了GPS星际历元二次差拓展模型在该领域的应用前景;研究了GPS基线向量的解算方法,分析了GPSA基线向量之间的相关性,推导出了合适的GPS精度估算公式;根据矿区控制网坐标转换实际需要,研究了WGS-84坐标系与我国国家大地坐标系以及矿区独立坐标系之间转换的相关问题,提出了网格分区转换法和基于Delaunay三角网的游动九参数坐标转换法。GPS-INSAR作为InSAR与GPS这二种探测技术的互补合成,能够发挥其各自优势并在矿区地面沉降(形变)领域展现出高空间覆盖与亚毫米级高精度探测的巨大潜力,已引起了有关高校与科研单位的高度重视,目前正着力研究INSAR和GPS数据融合并应用于实践的基本理论和算法,试图通过D-INSAR与GPS及其他常规大地测量技术的结合,提出矿区的地面移动及变形特征分析新方法。

我国一些大型金属矿山和露天铀矿成功应用了卡车计算机调度系统进行矿山生产的指挥调度,该系统借助于无线通信和GPS卫星定位系统,将安装在卡车、电铲、钻机、破碎机等设备上的车载计算机收集到的各种数据(设备状态、载荷、位置等)和边坡监测数据实时地传送到中央计算机,由中央计算机进行处理和调度,用数字化通信系统和信息系统把现场各种设备平台与各工种班组、岗位连接起来,最终建立起一条数字化生产指挥控制链,较好地解决了车铲设备的最佳配合和设备中途出故障后的动态重组等问题,提高了设备的台时效率,实现了采矿作业的最优化,钻机管理部分利用高精度GPS定位系统,实现了爆破孔的自动定位。江西德兴铜矿运用该技术,通过优化卡车运行,实现电铲、卡车、钻机定位,维修跟踪、边坡监测,辅助设备跟踪、轮胎管理、配矿等大量有效功能,大幅度提高采矿劳动生产率,年经济效益在1 000万元以上;鞍钢集团齐矿露天采场采用了GPS卫星智能调度系统采矿,利用GPS和电子地图进行车辆跟踪并结合计算机优化调度和数据库管理功能,使主要设备汽车的利用率提高了5%,年可创效500万元;内蒙古伊敏煤电公司一露天矿运用GPS车辆调度系统提高年产量

8%。首钢矿业公司正与有关单位联合开发采矿自动调度系统(GPS),已纳入国家"十五"科技攻关高效采矿项目之中。我国学者还运用计算机、软件工程、通信网络、自动控制、GPS和水下定位等技术,成功研制了用以控制和监视海底作业车的全部运行和采矿作业过程的自行式海底作业车监控系统。在矿料场的体积测量与质量计算工作中,有关单位针对工程测区范围大、矿料种类多、分布广等特点,采用GPS实时动态差分测量技术,多快好省地完成了这项工作。

5.2.2 遥感技术(Remote Sensing)

矿区生态环境受采矿影响的遥感调查分析是近年来遥感在矿山的应用研究重点。近年来我国学者运用"3S"技术、数字近景摄影测量技术和探地雷达技术进行矿区地表形变及复垦土地、土壤的物理、生化特性演变监测研究,促进了这一研究领域的深入与拓展,有关学者创新性地研发了以GPS技术做矿区基准三维定位、高、中空间分辨率卫星遥感图像为主要信息源、GIS技术方法为矿山空间数据存储及动态分析手段的铀矿区土地资源与生态环境损害的宏观(地貌景观和土地利用变化)综合监测和分析评价的综合技术;在矿区地面塌陷监测中,基于航空、多光谱遥感信息进行塌陷地提取分析的研究继续得到发展,在塌陷地遥感影像识别特征等方面结合不同矿区实际取得了一些新的应用成果,针对单一从遥感影像中提取和识别塌陷地存在的不足,提出了将地理信息系统和领域知识应用于不同地物特征和地表形态(有或无积水和不同积水深度、矸石山等)的塌陷土地信息提取,取得了较好的效果;在面向矿山应用的遥感信息处理方面,人工神经网络、遗传算法、专家系统等得到了初步的应用,为信息处理水平的提升奠定了良好的基础。

中荷合作项目"中国北方煤田自燃环境监测"应用遥感技术首次全面系统地掌握了中国北方煤田自燃灾害分布、区划、等级及危害程度,提出了煤田火区遥感技术探测方法和工作程序,建立了中国北方煤田火区计算信息系统,并将图像处理技术和地理信息系统技术有机地结合起来,为各级政府对煤火的防治决策,为灭火工程设计施工、监测提供了现代化方法和手段。"宁夏汝箕沟煤田火区环境监测与治理"项目首次选用卫星遥感、航空遥感、地面遥感和地球物理的高分辨率电导成像系统和高精度磁力仪、GPS数据采集系统,结合火区钻孔和火区剥离手段,进行地下、地面、航空、航天四层空间遥感同步试验,完成了煤田火区燃烧中心、燃烧系统和火区的系列研究,煤田火区遥感探测与监测方法研究,煤田火区灭火工程及环境治理研究,并开发出适用于煤田火区动态监测与治理的"煤人系统"软件。中德科技合作"中国北方煤火探测、灭火与监测新技术研究"项目正式启动,标志着我国煤火控测、灭火与监测技术体系的建设进展到一个新的阶段。该项目以内蒙的乌达煤田、古拉本煤田和宁夏的汝淇沟煤田为研究区,内容包括科研管理与协调、自燃环境条件研究、火区的几何学与动力学研究、灭火新技术研究、区域环境影响评价、预防监测与早期预警等六个方面。"矿产资源开发遥感动态监测"

项目利用不同分辨率卫星数据对试验区矿产资源开发及其引发的生态环境问题进行了深入细致的研究，取得了成功，使我国延续多年的矿产资源开发利用状况逐级统计上报制度逐步被遥感动态监测所替代。

有关高校基于“3S”技术，完成了教育部“211 工程”重点学科建设项目“矿区生态环境监测与治理”，突破了只在矿区地面和地下采集环境污染、破坏数据的传统方式，创立了地空一体化的矿区环境动态综合与治理的理论与工程技术体系，得到了有关方面的高度评价，同时基于“3S”集成的矿区环境监测、评价与生态重建的理论与技术已被列入“211 工程”建设项目。为了解决矿山地面塌陷等无法接近目标三维坐标的测定问题，有关高校自行集成了高分辨率全数字地面摄影测量数据采集系统，并基于 DLT 算法开发了专用数据处理软件。实践表明，这一系统特别适合于各种危险区域如塌陷区、滑坡体等三维坐标的测定，并能取得较高的精度。该系统还可用于数字城市三维景观影像的采集，弥补航空摄影测量与遥感技术的缺陷。Inco 公司给遥控采矿下的定义是：“利用目前最先进的技术，包括地下通信、定位、工艺设计、监视和控制系统，去操纵采矿设备与采矿系统”。遥控采矿工艺包括自动凿岩、自动装药与爆破、自动装岩、自动转运、自动卸岩和自动支护等，其技术基础是高速地下通信系统和高精度地下定位、定向系统（要求达到 mm 级）。现在，Inco 公司已研制出样机系统，并在加拿大安大略省的萨德泊里盆地的几家地下镍矿试用，实现了从地面对地下矿山进行控制，甚至可以从 400 km以外的首都多伦多对地下镍矿的采、掘、运活动进行远距离控制。遥控采矿的核心部件是 Inco 公司开发的一个能在地下获取定位数据的名叫 HORTA 的装置。将该装置安装在地下观测车上，当观测车在地下或矿体内部巷道中漫游时，HORTA 就会利用其激光陀螺仪和激光扫描仪在水平和垂直面上扫描矿山巷道的断面，进而产生巷道的三维结构图。Inco 公司还计划将 HORTA 完善后，将其安装在钻机上。届时，安装了 HORTA 装置的钻机将自动驶往目标巷道，自动完成开凿作业，然后再自动驶往下一巷道。目前，Inco 公司在 Stobie 矿和 Greighton 矿分别有 6 台和 8 台遥控采矿设备投入运行。1999 年 6 月，Inco 公司在地面的一幢大楼内设立了一个中央控制站，对该公司所属的多个矿山、多个矿体的开采活动进行集中自动控制。由此，地下矿山的采、掘、运均实现了无人作业，即无人采矿（Hands-off Mining），仅当设备出现故障时，维修人员才会到达采掘现场。

我国学者在野外地震地质调查和典型岩石采样的基础上，利用热红外成像仪进行了大量的热红外遥感监测基础实验（实验条件包括岩石单轴压缩、岩石压剪、岩石双剪摩擦滑移、断块组合双轴加载），并与声发射、干涉云纹、数值模拟和分析等手段进行对比研究和分析，发现了一些重要的物理力学现象，得到了一批定性定量结果，将实验结果与地震卫星热红外遥感相结合，对台湾、张北、伽师等地震进行了地震短临卫星热红外遥感异常的时空过程分析，取得了满意的结果，其中岩石压剪和组合交汇断层剪切过程的热红外成像实验属国内外首创，为矿爆、岩爆、边坡滑移、构造地震、结构失稳等应力灾害的遥感遥测和短临预报奠定了理论与实验基础，丰富和发展了“遥感 - 岩石力学”这一新型交叉学科，引起了较大反响。我国学者还提出了遥感图像地质解译三维可视化及影像动态分析新方法，该方法综合利用3S技术、遥感图像数字处理技术、虚拟现实和全数字摄影测量等高科技，通过遥感图像的正射影像处理、多类型遥感图像数据融合、高精度DEM生成和影像复合等工序，按照一定比例和飞行路线生成测区的虚拟三维影像动画系列图，以解决高原区数字区调工作者面临的实际问题，弥补其不足。

5.2.3 地理信息系统(GIS)

地理信息系统在矿业界出现了应用与理论研究并重的局面。主要体现在GIS国内外商业软件的二次开发与自主开发软件的应用程度不断深化、应用领域不断拓宽，涉及矿山地测信息系统、矿产资源开发规划系统、地质数据库系统、矿山地质灾害信息管理与查询系统、塌陷损害评价系统、安全生产调度指挥系统等专业信息系统的开发研制。基于GIS的矿区资源评价与规划、开采沉陷环境影响评价、土地复垦规划、煤岩煤质资料分析、矿井地质构造及轴矿底板突水预测、铀矿通风网络表达、放体实体模型建立、地质信息提取、空间数据挖掘(SDM)与其不确定性、以及在资源分析评价中的应用等方面。基于"3S"的地质调查数字填图技术，使传统的笔记簿被具有GPS导航、图形显示、漫游、路线显示及定点图形编辑功能化的新一代电子笔记簿所取代，可以用计算机语言对野外路线观测的全过程进行精确的定量化描述，还可显示三维数字高程模型、遥感、航空图像，直接在野外勾绘地质界线，使地质图的绘制效率大大提高，最高可达10倍；矿山三维数据结构、三维地学模拟及地学信息的本体论(ontology)等方面的研究进一步深入，包括三维GIS数据结构、VR与可视化、三维地学模拟、三维地学空间构模、多维动态GIS的空间数据建模、处理与分析及矿井三维立体图计算机绘制等。我国学者将GIS－VR技术用于矿区景观设计，实施了济宁三号铀矿边排、边复、边种示范工程，有效地防止了水土流失，保持了边坡稳定；GIS在矿山的应用理论研究水平逐步得到提高，涉及矿图扫描图像要素的提取、图像数据的矢量化和后处理，矿图数字化质量、矿山GIS空间数据质量评价、GIS中空间对象的不确定性、误差熵不确定带模型等方面；GIS的应用逐步从数据管理、查询、制备向空间模拟、预测与决策支持过渡，如应用于矿产资源预测、成矿靶区圈定、瓦斯动力灾害预测、地面塌陷模拟、矿区土地复垦及矿山环境可持续发展决策支持等，研究涉及到了知识获取、推理机制、决策模型等关键问题；GIS与矿山管理业务化系统逐步结合，顺应电子政务、GIS与办公自动化结合的趋势，GIS在矿山的应用也逐步从主要局限于地质、测量等领域逐步与矿山业务化系统结合，从而服务于矿山管理；实用化的矿山地理信息系统逐渐在相关矿山得到推广，组件式开发技术得到广泛应用。

近年来我国学者更多地关注了如何将空间信息技术与资源环境专业模型结合，构建空间决策支持系统，以指导矿区资源合理开发利用，实现矿区可持续发展。近几年，相继开发或研究了数种矿产勘查、开发决策支持系统，如综合信息成矿预测网络系统，该系统将GIS与构件技术、互操作技术、分布式三大技术结合起来，使基于GIS的单机综合信息成矿预测系统在

Web 上得以实现,形成了基于 WebGIS 的综合信息成矿预测系统;基于 GIS 与遥感一体化技术的矿产资源区域综合评价系统,该系统集多源数据库数据的获取、管理、查询、处理、分析、建模和制图于一体,具有解决多源地学数据复杂的管理、查询、建模、快速综合处理和分析问题的能力;基于模糊推理和神经网络的采矿方法智能决策系统,该系统引入了人工智能、专家系统、人工神经网络和计算机辅助设计等技术,将矿体的赋存条件转化为模糊知识和模糊规则,运用模糊推理专家系统初选可行方案,用人工神经网络对可行方案的技术经济指标进行预测,通过群体多目标决策,优选出实施方案;露天采矿工程决策支持系统,该系统是在 Windows 环境下,结合 CAD,GIS,A1 等技术,应用多种平台和语言开发的集成式采矿软件包,该软件包使矿床地质建模、工程数据的处理与数据库管理、统计分析、矿床可视化显示与绘图、采矿方案设计、采矿量测算及开采程序的优化等有机融为一体,为露天矿设计与开发提供了实用、有效、综合的决策支持信息;智能型矿产项目投资决策支持系统,该系统试图将数据仓库、联机分析处理、数据挖掘技术有机地结合起来,既完成传统决策支持系统的辅助决策功能,又通过数据挖掘来提高系统的智能性;基于专家地理信息系统(EGIS)的露天采矿烟尘污染环境效应评价系统,主要组成模块有实时监测模块、空间分析模块、查询检索模块、环境影响评价模块、规划治理模块,能够根据辅助决策结果提供采矿烟尘污染控制措施与辅助决策支持;采矿权管理空间决策支持系统,该系统通过计算机网络实现了采矿权和资源管理的计算机决策,能最大限度地减少人为因素的影响,包括数据信息一致性检查,采矿影响范围的计算,采矿影响地面建筑物的自动提取,采矿证是否该发等功能,等等。与此同时,也引进了一些国外著名软件系统,如 GOCAD、Surpac Vision 等,一些单位正对这些软件进行消化、吸收、移植。

5.2.4 “3S”技术在矿山应用展望

矿区资源绿色开发利用优化研究必然涉及大量的地理空间、社会经济要素及地面井下资源、环境、地测、采矿等方面信息,这些要素与信息内容广泛、复杂,具有多源、多尺度、多精度和强动态变化等特征,传统方法难以实时、准确、全面获取,这也是目前国内外缺少这方面系统研究成果的重要原因。利用“3S”及计算机网络等数字矿山技术体系,可以建立矿山资源环境背景数据库系统、数据更新系统、网络服务系统、综合应用系统及其集成系统,基于该系统及数字矿山技术,将使上述研究变得可能或方便。如许多学者认为,建设绿色矿业,首先必须解决资源环境价值评价及环境成本内在化问题,但这必须建立在掌握了矿产不同开发模式与方法对资源环境影响机理,建立起表征模型基础之上。由于条件与手段等方面的限制,目前尚缺乏这方面研究,致使环境影响评价、资源环境价值或经济损失评估等对资源环境因子扰动随矿产开发模式而异的规律普遍考虑不够,相关参数取舍粗糙简单,资源环境模型不能统一到经济层面,限制了成果的应用范围,而经济分析中对资源环境损害估计偏差较大而影响了评价(评估)结果及决策分析的可靠性与准确性。

国内外不少矿山已开采数十年,留下了大量历史资料,一些矿区资源环境变迁均"记录在案"。如1997年7月,澳大利亚联邦科工组织(CSIRO)制订了一项关于煤炭勘探与开采的三年研究计划,投入3 100万澳元,围绕资源评估、采矿工艺革新、矿井瓦斯控制与利用、自动化、安全和材料精细控制等六个方面,按18个专门项目进行研究。其中地质评估与急救响应是最具特色的两项。

(1)地质评估　开发了一个基于3D块体模型的软件来评估矿井或采区的地层环境(沉积环境);并且通过一个交互式3D(和4D)软件包来对多种异质数据(微震监测数据、中子伽玛采样数据等)进行3D可视化;以及通过有限元/有限差分(FE/FD)模型来逼真地模拟开采后的岩体变形。

(2)急救响应　开发了一个人身安全定位与监测系统,该系统由控制装置、监测设备、网络灯标和矿工异频雷达收发机组成,具有无线通信能力,即使在发生瓦斯爆炸等井下灾害之后仍能报告井下矿工的位置和安全状况;并开发了一个名叫Numbat的遥控无人驾驶急救车,用于爆炸之后对伤员进行紧急抢救。

随着实时矿山测量、GPS实时导航与遥控、GIS管理与辅助决策和3DGM的应用,国际上一些大型露天矿山(包括我国的平朔、霍林河矿区)已可在办公室生成矿床模型、矿山采掘计划,并与采场设备相联系,形成动态管理与遥控指挥系统。此外,专家系统、神经网络、模糊逻辑、自适应模式识别、遗传算法等人工智能技术、GPS技术、并行计算技术、射频识别技术以及面向岩石力学问题的全局优化方法、遥感技术等已在智能矿山地质勘探调查与测量、智能矿山设计、智能矿山开采、计划与控制、矿山灾害遥感预报等研究领域得到应用。

利用"3S"及其集成技术及其数字矿山平台与技术体系,我们完全可以通过这些矿区数十年开采及区域资源环境、社会经济历史数据、卫星遥感与地面取样监测数据的综合分析处理,结合室内试验,进行模拟仿真、地学信息图谱分析、空间数据发掘、知识发现与空间决策,推绎矿区资源环境(土、水、气、植被等)变化与矿产开采的关系,再现矿区资源环境受矿产开采影响的动态演化过程,揭示矿产不同开发模式及方法对矿区主要资源环境因子的作用机理,从资源及环境(土、水、气、植被及共伴生矿产资源)数量质量(实物量指标)到物质损害(物理指标)最终统一到经济指标(资源环境价值及经济损失),建立起矿产开发对矿区资源环境影响的定量分析、评估、预测模型,据此进行规划设计、评价分析、优化决策。

"3S"及其集成技术将为矿产资源绿色开采基础理论与应用研究提供新的平台。一方面,"3S"及其集成技术或数字矿山平台上的矿体、岩层等井上下资源环境各种性质、特征数据及方法库、模型库、图形库,可为进行绿色开采基础理论与应用研究提供各种资料,可在其之上直接进行计算机模拟、仿真、数值计算及其过程分析;另一方面,将数字矿山中的矿区资源环境综合监测分析技术、矿山多源(元)空间信息融合集成技术、矿山数据挖掘与智能空间决策支持技术、数字化规划、设计与优化技术、矿山数据仓库技术、真3DGM与可视化技术、矿山3D拓扑建模与分析技术、组件式矿山软件与模型等有机融入绿色开采基础理论与应用中,有望实现研究方法的创新,有利发现新的知识与规律,建立资源评价→开采→沉陷→环保治理相协调的优化理论体系。

"3S"及其集成技术将为矿区资源绿色开发规划设计提供新的手段。如利用的数字化规划设计技术,基于 Web,在规划设计资源库的支持下,利用工具软件,有关人员可以进行矿区资源开发并行协同规划设计,这种数字化环境能及时准确地向规划设计人员提供不同方案的社会经济效益、资源环境效应等各方面信息与帮助,支持多学科领域专家群体协同工作,能够利用 RS、GPS、InSAR 等空间信息技术自动、实时、动态、准确地获取矿区资源环境信息,并进行环境承载力及资源环境安全状态评价,能够把开发的社会经济效益、资源环境安全状态分析与规划、设计、开发过程有机地集成起来,做到在正确的时刻,把正确的信息,以正确的形式,送给正确的人,做出正确的决策,适时对方案做出修改。同时利用 VR GIS 三维可视化与显示技术,可模拟资源开发不同方案导致的资源环境变化与景观效果,以保证方案最优。

5.3 数字铀矿山信息系统构成

5.3.1 数字铀矿山系统功能需求分析

按地理信息系统的设计原理与方法,对数字矿山信息系统的功能及相应的框架结构进行设计,数字矿山信息系统的设计由总体设计、矿山地质体数据模型设计、数据库设计、用户界面设计等部分组成。数字矿山信息系统主要实现对矿山工程地质信息数据的管理、矿山地质三维建模、矿山地质模型可视化以及部分常用工程软件的接口。系统的核心是数据,关键是建模,目的是应用。

(1)铀矿山信息系统的数据来源。矿山信息系统的数据来源主要有矿区地质地形图、工程地质剖面图、工程地质数据、工程现场施工监测数据。

①矿区地质地形图。这些图形主要包括:a. 地形图,该图反映被研究区域的地形地貌特征等自然地理信息内容,包括水文、地貌、地层岩性、地质构造、水文地质和工程地质条件等。特别是关于地区性的地质地貌、水文工程地质条件等能为数字矿山信息系统建立提供宏观的指导。b. 矿区规划图,该图反映所研究矿区内的资源分布情况、开采顺序及开采状况和开采前景。

②工程剖面。这部分图形包括矿区勘探线剖面图、矿区中段水平剖面图,以及局部工程治理所绘制的剖面图。这部分图形信息数据是矿区地质三维建模的主要数据,这类图形的多少及精度直接影响矿区三维地质模型的准确性。

③工程地质数据。对所研究矿区的地质调查、勘察、监测和治理方面的资料,经过必要的筛选后,将各勘探点包括地理、环境、岩层物理力学指标在内的所有信息输入计算机,如钻孔柱

状图数据,室内岩石物理力学试验、现场原位试验数据。工程地质数据主要由钻孔岩芯数据得到,包括了矿区岩层的物理、力学指标,如岩性、矿物组成、重度、孔隙比、黏聚力、内摩擦角等,这些数据反映了岩层天然状况及受人类活动影响后的直接数据源。

④采矿工程数据。采矿工程数据主要是矿山开拓、地下硐室以及采场等以岩层为介质的人工设施信息。这些数据的用途是建立采矿工程的专题信息模型,如采场信息系统。这部分数据是岩层与工程开挖紧密关联的应用体现,在岩层建模与分析时应能反映它们之间的相互位置关系及相互影响,使得矿山信息系统能服务于采矿方法及支护方法的选择。

⑤工程现场施工监测数据。工程施工现场监测数据,随监测对象与监测要求的不同而变化,如采场顶板变形监测、地表塌陷监测、通风现状等。在综合考虑被监测工程的自身及周边环境特征、有关规范的规定对监测内容的具体要求等方面因素的情况下,对较为重要的区域的监测,大致可获取以下几方面的数据:

a. 采场顶板及巷道变形量测数据;

b. 地表沉陷监测数据;

c. 围岩压力及变形数据;

d. 降水量及地下水位数据;

e. 氡及氡子体数据;

f. 周围环境监测数据,包括地表建(构)筑物、道路及保护对象的变形数据等。

这些数据主要用于数字矿山信息系统的其他专业应用领域,如地下工程监测信息系统(见图5.1)。

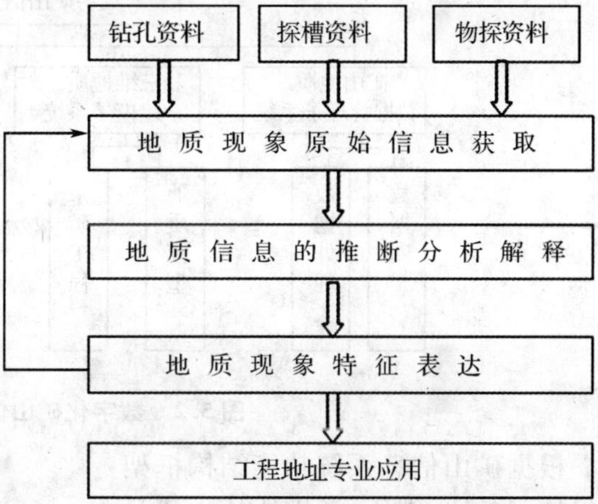

图5.1 地质现象认识过程图

(2)矿山信息系统的主要功能。矿山信息系统包括矿山工程地质信息数据管理、三维地质建模、三维可视化显示、工程应用四个基本功能。

矿山工程数据管理功能包括三个层次的管理。①数据入库管理:提供对矿区岩(地)层勘探资料中的数字、指标、文字等数据信息进行输入、编辑、存储等入库处理及数据库的建立,入库后数据的删除、增加、更新等修改;②数据应用管理:包括对数据的查询、检索、数据的统计分析、矿区岩层数据提供、处理、结果存储等;③数据的共享与格式转换。

三维地质建模功能指从入库的地质勘探资料(主要的地形资料和勘探线剖面资料)提取地层界面、断层等数据信息,在地质理论的指导和矿山工程地质专业知识判断的基础上,采取一定的数据模型和数据结构,按照图形学的方法实现对矿区模型的建立。三维可视化显示需实现原始数据、中间数据、结果数据的科学可视化,包括剖面数据等基本数据、各种统计数据、三维地层模型、剖切结果等系列数据的显示。提供放大、缩小、旋转等基本显示操作功能和图形、图像、文字等高级交互编辑功能。

专业应用：指根据建立的三维地质模型本身或借助于外部程序接口，进行采矿方法设计，并对由此种采矿方法可能产生的矿山工程地质灾害如地表沉陷进行数值模拟，以及根据监测的资料，对矿区可能产生的地表塌陷进行预测，并提供可行的防治措施或改进采矿方法。

5.3.2 数字铀矿山功能模块结构分析

根据数字铀矿山信息系统的四个基本功能将其分为四个基本子系统：数据库管理子系统、地质体建模子系统、可视化子系统、专业应用子系统。每个子系统可由功能相对独立的模块构成，系统功能框架如图5.2所示。

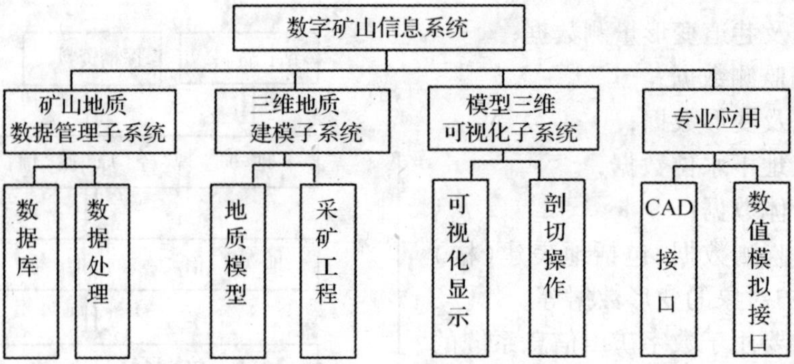

图5.2 数字化矿山信息系统结构框架图

根据矿山信息系统功能结构框架可以按子系统、模块、子模块的方式具体设计系统的结构框架（见图5.3）。

(1)矿山工程地质数据管理子系统。矿山工程地质数据管理子系统包括数据编辑模块、查询统计模块、数据输入模块，各模块又包括若干子模块。

编辑模块：实现数据的文件、表格、图形等多种方式录入，不同数据文件间的转换，数据修改、删除、增加，并对输入数据的正确性进行检验。

查询及统计模块：各种矿山地质体及采矿工程属性的查询及简单的信

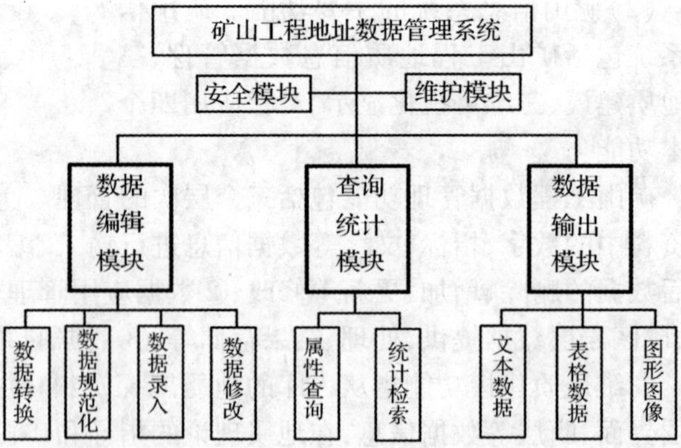

图5.3 矿山工程数据库管理子系统

息统计。

输出模块:数据的多格式多用途输出,如通用处理文件格式输出,系统内根据查询将数据库中的数据传递给调用程序。

系统维护模块:维护数据的一致性,完整性。

安全模块:提供数据库密码保护,分不同用户赋予不同操作权限。

(2)三维地质建模。矿区工程地质三维建模可以分为矿区地质体建模和采矿工程建模,其中矿区地质体建模是系统中最基本也是最重要的建模功能,模块主要包括三维地层建模的相关理论基础、数据模型与数据结构、构建方法与算法、生成可视化模型图件几部分(见图 5.4)。

(3)三维可视化子系统。可视化子系统是该系统的主要内容之一,是一个相对独立的模块,它能满足系统内各种数据、图件的显示要求,并能进行放大缩小、旋转、编辑等实时操作(见图 5.5)。

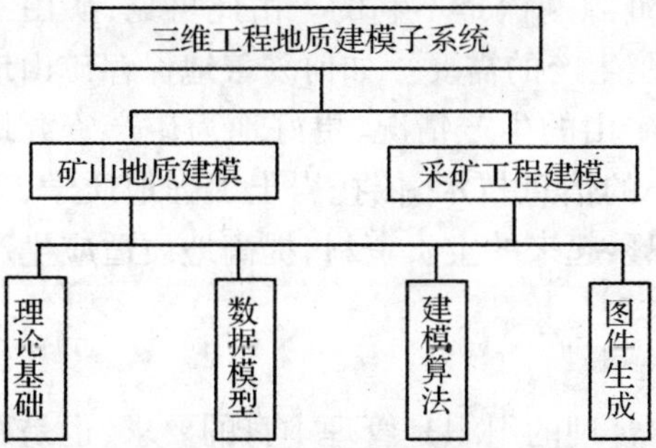

图 5.4　工程地质建模结构图

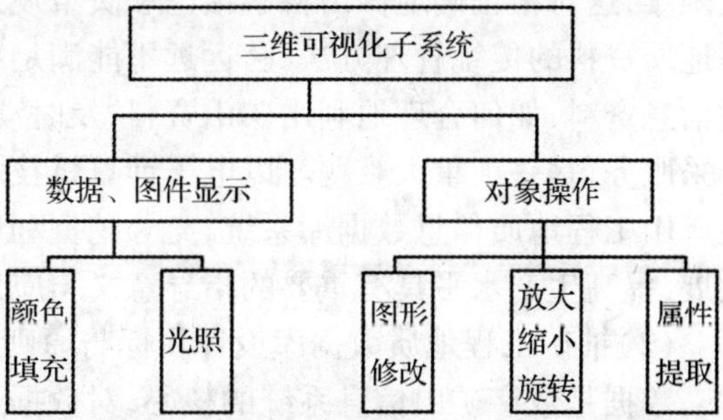

图 5.5　可视化子系统结构图

(4)专业应用。工程应用是数字矿山信息系统的目的,本文结合矿山工程的实际情况,编写计算辅助设计软件接口及数值分析的软件接口,实现采矿方法设计及对采矿工程、采后工效数值模拟(见图 5.6)。

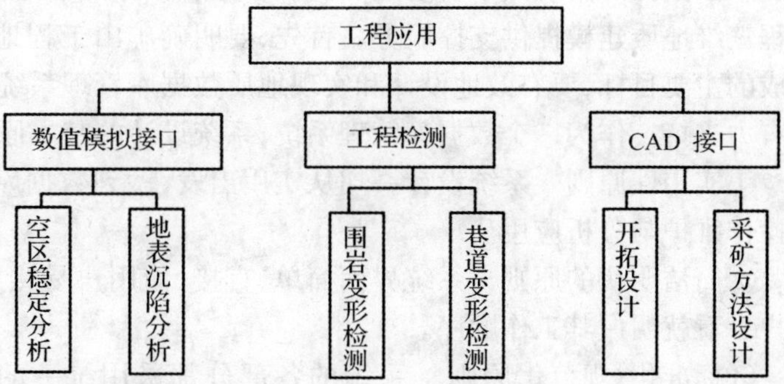

图 5.6　专业应用子系统

按照地理信息系统的设计原理与方法对矿山信息系统的总体框架进行构建,指出该系统围绕地质数据为核心、三维矿区地质建模为关键、专业应用为目的这一主线展开。将矿山信息系统面临的主要几种数据初步归为地形图数据、工程剖面图数据、工程地质数据、采矿工程数据、工程监测数据四种类型。在确定矿山信息系统的基本功能的基础上将该系统分为数据管理子系统、专业建模子系统、可视化子系统、专业应用子系统等基本模块,并对每个模块结构框架进行分析与设计。

5.3.3 铀矿山工程地质数据库设计

(1)铀矿山工程地质数据库设计的必要性

铀矿山是一个特殊的地理区域,覆盖范围一般较大。矿山地质对象是经历了漫长的历史年代而形成的多变性地质体。在这样的复杂环境下,要想顺利进行矿山生产,就需要在地质勘察、采矿工程的设计和积累各种各样的地质资料信息和数据,并随着矿区工程地质勘探和生产将继续产生大量的新地质数据信息。目前,矿山工程地质数据信息以文字、图纸、图表为主,勘察仪器所提供的结果大都以数字方式表达,致使工程地质资料大量堆积,管理工作量巨大,查找困难,这对于正确地做出科学结论和决策规划,减少资源勘探是不利的。由此可见,矿山工程地质资料的传统管理方法,已远远不能满足矿山管理、生产的需要。如何妥善地保存矿山地质信息资料,如何合理地利用矿山资料,及时动态反应矿山的生产情况,更好地为矿产资源地开采服务,是一项重大难题。以电子计算机技术为核心的信息技术,依托岩土工程地质学,建立矿山工程地质信息数据库系统,充分挖掘利用多年积累起来的宝贵资料,提高地质适应生产发展,提高生产水平具有重要的指导意义与应用前景。

(2)铀矿工程地质数据库设计目标与原则

数据是数字矿山信息系统的核心,对数据进行科学合理的组织是管理本身的要求,也是系统各功能模块运行和相互间接口,即数据的需要,其最终目的是解决数据冗余,确保数据安全、正确和独立源的高度共享。通过矿山工程地质数据库管理来存储和管理各数据,从而为矿山工程三维地质建模提供支撑服务。首先,要明确矿山工程地质数据库建模的原则和数据库要完成的主要目标,要有效地设计和实现地质数据库管理系统的各项功能,为整个系统的实施提供有力支持。作为一个数据库管理系统,系统设计的基本原则有以下几点。

①实用性原则　系统设计一切从实用出发,做到数据库便于充分使用、更新;信息系统易于操作维护与分析应用。

②简洁明快的原则　系统界面简单、直接,使用户易接触。各个功能按钮的设计,尽量使用户一看就明白其工作顺序。

③标准化、规范化原则　系统的各部分都采用统一的操作方式和技术标准(如操作系统等)。

④正规化原则　将数据库中要存放的所有数据分解到各个表中,易于改变且不会造成副作用,并保持数据的完整性。

⑤扩充性原则　为了满足数据库的长远目标和后期工程地质数据需要,系统在设计方面应留有足够的余地。

⑥安全性原则　为保证该系统安全可靠地运行,既要能实现多用,又要能够对用户权限进行严格限定。

结合矿山工程地质的特点以及本系统的需求,地质数据库管理功能如下。

①具有一般数据库的基本功能,如添加、删除、修改、查询、能够支持不同格式的数据导入与输出;

②友好的输入界面与完善的输入检查,具有一定的数据查错功能,并且安全和可靠;

③用户可自行创建数据库、自行定义数据表结构、定义数据字设计规范,表中的数据定义明确;

④具有良好的可扩展性。数据库为数字化矿山系统提供了不同矿山的基础数据需要,数据库的可扩展性很重要。

(3)铀矿工程地质数据库总体结构设计

矿山工程地质数据库管理系统主要负责存储和管理工程地质数据和工程数据。其中,地质数据涉及地质勘探、生产勘探中的各种要包括采矿工程的工程参数数据。这些数据是实现三维矿山地质建模的基础,它们都以表和图的形式存储在数据库中。对这些数据表,一类是用于描述地质信息的数据表,包括基本数据表、原始数据表,另一类是用于描述工程信息的数据表,包括开拓系统和采矿设计。数据库中各表的数据进行管理和维护,主要包括插入、修改、删除、查找。地质数据库管理系统的总体框架结构如图5.7所示。

5.3.4　铀矿山工程地质数据库模型选择

1.常见数据库模型简介

数据库模型的分类是以数据库储存数据的方式(数据模型)来分类的。数据库中的数据模型是表示实体和实体之间关系的,是描述数据内容和数据之间联系的工具。数据模型是衡量数据库能力强弱的主要标志之一,数据库设计的核心问题就是选择一个好的数据模型。目前在数据库领域常用的数据库模型主要有层次数据库、网状数据库、关系数据库和面向对象的数据库。

(1)层次数据库　现实世界中很多事物是按照层次关系组织起来的,层次数据库按照层次存取数据,模拟了现实世界的层次关系。层次数据库是以属性结构来表示实体与实体之间的联系的,它是以记录类型为结点的有向树。树的主要特征之一是除根结点外,任何结点只有一个父结点。在层次模型中,从一个结点到其父结点的映射是唯一的,所以对于每一个记录来说,只需要指出它的父结点,就可以表示出层次模型的树状整体结构。层次数据库可以快速地查询数据,容易保持数据的完整性,但是这种数据库的使用需要用户十分熟悉数据库结构,且冗余数据量大。

(2)网状数据库　网状数据库中数据储存单位是记录,一个记录可以包含若干数据项。

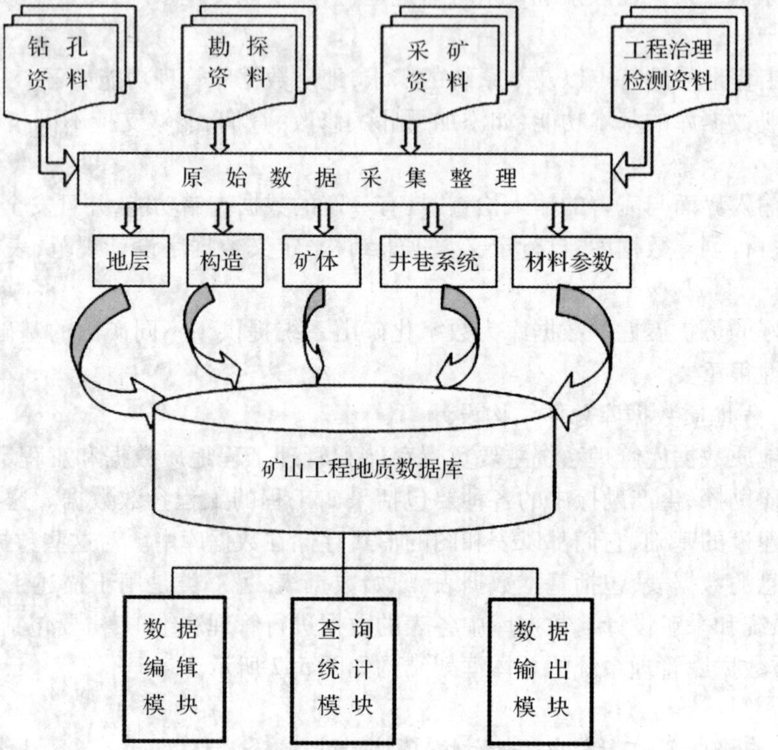

图 5.7　矿山工程地质数据库总体结构图

数据项可以是多值的或者复合的数据，前者称为向量，后者称为复合组。每一个记录有一个唯一的数据库码，它是在一个记录存入数据库时由系统自动赋存的。数据编码可以看成是记录的逻辑地址，可以用做记录的替身。在网状数据库中数据间的联系用系表示。网状数据库是系的集合，其存储结构归结为系的实现方法，最常用的方法是链式实现方式。网状数据库是一种导航式的数据库，用户在执行具体操作时不但需要知道做什么，还要知道怎么做。这种数据库可以快速访问数据，便于复杂数据建库，但是不便于修改数据结构，使用复杂。

(3)面向对象的数据库模型　面向对象的数据库是利用面向对象的编程方法实现数据的定义、储存以及访问，对于一个面向对象的数据库，使用所选定的面向对象编程语言来定义数据库结构，同样使用该语言来创建与数据库交互的应用软件。面向对象数据库中有两个基本的数据结构，即对象和字面量。对象是一种具有标识符的数据结构，这些数据结构可以用来表示对象之间的相互关系。字面量是与对象相关的值，没有标识符。对象与字面量用类来组织，同一类的所有元素具有相同的属性集，在每一个对象中这些属性都可以改变。面向对象数据库的对象具有继承性，可以从其他对象中继承属性，大量软件处理可以自动完成，但是这种数据库应用时间不久，稳定性较差，没有统一标准，且不支持传统编程方法。

(4)关系数据库 关系数据库是目前最流行的数据库模型之一,其基本思想是用二维表格表示实体和实体之间的联系。二维表中的每一列对应实体的一个属性,并给出相应的属性值,每一行形成一个由多种属性组成的多元组或称元组,与一定实体相对应。实体间的联系和各二维表之间的联系采用关系描述或通过关系直接运算建立,元组(或记录)由一个或几个属性(数据项)来标识,这一个或一组属性成为关键字,通常选用一个候选关键字作为插入、删除、检索元组的操作变量,被选用的候选关键字成为主键字。关系数据库由多个二维表形式组成,每个二维表的表头称为关系框架,故关系数据库也可以说是由若干关系框架组成的集合。

2. 数据模型选择

关系型数据库是当前数据库中常用的模型,大部分地理信息系统属性数据都采用关系型数据,这是因为关系数据库与层次和网状数据库相比,有以下几个优点。

(1)数据结构简单。层次和网状数据库均使用指针实现实体之间的联系,错综复杂的指针使编程困难,而关系数据库均采用表格框架,结构简单。

(2)可以直接处理多对多的关系。不论实体间的联系是一对多还是多对多,在关系数据库中均可采用表格形式表示。

(3)能一次获取多个记录数据。层次或网状数据库中,每次操作只能得到一个记录值,要得到多个记录值,则要借助高级编程语言的循环、条件等语句才能实现,在关系数据库中,每个查找命令可以得到满足该条件的所有数据记录。

(4)数据独立性高。在层次和网状数据库中,对于数据的物理组织要进行一定的干预,而在关系数据库中,用户一般只要指出它要存放的数据类型、长度等特性,而不必要涉及数据的物理存放。

(5)有效坚实的理论基础。层次和网状数据库的设计在很大程度上凭借设计者的经验和技术水平,不同设计者设计出的系统可能相差很大。关系数据库是以关系数学理论为基础,这样使关系型的研制和应用设计有理论指导,保证数据库质量。因此关系数据库模型是建立空间数据和属性数据间的一种极其有效的数据组织方式。

矿山地质数据库所涵盖的数据信息量庞大,数据之间有着复杂的联系,随着地质勘探和生产的进行新数据也将不断地增加,因此数据库结构的更新也将很频繁。对于矿山生产和勘探来说数据的准确和完整性是至关重要的,这关系到地质勘探和采矿工程设计经济合理性。关系型数据库具有数据访问迅速、数据结构修改方便、容易实现复杂的数据查询与检索、容易实现数据完整性、数据具有更高的准确性等特点,能够有效地管理矿山工程数据信息,提高工程地质数据的管理水平,减少管理工作强度,实现矿山数字信息化管理。

5.3.5 铀矿山地质数据信息分类

矿山工程地质信息反应矿区各种地质体的空间形态展布特点以及自身的属性特征。几十亿年的不断运动与演变造就了矿山所处的复杂区域地质系统,各种地质作用不断叠加改造,使矿山地质信息变得十分复杂。对于一个规模较大的矿山来说,地质条件的复杂多变性是可想而知的,加上长期的地质生产勘探、矿山生产建设,必将积累了浩如烟海的地质信息资料,并且随着地质工作的深入和矿山生产的不断发展,必将继续产生大量新的地质信息资料。

面对浩繁的矿区地质信息资料,为了更好地从这些资料中提取有利于三维地质建模的信息,根据矿山地质资料的特点,结合矿山工程地质建模的实际情况,将可以表达三维矿山工程地质现象的信息分为以下几大类。

(1)矿区地形地貌信息　包括矿区等高线、测绘控制点、代表性的地物、地表水系特征。

(2)矿区基础地质信息　矿区地层特性、地质构造、水文地质特性。

(3)勘探信息　钻孔、探槽、物、化探资料解译结果。

(4)矿区实验成果信息　矿石、岩石物理力学测试结果,矿山岩体力学指标的原位测试结果、结构面的物理力学指标测试结果、地应力测试。

(5)矿产资源信息　矿体规模特征、矿石工业指标、矿物成分、矿物类别、矿体夹石情况、矿石、矿物物理力学参数及工艺特征。

(6)矿山工程监测信息　地表及地下水监测结果、巷道变形监测结果、采场顶板变形监测、矿区地表变形监测、矿区边坡位移监测、巷道通风监测和氡及氡子体浓度监测与控制。

(7)工程设计信息　矿山开拓系统设计、采场技术指标参数设计、地下车场设计、地下炸药库设计、通风天井设计等工程设计信息。

(8)矿区地质灾害信息　采场顶板塌方、采空区地表沉陷、地下涌水、滑坡等资料。

5.3.6 铀矿山数据库建设的过程和方法

数据库系统建设的过程是指从客观事物出发,经过人的综合归纳,抽象成计算机能够接受的信息,最后形成数据库,通过控制决策机构,最后指导客观事物。数据库的设计过程就是信息经过现实世界、信息世界、数据世界三个领域的循环过程。

1. 数据库概念化设计

对现实世界中的实体进行抽象,即数据库概念化设计是数据库设计的关键阶段,它是从用户角度对现实世界的一种信息描述,独立于任何 DBMS(Database Management System)软件和硬件。概念化设计的常用方法是著名的 E-R(Entity-Relation)方法,它是 1976 年美籍华人陈平山提出来的。这种方法把管理系统所要描述的问题划分为单个实体,通过实体间的联系有效、自然地模拟现实世界。E-R 模型结构简单,语义表现丰富,描述力强,同时又能方便地转换为经常使用的网状、层次和关系模型,所以在数据库设计中得到广泛的应用。E-R 模型中最基本的概念有实体、属性、联系。

(1)实体(Entity)　实体指可以相互区别而又可以被人识别的事、物、概念的统称。在数据库设计中,人们最关心的是按性质或用途划分的一类实体,称为实体集(Entity Set),对每一个实体通常规定一个集名,如矿区的水文地质可由地形、构造、水系等实体集表达。根据系统目标要求,矿山工程地质数据库的概念结构中划分的实体集包括:钻孔信息实体、地层信息实体、矿体信息实体、结构面实体等。

(2)属性(Attribute)　属性是指描述实体的特征。根据属性的定义,赋予一个相应的属性名,如钻孔实有编号、孔口坐标、孔深、孔斜等属性。

(3)联系(Relation)　联系是实体与实体之间的各种联系,两个实体之间的联系为二元联系,三个以上发生的联系称为多元联系。实体集之间的联系是多种多样的。根据某一实体集中多少实体能够与另一实体集中多少实体相关联进行分类,分布称为一对一、一对多、多对多,用1-1、1-N、M-N、表示。这里采用E-R图(Entity Relationship Diagram)描述实体、属性以及它们之间的联系。在E-R图中主要包括:实体类型(所要考虑的对象)、实体间的属性,联系类型等。实体的具体描述用E-R图表示,如图5.8至图5.12分别是钻孔基本信息实体、地层、结构面实体、矿体实体、含水层实体E-R图。

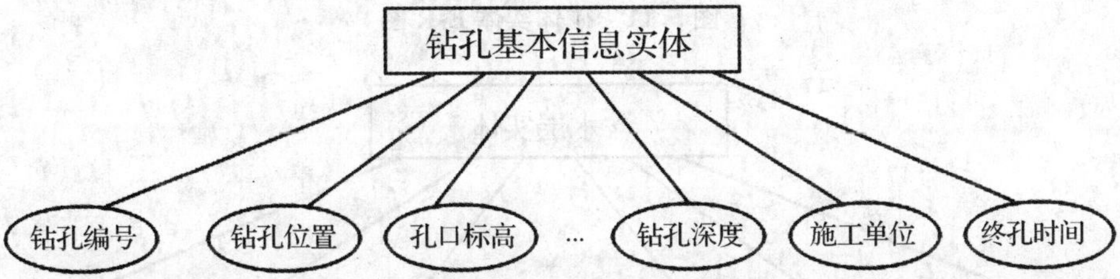

图5.8　钻孔基本信息E-R图

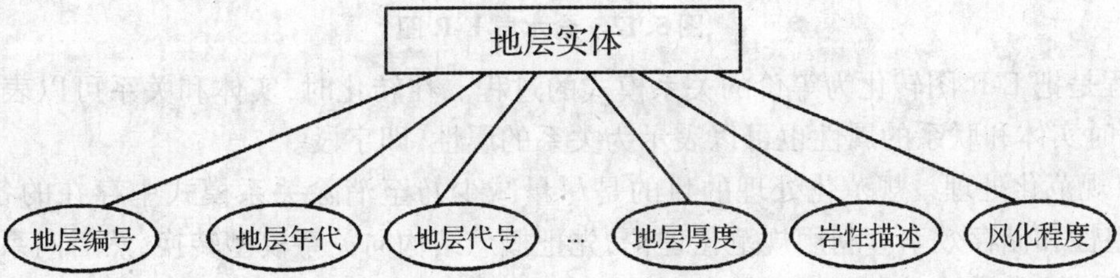

图5.9　地层实体E-R图31

2. 数据库逻辑设计

对客观世界中的实体进行信息化,即数据库逻辑设计是数据库设计的重要阶段,任务是根据概念设计的结果,设计数据库模式,具体步骤如下。

(1)导出初始关系模型　把概念设计阶段得到的E-R图转换为所选用的DBMS产品中所支持的数据模型相的逻辑结构。本文中所采用的DBMS为关系数据模型,因此数据库的逻辑

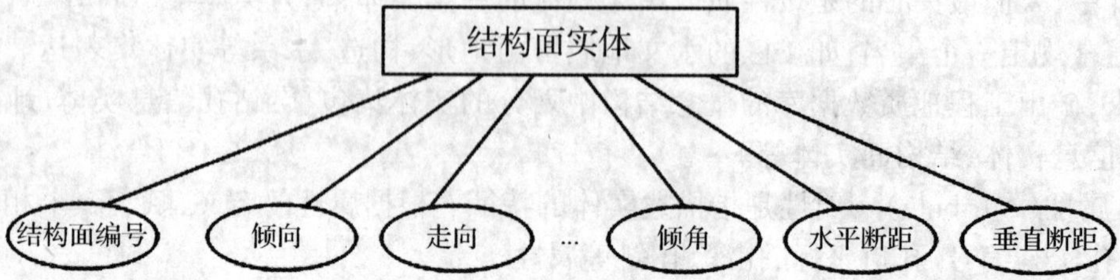

图 5.10　结构面实体 E-R 图

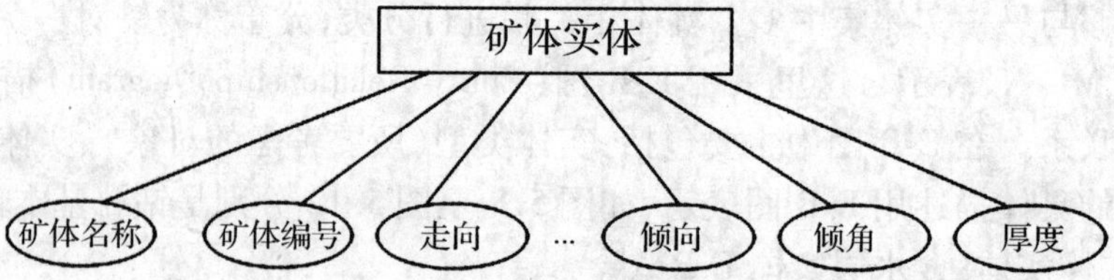

图 5.11　矿体实体 E-R 图

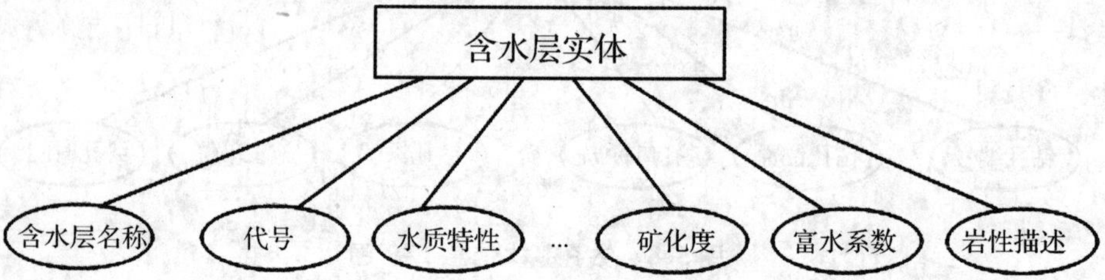

图 5.12　含水层 E-R 图

设计过程是把 E-R 图转化为等价的关系模式的过程。在转化时，实体和关系可以表示为一系列表，同时实体和联系的属性也可以表示为关系的属性，即字段。

(2)规范化处理　规范化处理的目的是尽量减少乃至消除关系模式中存在的各种异常，改善完整性和储存效率。利用规范化理论，先把概念结构向关系模型转换，然后向系统格式化模型转换。这种设计过程可以充分运用规范化理论的成果优化 GIS 数据库的设计。

(3)模式评价　从功能和性能两方面来评价数据库模式是否完全满足用户的要求，应既能实现功能又能保持较好的性能。

(4)模式修正　根据模式评价的结果，对已生成的模式集进行修正。如果由于需求分析、概念设计疏漏导致某些应用不能得到支持，则相应地增加新的关系模式和属性。如果因为考虑而要求修正，则可采取模式的合并、分解或选用另外的结构。在经过模式评价修正的多次反复后，最终的数据模式得到确定，全局逻辑结构设计完成后可得到所有实体基本信息表。

5.4　数字铀矿山扁平化管理模式构建

5.4.1　现代管理理论发展现状

1. 现代管理理论概述

随着科学技术的进步、生产力水平的提高，市场需求日益多样化，大批量生产已经不能适应市场的需求，加之计算机的广泛应用，生产管理从观念到生产方式的采用都发生了重大的变革，这一切都导致了现代生产管理理论的出现，它以计算机技术在生产管理领域的大规模应用为起点。具有代表性的现代生产管理理论，如物料需求计划（Material Requirements Planning，MRP）、制造资源计划（Manufacture Resource Planning，MRPII）、企业资源计划（Enterprise Resource Planning，ERP）、准时制生产方式（Just In Time，JIT）、最优生产技术（Optimized Production Technique，OPT）、约束理论（Theory Of Constraints，TOC）、面向负荷的生产控制（Load－Oriented Manufacturing Control，LOMC）、计算机集成制造系统（Computer Integrated Manufacture System，CIMS）、敏捷制造（Agile Manufacturing，AM）等。这一系列理论的产生及应用极大地丰富了现代管理理论，提高了企业系统的经济效益。

企业信息化是采用电子信息技术，使企业产品设计、加工制造、过程控制、质量检验、生产管理和销售服务等产品全生命周期内的各种活动的信息处理自动化。企业信息化的内容主要包括两部分：一是生产过程管理，主要包括生产过程监控和现场设备管理；二是生产和经营管理，主要包括生产进度安排、人员安排、原材料供应、原料和能源等的消耗统计、各种生产时间统计、动态成本核算、物料管理和产品数据管理等内容。从企业信息化的内容中，可以清楚地看到：企业信息化涉及到大量的车间生产管理内容，如生产过程监控、生产调度、现场设备管理、人员安排、消耗统计、工时统计、动态成本核算、物料（尤其是在制品）管理以及产品数据管理。因此，车间生产过程管理的信息化在企业信息化过程中具有重要的作用和地位。生产车间作为完成产品制造过程的关键环节，涉及到产品生产过程中的方方面面，从最初的原材料入库检验、生产加工、库存管理、在制品管理、设备管理、产品数据管理、外协生产管理、零部件生产进度控制以及成本管理等，到最终完成产品的制造过程并通过销售部门把最终产品投放市场等等，造成车间生产管理面临着很大的压力和困难。这些压力和困难主要来源于两个方面：一方面，企业面临着巨大的外部环境压力，迫使企业改善车间生产管理和控制环节；另一方面，企业为了保证内部信息的流通和顺畅，必须采用先进的信息化手段来改善车间的生产和控制过程。

2. 计算机集成制造系统（CIMS）

计算机集成制造系统体系结构至今尚无一种完备的体系结构。20世纪80年代后期，欧共体 ESPRIT 提出了计算机集成制造开放系统体系结构(CIM-OSA),包含了组织和人的因素,作为国际标准化的预标准而成为最受瞩目的一个。普渡企业参考体系结构(PERA)是实施流程企业计算机集成制造系统的体系结构。该结构由过程控制、过程优化、生产调度、企业管理和经营决策五个层次组成,显然将生产过程控制和管理明显分开,忽视了生产过程中的物流、成本、产品质量及设备的在线控制与管理。由于计算机集成制造系统结构复杂、层次多,不便于形成平台技术,难以适用于扁平化管理模式。生产过程的脱节一直是困扰生产管理人员的难题,它不仅直接影响工厂的生产效率,而且成为制约现代企业内部信息集成和企业之间供应链优化的瓶颈。20 世纪 90 年代美国先进制造研究机构(Advanced Manufacturing Research, AMR)提出了"制造执行系统"(Manufacturing Execution Systems, MES)概念,并将 MES 定位于重点解决车间生产管理问题。1992 年,一些有识之士发起并成立了国际性组织——MES 国际联合会(Manufacturing Execution System Association, MESA),它是以宣传 MES 思想和产品为宗旨的贸易联合会,并帮助其成员组织在企业界推广 MES 制定了一系列研究、分析和开发计划。进入新世纪,随着信息技术,特别是网络技术的发展,促进了全球信息化。经济全球化和制造网络化是本世纪制造业发展的主要趋势和重要特征。现代制造执行系统通过追踪生产信息流来实现对企业的全面控制和管理,经过几十年的理论和实践发展,它的系统结构已经逐步摆脱了完全按照物理层次划分并配置系统的传统模式,朝着一种更加简单合理的综合模式发展。新的系统结构按照新的任务的要求和功能的分担进行配置,在新的系统结构中,其核心功能是处于中间层的制造执行系统(Manufacturing Execution System, MES),它是一个承上启下的功能层(图 5.13)。

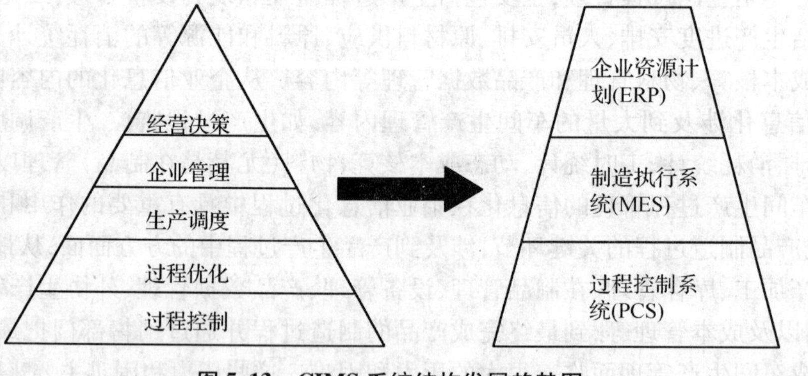

图 5.13 CIMS 系统结构发展趋势图

5.4.2 制造执行系统(MES)核心技术

1. 制造执行系统(MES)体系结构

随着信息技术和现代管理技术的发展,企业管理已开始从金字塔模式向扁平化模式转换,适合扁平化管理模式的CIMS(Contemporary Integrated Manufacturing System)成为工业自动化高技术的研究热点。采用BPS/MES/PCS三层结构的CIMS将流程工业综合自动化系统分为以设备综合控制为核心的过程控制系统(PCS)、以财务分析/决策为核心的经营计划系统(BPS)和以优化管理、优化运行为核心的制造执行系统(MES)(见图5.14)。MES使生产过程中难以处理的具有生产与管理双层性质的信息问题得到解决。最下层的控制系统聚焦于生产过程设备的运行状况,控制整个生产过程;中间层的制造执行系统着眼于整个生产过程的管理,考虑生产过程的整体平衡,注重生产过程的运行管理,注重产品和批次,以分钟、小时为单位跟踪产品的制造过程。最上层的经济计划系统以产品的生产和销售为处理对象,聚焦于订货、交货期、成本和顾客的关系等,以月、周、日为单位。在流程工业现代集成制造系统中,MES起着从生产过程管理中产生的信息和从经营管理活动中产生的信息进行转换、加工、传递的作用,是生产过程控制与管理信息集成的重要桥梁和纽带。MES要完成生产计划的调度与统计、生产过程成本控制、产品质量控制与管理、物流控制与管理、设备安全控制与管理、生产数据采集与处理等功能。

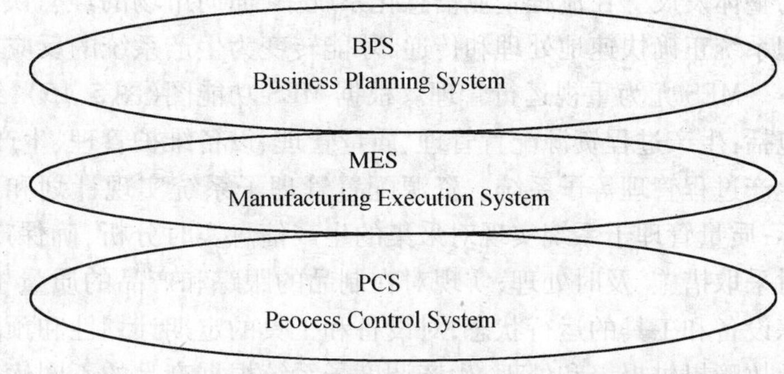

图5.14 生产系统的扁平化管理模式图

现场控制层:主要是指对现场设备的布局、工艺参数、环境因素等数据进行快速、精确、可靠、稳定的实时采集;依据事先确定的参数设定值,确定操作量;对设备装置进行控制,产生大量的信息流。通常为PID控制、现代控制、模糊控制、神经网络控制或这些控制方法的融合。

协调优化层:生产调度确定装置间物流的分配,生产装置运行于最佳工作点是靠监控系统的操作来优化实现,由先进控制(Advanced Process Control)来保证。它以严格的在线一体化优化技术取代了离散制造中柔性制造技术。生产调度和过程优化操作的结合则是实现流程企业一定程度柔性的关键,是企业获取经济效益之所在。

经营管理层:管理计算机完成制定工艺流程管理、生产经营计划、物资供应链管理、财务管理、人力资源管理和企业规划、市场评估与预测、系统仿真工作,以实现生产过程的静态最优。通过与过程控制系统的集成,建立企业决策支持系统(DSS),实现企业生产经营活动、决策活动的协调与整体优化。

2. 制造执行系统(MES)核心技术

工业生产过程的底层自动化对于提高产品质量和提高生产率具有至关重要的作用,所以一般企业首先要解决基础自动化问题。企业管理信息系统在流程工业的推广为BPS的实施打下了基础。由于流程工业和离散工业在企业管理方面的差别较小,离散工业的 CIMS 技术可以借鉴。而位于中间层的信息集成技术发展则显得十分滞后,严重影响了流程工业 CIMS 的整体发展。在流程企业信息化系统中,面向市场的经营决策信息必须通过中间层的生产管理系统正确快速地处理和传递,才能转变为生产系统的反应行动。

MES 尤为重视运行管理。根据 MES 功能图(图 5.15),结合流程工业的生产特点,其功能包括:生产过程资源配置管理、质量管理、设备维护管理、生产调度、物流管理、生产成本管理和生产过程管理等子系统。资源配置管理子系统实现计划和分配下列资源符合生产调度的目标;质量管理子系统实现对采集的生产信息实时分析,确保产品质量的正确控制,发现问题及时采取措施、及时处理,实现对在制品的跟踪和产品的质量检测分析;设备维修管理子系统跟踪设备和工具的运行状态,对设备和工具的定期计划性和预防性的维护提供故障诊断库,对异常故障提供报警和处理;生产调度子系统根据产品的不同优先权、品质、特征等特点,对生产进行计划与调度,实现基于过程模型的模拟优化和实时调度;物流管理子系统对从原材料到产成品的整个物流进行过程监控;生产成本控制子系统对生产全过程进行成本预报、分析,对动态生产成本进行核算与跟踪,实现生产过程成本的关联价值评估与控制,从而保证价值流的优化;生产过程管理子系统实现生产过程监控、数据的采集与统计,进行基于数据库的实时生产效率分析,并为 MES 提供基于知识和信息的支持,实现生产数据、检测数据和控制参数在 MES 层和 PCS 层间的正确传送。

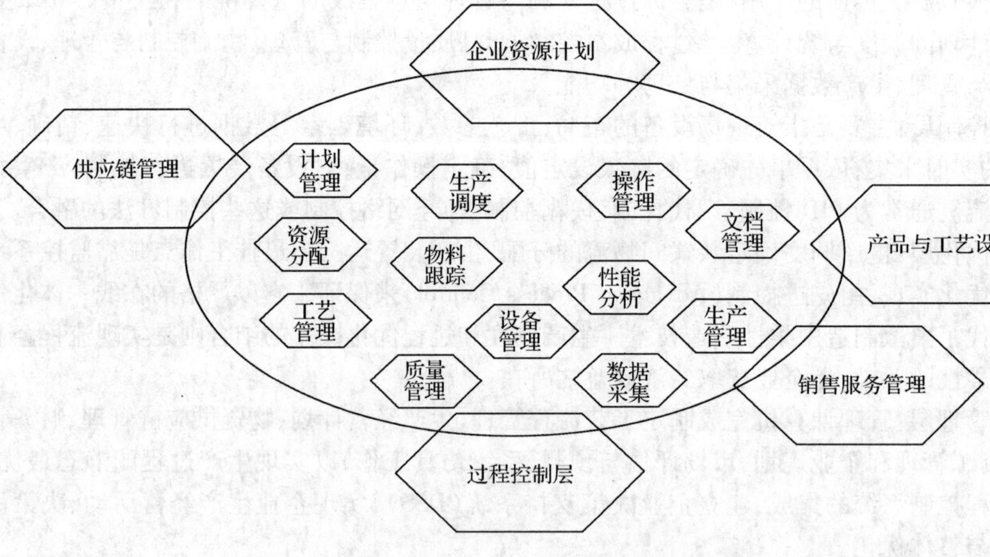

图 5.15 制造执行系统(MES)的功能图

以生产综合指标为目标的生产过程三优(优化运行、优化控制、优化管理)技术是 MES 级的核心技术。现有的以工艺参数为控制目标的控制系统不能满足大规模工业生产的需要。控制系统的目标从工艺参数指标扩展到综合生产指标,也就是从传统的定量控制扩展到定量和定性相结合的复杂控制。由于物耗、能耗、设备、成本、计划与调度等生产管理要素与综合生产指标密切相关,综合生产指标往往不能连续在线测量,而且又难以用控制系统的输入输出来描述,因此有必要考虑计算机集散控制系统和网络环境的特点,研究新的控制系统结构,将建模与控制相集成、定量数据和定性分析相结合,即研究数据、模型和智能相集成的智能控制理论与方法。这种研究是将已有的控制理论和方法与智能方法相结合,并与管理科学、计算机科学、冶金等工程科学相结合的综合集成。研究与开发生产过程三优技术将可以实现在线成本的预测、控制和反馈校正,以形成生产成本控制中心,保证生产过程的优化运行;将可以实施生产全过程的优化调度、统一指挥,以形成生产指挥中心,保证生产过程的优化控制;将可以实现生产全过程的质量跟踪、安全监控,以形成质量管理体系和设备健康保障体系,保证生产过程的优化管理。随着信息技术和现代管理技术的发展,企业管理已开始从金字塔模式向扁平化模式转换。

5.4.3 铀矿山系统扁平化管理模式构造

1. 铀矿山系统特性

由于铀矿资源的特点,中国的铀矿冶生产目前所采用的工艺包括原地浸出、堆浸、井下爆破堆浸以及常规搅拌浸出等四大类。此外,渗滤浸出提铀工程也正在加紧建设之中。尽管原地浸出提铀工艺是中国铀矿冶生产发展的重点方向,但自20世纪80年代中期以来,硬岩铀矿的堆浸提铀工艺一直在中国铀矿冶生产中占据着主导地位。铀矿工业在生产经营过程中存在以下特点:生产对象埋在地下,地质条件复杂多变,生产场地随开采进度不断变化;生产作业环境艰苦,自然灾害多,会出现透水、冒顶及瓦斯爆炸等灾害事故。铀矿的生产过程涉及采掘、通风、提升运输、排水、机电、调度通信等多种技术,专业面广,需各学科、多工种相互配合的复杂系统。根据铀矿生产过程特殊性,安全生产系统应该作为铀矿信息化中一个重要内容,其生产调度及决策难度比其他行业大,因此,铀矿信息化系统架构中生产执行系统(MES)不能套用流程行业或离散制造业,应该研究具有铀矿特色的安全生产管理系统。

目前,国内外矿山在应用计算机进行在线控制和设计应用等方面,已经取得了显著的成就。重要的成果有:进行矿山开采设计与规划设计,编制中长期开采进度计划和生产进度计划,模拟分析、评价运输系统与选择装运设备,编制汽车调度系统,实现采、装、运设备维修计划管理,计划备品配件存储和供应控制,模拟主要生产过程和优化工作参数,进行财务分析等,已有成熟的经验达成到提高工作效率,改善资源和生产基金利用率,提高设备效率和矿山生产能力,降低生产费用和成本,使矿山企业获得较好的经济效益。总之,当前铀矿山技术发展方向,是进一步完善设备大型化,工作连续化,操作自动化,工艺合理化,管理科学化和生产最优化,未来的矿山,将是无人或少人管理的矿山,这是人们对采矿工业的希望,也是奋斗目标。要建设新型矿山,必须要按照现代企业管理制度,建矿山不建社会,机构精简,采用现代扁平化管理模式,企业的经营管理与生产过程管理要以生产成本的核算与控制为中心,同时必须采用先进的制造工艺技术。科学技术的发展为制造业的技术进步创造了条件,同时也使企业面临越来越激烈的竞争。

2. 铀矿山扁平化管理模式构思

要实现矿业工程大系统的最优化控制,需进行大系统的"分解"与"协调"。总体最优化可分为动态最优化和静态最优化两个方面:动态最优化解决生产进程中最优化,静态最优化则解决生产的规划、组织、决策、管理的最优化。由于 MES 使生产过程中难以处理的具有生产与管理双重性质的信息问题得到了解决。最下层的控制系统聚焦于生产过程设备,利用基础自动化装置与系统,诸如 PLC、DCS、FCS 控制系统,对生产设备实现自动控制,对生产过程实时监控,采用先进控制技术,如鲁棒约束多变量预测控制技术、多变量 APC 技术、智能解耦控制技术以及优化过程控制技术等,对过程控制进行优化设定,实现生产过程的优化控制。最上层的 BPS 以产品的生产和销售为处理对象,聚焦于订货、交货期、成本和顾客的关系等。它包括企业资源计划 ERP、供应链管理、销售服务管理、产品和设计工艺等功能。中间层的 MES 制造执行系统着眼于整个生产过程管理,考虑生产过程的整体平衡,注重生产过程的运行管理,注重产品和批次。由于铀矿山工艺系连续系统工艺,适合采用现代新型技术和先进管理方法。基于 CIMS、MES 理论与实践的发展及系统工程理论对复杂系统的应用研究,运用信息化、网络化,智能化的现代技术来实现管理模式的重大突破,解决制造执行系统(MES)的协调优化问题。为进一步实现企业系统技术的集成,最终实现管控一体化,以求企业总体经济效益的最大化。

根据现代管理理论框架及铀矿山实际,引入计算机集成制造系统及现代扁平化管理模式,构造铀矿山的三层扁平化结构管理模式,即以投融资决策系统、生产计划系统的上层经营决策系统、以开采调度系统、运输调度系统的生产过程控制系统,及以优化管理、优化反馈和优化运行的协调优化系统管理模式,从而从根本上解决了矿山系统资源利用及生产效率问题,并有效地解决了在不确定环境下的铀矿山集成系统的建模与优化问题,加快了矿山信息化、智能化、系统化、集约化提供了基本保障(铀矿山企业扁平化模式结构如图 5.16 所示)。铀矿信息化架构是基于铀矿管理模式而确立的,"管控一体化"模型也是基于铀矿传统管理模式优化而成。随着信息化技术和现代管理技术发展,引入 MES,原传统管理模式转向扁平化模式。MES 在铀矿综合自动化系统中起着中间层的作用。在长期计划的指导下,MES 根据底层铀矿生产监控系统采集的与生产有关的实时数据,对短期生产作业的计划调度、监控、资源配置和生产过程进行优化。

3. 铀矿安全生产调度管理系统架构及功能

作为一种计算机辅助生产管理系统,MES 重要使命就是实现企业的连续信息流。它包含

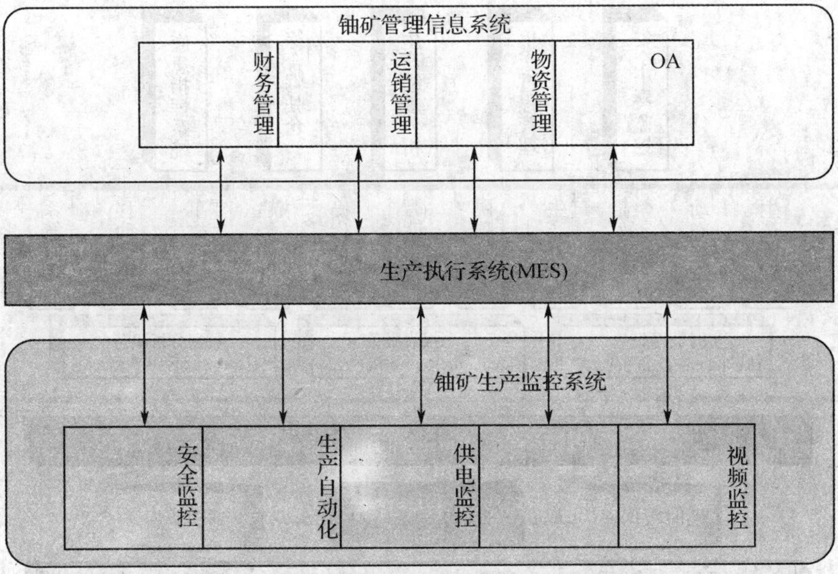

图5.16　铀矿扁平化管理模式结构图

了许多功能模块,主要完成生产计划的调度与统计、生产过程成本控制、产品质量控制与管理、物流控制与管理、设备安全控制与管理、生产数据采集与处理等功能。这些功能模块来源于制造企业,有很多模块对于铀矿采掘企业并不适用,因此,如何体现铀矿特色MES层成为铀矿信息化建设的一个关键问题。铀矿信息化系统体系结构是基于CIMS原理而设计的,通过自动化系统建设,达到设计、经营、生产过程的集成,实现整体优化。如前所述,单纯依靠设备自动化和增强经营管理不能解决所有问题,在设备和生产过程控制与经营管理之间存在着生产过程监控管理一体化的功能需要,实现过程信息与管理信息的集成,这就是基于MES原理铀矿安全生产信息系统。

铀矿安全生产调度管理系统以经济指标为目标,以生产过程优化运行、优化控制与优化管理为核心技术的功能模型,通过分布式实时数据库系统实现对矿井自动化设备的实时数据采集、存储管理与监控,通过实时数据库系统与关系数据库系统的数据整合形成铀矿生产的实时数据统计分析上报,通过建设安全生产监控系统、生产绩效分析系统、生产过程管理系统、生产综合驾驶舱系统形成面向不同生产岗位的一体化信息系统(体系结构如图5.17所示)。

对于铀矿采掘企业来说,铀矿安全生产调度管理系统功能主要包括以下内容。

基础信息管理:对铀矿生产执行系统所使用到的基础信息进行采集、查询与维护。包括采铀工作面数据管理、掘进工作面数据管理、地测工程数据管理等工程数据;实现通过选择一个日期、工作面(巷道)、区队、矿来对其关联的查询做记录浏览,其中工作面和巷道均可图形化显示,还可以查询生产计划、施工通知单、施工验收记录、值班台账、停产损失记录、通灭工作调

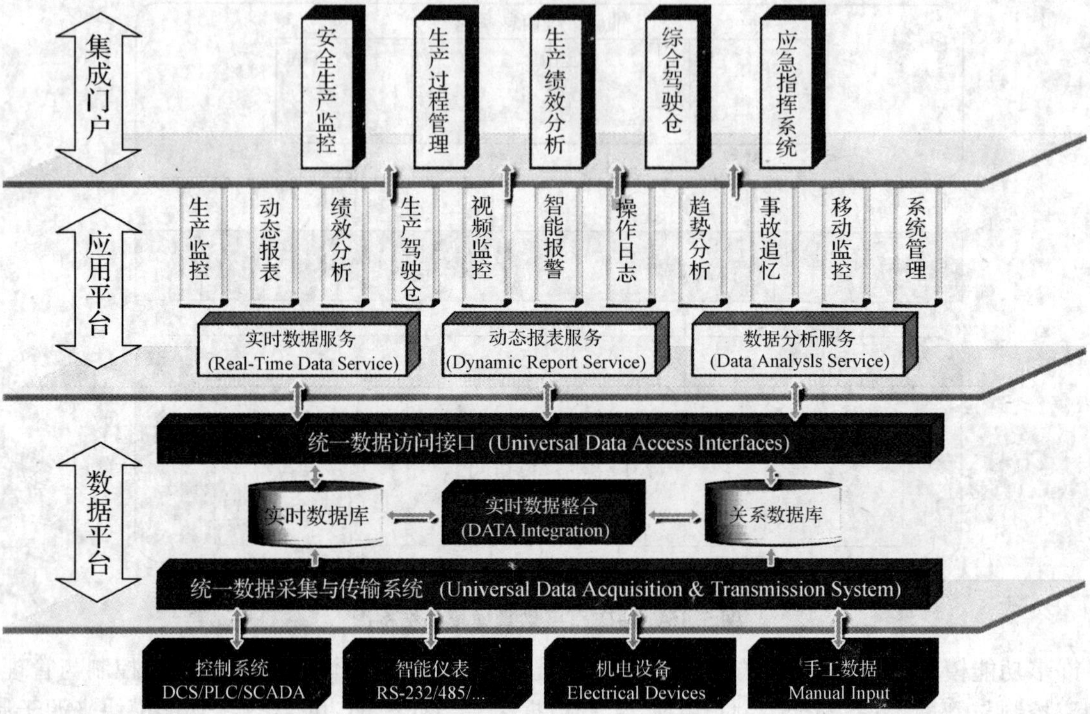

图 5.17 铀矿安全生产调度管理系统体系结构图

度值班台账、一通三防安全检测信息、采矿(掘进)工作面数据、工作面数据、日采矿石量、日掘进进尺、调度日报等生产信息查询;生产信息报表、生产季报、生产月报、一通三防季报等报表管理;对生产技术文档进行归档管理。

生产计划与生产组织管理:具体内容包括制定生产计划、调整生产计划和分解生产计划、施工设计书管理、施工通知单管理、施工措施管理、总结验收管理。

生产过程与生产调度管理:具体内容包括班前会记录管理、值班台账管理、停产损失管理、损失量管理、产量管理、生产例会管理、调度管理、生产日报管理。

综合分析管理:采用同比、环比、趋势分析等方法对生产情况进行分析,并将分析结果以图形(饼图、折线图、柱线图等)和表格的方式显示出来。

与其他井下安全检测系统集成:为了满足不同用户对生产安全的系统需求,提供了与其他软件公司的井下安全监测系统集成的功能,从而满足用户对生产过程中井下和井上部分的全方位监控。

信息报警管理:可以通过设置报警条件来对符合条件的情况进行报警,快速地将报警信息发送到相关人员,以保证信息传递的时效性。

4. 铀矿安全生产调度管理系统软件平台

铀矿安全生产调度管理系统在对具体应用集成框架作出规定的基础上,利用先进的计算机网络、数据库技术,通过组态软件(HMI)开发出适合铀矿生产、管理的软件平台。软件平台基于 B/S 架构,具有开放性、集成性、可操作性等特点。目前主要有实时监控软件平台和综合信息集成软件平台。

实时监控软件平台以实时数据库为核心,对源于生产过程数据进行存储、分析,实时监测现场设备运行状态、工艺参数,并及时发出根据生产指标、生产计划及生产过程作出的控制信息。实时数据库系统设计采用分布式结构,即在矿井信息中心设置 1 台实时数据库服务器,该服务器负责存储全矿所有控制系统的生产数据。接口机分布在各装置控制室现场,矿长、总工、各个部室管理人员通过实时数据库来了解现场装置的生产情况。在与局域网相连的每个用户的 PC 机上安装客户端软件或直接通过 IE 来浏览服务器中的生产数据。

综合信息集成软件平台通过对生产过程数据的集成、加工处理,整合出对经营决策有用的数据,从而在经营决策管理和实时过程控制之间架起一座桥梁,达到两者之间的信息交换和紧密集成。综合信息集成软件平台必须解决数据库、全局信息模型和数据模型建立、数据获取和数据挖掘技术等关键技术。

综合信息集成软件平台建立在关系数据库系统基础上,实现各应用系统的集成、管理和信息共享、交互;实现企业经营管理与生产过程的综合集成,提高铀矿综合竞争能力,达到全矿资源综合分析,快速、充分地了解现有矿内各种动态和静态资源的状况,及时掌握资源利用情况,为生产、安全方面的规划和建设,为生产调度管理的信息化提供依据,实现“管控一体化”。构建 MES 结构中的数据模型,需要在数据仓库、数据挖掘和基于地理信息系统的 DMES 基础上,围绕安全流、物流、资金流、能量流和工作流建立。并在此基础上,逐步建立各类为矿业工程、生产、安全、管理、计划、决策等服务的各类专业应用模型,形成模型仓库。

5.5　某铀矿山生产调度系统模式构建及集成优化

5.5.1　铀矿山生产调度系统扁平化管理模式构造

现以我国某铀矿山为例,根据铀矿山生产调度系统的自动化程度、信息化水平、生产能力及工艺特性为基础,构建露天矿山生产调度系统递阶控制结构图,拓展铀矿山生产调度系统运作管理模式。即将其设置为上层的生产计划系统,下层的穿孔爆破系统、运输提升系统、矿井通风系统,并通过中间层的协调优化系统来实现矿山生产调度系统的优化管理、优化反馈和优化运行,加强工艺设备过程控制,优化工艺过程接口(图 5.18)。根据该铀矿山生产特点,首先进一步细化生产计划系统、穿孔爆破系统、通风系统、卡车运输提升系统的组成部分及相应的技术经济控制参数指标,即生产计划系统的铀矿产品需求、矿山主生产计划、矿山阶段巷道出矿计划,穿孔爆破系统的供风、穿孔、装药工艺控制,卡车运输提升系统的铲装、运输、破碎过程控制等;然后再融合模糊神经技术、模糊随机理论及群集拟生态进化算法,有效地解决了在不确定环境下的铀矿山生产调度系统的建模与优化问题,为加快矿山信息化、智能化、系统化、集约化提供了基本保障。铀矿山生产系统均采用机械化作业、自动化程度较高、生产能力和规模较大。

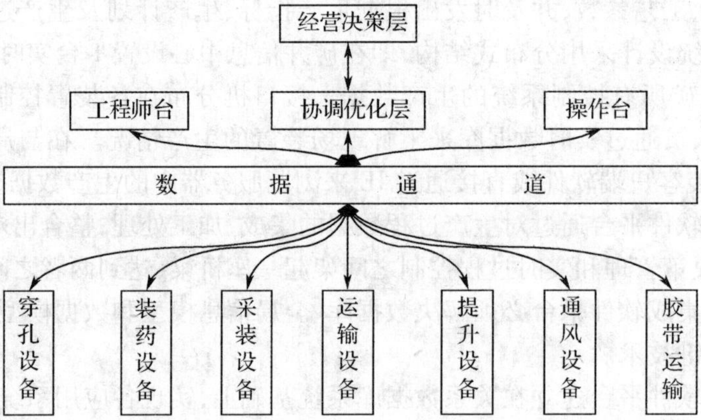

图 5.18　铀矿山扁平化管理模式结构图

根据生产系统递阶控制结构图,采用先从基础层面着手设置现场控制点。因此,以其工艺流程布设现场工艺设备控制点,增设 3 个子系统控制站即穿孔爆破子系统、通风子系统、运输提升子系统。加强工艺设备过程控制,优化工艺过程接口。在管理层设置市场需求条件下的生产计划子系统,根据铀矿山扁平化管理模式构造及其矿山制造执行系统(MES)的特性,主要研究其中间层的制造执行系统(MES)的协调优化问题。即解决其生产计划系统(PPS)的实时优化、穿孔爆破系统(DBS)、矿井通风系统(QVS)、提升运输调度系统(VSSS)的实时优化与控制(见图 5.19)。

5.5.2　铀矿山生产调度系统建模分析

由于矿山系统的复杂性、不确定性以及计算手段与方法的不确定性,即使采用传统的多元线性回归方法或经典的计量经济学建模方法仍无法得到矿山各子系统的实际模型,且难以形成或建立实时的非线性系统模型,因而在实际运行中难以获得全局最优解。而目前兴起的人工神经网络、模糊逻辑及自适应模糊推理系统等人工智能方法能够较好解决非线性建模问题。因此,借助神经网络、自适应模糊推理系统可以有效地解决铀矿生产系统工艺技术经济参数与矿石成本的关系问题。

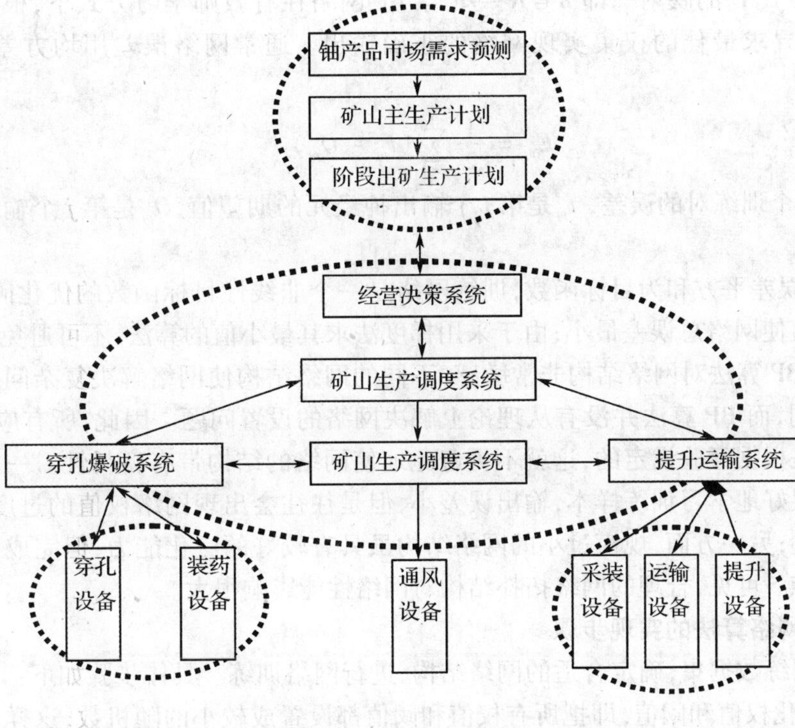

图5.19　铀矿山生产调度系统结构图

1. BP 神经网络建模理论概述

20 世纪 80 年代中期，以 Rumelhart 和 McClelland 为首，提出了多层前馈网络(MFNN, Multilayer Feedforward Neural Networks)的反向传播学习算法(BP, Back Propagation)。网络结构(图5.20)由输入层、隐层、输出层节点组成。各层次之间的神经元形成全互连接，各层次内的神经元之间没有连接。BP 网络实际上是一个多层感知器的前馈网络。BP 网络所完成的信息处理工作，从数学意义上讲就是利用映射训练样本(x_i, y_i)，实现从 n 维欧氏空间的一个子集 A 到 m

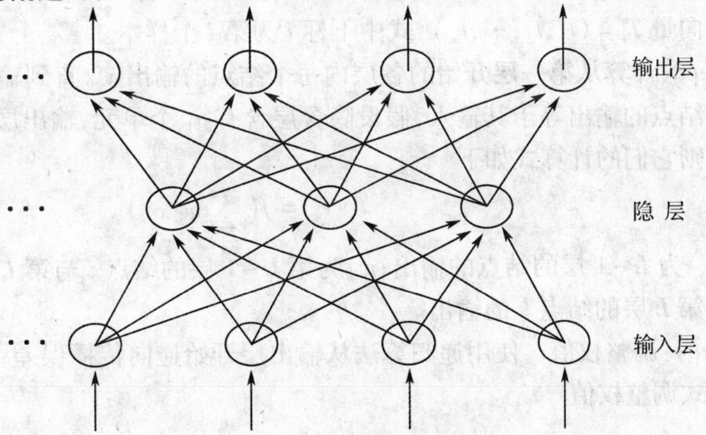

图5.20　BP 网络模型结构

维欧氏空间子集$f[A]$的映射。即$A \in R^n \rightarrow R^m$。BP网络在有教师学习方式下，根据反向传播误差学习准则，寻求最佳的权集实现网络的正确输出。通常网络误差用均方差表示，按式(5.1)计算。

$$E_p = \frac{1}{2}\sum_{j=1}^{N}(t_{pj} - O_{pj}) \tag{5.1}$$

式中，E_p是第p个训练对的误差，t_{pj}是第j个输出神经元的期望值，O_{pj}是第j个输出神经元的实际值。

BP算法以误差平方和为目标函数，训练网络是一个非线性目标函数的优化问题，其主要目的是调整权值使网络总误差最小；由于采用梯度法求其最小值的算法，不可避免地存在局部极小值。同时，BP算法对网络结构非常敏感，不同的网络结构使网络解决复杂问题和非线性问题的能力不同，而BP算法并没有从理论上解决网络的设置问题。因此，所有应用BP算法的网络结构都是根据经验设定的，这就不可避免地使网络的结构带有盲目性。一个规模过大的网络结构能很好地学习训练样本，输出误差小，但是往往会出现网络权值的过度拟合现象，从而泛化能力差；另一方面，规模过小的网络结构虽具有较好的泛化能力，但完成对训练样本的学习较为困难。可见，合理的网络拓扑结构对网络性能影响很大。

2. BP神经网络算法的实现步骤

搜集所需训练数据集，确定合适的网络结构，进行网络训练。具体步骤如下：

Step1：初始化权值和阈值，即把所有权值和阈值都设置成较小的随机数，这样可以保证网络不被大的加权值所饱和。

Step2：提供学习样本对，也就是给出顺序赋值的输入向量$x_i = (x_1, x_2, \cdots, x_n)$和对应的预期输出向量$T_i = (t_1, t_2, \cdots, t_m)$，式中下标$i$为第$i$个样本。

Step3：计算从第一层开始的各层内每个结点的输出x'_i直到输出层的每个结点的输出y_k，输入层结点的输出等于其输入，假设隐含层含有n_1个单元，输出层有m个单元，输入层有n个单元。则它们的计算式如下

$$y_k = f(\sum_i w_{ik}x'_i) \tag{5.2}$$

式中，x'_i为$L-1$层的结点的输出；w_{ik}为第$L-1$层的结点i与第L层的结点k之间的连接权；y_k表示第L层的结点k的输出。

Step4：调整权值。使用递归算法从输出层开始逆向传播误差，直到第一隐含层为止，并用下列公式调整权值

$$w_{ij}(t) = w_{ij}(t) + \eta\delta_j x_i \tag{5.3}$$

式中，$w_{ij}(t)$是在时间t时，由隐含层（或输入层）结点到输出层（或隐含层）节点j的权值；x_i是节点i的输出；$\eta\delta_j x_i$是增益项；δ_j是节点j的误差项。若节点j是一个输出节点，则

$$\delta_j = y_j(1 - y_j)(t_j - y_j) \tag{5.4}$$

式中，t_i 是节点 j 的目标输出；y_j 是实际计算所得到的输出值。

若节点 j 是一个隐含节点，则

$$\delta_j = x_j'(1 - x_j') \sum_k \delta_k w_{jk} \tag{5.5}$$

实际上，在式(5.3)中，经常加入一动量项，来加快网络的收敛速率。当加入动量项时，权值由下式调整

$$w_{ij}(t+1) = w_{ij}(t) + \eta\delta_j x_i + \alpha(w_{ij}(t) - w_{ij}(t-1)) \tag{5.6}$$

式中，$0 < \alpha < 1$。

Step5：求系统平均误差。

对每一个训练对 i，其误差平方为

$$E_i = \frac{1}{2}\left(\sum_{k=1}^{m}(t_k - y_k)^2\right) \tag{5.7}$$

系统平均误差为(假设有 p 个样本)

$$E = \frac{1}{p}\sum_{i=1}^{p} E_i \tag{5.8}$$

若误差不能满足要求，返回 step2。多次重复 step2 到 step5，直到系统平均误差小于给定的值为止。

MATLAB 提供了神经网络工具箱，有很多子程序可供调用，不妨设置用三层 BP 网络进行非线性系统建模。假设该系统的历史输入、输出数据矩阵分别为 $\boldsymbol{p}$，$\boldsymbol{t}$，隐层数为 r，隐层和输出层的传递函数分别为 s 型和线型，训练算法采用 Levenberg-Marquardt 算法，函数 newff 返回值 net 为一个可训练的 BP 网络，用 train 训练网络。***minmax_var***，***minmax_target*** 分别代表样本输入、输出的最小值与最大值构成的矩阵，将训练后的结果 net 及各变量的定义域和函数的值域保存下来，为后续程序调用。其程序设计如下：

```
net = newff( minmax( p ) , [ r,1 ] , { 'logsig' , 'purelin' } , 'trainlm' ) ;
net = train( net, p, t ) ;
minmax_var = minmax( p ) ;
minmax_target = minmax( t ) ;
save( 'result' , 'net' , 'minmax_var' , 'minmax_target' ) ;
```

神经网络训练成功并保存结果后，则可以调用神经网络工具箱中的 sim 函数来装载训练结果 net，实现 $Y = f(X)$ 这一函数关系式。

3. 模糊逻辑(FL)基础

20 世纪 60 年代美国加利福尼亚大学著名系统工程科学专家 L. A. Zadeh 教授首先提出模糊集合的概念，为模糊集合的运用和模糊数学的发展奠定了基础。对于离散的论域，模糊集合可以用矩阵表示。当 $X = \{x_1, x_2, \cdots, x_n\}$，$Y = \{y_1, y_2, \cdots, y_n\}$ 是有限集合时，定义在直积空间 $X \times Y$ 上的模糊关系 R 用如下 $n \times m$ 阶矩阵来表示

$$\boldsymbol{R} = \begin{bmatrix} \mu_R(x_1,y_1) & \mu_R(x_1,y_2) & \cdots & \mu_R(x_1,y_m) \\ \mu_R(x_2,y_1) & \mu_R(x_2,y_2) & \cdots & \mu_R(x_2,y_m) \vdots \\ \mu_R(x_n,y_1) & \mu_R(x_n,y_2) & \cdots & \mu_R(x_n,y_m) \end{bmatrix} \tag{5.9}$$

模糊关系是一种定义在直积空间上的模糊集合,所以它必定遵从以下一般模糊集合的运算规则

$$\text{交运算}: \boldsymbol{R} \cap \boldsymbol{S} \leftrightarrow \mu_{R\cap S}(x,y) = \mu_R(x,y) \wedge \mu_S(x,y) \tag{5.10}$$

$$\text{并运算}: \boldsymbol{R} \cup \boldsymbol{S} \leftrightarrow \mu_{R\cup S}(x,y) = \mu_R(x,y) \vee \mu_S(x,y) \tag{5.11}$$

$$\text{补运算}: \overline{\boldsymbol{R}} \leftrightarrow \mu_{\overline{R}}(x,y) = 1 - \mu_R(x,y) \tag{5.12}$$

模糊集合和模糊运算分别是模糊逻辑的主体和推理过程,而"*if-then*"规则是包含这些模糊逻辑的条件陈述语句,最简单的规则形式是:if x is A then y is B。其中 A,B 是模糊语言变量,规则表示了 A 与 B 之间的一种关系,这里称为模糊蕴含关系,记为 $A \to B$。假设 A 和 B 分别是定义在 X 和 Y 上的模糊集合,由 $A \to B$ 所表示的模糊蕴含是定义在 $X \to Y$ 上的一个特殊模糊关系,运算方法见式(5.13),式(5.14),式(5.15)和式(5.16)。

模糊蕴含最小运算(Mamdani)

$$R_c = A \to B = \int_{X\times Y} \mu_A(x) \wedge \mu_B(y)/(x,y) \tag{5.13}$$

模糊蕴含积运算(Larsen)

$$R_p = A \to B = \int_{X\times Y} \mu_A(x)\mu_B(y)/(x,y) \tag{5.14}$$

模糊蕴含算术运算(Zadeh)

$$R_a = A \to B = \int_{X\times Y} 1 \wedge (1 - \mu_A(x) + \mu_B(y))/(x,y) \tag{5.15}$$

模糊蕴含的布尔运算

$$R_b = A \to B = \int_{X\times Y} (1 - \mu_A(x)) \vee \mu_B(y)/(x,y) \tag{5.16}$$

4. 模糊逻辑推理系统结构(FLIS)设计

模糊推理本质上就是将一个给定的输入空间通过模糊逻辑的方法映射到一个特定的输出空间的计算过程。这种映射涉及到隶属度函数、模糊逻辑运算、if-then 规则等一些基本理论。在工程应用中,往往期待推理出的是一个确定的控制量或其他的确定数值,而应用 Mamdani 型的模糊推理系统,每一条规则推理后得到的输出是变量的分布隶属度函数或离散的模糊集合,将多条规则的结果合成以后,对每一个输出变量模糊集合都要进行去模糊化(解模糊化)处理,以得到实际问题的期望输出。模糊控制系统设计的核心是模糊控制器,它主要由四部分组成(模糊化接口、知识库、推理算法、清晰化接口)。模糊控制系统的设计在于模糊控制器的设计:即输入输出量的量化、输入量的模糊化、语言控制规则、模糊逻辑推理、输出量的反模糊化(图 5.21)。

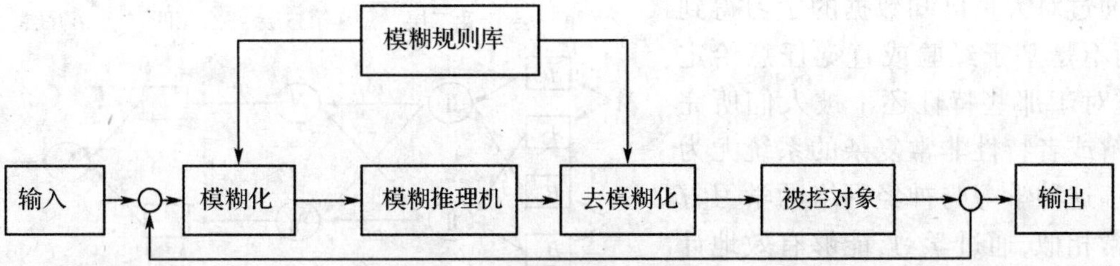

图5.21 模糊控制器结构图

Sugeno型模糊推理系统是在1985年提出后所采用的另一种模糊推理方法,其许多方面与Mamdani型系统非常相似,主要区别在于Sugeno型的推理规则后项结论中的输出变量的隶属度函数只能是关于输入的线性函数或常值函数。零阶Sugeno型模型中的一条典型的模糊规则具有如下形式:

$$\text{if } x \text{ is } A \text{ and } y \text{ is } B \text{ then } z = k$$

其中,A和B是前项条件中的模糊集,而k是后项结论中所准确定义的常数(非模糊概念),如果每条规则的输出结果都是这样的常数值,则Sugeno系统和Mamdani系统是非常相似的。所不同的是零阶Sugeno型系统所有规则输出的隶属度函数都是一个单点集,并且对于其模糊推理过程的蕴含算法(Implication)的合成算法(Aggregation)是固定的。应用中更为普遍的一阶Sugeno模糊模型中模糊规则一般具有以下形式:

$$\text{if } x \text{ is } A \text{ and } y \text{ is } B \text{ then } z = p * x + q * y + r$$

其中:p,q和r都是确定的常数。对于一个由n条规则组成的Sugeno型模糊推理系统,设每条规则具有下面的形式:

$$R_i: \text{if } x \text{ is } A_i \text{ and } y \text{ is } B_i \text{ then } z = z_i (i = 1,2,\cdots,n)$$

则系统总的输出用下式计算

$$y = \frac{\sum_{i=1}^{n} \mu_{A_I}(x)\mu_{B_i}(y)z_i}{\sum_{i=1}^{n} \mu_{A_i}(x)\mu_{A_i}(y)} \tag{5.17}$$

在使用MATLAB建立Sugeno型模糊推理系统时,其步骤仍与Mamdani系统相似,只是输出变量值的隶属度函数的概念被模糊规则中线性函数或常数取代,因而输出变量的范围无法直接确定,故在MATLAB中对于Sugeno型系统输出变量的范围指定是没有作用的。

5. 自适应模糊推理系统(ANFIS)建模原理

由于模糊推理本身不具备自学习功能,其应用受到了很大限制,而人工神经网络又不能表达模糊语言,所以不能很好表达人脑的推理功能。自适应模糊推理系统(ANFIS)将二者有机地结合起来,其最大的特点是一种基于数据的建模方法。系统中的模糊隶属度函数及模糊规

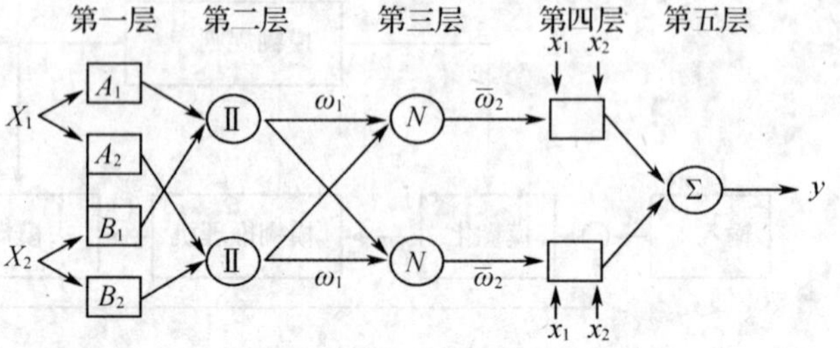

图 5.22 Sugeno 模糊系统等效的 ANFIS 结构

则是通过对大量已知数据的学习得到的,而不是基于经验或直觉任意给定的,这对于那些特性还不被人们所完全了解或者特性非常复杂的系统尤为重要。这种学习与神经网络的学习方法非常相似,通过学习,能够有效地计算出隶属度函数的最佳参数,使得设计出来的 Sugeno 型模糊推理系统能够最好地模拟输入输出关系。由于 Takagi-Sugeno 型模糊推理具有计算简单、利于数学分析的优点,从而可以作为实现具有优化与自适应能力的控制器或模糊建模工具。图 5.22 即为类似一阶 Sugeno 型模糊推理系统功能的 ANFIS,同一层的每个节点具有相似的功能。

第一层:该层节点 i 是以节点函数表示的方形节,其模糊集的隶属函数为

$$O_{1,i} = \mu_{Ai}(x_i), \quad i = 1,2 \quad O_{1,i} = \mu_{B(i-2)}(x_2), \quad i = 3,4 \tag{5.18}$$

第二层:该层的节点表示将输入信号相乘,其乘积输出为

$$O_{2,i} = w_i = \mu_{Ai}(x_i)\mu_{Bi}(x_2), \quad i = 1,2 \tag{5.19}$$

第三层:该层节点表示第 i 个节点计算第 i 条规则的 w_i 与全部规则 w 值之和的比值为

$$O_{3,i} = \overline{w_i f_i} = \frac{w_i}{w_1 + w_2} \tag{5.20}$$

第四层: 该层每个节点 i 为自适应节点,其输出为

$$O_{4,i} = \overline{w_i} f_i = \overline{w_i}(p_i x_1 + q_i x_2 + r_i), \quad i = 1,2 \tag{5.21}$$

第五层:该层单节点是一个固定节点,计算所有输入信号的总输出为

$$O_{5,i} = \sum_i \overline{w_i} f_i = \frac{\sum_i w_i f_i}{\sum_i w_i} \tag{5.22}$$

6. 基于 MATLAB 的 ANFIS 辅助设计与实现

自适应模糊推理系统可分为非模糊聚类的自适应模糊推理系统与模糊减法聚类的自适应模糊推理系统。非聚类的自适应模糊推理的实质是借用神经网络中的反向传播算法,对一组给定的输入输出数据集进行学习来调整模糊推理系统中变量的隶属度函数。模糊聚类的目的是从大量的数据中抽取固有的特征,将每个数据点作为可能的聚类中心,并根据各个数据点周围的数据点密度来计算该点作为聚类中心的可能性。由减法聚类得到的聚类估计可以用于初始化那些基于重复优化过程的模糊聚类以及模型辨识方法。ANFIS 辅助设计实现步骤如下。

Step1:产生训练数据和测试数据

ANFIS 是一种基于已有数据的建模方法,由于 ANFIS 方法的计算量将以高于训练数据增

加的比例而增长,使用大量训练数据必然极大地增加计算工作量。更重要的是由于神经网络学习并不总是朝着最优方向进行收敛,有的情况下,随着训练数据的增加,训练结果反而变差,更恶劣的是系统可能会改变结构。通常将数据分为三组,第一组用于训练模型(Training Data set),第二组用于训练过程中的辅助模型校验(Checking Data Set),第三组用于模型结果的测试(Testing Data Set)。

Step2:确定输入变量的隶属度函数的类型和个数

设历史训练输入、输出数据为 trnData,检测历史输入、输出数据为 chkData。对于非模糊聚类的 ANFIS 必须设置其隶属度函数个数 numMFs、隶属度函数类型 mfType、训练次数 numEpochs;对于模糊减法聚类的 ANFIS 则由其数据对与训练次数来决定即可。

Step3:调用 genfis1 或 genfis2 函数产生初始的 ANFIS

对于非模糊聚类的 ANFIS,可由 genfis1 函数产生初始的 ANFIS,即

$$\text{fismat} = \text{genfis1}(\text{trnData}, \text{numMFs}, \text{mfType}) \tag{5.23}$$

对于模糊减法聚类的 ANFIS,调用 genfis2 函数产生初始的 ANFIS,由于函数 genfis2 是一种快速的单次算法,不同于那些基于迭代过程的算法,它并不进行反复的优化过程。根据专家经验选择聚类半径(设为 0.5),则

$$\text{fismat} = \text{genfis2}(\text{datin}, \text{datout}, 0.5) \tag{5.24}$$

Step4:设定 ANFIS 训练的各项参数,调用 anfis 函数训练 ANFIS

在 MATLAB 的模糊逻辑工具箱中,只能支持一阶或零阶的 Sugeno 系统,只能采用单输出系统,并且采用权重平均法解模糊化及所有规则的单位权为 1,对于解耦的多输出系统,可以看成是多个单输出系统的简单叠加。该模糊推理系统利用反向传播算法和最小二乘方算法来完成对输入/输出数据对的建模,相应的函数为 anfis,该函数支持采用输出加权平均的一阶 Sugeno 型模糊推理,利用自适应神经算法进行模糊系统训练,为进一步提高系统性能,选取与之匹配的训练迭代次数 epoch_n。其格式分别如下

[***fismat***1, error1, stepsize] = anfis(***trnData***, ***fismat***, trnOpt, dispOpt)

或[***fismat***1, error1, stepsize, ***fismat***2, error2] = anfis(trnData, ***fismat***, …

trnOpt, dispOpt, ***chkData***, optMethod) (5.25)

式中 ***fismat*1**——学习完成后得到的对应最小均方根误差的模糊推理矩阵;

***error*1**——训练的均方根误差向量;

stepsize——训练步长向量;

***fismat*2**——检验数据具有最小均方根误差的模糊推理系统矩阵;

***error*2**——检验数据对应的最小均方根误差向量。

TrnData——用于训练学习的输入输出数据矩阵,该矩阵的每一行对应一组输入输出数据,最后一列为输出数据;

Fismat——用于指定的初始的模糊推理系统参数(包括隶属度函数类型和参数)矩阵,

该矩阵可使用函数 fuzzy 通过模糊推理系统编辑器生成,也可以使用函数 genfis1 由训练数据直接生成;

trnOpt、***dispOpt***——分别用于指定训练的有关选项和在训练执行过程中 MATLAB 命令窗口的显示项;

chkData——与训练数据矩阵有相同列数的矩阵,用于提供检验数据;

optMethod——网络的训练算法,当取 1 时选用(hybrid)混合算法,取 0 时采用反向传播算法(backpropagation),缺省时采用 hybrid 算法,也就是最小二乘的方向传播算法。

Step5:检验得到的 FIS 的性能

在自适应模糊神经推理系统中,系统的结构和数据的确定是非常重要的,故可通过适当的调节输入数据的模糊分割数,以使系统的结构选择应当有足够的参数以反映出全部特征。即系统结构应当与数据相匹配,通过在 MATLAB 辅助实现时可反复调试。

Step6:利用 evalfis 函数求输出结果

根据训练后的 fismat1,可得出其系统函数关系式

$$\text{output} = \text{evalfis}(\text{DATA}, \text{fismat1}) \tag{5.26}$$

通过以上分析可知,两种方法均可进行 ANFIS 建模。但减法聚类算法能快速生成模拟特定数据特征的模糊推理系统,也可以作为自适应神经网络模糊算法的一个预处理过程以得到初始的模糊规则。模糊聚类方法的一个重要的优点就是生成的模糊规则比不用聚类方法得到的规则更加符合这些输入输出数据。这也减少了当输入数据变量的数目很大时,模糊规则数目可能出现的组合爆炸问题。

5.5.3 铀矿山生产调度系统智能优化

由于复杂矿山系统模型不能采用传统的优化理论得到全局最优解,因而其求解受到一定的局限。同时系统的参数由于受环境的影响应是一个变系数,如果用作清晰数来求解,理论解与实际解将相背离。加之市场需求、金融环境、生产过程的不确定性所涉及互动因素,必须借助现代优化理论,实现系统的在线优化。目前兴起的遗传算法、蚁群算法是实现复杂系统全局优化的群体算法,可正确解决铀矿山系统的协调与全局优化问题。

1. 遗传算法原理及操作流程

自 1960 年以来,人们对模拟生物以及由此开发的针对复杂优化问题的有效算法产生了浓厚兴趣,在该领域中常常引用的术语主要是进化计算(Evolutionary Computation),它主要包含由 Holland 开发的遗传算法(Genetic Algorithms),由 Rechenberg 和 Schwefel 开发的进化策略(Evolution Strategies),由 Fogel 等人开发的进化规划(Evolution Programming),由 Koza 开发的遗传程序设计(Genetic Programming),此外还有将上述算法的各种特点结合而成的混合算法。从数学角度看,遗传算法实质上是一种随机搜索技术,是对优化问题的参变量进行编码,算法

不是直接面对参变量,而是面对一种新的信息载体。遗传算法是一种群体型操作,该操作以群体中的所有个体为对象,选择(Selection)、交叉(Crossover)和变异(Mutation)是遗传算法的三个主要操作算子(见图5.23),它既不是盲目的也不是穷举式的。它的突出特点就是把注意力集中到搜索空间中适应度最高的部分,无须导数或其他辅助信息,只用编码和适应度表示问题,是一种智能的全局优化算法。遗传算法常用的编码方法有二进制编码和实数编码。由于 Hamming 悬崖的存在,二进制编码对于函数优化问题存在严重的缺陷,个体编码串的长度较长时,虽然能提高精度,但却会使算法的搜索空间急剧扩大。实数编码基因型空间中的拓扑结构与其表现型空间中的拓扑一致,很容易从传统优化方法中借鉴好的技巧来形成有效的遗传算子,因而实数编码对于函数优化问题最为有效。就二进制编码和浮点数编码而言,二进制编码比浮点数编码搜索能力强,但浮点数编码比二进制编码在变异操作上能够保持更好的种群多样性。在无约束优化问题中,通常采用二进制编码,而在有约束的优化问题中,多数采用实数编码。

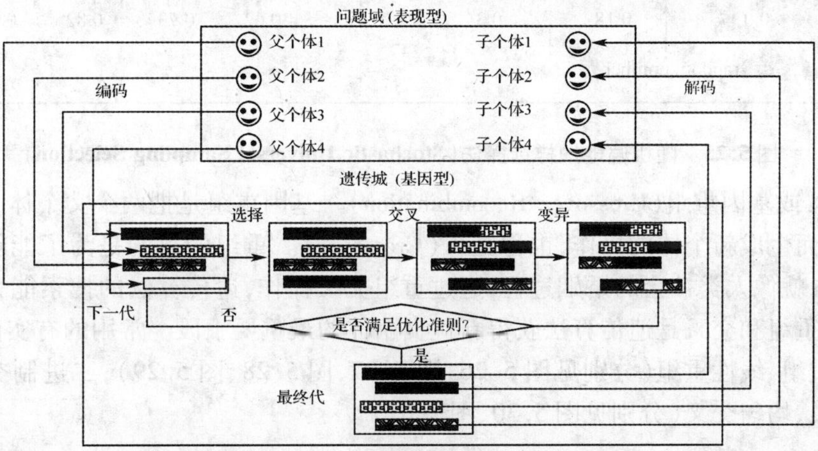

图5.23 遗传算法(GA)的过程

2. 遗传算法(GA)的参数选择

按照生物学进化理论的观点,多样性是生物进化的基础。在遗传算法中,群体的多样性是算法能否搜索到全局最优解的基本条件,它能保证遗传算子正常发挥进化和模式重组效应。其主要的操作参数选择设置如下。

(1)选择(Selection)算子 选择算子遵循了"自然选择,适者生存"的原则,从当前群体中选择适应度高的个体遗传到下一代。它使得群体适应度得以提高,其主要作用在于避免了基因的缺失,提高了全局收敛性和计算效率,但同时也导致了 GA 的早熟或模式欺骗问题,这是选择算子的双重意义。个体选择概率常用的分配方法有按比例的适应度分配(Proportional Fitness Assignment)和基于排序的适应度分配(Rank-based Fitness Assignment)两种;轮盘赌选择(Roulette Wheel Selection)(见图5.24)、随机遍地抽样选择法(Stochastic Universal Sampling Selection)(见图5.25)、局部选择(Local Selection)在适应度函数选择排序时经常使用。

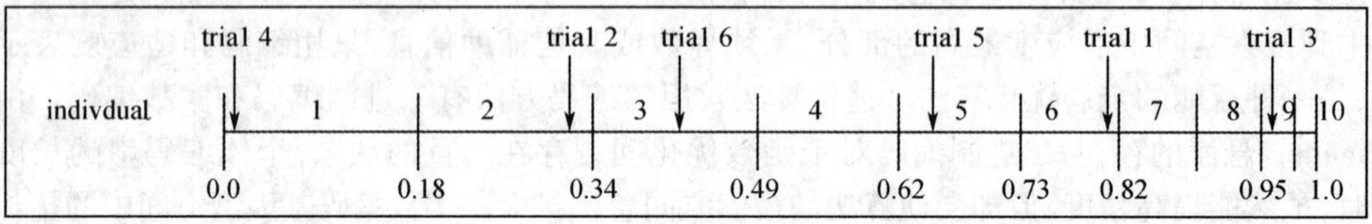

图5.24 轮盘赌选择法

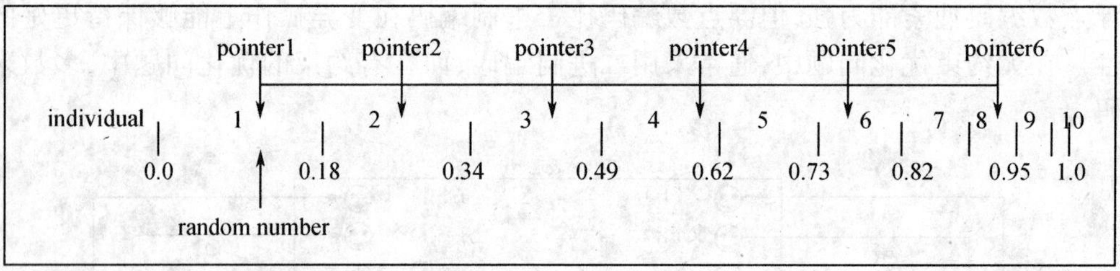

图5.25 随机遍地抽样选择法(Stochastic Universal Sampling Selection)

(2)交叉或基因重组(Crossover/Recombination) 基因重组是把两个父个体的部分结构加以替换重组而生成新个体的操作,也称交叉(Crossover)。重组的目的是为了能够在下一代产生新的个体,就像人类社会的婚姻过程,通过重组交叉操作,遗传算法的搜索能力得以飞速的提高。基因重组和交叉是遗传算法获得新优良个体的最重要手段。常用的有实值重组有离散重组、中间重组、线性重组(分别见图5.26、图5.27、图5.28、图5.29);二进制交叉有单点交叉、多点交叉、均匀交叉(分别见图5.30、图5.31)

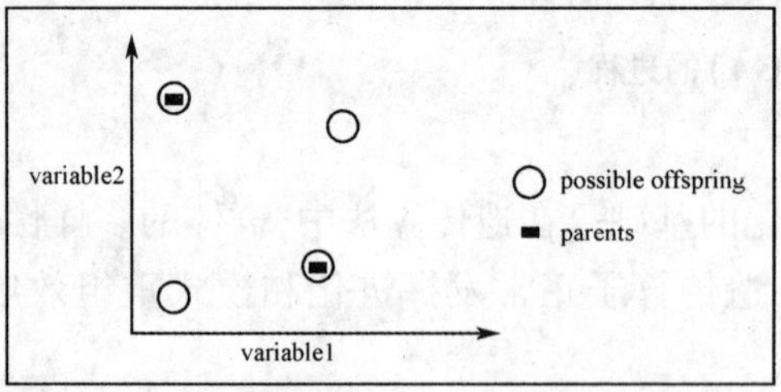

图5.26 离散重组

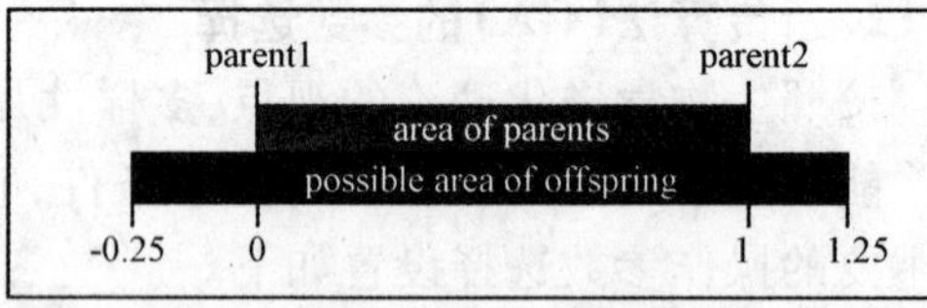

图5.27 中间重组

(3)变异(Mutation)算子 变异算子主要采用实值变异和二进制变异。可根据复杂系统的模型特点或变异算子本身的特性来确定参数编码规则。其中实值变异步长的选择比较困难,最优的步长视具体情况而定,甚至在优化过程中可以改变。采用如下变异算子:$X' = X \pm$

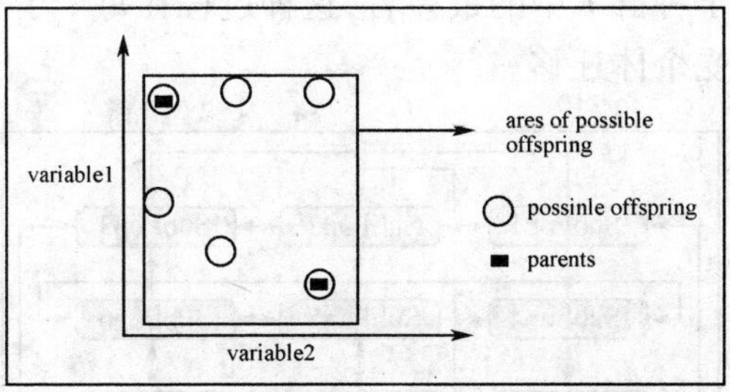

图 5.28　中间重组后子个体的可能位置

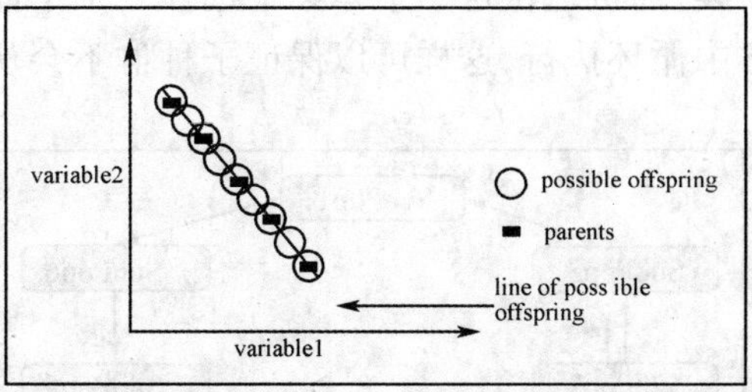

图 5.29　线性重组

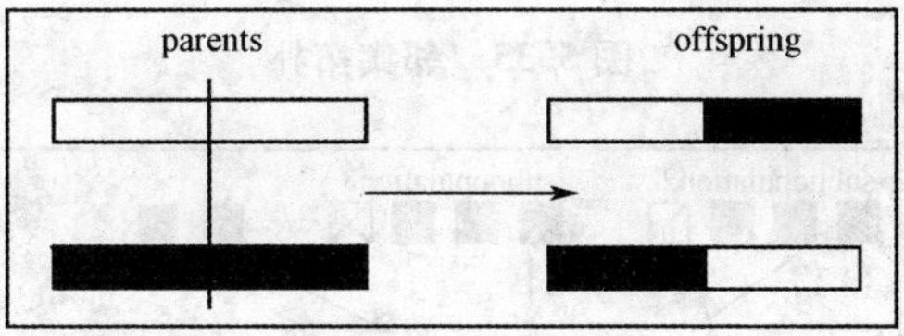

图 5.30　单点交叉

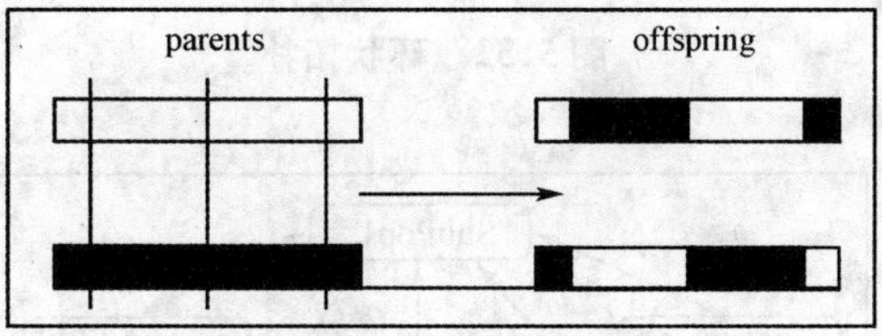

图 5.31　多点交叉

$0.5L\Delta$；式中：$\Delta = \sum_{i=0}^{m=1} \frac{a(i)}{2^i}$，$a(i)$，以概率 $1/m$ 取值 1，以 $1-1/m$ 取值 0，通常 $m = 20$；L 为变量取值范围；X 为变异前变量取值；X' 为变异后变量取值。

对于二进制编码来说，变异意味着变量的翻转，对于每个个体，变量值的改变是随机的。例如考虑含有 11 位二进制变量的个体：

parents　　0 1 1 1 0 0 1 1 0 1 0

个体翻转发生在第 4 位，则新个体为：

offspring　　1 1 1 0 0 0 1 1 0 1 0

3. 遗传算法(GA)的改进与实现

遗传算法中适应度的计算最费时间，再加上需要不断产生新一代，而每一代又有若干个体，提高遗传算法的运行速度显得尤其重要。由于遗传算法的内在并行机制，其并行处理是很自然的解决途径。迁移策略是并行遗传算法引入的一个新的算子，它是指在进化过程中子群体间交换个体的过程，一般的迁移方法是将子群体中最好的个体发给其他的子群体，通过迁移可以加快较好个体在群体中的传播，提高收敛速度和解的精度。对于子种群之间的个体迁移结构有多种可能性，主要有如下三种：迁移发生在环状子群的环状拓扑(图 5.32)、迁移发生在邻集子群的邻集拓扑(图 5.33)、迁移发生在所有子种群的网络拓扑(图 5.34)。最一般化的迁移模型是完全网络拓扑，个体在众多的子种群之间相互迁移，移民均匀分布在大种群中，图 5.35 给出了四个子种群的按适应度选择的无约束迁移。子种群 2，3，4 构造出最佳种群的个体集,随机地从这一个体集中选择一个个体来取代子种群1中的最差者,这种过程在每个子种群中循环执行,这样可以保证子种群不会从自身接受个体迁移。

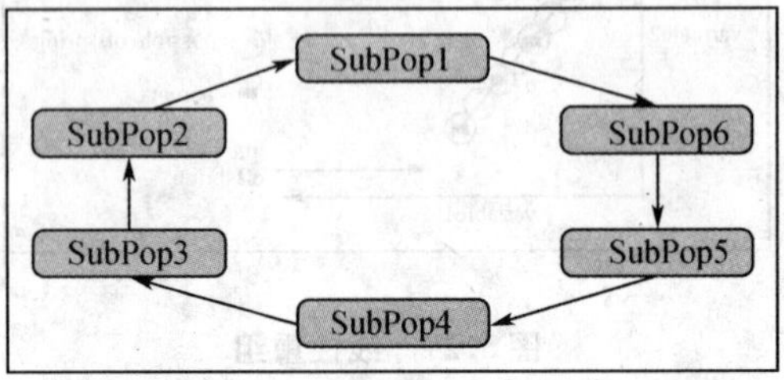

图5.32 环状拓扑

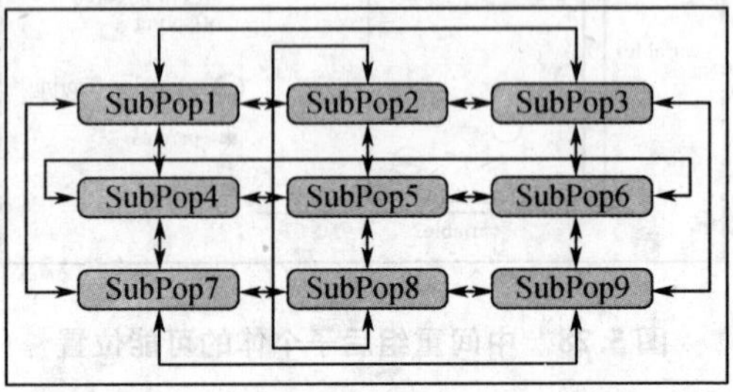

图5.33 邻集拓扑

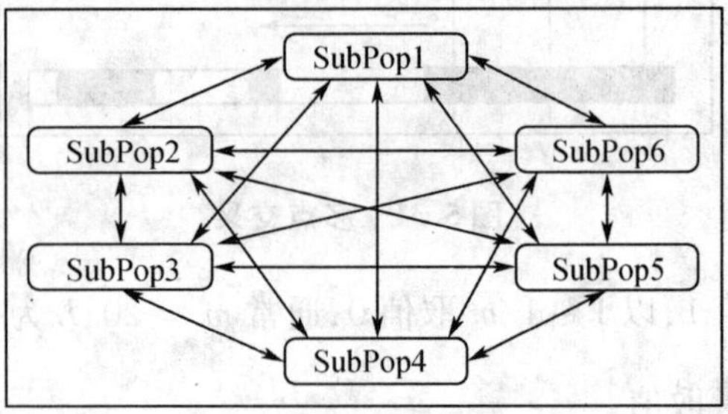

图5.34 网络拓扑

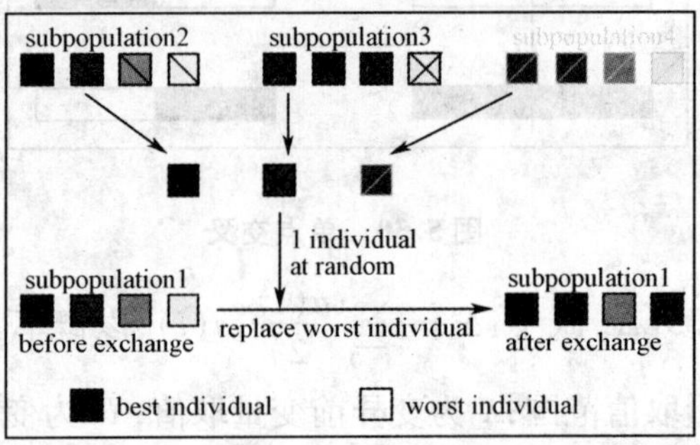

图5.35 按适应度选择的列约束迁移

对于多波峰函数的遗传算法,多种群的并行遗传算法比一般单种群的遗传算法更能改善算法的收敛速度。因此采用并行遗传算法不仅能提高遗传算法的运行速度,而且能改善算法的性能和提高其精度,使之能够迅速求出最优解(见图5.36)。因此运用遗传算法可以方便地实现其运算功能,并可在此基础上作进一步开发与研究,可解决不同工程领域或经济管理领域的优化问题。

4. 基于MATLAB的并行遗传算法(PGA)优化实现

为能较好地实现遗传算法运行程序,可运用科学计算工具软件MATLAB,即在在MATLAB6.x平台上建立遗传算法工具箱,也可在网上下载。一是GAOT工具箱,在其里面有许多实用的函数可供调用,其二是进化计算工具箱GEATOOLBOX,其有许多常用的函数可供调用,也可同时将这二个工具箱进行组装在一起使用,增加其功能,弥补各自的不足。并在组装的基础上,构造新的m-函数充实其应用功能。

由于非线性系统所涉及的参数众多,对其参数的优化需要采用多数据结构模型求解,而基于遗传算法的优化实现可有效地解决这一问题,即其染色体的数据结构能够储存在单一矩阵中,如在 $Nind \times Lind$ 矩阵中,*Nind* 代表种群个体数目,*Lind* 代表个体基因型的长度,则种群可

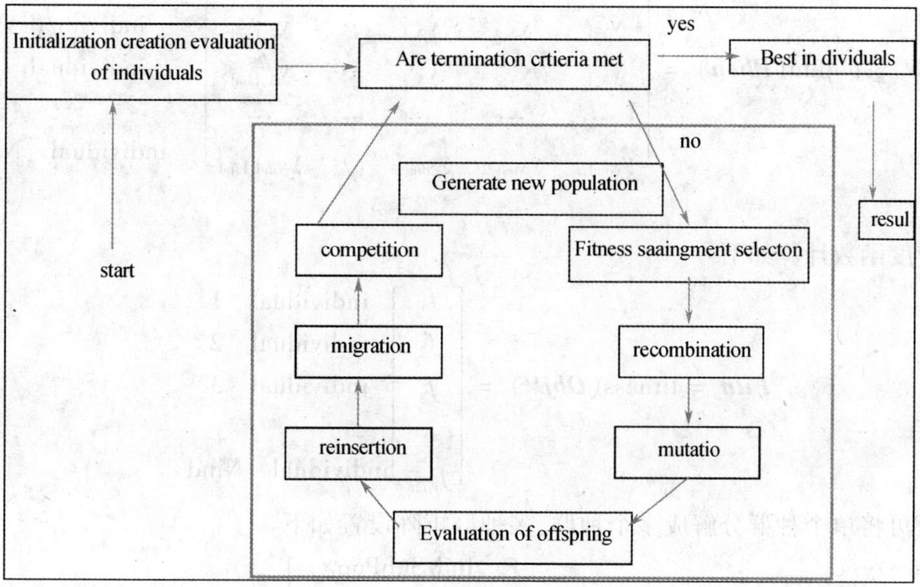

图 5.36　并行遗传算法求解图

用一个染色体结构数据存储在单一矩阵中，数据结构编码表示如下

$$\boldsymbol{Chrom} = \begin{bmatrix} g_{1,1} & g_{1,2} & g_{1,3} & \cdots & g_{1,Lind} \\ g_{2,1} & g_{2,2} & g_{2,3} & \cdots & g_{2,Lind} \\ g_{3,1} & g_{3,2} & g_{3,3} & \cdots & g_{3,Lind} \\ \cdots & \cdots & \cdots & \cdots & \cdots \\ g_{Nind,1} & g_{Nind,2} & g_{Nind,3} & \cdots & g_{Nind,Lind} \end{bmatrix} \begin{matrix} \text{individual} \quad 1 \\ \text{individual} \quad 2 \\ \text{individual} \quad 3 \\ \cdots \\ \text{individual} \quad \text{Nind} \end{matrix} \tag{5.27}$$

数据结构解码表示如下：

$$\boldsymbol{Phen} = \mathrm{decode}(\boldsymbol{Chrom}) = \begin{bmatrix} x_{1,1} & x_{1,2} & x_{1,3} & \cdots & x_{1,Lind} \\ x_{2,1} & x_{2,2} & x_{2,3} & \cdots & x_{2,Lind} \\ x_{3,1} & x_{3,2} & x_{3,3} & \cdots & x_{3,Lind} \\ \cdots & \cdots & \cdots & \cdots & \cdots \\ x_{Nind,1} & x_{Nind,2} & x_{Nind,3} & \cdots & x_{Nind,Lind} \end{bmatrix} \begin{matrix} \text{individual} \quad 1 \\ \text{individual} \quad 2 \\ \text{individual} \quad 3 \\ \cdots \\ \text{individual} \quad \text{Nind} \end{matrix} \tag{5.28}$$

目标函数计算如下

$$\boldsymbol{ObjV} = \text{objfun}(\boldsymbol{Phen}) = \begin{bmatrix} y_{1,1} & y_{1,2} & y_{1,3} & \cdots & y_{1,\text{Lind}} \\ y_{2,1} & y_{2,2} & y_{2,3} & \cdots & y_{2,\text{Lind}} \\ y_{3,1} & y_{3,2} & y_{3,3} & \cdots & y_{3,\text{Lind}} \\ \cdots & \cdots & \cdots & \cdots & \cdots \\ y_{\text{Nind},1} & y_{\text{Nind},2} & y_{\text{Nind},3} & \cdots & y_{\text{Nind},\text{Lind}} \end{bmatrix} \begin{matrix} \text{individual} \quad 1 \\ \text{individual} \quad 2 \\ \text{individual} \quad 3 \\ \cdots \\ \text{individual} \quad \text{Nind} \end{matrix} \tag{5.29}$$

适应度函数计算如下

$$\boldsymbol{Fitn} = \text{fitness}(\boldsymbol{ObjV}) = \begin{bmatrix} f_1 \\ f_2 \\ f_3 \\ \cdots \\ f_{Nind} \end{bmatrix} \begin{matrix} \text{individual} \quad 1 \\ \text{individual} \quad 2 \\ \text{individual} \quad 3 \\ \cdots \\ \text{individual} \quad \text{Nind} \end{matrix} \tag{5.30}$$

同时可将单个种群分解成多个种群,多种群矩阵设置如下

$$\boldsymbol{Chrom} = \begin{bmatrix} \text{Ind}_1\text{SubPop}_1 \\ \text{Ind}_2\text{SubPop}_1 \\ \cdots \\ \text{Ind}_N\text{SubPop}_1 \\ \text{Ind}_1\text{SubPop}_2 \\ \text{Ind}_2\text{SubPop}_2 \\ \cdots \\ \text{Ind}_N\text{SubPop}_2 \\ \cdots \\ \text{Ind}_1\text{SubPop}_{\text{SUBPOP}} \\ \text{Ind}_2\text{SubPop}_{\text{SUBPOP}} \\ \cdots \\ \text{Ind}_N\text{SubPop}_{\text{SUBPOP}} \end{bmatrix} \tag{5.31}$$

5.5.4 铀矿山生产调度系统 ANFIS 建模及遗传优化实施步骤

扁平化管理模式下铀矿山生产调度系统涉及到参数众多,具有复杂的非线性,属于多参数的复杂非线性系统的建模与优化问题。基于模糊逻辑推理与神经网络的学习功能相结合的 ANFIS 具有很好的数据拟合能力;遗传算法具有很好的全局优化能力,可有效地解决模糊神经

网络的非线性系统模型求解问题,从而可以实现铀矿山生产调度系统的实时优化。根据人工智能建模及遗传算法特点,构建了基于 MATLAB 的铀矿山生产调度系统 ANFIS 建模及遗传优化算法,其实施步骤如下。

Step1　收集系统输入输出数据对:收集富有历史意义的铀矿山生产调度系统模型的输入输出数据对,即以各生产调度系统的影响因素作为输入变量,其生产效益作为目标函数,且为输出变量,为系统建模提供初始化系统网络模型。

Step2　归一化训练数据对与核对数据对:将数据对按一定比例划为训练数据与核对数据;并对各自参数数据序列进行归一化。

step3　ANFIS 模型训练:进行模糊减法聚类(genfis2)生成自适应模糊推理系统;再利用 anfis 函数训练系统模型。

Step4　建立 ANFIS 函数关系式:即通过 anfis 训练函数经反复调试后得到非线性系统 ANFIS 模型函数:。

Step5　采用实数编码,划分子代种群与子代数目,生成初始种群:Chrom = crtrp(SUBPOP * NIND, FieldDR);

Step6　设置适应度函数:ObjV = evalfis(Chrom, outfismat) + p(chrom);

Step7　进行选择、交叉、变异,优化种群个体

```
%  从种群中选择个体
    SelCh = select(SEL_F, Chrom, FitnV, GGAP, SUBPOP);
%  重新组合选择的个体
    SelCh = recombin(XOV_F, SelCh, XOVR, SUBPOP);
%  变异
    SelCh = mutate(MUT_F, SelCh, FieldDR, [MUTR], SUBPOP);
```

Step8　引入插入策略和迁移策略,进行迭代计算,求出最优解

```
%  插入个体
[Chrom, ObjV] = reins(Chrom, SelCh, SUBPOP, [1 INSR], ObjV, ObjVOff);
%  迁移个体
[Chrom, ObjV] = migrate(Chrom, SUBPOP, [MIGR, 1, 0], ObjV);
```

Step9　种群更新,转向 step7。

5.5.5　矿山技术经济系统参数系统优化之案例分析

现以湖南某大型矿山生产实践为例,根据历年所搜集到的很有针对性和代表性的历史数据(见表 5.1),来求出其技术经济参数对矿石生产成本的关系。

表 5.1 矿山系统历年技术经济参数表

序号	穿孔工效 /(m/台班)	炸药单耗 /(kg/t)	延米矿量 /(t/m)	大块率 /(发/t)	动力消耗 /(kwh/t)	台时产量 /(t/h)	碎石成本 /(¥/t)
1	28.771 4	0.234 8	71.628 4	2.556 5	2.532 8	243.744 9	9.309 4
5	30.824 8	0.199 2	69.486 7	3.304 7	3.549 4	189.847 6	13.691 7
10	32.761 8	0.199 3	61.500 2	2.899 7	2.836 7	242.010 1	11.567 6
15	40.974 8	0.193 5	71.996 7	3.203 8	2.503 5	275.519 6	10.357 8
20	39.337 2	0.219 8	54.854 2	3.303 7	3.181 8	239.032 7	10.143 6
25	33.545 6	0.216 7	70.151 9	2.781 5	2.816 1	210.857 2	10.921 3
30	41.773 7	0.239 4	61.167 8	2.633 3	2.630 8	274.945 7	9.139 1
35	38.561 8	0.173 3	62.229 3	3.718 5	2.597 4	258.830 1	9.741 3
40	29.616 1	0.212 9	55.589 7	3.432 7	3.332 2	225.178 8	10.320 2
45	34.369 5	0.234 9	58.989 5	3.504 9	3.224 2	209.514 8	10.933 6
50	24.715 6	0.226 8	68.645 2	2.250 2	3.340 7	209.951 8	9.539 9
55	33.681 5	0.265 7	60.911 8	2.301 3	3.096 5	228.285 7	10.862 3
60	33.013 2	0.214 5	54.155 5	3.052 5	3.122 1	275.833 2	11.707
65	31.548 6	0.191 2	73.843 3	3.415 9	3.310 1	176.357 1	9.792 6
70	33.468 4	0.210 8	56.690 1	2.723 3	2.974 3	201.117 7	9.188 8
75	25.352 8	0.202 9	57.435 1	3.006 4	3.033 1	240.933 7	12.022

1. 开展矿山技术经济参数系统建模

对影响矿石成本的穿孔工效(m/台班)、炸药单耗(kg/t),延米矿量(t/m)、大块率(发/t)、动力消耗(kwh/t)、台时产量(t/h)作输入变量,矿石成本(¥/t)作为输出变量。由于考虑到各参数间的数据离差太大,很难训练模型,在装载进入 MATLAB 平台之前应将各参数集实施归一化,然后在 MATLAB 平台中操作。又由于变量参数较多,宜先实施模糊减法聚类,即选取 genfis2 函数生成初始自适应模糊推理系统,选择合理的训练次数(100)优化系统模型,其训练误差与核对误差分别为:$2.887\ 3 \times 10^{-4}$, 0.001 2。其模糊结构(图 5.37)、模糊推理规则(图 5.38)说明了建模的真实性与可靠性。

2. 矿山企业技术经济参数系统遗传优化求解

本方案采用实数编码的并行遗传算法,进行迭代求出各参数变量的最优解。

首先,选择合理遗传参数

```
GGAP = 0.8;          //代间隔
INSR = 0.9;          //插入率,
```

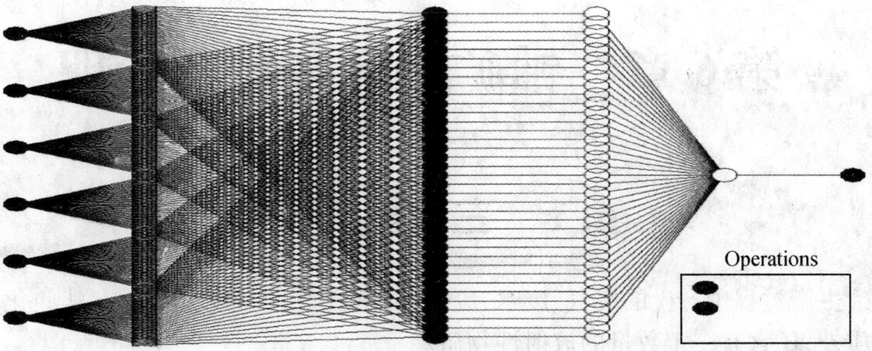

图5.37　自适应模糊推理结构图

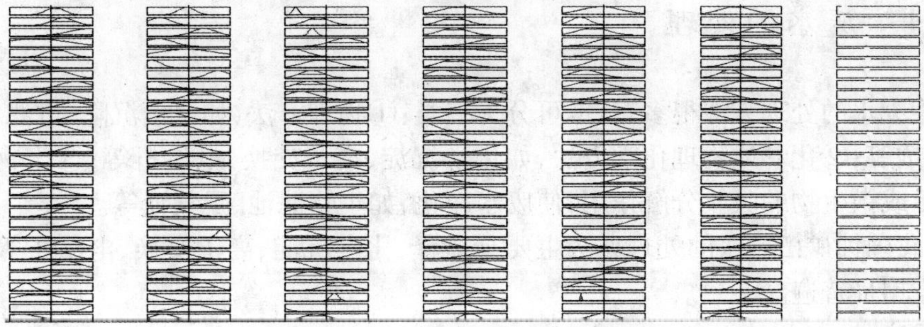

图5.38　模糊推理规则图

XOVR = 1;　　　　//交叉率
SP = 2;　　　　　//选择压力
MUTR = 1;　　　　//变异率
MIGR = 0.2;　　　//子代之间的迁移率
MIGGEN = 20;　　　//用于迁移的子代数目

其次,选择合适的遗传操作算子

SEL_F = 'sus';　　　//选择函数名
XOV_F = 'recdis';　//个体组合函数名
MUT_F = 'mutbga'; //变异函数名

最后,引入插入和迁移策略,进行遗传算法迭代计算求出最优解

[Chrom, ObjV] = reins (Chrom, SelCh, SUBPOP, [1 INSR], ObjV, ObjVOff)

经过600次迭代计算,最后经归一化还原求出各参数的最优解为:

23.960 4　　0.165 1　　81.346 1　　3.865 6　　1.983 8　　301.525 6;

其矿石成本最小为7.317 0元/吨。

第6章　铀矿山环境综合治理

6.1　三　废　处　理

铀矿冶生产过程中产生的废气、废水、废渣，简称三废。三废中除含有某些化学毒物及其他有害物质外，还含有一定数量的放射性物质。

6.1.1　废水的处理

放射性废水的处理方法很多，基本可分为三类：①物理方法，如自然沉降、过滤、蒸发浓缩、稀释、反渗透等；②化学或物理化学方法，如化学沉淀、离子交换、电渗析等；③生物方法，主要是通过细菌或微生物的吸收分解作用，使废水净化，如生物滤池、曝气池等。

目前，我国铀矿山废水的处理方法主要有稀释、化学沉淀、离子交换、电渗析等，其中以离子交换法应用最普遍。

1. 稀释法

处理放射性废水有两种途径：一种是进行浓缩，即借助各种物理、化学或生物方法把放射性物质浓缩分离，最后使之与人类的生活环境隔离；另一种是进行稀释，即借助于各种天然水源（河流、湖泊和海洋），将放射性物质予以稀释。

将放射性废水排入江河时，应避开经济鱼类产卵区和水生生物养殖场，根据江河的稀释能力，控制放射性废水的排放浓度和排放量，以保证在不利的条件下，使排放口河流下游最近取水区水中的放射性物质含量低于露天水源中的限制浓度（见表6.1）。

表6.1　饮用水中铀—镭系主要放射性元素限制浓度，单位：10^{-10}居里/升

放射性元素	美国	前苏联	中　国	ICRP *
铀－226	3.3			33
铅210	33		30	330
钋－210	230	50	10	2 300
钍－230	667	10	200	700
钍－234	6 670	500	5 000	4 000
铀－234	10 000	1 000	600	
铀－238	13 300			

注：1居里 $=3.7\times10^{10}$ 贝克勒尔

放射性废水排入江河后，与河水混合而得到稀释，或者借助于各种无机物（泥砂）和水生生物的吸附而得到净化。但有时排放条件选择不当，会带来一系列不良后果，如放射性元素在河流中分布不均匀而形成局部放射性较高的水域；放射性元素在水生生物和泥砂中积聚；以及放射性污染河岸附近的地下水源等。为了使放射性废水在河流中得到迅速和均匀混合，排放点最好选择在河流下游且具有较长的笔直河段，并将排放管延伸到江心水流速度最大的区域，把排放口均匀分布在河床同一横段面上，进行多点排放；如果把排放管做成射流式管道，其稀释效果更佳。表6.2列举了一矿山以不同方式排放废水的稀释效果。

表6.2　不同方式排放废水的稀释效果

排放口下游距离/m	100	1 000	5 000
岸边一点排放时铀浓度，g/L	1.2×10^{-5}	9.7×10^{-6}	2.0×10^{-6}
江心多点排放时铀浓度，g/L	2.2×10^{-6}	1.6×10^{-6}	1.3×10^{-6}

2. 化学沉淀法

化学沉淀法是净化水常用的简便方法，在处理放射性废水方面获得了广泛应用。例如，用石灰沉淀法处理含铀废水是最简单和最行之有效的方法，其作用机理除了化学沉淀过程之外，更重要的是借助于载体共沉淀作用把铀从溶液中分离出来。对于处理低浓度铀废水来说，若这种载体的溶解度越小，或者在沉淀时载体与铀所生成的化合物越难溶解，则铀的共沉淀作用就越完全，此时铀的净化效率也就越高。工业上用于铀共沉淀作用的载体有铁和铝的氢氧化物以及钙和镁的氢氧化物。其中以氢氧化钙最为适宜，它不仅是一种廉价的沉淀剂，能与铀和其他元素生成沉淀，而且还能够把废水中微量的重铀酸盐载带下来。

我国一水冶厂用石灰乳中和尾矿浆，在终点pH值为7.0时，废水中铀、钍、钼、铅、砷等元素含量均可达到国家允许标准；当pH值为10时，除氟和镭以外，其他杂质都能达到允许标准。

采用硫酸铝（每升加入800 mg）和磷酸三钠（每升加500 mg）絮凝共沉淀，处理含铀0.9 mg/l，pH值为13.5的稀土冶炼厂碱性废水，中和至pH 5时，铀的净化率可达95%，镭的净化率为70%。

为了有效地去除废水中的镭，在有硫酸根存在时，可加入少量的$BaCl_2$，生成$BaSO_4$，$BaSO_4$再与$RaSO_4$共沉淀，将镭载带下来。如在含Ra 3×10^{-10}居里/升，SO_4^{2-}为300～800 mg/L的矿坑水中，每升加入10～20 mg $BaCl_2$，然后加石灰乳中和至pH 10.5，则排出水中的镭低于露天水源限制浓度。

3. 离子交换法

废水中的放射性元素多数呈离子状态存在，因此，用离子交换法能有效地将它们除去，目前，这已成为国内外铀矿山废水处理的主要方法。

离子交换法使用的离子交换剂种类很多，有天然的和人工合成的，从化学上来分，有无机的和有机的。一般来说，天然的多数属于无机离子交换剂，人工合成的多数属于有机离子交换剂。从交换基团来分,可分为阳离子交换剂和阴离子交换剂。

天然无机离子交换剂有蛭石、皂土、沸石、高岭土、软锰矿、重晶石等;人工的无机离子交换剂有活化锯末、碱式碳酸锌、氢氧化钛等。

天然有机离子交换剂有褐煤、泥煤、木屑等;人工的有机离子交换剂有磺化煤、磷酸纤维和离子交换树脂等,其中以离子交换树脂应用最普遍。

4. 电渗析法

电渗析与反渗透等被称为膜分离技术。电渗析技术近年来取得了显著的成效,如将电渗析与离子交换结合起来,发展成为一种高纯电渗析,很适合于高纯水制备和放射性废水处理;为了提高电渗析效率,降低成本,研究出一种高温电渗析,即在高温下运行,溶液和膜的导电能力增加,电阻减小,从而可以提高极限电流密度和设备生产能力,降低动力消耗;另外,还研究了一些新型电渗析器,如螺旋式电渗析器和薄流槽装置(即薄隔板)等。

(1)电渗析原理

电渗析是在外电场作用下,利用阳、阴离子交换膜对溶液中阴、阳离子的选择透过性(即阳膜只允许阳离子通过,阴膜只允许阴离子通过),而使溶液中的溶质和溶剂达到分离的一种物理化学过程。

当原水(含电解质)用电渗析器进行除盐时,将电渗析器的电极接上电源,水溶液中的离子由于电场作用而发生迁移,阳离子向负极运动,阴离子向正极运动。由于电渗析器两极间设置了多组交替排列的阴、阳离子交换膜,它们在电场作用下显示电性。阳离子交换膜(属聚苯乙烯磺酸型 $R-SO_3^-$)显示强烈的负电场,溶液中的阴离子受排斥,而阳离子被吸引,在外电场作用下向负极方向传递交换并透过阳离子交换膜;阴离子交换膜(属聚苯乙烯季胺型 $R-CH_2N+(CH_3)_3$)显示强烈的正电场,溶液中的阳离子受排斥,而阴离子被吸引。在外电场作用下向正极方向传递交换并透过阴离子交换膜。由于水溶液中正、负离子的定向迁移,这样就形成了称为淡水室的去离子隔室,以及称为浓水室的浓集离子隔室(在电极区称为极水室)。在电渗析器内,淡水室和浓水室多组交替排列,从电渗析器的淡水室引出淡化液,即得到除盐的水,从浓水室引出的浓缩液,可进一步浓缩并回收其中的金属和其他成分。

在电渗析运行过程中,如果电流密度过大和水流状态不佳,就会使部分电能消耗在水电离上,使水发生极化现象,极化反应如下

$$H_2O \rightarrow H^+ + OH^- \tag{6.1}$$

水电离后的 OH^- 离子在电场作用下透过阴离子交换膜与浓水室的 Ca^{2+},Mg^{2+} 和 HCO_3^- 作用,并在浓水室阴膜一侧产生 $Ca(OH)_2$ 和 $Mg(OH)_2$ 沉淀以及 CO_3^{2-},反应式如下

$$OH^- + HCO_3^- \rightarrow CO_3^{2-} + H_2O \tag{6.2}$$

所生成的 CO_3^{2-} 又与 Ca^{2+}、Mg^{2+} 作用产生 $CaCO_3$ 和 $MgCO_3$ 沉淀。

另外,在电极室区内还会发生以下氧化还原反应。

阴极 $$2H^+ + 2e \rightarrow H_2\uparrow \text{(由于 } H^+ \text{减少,水呈碱性)} \tag{6.3}$$

阳极 $4OH^- + 4e \rightarrow O_2\uparrow + 2H_2O$（由于 OH^- 减少，水呈酸性） (6.4)

$$2Cl^- + 2e \rightarrow Cl_2\uparrow \quad (6.5)$$

电渗析在实际运行中，除阴、阳离子迁移的主要过程外，同时还伴随着下述一些相反的过程。

共同离子的迁移——与离子交换膜交换基团所带电荷相同的离子穿过膜的过程。

反扩散——由于浓室与淡室浓度差导致电解质由浓室向淡室扩散。

水的渗透——由于淡室与浓室溶液浓度差导致水由淡室向浓室渗透。

氢和氢氧离子的迁移——由于水的极化分解而产生的氢和氢氧离子的迁移，这些相反过程都会影响电渗析的正常运行。这些过程的发生取决于电渗析隔室的设计、膜的特性和运行条件等。

(2)电渗析处理低放废液

电渗析处理低放废液通常分两步进行，首先把含盐较高的放射性废液先用电渗析法将盐的浓度降至足够低的程度，然后再用离子交换树脂床（复床和混床）除去剩余盐分和放射性物质。日本采用这种方法处理实验室放射性废液，用两级电渗析装置可将盐分从2 000 mg/L降至20 mg/L，此过程的动力消耗为1度电/m^3 废液。我国某铀矿山采用电渗析处理废水，锰可去除70%，氟去除60% ~80%，铀去除70%以上，直流电耗为0.08 ~0.16度电/m^3 废水。

(3)电脱离子法（填充床式电渗析）

电脱离子法又叫高纯电渗析，它是将电渗析与离子交换结合起来的一种水处理方法。利用电渗析过程中极化现象对离子交换填充床进行电化学再生，它集中了电渗析与离子交换的优点，并克服了各自的缺点——电渗析过程的极化和离子交换的化学再生。一般水中含盐量为50 ~15 000 mg/L都可使用，而对含盐量低的水更适宜。

5. 反渗透法

(1)反渗透原理

渗透是一种稀溶液经过半渗透膜向浓溶液的自然流动过程，但是，在浓溶液一边施加适当的压力，可使稀溶液向浓溶液的渗透停止，此压力即为溶液的渗透压。如果在浓溶液一边施加的压力大于渗透压时，过程即可反向进行，浓溶液将流向稀溶液，这就是反渗透。在超过渗透压时，通过膜的水流速度与施加的压力成正比。

(2)反渗透处理低放废液

反渗透技术为浓缩低放废液提供了一种新的方法，利用它可浓缩低放混合裂变产物废液，并对其中一些裂变产物锶（^{30}Sr）、铯（^{137}CS）、钷（^{147}Pm）等还可进行回收。

可以选择一种适当的膜，只让纯水通过，而使全部或至少大部分其他离子留在浓溶液中，采用这种方法可以处理铀矿山废水。

6. 离子浮选法

离子浮选法是近年来很受重视的一项技术，它适宜于从大量的稀溶液中分离浓集有用物质,利用这种方法可以从铀矿废水和海水中回收铀或其他金属。离子浮选法的原理是,当向废水中投加一种具有与水中所含金属离子相反电荷的界面活性剂(即捕收剂)时,它与金属离子生成水溶性的络合物或不溶性的沉淀物。然后,依靠表面活性剂在气-液界面处具有吸附能力的特性,使络合物或沉淀物吸附在鼓入的气泡表面,并且上浮,形成泡沫(也称浮渣)加以回收。

用离子浮选法从矿山废水中回收铀时,根据介质的 pH 值不同,可采用不同类型的捕收剂,其中以胺和黑药类作为辅收剂效果较好。在 pH 值 3~8,铀浓度为$(1.3 \sim 5) \times 10^{-2}$ g/L 时,采用 Amino 200(一种伯胺和仲胺的混合物)作浮选剂,可以回收 90% 以上的铀,在碱性介质中回收率更高。在酸性介质中黑药对 UO_2^{2+} 离子有很好的捕收作用,铀回收率可达 90%。

7. 其他

(1)清污分流

即在正式处理之前,先在矿坑内把通过矿体的含铀较高的污水和未通过矿体含铀较低的清水,分别引入不同的水仓,然后只处理含铀浓度较高的污水,这样可以缩小设备,减少投资和降低处理费用。清污分流,目前在某些铀矿山废水处理中已在应用。

(2)闭路循环

将处理以后的水,返回作生产用水,这样不仅减少了废水对环境的污染,而且可以减少自来水的用量。闭路循环,目前在化工、冶金等部门已广泛使用。我们认为,将处理以后的铀矿山废水,返回作矿山采掘生产作业用水是完全可以的。

6.1.2 废气的处理

1. 放射性粉尘的净化处理

放射性粉尘大量产生在凿岩、爆破、破碎、筛矿、矿石的焙烧、铀化合物的干燥或煅烧等工序中。为了避免或减少粉尘飞扬,破碎和磨矿等工序最好采用湿式操作。粉尘量与矿石少至原来的 1/9~1/10,因此采用洒水喷雾等措施适当地增加矿石湿度是较有效的防尘方法。尽管采用湿式作业可以大大减少粉尘量,但一般还不能达到允许标准(空气粉尘浓度小于 2 mg/m^3)。所以各机器设备应装设密封罩,加强通风排气,并对外排气体进行除尘。除尘的方法很多,有机械除尘、过滤除尘,洗涤除尘、静电除尘等。除尘设备类型也很多,铀水冶厂一般采用干式或水膜式旋风除尘器。含有粉尘的气体以 20~30 m/s 的速度沿切线方向进入旋风除尘器,在器内作螺旋回转运动,粉尘在离心力作用下,沉降在锥体壁上,并由于自身的重力向下滑落,从排尘口排出,收集于收尘桶内,气体则在旋风除尘器中心形成旋转上升的气流经排气管排出。为了提高除尘效率,往往采用串联或并联的旋风除尘器组。

2. 有害气体的净化

含有氡气、气溶胶以及酸雾、氮氧化物、氨化等有害物质的气体,可以采用过滤器过滤(过滤介质有砂、玻璃纤维、聚氯乙烯纤维等)、固体吸附(固体吸附剂有活性炭、氧化铝、氧化锰、硅胶等）和溶液吸收。通常采用后一种方法。

采用溶液吸收时，吸收剂的选择应视气体性质而定。如含有酸雾，氮氧化物、氟化氢等酸性气体，可采用水、氨水、石灰水、氢氧化钠、碳酸钠等碱性溶液吸收。由于溶液的捕集和吸收作用，使气体得到净化。净化后的气体经排气管排出，吸收有害物质后的溶液从塔底部排液管排出。填料层的作用是捕收外排气体夹带的泡沫。筛板泡沫吸收塔的吸收效率可达 97% ~ 99%。

6.2　尾矿库设施及尾矿渣的处理

排入尾矿坝的尾弃矿浆中，矿渣量与原矿石量大致相等。一个日处理 1 000 吨矿石的铀水冶厂，一年就有 30 多万吨矿渣需要外排。随着生产的不断进行，尾矿渣的数量逐年增加，大量堆放在尾矿坝，不仅占用大量土地，而且经长期日晒，风吹、雨淋，容易把放射性物质扩散到附近地区造成污染，所以对尾矿渣的处理及尾矿坝的设施应引起足够的重视。

6.2.1　尾矿坝

1. 坝址的选择

坝址的选择应根据因地制宜和如下几个方面进行综合考虑。

(1)尽量不占或少占农田，多利用荒丘山谷；

(2)不应设在易涨洪水的大河旁和汇水面积大、泥沙夹带量多的地方；

(3)坝址应设在工厂、工厂村或临近市镇的下游和常年主导风向的下风向，要有足够的防护距离；

(4)地质条件良好，不能有断层，溶洞等，以防污染周围环境和地下水源；

(5)尾矿坝设施的容积要大，占地要少，使用期限要长，建筑方便，尽可能设在铀水冶厂附近，便于废矿浆的输送和坝的维护管理。

2. 尾矿坝设施

尾矿坝最好以封闭山谷口修建而成，这样可以减少修建工程量，节省投资不占农田或少占农田，尾矿池的容积要大，使用期限长。

尾弃矿浆经石灰乳中和后用砂泵输送到尾矿坝存放。当尾矿坝距水冶厂较远时，中间可增设一个或数个加压泵站，使输送能顺利进行。尾矿坝的澄清水池，设有回水堰，使澄清水（称为回水）从回水井溢出，然后用回水泵抽回水冶厂循环使用。

3. 尾矿坝设施的维护管理

经常整治坝的边坡，坝的周边挖好排水沟，以免被地面水冲刷。在堆放废物的表面上覆盖土壤，培植青草（如苜蓿草，三叶草）或灌木林等植物，能使尾矿场上方空气中氡的浓度降低

50%左右。也有用喷洒化学药剂的方法固定干矿渣，免得刮风时粉尘飞扬污染环境。

6.2.2 尾矿渣的处理

尾矿渣中含有大量的镭、钍和少量的铀。尾矿渣对环境的污染主要是放射性较强的镭和氡。为降低尾矿渣的总放射性强度，曾经做过一些试验，探索解决的办法，但尚未取得满意的效果。曾试图用尾矿渣做砖，做钢筋混凝土预制作，试制耐酸水泥及水玻璃等，但由于放射性污染问题未得到解决，因而未能获得实际应用。对于就矿建厂的铀水冶厂，可以利用尾矿渣充填废矿井。有些水冶厂则利用粗砂堆坝，延长尾矿坝的使用期限。但必须注意，用粗砂堆坝堆到一定高度时，废水容易向坝外渗漏而污染附近区域。因此，要彻底解决尾矿渣的污染和减少尾矿坝占用土地，尚需进行大量的试验研究工作，寻找铀水冶厂尾矿渣综合利用的途径。

6.3 退役铀矿山的整治

6.3.1 概 述

1. 铀矿山退役概念

矿山的资源基本采尽，停止生产称为矿山退役，分为永久退役和非永久退役。在井田范围内，按设计要求，对其铀矿资源已探清采尽，并在深部和边缘无工业储量和远景储量；或还有其他矿种及远景储量，经上级主管部门核实批准的，均属于正常退役，这种退役是永久退役。非永久退役，主要指随着国民经济的发展、科学技术的进步，在若干年后，完全有可能重新恢复矿山进行生产。因此，在设计和实施矿井或露天坑的封闭时，既要考虑封闭体在封闭期间的安全可靠，又要考虑恢复矿山和露天场时的安全方便。

2. 矿山退役后治理的必要性及封闭的要求

铀矿山在建设和生产过程中，向地表排弃了大量的带有放射性物质的废石和尾矿，它具有点多、面广、量大的特点，同时在废石和尾矿中有一定的铀含量，还不断地释放出氡及其他长寿命的放射性核素，由于它的再悬浮作用，对环境产生影响；此外，由于风化、剥蚀、渗滤作用，以及地表水和雨水的冲刷和迁移流动，不断地扩大其污染范围，使附近一定范围内的水体、土壤和生物受到较大的污染。

尽管矿山停止了生产，但矿井内和露天坑内的废气还不断地排出地表，这些废气中带有一定量的铀矿尘，衰变物氡及其子体，还有放射性气溶胶等，造成对大气污染。同时，废水还会通过自流、溢出等方式继续流到地表，继续污染环境。此外，在生产过程中，工业场地、被污染的废坑木、废钢轨、设备、器材和劳保用品、运矿公(铁)路等都受到了不同程度的污染。

综上所述，由于长期的生产，所产生的大量“三废”对矿区一定范围内的水体、土壤和生物造成了不同程度的污染，因此，在矿山退役后，一定要全面地、系统地、较彻底地对环境进行治理，这是非常必要的。

为了防止矿井的露天坑内含有铀的废水和废气继续排出地表，对矿区通往地表的各种井巷出口和通道、塌陷坑及露天坑等进行封闭。这种封闭必须坚固、牢靠、严密。通过封闭，要使矿井和露天坑形成与地表完全隔绝的封闭体。这种封闭体的服务年限至少在200年以上。

6.3.2　井巷工程封闭方法

矿井有永久退役和非永久退役，因此，井巷工程封闭也相应地分为永久封闭和非永久封闭。

1. 竖井封闭方法

(1)永久封闭

①填实法　用废石或泥土填实全井筒。在填充过程中，每充填10～20 m时，要向井筒中注入无压水，以加快压实，填满全井筒3～6个月后，整平井筒周围，将井口和周边用水洗净、打毛，在井口处用钢筋混凝土整体浇灌进行封闭，并与井口周边紧密结合为一个整体。其大小为井径的2倍，厚度为0.4～0.5 m。井口封闭体形式可以采用平面圆形和圆拱形。再覆盖黄土，厚度1～2 m，范围为井径的3～5倍，高出地表1 m以上，立永久标志。为了防止在井筒中由于充填料的自重和水的作用，造成充填料沿井壁整体下滑，还需在井底马头门颈部用毛石混凝土砌筑较坚固的挡墙。

②分段封闭法　一般分为二段封闭。第二段在井口以下20～30 m较坚硬基岩的壁座处，利用井筒中工字钢梁为筋，浇灌成钢筋混凝土梁，再在钢筋混凝土梁上浇灌钢筋混凝土整体封闭体，其厚度为0.3～0.4 m，填2～3 m厚的黄土。第一段在井口处，用钢筋混凝土整体浇灌成封闭体，其范围为井径的2倍，厚度为0.4～0.5 m，其形式为平面圆形或圆拱形。以圆拱形为最好，立永久标志，覆盖黄土，厚度为1～2 m，范围为井径的3～5倍，高出地表1 m以上，在周围砌筑永久排水沟。

(2)非永久封闭

一般为二段封闭。由于在若干年后，有恢复矿井、重新进行生产的可能性，因此，在设计和实施封闭体时，既要考虑在封闭期间的安全可靠，又要考虑恢复矿井时的安全方便，所以上下段封闭体一般采用钢筋混凝土预制梁和预制板进行封闭。第二段在竖井井口以下10～20 m较坚硬基石的壁座处，第一段在竖井井口处。

2. 斜井封闭方法

(1)永久封闭

第二段在斜井井口以下20～30 m的基岩处，用钢筋混凝土，或混凝土，或实石砌体，或毛石砌体进行封闭（见图6.1），厚度为0.8～1.2 m。封闭体的四周必须紧密地与基岩浇灌在一起,如岩石易风化或易破碎,还必须在封闭内外,用相同材料加砌斜井的顶、帮,长度不小于5 m,并与封闭体紧密相连,填黄土3~5 m。

第一段在斜井井口处,用上述相同方法和材料进行封闭,或在斜井井口往下5~8 m内,在顶、帮布置较深炮眼,用爆破法进行封闭。但其爆破力要强,达到一次塌实的目的。对爆破后受其影响的地表和井口,用黄土填实,并高出地表1 m以上,修筑水沟,立永久标志。

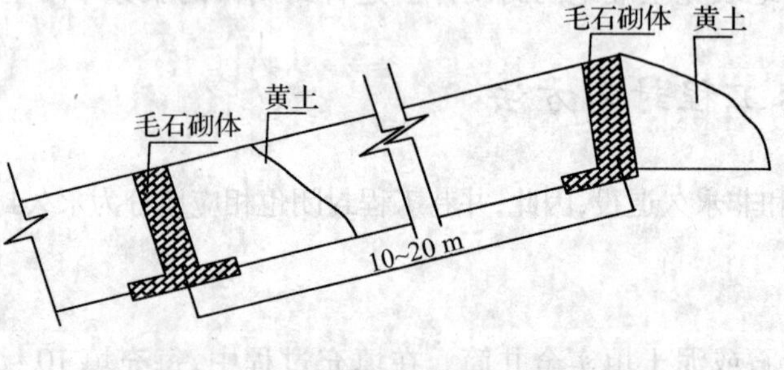

图6.1 斜井分段砌体永久封闭图

(2)非永久封闭

第二段在斜井口以下10~20 m的基岩处,用料石砌体,或毛石砌体,或砖砌体进行封闭,其厚度为0.8~1.0 m,如岩石易风化或易破碎,对封闭体内外的斜井要架永久支护,长度为5~10 m,填黄土2~3 m。

第一段在斜井井口处,用上述相同方法和材料进行封闭,并在井口周围3~5 m范围内用黄土填实,高出地表1 m以上,修筑排水沟,立永久标志。

3. 平硐封闭法

(1)永久封闭

第二段在平硐井口以下20~30 m岩石较坚固的单轨平硐里,用钢筋混凝土,或混凝土,或料石砌体,或毛石砌体进行封闭(见图6.2),厚度为0.6~1 m,如岩石易风化或易破碎,必须在封闭体内外,用相同材料加砌其平硐的顶、帮,长度不小于5 m,并与封闭体紧密相连。第一段在平硐井口处,用上述相同的材料和方法进行封闭,厚度为0.8~1.2 m。或用爆破的方法进行封闭,爆破长度为5~8 m。对受其影响的地表和井口,要用黄土填实,高出地表1 m以上,立永久标志,修永久水沟。

(2)非永久封闭

第二段在平硐井口以下10~20 m岩石较坚固的单轨平硐里,用料石砌体,或毛石砌体,或砖砌体进行封闭(见图6.3),厚度为0.6~1.0 m,如岩石易风化或易破碎,对封闭体内外要架设永久支护,长度不小于5 m,填黄土3~5 m。第一段在平硐口处,用上述相同方法和材料进行封闭,厚度为0.8~1.0 m,填黄土,高出地表1 m以上,修筑永久水沟,立永久标志。

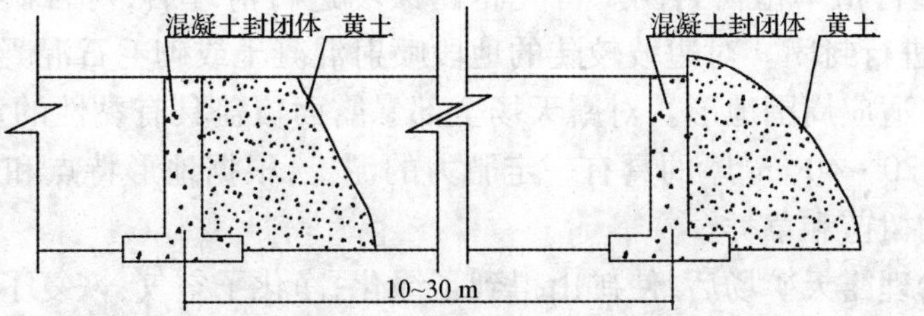

图 6.2 平硐分段砌筑永久封闭图

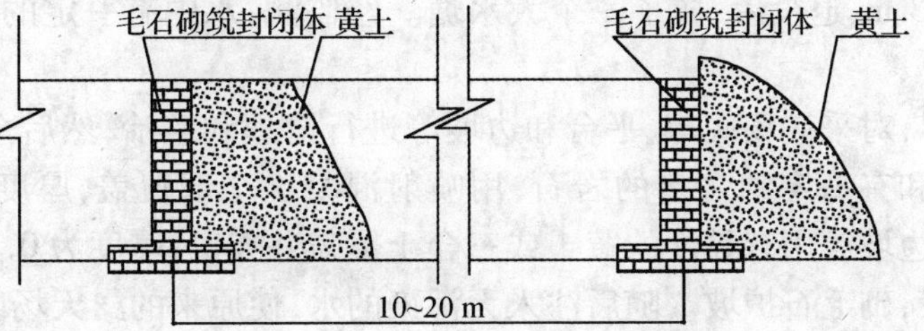

图 6.3 平硐分段砌筑非永久封闭图

6.3.3 露天场治理方法

1. 回填法

退役露天场，将水排尽后，用废石回填全露天场，在回填过程中，尽量将铀含量较高的废石和尾砂及受到污染较严重的废弃物填在底部，随后进行分层回填，并分层压实。当回填到距自然地形高度低 2 ~ 3 m 时，按自然地形整理回填场地，再回填 1 ~ 2 m 的不透水层，如三合土或具有黏性的黄土，并压实。最后回填具有一定肥力的泥土，基本上恢复原来自然地形，在其上可以植树、植草甚至可以种农作物。

2. 水覆盖法

水覆盖法就是露天场内的水排干后，将其坑内杂物清理干净，重新进行地质和物探编录，对含矿层和有一定铀含量的块段，用喷射混凝土进行封闭，对于坡度较陡的边坡用毛石混凝土砌筑护坡，对平台、底无矿地段填具有黏性的黄土并夯实，厚度为 1 ~ 2 m。随后排入清洁水或靠自然降雨和地表水注入进行封闭。或者在露天场用回填的方法，将其底部和含矿层及边坡较陡的地段，用废石回填，随后再回填 1 ~ 2 m 厚的不透水黄土或三合土，再注入清洁水或自然降雨和地表水进行水覆盖。

3. 覆盖植被法

对山坡露天场和丘陵地区的露天场及平地深度较浅的露天场的治理，采用覆盖 30 ~

50 cm的黄土后,进行植草植树封闭。首先将露天场进行清理后,对含矿层的地段喷射20~30 cm厚的混凝土进行封闭。对边坡较陡的地段喷射混凝土或砌毛石混凝土护坡,尽量将露天场外形修整成基本适应周围地形。对露天场全部暴露面覆盖具有黏性的黄土,厚度为30~50 cm,必要时再覆盖20~40 cm厚的具有一定肥力的泥土,根据地形特点和气候条件,以一定的网度种植易生长的树苗和草类。

覆盖植被法治理露天矿场后,使矿山得到了绿化,净化了空气,恢复了生态平衡,有利于水土保持,有利于林业生产。

实例:某铀矿的一个小型露天采矿场,是在稻田里向下开采的,露天矿最终面积为50 000 m^2,最终开采深度为13 m,退役后,成了一个大水塘。经监测,水中有一定的铀含量,需要治理与复垦。

首先将水排尽,对采矿场底部、平台和边坡等进行清理和整治,然后全面进行地质和物探编录,对出露矿层和有一定铀含量的岩石,用喷射混凝土全部覆盖,厚度为10~20 cm,对底部、平台和端部及边坡等用有黏性的黄土或三合土覆盖并夯实,厚度为0.5~1.0 m,对较陡而易风化的边坡地段,砌毛石护坡。随后注入无污染的水,使原来的露天场改造成为有利于农业生产的水塘。经治理监测,露天场中的水基本上接近天然水的标准。

6.3.4 废石堆治理方法

1. 物理法

物理法亦称覆盖法,就是铀矿废石堆的表面经整理后,用泥土、碎石、沙子或其他物料进行覆盖。

试验表明,在废石堆表面覆盖具有黏性的黄土,厚度为30~50 cm时,使氡气析出率降低了75%~90%,γ辐射剂量降低60%~88%,它不但稳固了废石的表面、防止了污染,而且为植被绿化创造了有利条件。

2. 化学法

化学法就是将化学反应剂喷洒在废石堆表面,使药剂与废石堆表面起化合作用,形成一层固结硬壳,这样使氡气析出率和γ辐射剂量及铀粉尘等都得到了有效控制,而且起到了抗风、防水、防空气侵蚀的作用。

化学反应剂有水泥、石灰、硅酸盐、弹性聚合物及树脂添加剂等,在选择化学反应剂时,应根据废石的实际情况,选择具有反应速度快、固结硬壳形成后能经得起恶劣气候条件考验的药剂。除此之外,应选择具有覆盖率高、来源充足、价格便宜及不会造成二次污染的化学药剂。

3. 植被法

植被法就是在废石堆的表面直接栽种植物进行覆盖。这种方法不但可以固结废石堆表面,还对防止铀尘飞扬和水土流失,降低氡气析出和γ辐射剂量等都起到了一定的作用。我国不少矿山在废石堆的表面经简易的平整后，种植各种农作物、各种树类等，都获得了较好的效果。

4. 综合法

综合法就是上述几种方法的综合利用，即先用物理法或化学法固结废石表面，然后再覆盖泥土进行植被。我国铀矿山，应用综合法较为广泛，如覆盖植被为大部分矿山的废石治理所应用。

5. 海底排放法

海底排放法，由于矿山的废石长期堆放，不仅要占用大量的土地，而且还造成环境污染。因此，对回收综合利用价值不大或特殊条件下无法进行回收和堆放时，在许可的条件下向海底排放。

6. 深埋法

7. 矿山废石场复垦

在治理废石场的同时，应尽量与复垦结合起来，根据废石场所处的地势、堆形及气候条件等，因地制宜地进行治理和复垦。对废石场的复垦工作一般如下：

(1)废石场整形。对山坡和丘陵地带的废石场，将堆坡变缓，使调整的边坡角小于自然安息角，基本达到长期稳定。对废石场的堆形进行平整，使修整后的废石场尽量适应周围的地形。必要时在边坡周围修筑挡墙和护坡，严防废石场因水的作用使风化的废石大量流失。如平地和小丘陵地及山谷、洼地的废石场也要进行降高、变坡和整形及修筑挡墙等。

(2)覆土。对废石场经过修筑后，在其上覆盖30～50 cm厚的具有黏性的黄土，为了便于植物生长，还在其上覆盖具有一定肥力的泥土。

(3)复垦植被。根据气候条件，选择当地易生长的草类和树种，以一定的网度进行植被。

6.3.5　塌陷区治理方法

1. 塌陷区治理方法

(1)填平法。由于塌陷区的危害性，因此，在开采过程中，为了矿井和地表的安全，必须边生产、边治理。这种治理，首先是将塌陷进行回填，也就是用废石和泥土填充塌陷区，使地表基本恢复原形，或适应其周围地形。为了使回填的塌陷区保持长期稳定，实践证明，在采空区未塌陷之前，将井下的有关巷道或通道用毛石砌筑封死。这样可以防止在回填时，由于地表水和回填土自重作用，造成回填区再次或多次塌陷。同时，也避免了由于塌陷区再次塌陷使大量泥土冲入井下造成灾害。

(2)设围法。用石墙将塌陷区包围。

2. 裂缝治理法

地表除了直接塌陷区外，还在一定范围内出现裂缝区，如果塌陷区不及时进行回填，破裂区也可能受其影响,使塌陷区不断扩大。一般待回填后的塌陷基本稳定后,破裂区也随之稳定。裂缝治理可根据地表地势特点,采用裂缝灌浆治理或探槽填土治理。

(1)裂缝灌浆治理。就是沿裂缝走向,将水泥砂浆或混凝土灌入,可以采用机械或人工灌入。

(2)探槽填实法。就是沿裂缝走向挖探槽,其深度为1~3 m,宽度为裂缝宽度的8~10倍,再用具有黏性的黄土或三合土,必要时在探槽底部用混凝土填30~50 cm,其上再回填黄土或三合土。

3. 复地造田

在井下开采过程中,地表出现的塌陷区、破裂区及下沉盆地等,无疑对地表是一个破坏。它直接破坏了地形地貌,破坏了林业和农业生产,更严重的是使土地受到了永久的破坏。因此,为了使破坏后的土地复原再用,就需进行复地造田。如果塌陷区原为农田或山地和丘陵林业场地,待塌陷区基本稳定后,对其底部用毛石或碎石等进行胶结填充,使底部形成一个胶结的整体(隔绝层),以防止回填后的充填料因其自重和水的作用流入井下。随后,回填易风化的废石或泥土,并分层压实。回填到距地表约1~2 m时,根据地形特点,最好修整为平地,或者修整为适应周围的地形,然后再回填一定厚度的具有黏性的黄土。为了林业的需要,适当地覆盖30~50 cm厚的具有一定肥力的泥土,这样,使塌陷区达到了复原的目的,而且恢复了农作物和其他作物的生产。

4. 实例

国营712矿属于缓倾斜矿床,浅部矿体的地表大部分为稻田,采用陷落顶极的短壁进路采矿法,当采空区崩落后,立即塌陷到地表,使稻田造成了较为严重的破坏。为了井下的生产安全和复地造田,该矿采取了如下措施。

(1)对采空区采用强制放顶。在浅部矿体的开采过程中,一律采取了强制放顶措施,使顶板岩层受到较强的破坏,达到了一次塌实的目的,并且直接达到了地表,很快使地表形成塌陷区。对塌陷区迅速组织充填,这样有效地控制了塌陷区的扩大。为了防止雨水的作用,避免已塌陷区产生再次或多次塌陷,对采空区的有关通道均在放顶前用毛石砌封,称为"上填下堵"法。

(2)运走"可耕土壤",便于复田再用。在采空区放顶前,对直接受破坏的农田,将约0.5 m厚的"可耕土壤",全部采集并运到已用废石和黄土充填好了的塌陷区农田里,多余的"可耕土壤"集中存放在就近的山坡上,以便待用。

(3)对塌陷区采取有效的充填。在充填塌陷区时,一律用易风化的废石进行充填,分层压实,当充填到距地表约1~2 m时,整平压实,然后覆盖1 m厚的具有黏性的黄土。在整平夯实后,在其上面全面覆盖一层约0.5 m厚的"可耕土壤",在2~3年内可种植旱作物,其后可逐步恢复种植水稻。

6.3.6 地表矿石堆场的治理

1. 辐射取样编录

对矿石堆的矿石清理完毕后，为了搞清其污染范围和污染程度，对矿石堆场底部以一定的网度进行表面物探编录和探孔编录，了解底部和一定深度的污染程度。将获得的监测资料，都标记在平面图和柱状图上，同时对其周围的水体、土壤和生物进行取样和监测后，均标记在综合平面图上，依此作为治理的依据。

2. 治理方法

(1)井下排放法。根据综合平面图的资料对底部污染较严重的土壤和其他受污染的杂物，一律挖除排入井下，或深埋在与地下水无水力联系的洼地，一直挖到基本不受污染的土壤为止。根据地势特点和需要，适当地进行改造、复垦或造田等。

(2)覆盖法。根据已探明的污染综合平面图所提供的污染范围和污染程度，设计其覆盖范围，选用覆盖物料及厚度。覆盖前，将矿石堆内的杂物和矿石全部清理，将矿石和污染严重的杂物就地深埋或排弃到矿井里，然后根据地形特点整平或修整成适应周围地形，将选用的覆盖物料进行覆盖，其覆盖厚度和范围按设计进行。按规程，以一定的网度进行监测，要求覆盖后的污染水平低于国家允许指标以下。这种覆盖必须抗风、抗水和抗空气侵蚀。结合当地的气候条件及地形等特点，进行植被绿化等。

覆盖物料的选择，直接影响其覆盖效果和覆盖时间的长短。因此，在选择覆盖物料时要特别慎重。覆盖物料一般选用具有黏性的黄土、泥土、三合土、混凝土及化学药剂等。

6.3.7 污水流注地带的污染治理

在矿山生产过程中，井下废水大量地排出地表，这些带有放射性物质的废水长期排放，必然会污染所流经的小溪、河流、水库、水塘及大片的农田；由于大量的废石堆、尾矿库及矿石堆场的长期堆积，长期经过雨水的冲刷和淋洗及本身的废水等，也不断地污染周围的水体、土壤和生物，同时使含有一定数量铀和镭等核素的泥沙淤塞和沉淀于河床、水库或水塘里。经监测，在废水排放口的附近及废石场、尾矿库和矿石堆附近的水塘里，水中的铀含量及水塘中泥土的铀、镭含量都较高，污染深度为0.3～1.0 m，农田水中的铀、镭浓度比正常农田水高3～5倍。总之，水体、土壤和生物都受到不同程度的污染，有的污染还相当严重，因此，在矿山退役后，对污水流经的被浸染的水体和土壤进行治理，是非常必要的。

对水塘和农田的清污治理，一般采用将污染严重的塘泥和田泥挖除，排放在矿井里。对于较深水塘，也可以采用覆盖法进行，使受污染的农田和水塘底的污染水平低于国家允许标准以下。

6.3.8 井下各种设备的清污

铀矿山退役后，井下和地表工业场地将有各种运输、提升、通风、排水和采掘设备也随之要进行拆除和处理，同时，还有数量巨大的旧钢管、旧铁轨、枕木及各种工具等，也都要拆除和处理。

在拆除和回收过程中，根据材料和设备类型进行分类回收并集中堆放在井下便于冲洗的地段，在井下集中进行清洗，将其污泥等要全部冲洗干净，随后提升到地表，集中到分类清污仓库。

(1)对各种设备的清污方法。将设备全部拆除，进行清污、除锈和维修保养，并对各部件一一进行监测。均达到标准后，方可装配，必要时，对整机外表进行刷漆处理后，转移到有关仓库，并登记设备选号及污染水平。这些设备的处理，原则上只能转让给同类企业再用，严禁向社会其他企业，特别是与人民生活有直接关系的企业转让。

(2)对旧钢管和旧铁轨的清污方法。首先在井下集中冲洗干净后，提升到地表集中堆放，并逐根进行监测，使表面污染水平一定低于国家允许标准以下才能转移到有关仓库。在转移处理后，最好不要任意扩散，特别是旧钢管严禁用于生活用水过程。

对于其他价值不高的设备或易耗品、旧坑木和劳保用品等，原则上废弃在井下。

6.3.9 尾矿库的封存及处理

退役尾矿库的治理一般分为整治、中和、覆盖和植被等。

为了便于进行治理和复垦，对于长期积水，应首先采用专门机械设备进行积水净化和排放，待干涸后再进行疏松和整平，这种整平可以因地制宜，可以整为阶梯形或与周围地形相适应。对于干涸的尾矿库，由于表面易形成一层不透气的硬壳，也应进行疏松等。

(1)酸碱中和处理。在整治尾矿的基础上，应对尾矿库表面进行酸碱中和处理，对酸性尾矿可以采用石灰石粉对其表面进行中和处理。为了充分地进行中和反应，掺入的中和反应物粒径应越小越好，通常不应大于6 mm，这些中和反应物不但能改变尾矿的性质，而且改善了尾矿表面的土壤结构。对碱性尾矿库表面一般采用矿化矿粉进行中和处理。

(2)覆盖、植被。为了恢复生态平衡，促进植物生长，在整治尾矿库中和处理的基础上，在其上覆盖一定厚度的黄土和具有肥力的泥土，然后根据气候条件，种植易生长的植物，如草类和灌木等。在我国南方的尾矿库，可以种植芦苇，它具有生长快的特点，起到了防风的作用，有效地控制了放射性粉尘和放射性物质的析出。

(3)修建净化池。为了有效地控制淋洗水的乱流，更好地防止水土流失，在尾矿库较低地段的适当位置，根据淋洗水的大小，修建净化池，对淋洗水集中净化处理达标后排放，或者采用自然蒸发等。

(4)加固和加高尾矿坝。为了保证治理的尾矿库持久安全,根据尾矿库所处的地形条件及尾矿的安息角情况,对尾矿库进行适当的加固和加高,严防坝体溃倒,或因高度不够在大雨时将坝体冲垮。对其周围要修筑排水沟,防止灌水集中流向尾矿库内,造成灾害。

实例

某厂尾矿库规程尾矿总量为13.5×10^6 t,细砂尾矿占地面积为718 875 m^2,粗砂尾矿占地面积为212 375 m^2,尾矿库表面222 Rn析出率达3.9×10^{18} Bq/a。该厂在尾矿库表面覆盖0.5 m厚的黄土后,222 Rn析出率相应降低84.3%,γ辐射吸收剂量达到87.6%;并在其上种植芦苇,自然生长十分茂盛。经实测,尾矿中主要核素转移到芦苇杆中的含量极低,如V和^{226}Ra等转移到芦苇中的量极微,无富集作用。因此,芦苇杆用于造纸工业是安全的。

参考文献

[1] Julian Steyn Will supply suffice? Nuclear engineering international SEPT. 2006. 16 - 23.

[2] Steve Kidd Uranium: more production need post 2013? Nuclear engineering international SEPT. 2006. 14 - 15.

[3] Steve Kidd More uranium : when and from where? Nuclear engineering international MAY. 2006. 16 - 17.

[4] Heather Ednie uranium CIM Magazine, 1(31): 7 - 25.

[5] 5, OECD(NEA)/IAEA Uranium 2005: Resources, Production and Demand [R] Paris: OECD, 2006.

[6] 中华人民共和国国务院. 关于加强地质工作的决定[J]. 中国国土资源报, 2006.

[7] Merton RC, The Theory of Rational Option Pricing[J]. Bell Journal of Economics, Spring, 1973.

[8] Brannan T A. Investment opportunities as real options: Getting started numbers [J]. Harvard Business Review, 1998, 76(4): 51 - 67.

[9] Trigeorgis L. Real options and interactions with financial flexibility [J]. Financial Management, 1996, 22(3): 202 - 224.

[10] Kulatilaka, N., and A. Marcus. Valuing Employee Stock Options[J]. Financial Analysis Journal, 2004, November-December, 46 - 56.

[11] Kester, W. C. Today's Options for Tomorrow's Growth[J]. Harvard Business Review, March - April 2004, 153 - 160.

[12] Mason S P, Merton R C. The Role of Contingent Claim Analysis in Corporate Finance, in E. I. Altman and M. Subrahmanyam (eds), Recent Advances in Corporate Finance (Homewood, IL: Richard D. Irw. 2003.

[13] Merton R C. Application of Option-Pricing Theory: Twenty-five Years Later[J]. American Economic Review, June 2005, 323 - 349.

[14] Trigeogis L. A Conceptual Options Framework for Capital Budgeting[J]. Advances in Futures and Options Research, 1988, 3, 145 - 167.

[15] Trigeogis L. A Log - Transformed Binomial Numerical Analysis Method for Valuing Complex Multi-Option Investments [J]. Journal of Financial and Quantitative Analysis, September 2001, 26(3), 309 - 326.

[16] Trigeorgis L, Valuing real investment opportunities-an options approach to strategic capital budgeting[D], the thesis for the degree of Doctor. Harvar University, 1986.

[17] Trigeorgis L, Mason S P. Valuing Managerial Flexibility[J]. Midland Corporate Finance

Journal, Spring 1987,5(1),14 -21.

[18] Margrabe W. The Value of an Option to Exchange One Asset for Another[J]. Journal of Finance,2002,March,33(1),177 -186.

[19] Johnson G Scholes K. Exploring Corporate Strategy [M],2003,Prentice Hall, Inc.

[20] Grenadier, S. R. Option Exercise Games: An Application to the Equilibriu Investment Strategies of Firms, Review of Financial Studies. 2002,15, 691 -721.

[21] Fudenberg, D. and Tirole, J. Preemption and rent equalisation in the adoption of new technology[J]. Review of Economic Studies,2002,52, 383 -401.

[22] Dutta, P. and Rustichini, A. A theory of stopping time games with applications to product innovations and asset sales[J]. Economic Theory, 2003, 3, 743 -763.

[23] Dutta, P. and Rustichini, A. (s, S) equilibria in stochastic games[J]. Journal of Economic Theory,1995,67,1 -39.

[24] Smit, H., and Ankum, L. A real options and game-theoretic approach to corporate investment strategy under competition[J]. Financial Management, Autumn 2003, 24 - 250.

[25] Lambrecht, B., and Perraudin, W. Real options and preemption under incomplete information[J]. Journal of Economic Dynamics and Control, 2003, 27 (4), 619 -643.

[26] Decamps, Jean-Paul, and Thomas Mariotti, Irreversible Investment and Learning Externalities, GREMAQ Discussion Paper 20/03/534[D]. University of Toulouse, 2000.

[27] Pauli Murto, A Game Model of Irreversible Investment under Uncertainty[J]. working paper, Systems Analysis Laboratory Helsinki University of Technology, 2000.

[28] 张金锁,李怀祖,何德权.矿产资源资产估价的动态收益现值法研究[J].西南交通大学学报,2000,2(1):106 -110.

[29] 刘朝马,刘冬梅,蔡美峰.基于期权定价理论的矿业工程评估模型[J].北京科技大学学报,2000,12(6):505 -507.

[30] 张能福,蔡嗣经,刘朝马.基于期权定价理论的矿业工程投资决策模型[J].北京科技大学学报,2002,2(1):5 -7.

[31] 彭红枫,郭海健.矿产资源开采时机选择的期权分析[J].中国地质矿产经济,2001(1):34 -35.

[32] 刘声猛,田泽,陈西玲.期权方法在石油开发项目评价中的应用探析[J].江汉石油学院学报,2003,9(3):27.

[33] 张永峰,杨树锋,贾承造.用于油气勘探项目战略经济评价的实物期权法[J].石油学报[J],2003,1:15 -19.

[34] 陈湘州,杨继平.基于期权定价理论的矿山项目投资风险评价[J].湘潭工学院学报,2003,10:70 -73.

[35] 张雪梅. 实物期权理论在矿产资源勘探开发项目投资决策中的应用[J]. 中国矿业大学学报,2004(1):88-91.
[36] 张永峰,杨树锋,陈汉林,贾承造,凌春华. 基于实物期权的油气开采许可证策略分析[J]. 浙江大学学报(自然科学版),2005,32(2):236-240.
[37] 沈洪,向阳,张庆洪. 基于欧式期权的可延期煤炭开采权的投资策略研究[J]. 煤炭学报,2001,26(6):680-684.
[38] 张能福,蔡嗣经. 应用实物期权定价理论的煤炭资源投资价值评估[J]. 煤炭学报,2002,27(3):229-332.
[39] 张能福,蔡嗣经,刘朝马. 矿山投资项目经营灵活性及其投资决策分析[J]. 矿冶工程,2002,22(3):20-22,25.
[40]王青,史维祥. 采矿学[M]. 北京:冶金工业出版社,2006.
[41]采矿手册编辑委员会. 采矿手册[M]. 北京:冶金工业出版社,1990.
[42]张荣立,何国维,李铎主编[M]. 北京:煤炭工业出版社,2003.
[43]谢世俊主编. 金属矿床地下开采[M]. 北京:冶金工业出版社,1986.
[44]王存堂主编. Auto CAD 2004 模具设计[M]. 北京:机械工业出版社,2005.
[45](苏)舒米林,(苏)维肯季耶夫著,何金周译. 铀矿床储量计算[M]. 北京:原子能出版社,1988.
[46](苏)雅克仁著,任湘等译. 固体矿产取样与储量计算[M]. 北京:地质出版社,1958.
[47]候景儒,黄竞先编著. 地质统计学及其在矿产储量计算中的应用[M]. 北京:地质出版社,1982.
[48]国土资源部矿产资源储量司编. 矿产资源储量计算方法汇编[M]. 北京:地质出版社,2000.
[49]杨东来等著. 地质体三维建模方法与技术指南[M]. 北京:地质出版社,2007.
[50]古德生等著. 现代金属矿床开采科学技术[M]. 北京:冶金工业出版社,2006.
[51]余达淦,吴仁贵,陈培荣. 铀资源地质学教程[M]. 哈尔滨:哈尔滨工程大学出版社,2007.
[52]吴立新,史文中. 地理信息系统原理与算法[M]. 北京:科学出版社,2003.
[53]于志钧编著. 地质数据库[M]. 北京:地质出版社,1981.
[54]沈步明,沈远超著. 金属矿山地质数据库与地质统计学[M]. 北京:科学出版社,1994.
[55]赵鹏大等编著. 矿产勘查理论与方法[M]. 北京:中国地质大学出版社,2006.
[56]赵鹏大主编. 定量地学方法及应用[M]. 北京:高等教育出版社,2004.
[57]张仁铎著. 空间变异理论及应用[M]. 北京:科学出版社,2005.
[58]王永莲著. 地浸开采铀工业技术[M]. 长沙:国防科学技术大学出版社,2007.
[59]吴立新等. 试论发展我国矿业地理信息系统的若干问题[J]. 矿山测量,1998(4):48-51.
[60]吴立新等. 矿山 GIS(TT-MGIS2000)简介及其关键技术[J]. 矿山测量,2001(1):5-8.

[61]吴立新等. 三维地学模拟与虚拟矿山系统[J]. 测绘学报,2002,31(1):28 - 33
[62] M. Kelly, Developing coal mining technology for the 21st century, Proc. Mining Sci. and Tech., Beijing, 1999, Balkema:3 - 7
[63]A Shuey. Mining technology for the 21st century: Inco digs deep in Sudbury[J]. E&M? J_China, 1999(2):7 - 11.
[64]朱训,世纪之交的中国矿业,《第六届全国采矿学术会议论文集》,中国矿业专集(1999):3 - 6.
[65]吴立新等. 论 21 世纪的矿山 - 数字矿山[J]. 铀矿学报,2000,25(4):337 - 342.
[66]吴立新等. 数字矿山构想与关键技术,首届中国矿山联合会年会特邀报告,2001,厦门.
[67]吴立新. 数字地球、数字中国与数字矿区[J]. 矿山测量,2000(1):6 - 9.
[68] Wu Lixin et. al. The research and development of networked Mining Core ~ GIS. 2ndInt. Workshop on Dynamic And Multz - Dimensional GIS, Beijing, 1999:359 - 364.
[69]李一帆. 数字矿山信息系统的研究及应用[D]. 博士学位论文,中国科学院研究生院,2007.5
[69]黄文斌,肖克炎,陈学工. 矿产勘查储量估算三维可视化原型系统的开发[J]. 矿床地质,2006,25(22):207 - 302
[70]杨建宇,秦德先,康泽宁. 北衙金矿三维模型的建立及研究[J]. 有色金属(矿山部分),2006,58(2):17 - 20.
[71]李梅,董平,毛善君. 地质矿山三维建模技术研究[J]. 煤炭科学技术,2005,33(4):46 - 49.
[72]田雪,聂独. 基于 Geotools 开发的 GIS 平台智能报装系统设计与实现[J]. 江西电力,2006,30(2):12 - 15.
[73]徐立明,牛新生. 地质体三维可视化模拟的现状与展望[J]. 西南民族大学学报,2006(1):151 - 154.
[74]张守祥,张良,李首滨. 矿山综合地理信息系统研究[J]. 地质与勘探,2001,37(5):49 - 53.
[75]萨贤春,姜在炳,李必慧. 地测信息系统及其应用[J]. 煤田地质与勘探,1999,27(6):21 - 26.
[76]邢继红. 鞍钢厂区三维可视化设计与应用[J]. 北京测绘,2006(3):50 - 53.
[77]王华玉,于喜东. MapGIS 在数字矿山中的应用[J]. 煤炭科技,2001(2):10 - 12.
[78]过江,古德生,罗周全. 区域智能化采矿构想初探[J]. 金属矿山 2006,6(3):147 - 150
[79]王卫星,崔冰. 金属矿山数字化[J]. 金属矿山,2005(11):1 - 4.
[80]桂良军,薛恒新,黄作明. BPR、EPR、SCM、CRM 的集成研究[J]. 企业天地,2004,(11):132 - 133.

[81]孙丽霞,卢晨光,范久臣。JIT 生产方式在制造业中的应用[J]. 吉林化工学院学报,2004. 6,21(3):86-89.
[82]张书亭,杨建军. 敏捷制造车间的生产管理模式及系统设计[J]. 现代管理,2000. 10(8):39-40.
[83]徐传球. 析企业资源计划与供应链管理[J]. 华东经济管理,2000, 2:99-101.
[84]屠建顺,流程 ERP 销售管理系统及其排产计划的研究与应用[D]. 浙江大学,2003. 2
[85]徐学军. 以瓶颈资源为基础的生产与库存控制系统的构建[J]. 制造业自动化,2001, 1:21-24.
[86]田俊峰,杨梅,供应链生产-分销运作一体化研究[J]. 信息与控制,2004. 12,33(6):714-718.
[87]杨红红,吴智铭. 基于两级遗传算法的多工厂供应链批量计划问题[J]. 上海交通大学学报,2003. 4,37(4):473-478.
[88]王凌,王雄. 流程工业 CIMS 体系结构和生产执行系统[J]. 计算机工程与应用,2003. 10:16-18.
[89]李民峰,阳春华,桂卫华. 基于 CIMS 三层结构环境的成本管理在钢铁工业的应用研究[J]. 计算技术与自动化,2003. 6,22(2):93-96.
[90]柴天佑,金以慧,任德祥,邵惠鹤,钱积新,李平,桂卫华,郑秉霖。基于三层结构的流程工业现代集成制造系统[J]. 控制工程,2002. 5,9(3):1-6.
[91]MESA International, MESA International[J]. Controls Definition&MES to Controls Data Flow Possibilities. 2000.
[92] MESA International, MESA International. MES Software Evaluation/Selection[J]. MESA International, 1996.
[93] MESA International, Justifying MES: A Business Case Methodology[J]. MESA International, 2000.
[94]顾佳晨,刘晓强,孙彦广. 流程工业 MES 的现状与发展[J]. 冶金自动化,2003. 4:9-12.
[95]曹金辉,王宁生,解放。制造执行系统现状与发展趋势[J]. 高技术通讯,2003. 6:100-105.
[96]余海斌,朱云龙. 可集成的制造执行系统[J]. 计算机集成制造系统 CIMS, 2000, 6(6):1-6.
[97]饶运清,刘世平,李淑霞,等. 敏捷化车间制造执行系统研究[J]. 中国机械工程,2002, 13(8):654-657.
[98] Amber Computer System Inc. Integratable MES the challenge and the opportunity advancedmanufacturing research consulting [EB10L]. http://www.amrc.com, 1999.
[99] Andress Schumann . SAP - R/3 in process industry: expectation, experiences and outlooks